普通高等学校"十四五"规划机械类专业精品教材

机 械 原 理

（第四版）

主　编　魏　兵　奚　琳
副主编　魏春梅　左惟炜
参　编　李　佳　汤　亮　王震国　郭毕佳
主　审　杨家军

U0172176

华中科技大学出版社
中国·武汉

内 容 简 介

本教材按照教育部颁发的相关课程的"教学基本要求"编写。全书以培养学生的创新能力和机械系统方案设计能力为目标,在内容编排上贯穿了以设计为主线的思想,将全书内容进行了有机组合。全书共分为5篇。第1篇中紧密结合几种典型机器的实例,引出一些基本概念。第2、3、4篇分别介绍了机构的组成和分析、常用机构及其设计和机械系统动力学的基础知识。"机械系统运动的方案设计和创新设计"作为第5篇,放在教材的最后,简单介绍了创新方法——TRIZ理论,可结合课程设计和课外科技活动来讲授,以适应课程设计的改革和当前课外科技活动新形势的要求。

本书主要作为面向应用型普通高等院校机械类专业的教材,也可作为非机械类专业学生及有关工程技术人员的参考书。

图书在版编目(CIP)数据

机械原理/魏兵,奚琳主编. —4 版. —武汉:华中科技大学出版社,2022.8
ISBN 978-7-5680-8533-5

Ⅰ.①机… Ⅱ.①魏… ②奚… Ⅲ.①机械原理-高等学校-教材 Ⅳ.①TH111

中国版本图书馆 CIP 数据核字(2022)第 135122 号

机械原理(第四版)   魏 兵 奚 琳 主编
Jixie Yuanli(Di-si Ban)

策划编辑:张少奇
责任编辑:罗 雪
封面设计:原色设计
责任监印:周治超
出版发行:华中科技大学出版社(中国·武汉)   电话:(027)81321913
　　　　　武汉市东湖新技术开发区华工科技园   邮编:430223
录　　排:华中科技大学惠友文印中心
印　　刷:武汉科源印刷设计有限公司
开　　本:787mm×1092mm　1/16
印　　张:19.25
字　　数:465 千字
版　　次:2022 年 8 月第 4 版第 1 次印刷
定　　价:56.80 元

"爆竹一声除旧,桃符万户更新。"在新年伊始,春节伊始,"十一五"规划伊始,来为"普通高等院校机械类精品教材"这套丛书写这个"序",我感到很有意义。

近十年来,我国高等教育取得了历史性的突破,实现了跨越式的发展,毛入学率由低于10%达到了高于20%,高等教育由精英教育跨入了大众化教育。显然,教育观念必须与时俱进而更新,教育质量观也必须与时俱进而改变,从而教育模式也必须与时俱进而多样化。

以国家需求与社会发展为导向,走多样化人才培养之路是今后高等教育教学改革的一项重要任务。在前几年,教育部高等学校机械学科教学指导委员会对全国高校机械专业提出了机械专业人才培养模式的多样化原则,各有关高校的机械专业都在积极探索适应国家需求与社会发展的办学途径,有的已制定了新的人才培养计划,有的正在考虑深刻变革的培养方案,人才培养模式已呈现百花齐放、各得其所的繁荣局面。精英教育时代规划教材、一致模式、雷同要求的一统天下的局面,显然无法适应大众化教育形势的发展。事实上,多年来,许多普通院校采用规划教材,已十分勉强,而又苦于无合适教材可用。

"百年大计,教育为本;教育大计,教师为本;教师大计,教学为本;教学大计,教材为本。"有好的教材,就有章可循,有规可依,有鉴可借,有道可走。师资、设备、资料(首先是教材)是高校的三大教学基本建设。

"山不在高,有仙则名。水不在深,有龙则灵。"教材不在厚薄,内容不在深浅,能切合学生培养目标,能抓住学生应掌握的要言,能做到彼此呼应、相互配套,就行,此即教材要精、课程要精,能精则名、能精则灵、能精则行。

华中科技大学出版社主动邀请了一大批专家,联合了全国几十个开设有应用型机械专业院校的老师,在全国高等学校机械学科教学指导委员会的指导下,保证了当前形势下机械学科教学改革的发展方向,交流了各校的教改经验与教材建设计划,确定了一批面向普通高等院校机械学科精品课程的教材编写计划。特别要提出的是,教育质量观、教材质量观必须随高等教育大众化而更新。大众化、多样化绝不是降低质量,而是要面向、适应与满足人才市场的多样化需求,面向、符合、激活学生个性与能力的多样化特点。"和而不同",才能生动活泼地繁荣与发展。脱离市场实际的、脱离学生实际的一刀切的质量不仅不是"万应灵丹",反而是"千篇一律"的桎梏。正因为如此,为了真正确保高等教育大众化时代的教学质量,教育主管部门正在对高校进行教学质量评估,各高校正在积极进行教材建设,特别是精品课程、精品教材建设。也因为如此,华中科技大学出版社组织出版普通高等院校应用型机械学科的精品教材,可谓正得其时。

我感谢参与这批精品教材编写的专家们!我感谢出版这批精品教材的华中科技大学出版社的有关同志!我感谢关心、支持与帮助这批精品教材编写与出版的单位与同志们!我深信编写者与出版者一定会同使用者沟通,听取他们的意见与建议,不断提高教材的水平!

特为之序。

中国科学院院士
教育部高等学校机械学科教学指导委员会主任

杨叔子

2006.1

第四版前言

根据编者多年来的教学工作经验,结合国家对创新人才培养的需求,当前"新工科"建设要求和国际工程教育"以学生为中心,以能力为核心"的理念,为适应和实施国家"十四五"规划,加强应用型本科教育教学质量及教学改革,本书在前三版的基础上修订而成。

鉴于广大读者对前几版教材内容体系结构的认可,在此次修订中基本保持了原有体系框架和风格,对以下几个方面进行了调整、更新与改进。

1. 坚持"以设计为主线,分析为设计服务"的思想,仍将全书内容有机地整合为五篇,并对前后章节的内容衔接做了适当调整,便于学生更系统地掌握知识。

2. 为了满足课程教学和学生自主学习的需要,加强了课程线上、线下资源建设(见书中二维码)。首创微课堂,以纯动画片的形式展现枯燥的知识点,师生角色对话生动有趣,简短,节奏快,为学生减负,并埋下伏笔,引导学生深入线下学习。

3. 为了既不增加教材篇幅,又能为学生提供拓展学习资料,将部分内容利用二维码进行链接延伸。

4. 结合编者多年科研及与企业合作的经验,将科技部推广的创新方法——TRIZ理论引入教材,以期培育学生的"创新基因",培养学生的创新设计意识,使学生掌握创新知识,具有方案和机构创新设计的基本技能与素质。

5. 在内容阐述和例题、习题的选择上,以机械工程中典型的实际问题为背景,并恰当引入生活中的机械原理问题,更加注重与工程实际的结合,以期培养学生的工程意识。

本书的特点是内容全面而简练,由浅入深,易学易懂,实践性强。

参加本书修订的人员有:湖北工业大学魏兵、魏春梅、左惟炜、汤亮,安徽工程大学奚琳,武汉科技大学李佳,武汉纺织大学王震国、郭毕佳。本书由魏兵、奚琳任主编,魏春梅、左惟炜任副主编。

本书承蒙华中科技大学杨家军教授精心审阅,他提出了许多宝贵的修改意见,在此表示衷心的感谢!

本书在修订过程中,参考了一些同类著作,特向其作者表示诚挚的谢意!

由于编者水平有限,书中疏漏及欠妥之处在所难免,敬请同行教师和广大读者批评指正。

编　者
2022年2月

第三版前言

承蒙广大读者的厚爱,本书第二版自问世以来,历经 9 次重印,已经成为许多院校机械原理课程的首选教材或参考书。考虑到国家对创新人才培养的需求,同时,为适应和实施国家制定的"十三五"规划,加强应用型本科教育教学质量及教学改革,有必要再作修改。

鉴于广大读者对第二版教材内容体系结构的认可,在此次修订中基本保持了原有体系结构,只是在各章的具体内容方面进行了适当的增删,引入了一些新概念和新知识。此次重点修订的内容主要有以下三个方面。

1. 坚持"以设计为主线,分析为设计服务"的思想,仍将全书内容有机地整合为五篇,并对前后章节的内容衔接作了适当调整,便于学生更系统地掌握知识。

2. 在内容阐述和例题、习题的选择上,以机械工程中典型的实际问题为背景,并恰当引入生活中的机械原理问题,更加注重与工程实际的结合,以期培养学生的工程意识。

3. 结合多年科研及与企业合作的经验,将国家科技部推广的创新方法——TRIZ 理论引入教材,以期培育学生的"创新基因",培养学生的创新设计意识,使学生掌握创新知识,具有方案和机构创新设计的基本技能与素质。

本书的特点是内容全面而简练,由浅入深,易学易懂,实践性强。

参加本书修订的人员有:湖北工业大学魏兵、魏春梅、左惟炜、汤亮,湖北理工学院周剑萍。本书由魏兵、喻全余任主编,魏春梅、周剑萍、左惟炜任副主编。

本书承蒙华中科技大学杨家军教授精心审阅,他提出了许多宝贵的修改意见,在此表示衷心的感谢!

本书在修订过程中,参考了一些同类著作,特向其作者表示诚挚的谢意!

由于编者水平有限,书中不当及欠妥之处在所难免,敬请同行教师和广大读者批评指正。

编　者
2017 年 2 月

第二版前言

本书是在第一版的基础上,根据教育部最新制定的《高等学校机械类专业机械原理课程教学基本要求及其研制说明》《教育部关于启动高等学校教学质量与教学改革工程精品课程建设工作的通知》(教高〔2003〕1 号文)、《教育部关于进一步深化本科教学改革全面提高教学质量的若干意见》(教高〔2007〕2 号文)等有关文件精神,参考多年来的教学实践经验和读者意见修订而成。

鉴于广大读者对第一版教材内容体系结构的认可,在此次修订中基本保持了原有体系的结构。此次重点修订的内容主要有以下几个方面。

1. 坚持"以设计为主线,分析为设计服务"的思想,仍将全书内容有机地整合为五篇,并对前后章节的内容衔接作了适当调整,便于学生更系统地掌握知识。

2. 在内容阐述和例题、习题的选择上,更加注重与工程实际的结合,以期培养学生的工程意识。

3. 对轮系及其设计(第 8 章)进行了补充完善,新增了其他行星轮系的简介。

4. 对第一版中的其他常用机构一章的内容进行了补充完善,并将其分解为间歇运动机构(第 9 章)和其他常用机构(第 10 章)两章。其中,新增了凸轮式间歇运动机构、万向联轴节、变自由度传动机构、能实现特殊功能的机构等内容。

5. 对机械运动方案及机构的创新设计(第 13 章)进行了补充完善,并以案例的形式讲述了机械运动方案设计的方法与过程,以期增强学生的创新设计意识,使其掌握创新知识,培养运动方案和机构创新的设计基本技能与素质。

参加本书修订的人员有:湖北工业大学魏兵、成都理工大学孙未(第 1 章、第 6 章),魏春梅(第 8 章),左惟炜(第 9 章、第 10 章);武汉纺织大学郭毕佳(第 2 章),王震国(第 11 章);武汉科技大学李佳(第 3 章);安徽工程大学喻全余(第 4 章、第 7 章、第 13 章);黄石理工学院周剑萍(第 5 章);北方工业大学王侃(第 12 章)。魏春梅负责全书习题的修订,魏兵负责全书的统稿、修改和定稿。本书由魏兵、喻全余、孙未任主编,魏春梅、周剑萍、王侃任副主编。

本书承蒙华中科技大学杨家军教授精心审阅,他提出了许多宝贵的修改意见,在此表示衷心的感谢!

本书在修订过程中,参考了一些同类著作,特向其作者表示诚挚的谢意!

由于编者水平有限,书中不当及欠妥之处在所难免,敬请同行教师和广大读者批评指正。

编　者
2011 年 7 月

第一版前言

2005 年 8 月 1 日至 6 日,华中科技大学机械学院、华中科技大学出版社在教育部高等学校机械学科教学指导委员会的指导与支持下,在华中科技大学接待中心召开了 2005 年机械类精品教材建设与立体化开发研讨会。

来自 26 所高校的 60 多名代表聚集一堂,探讨了新形势下机械工程学科教学改革与教学要求的新变化;交流了各校的教改经验和教材建设计划;探讨并确定了一批面向普通院校机械工程专业精品课程的教材编写计划。大家一致认为,高等学校在经历了扩招、规模发展的历史阶段后,今后很长一段时间内的重要工作就是提高教学质量。教育主管部门正对各高校进行教学质量评估,各校正积极建设精品课程,精品教材建设适逢其时,面向普通应用型大学的机械专业精品教材尤为缺乏。

应用型大学的机械类精品教材建设与立体化开发应满足应用型大学的实际需求。在内容的选取上要切合用人单位的需求,理论上以够用为度,篇幅上应适应应用型大学的课时要求;教学思路上应探索案例式教学方式,用较多的实际应用案例来说明基本原理和应用技术。本着这一原则,本书在以下几方面进行了改进和提高。

1. 在内容编排上,贯穿了以设计为主线的思想,将全书内容进行了有机组合,共分为5 篇。第 1 篇中紧密结合几种典型机械的实例,引出一些基本概念。第 2、3、4 篇分别介绍了机构的组成和分析、常用机构及其设计和机械动力学的基础知识。第 5 篇为机械系统的方案设计和创新设计,放在教材的最后,可结合课程设计和课外科技活动来讲授,以适应课程设计的改革和当前课外科技活动新形势的要求。

2. 在内容阐述上,注重知识面的扩大和“三基”(基本理论、基本知识和基本技能)的掌握,以及解决实际问题能力的培养,加强了机构设计、机构系统设计和创新设计的内容。每章内容前都引入了案例,利用该案例让学生了解新的一章将要讲述的内容;每章用较多的实际应用案例来说明基本原理和应用技术;每章内容后有知识总结,便于系统掌握各章内容和自学。

3. 在内容的取舍上,注重了实用性和先进性的关系,舍弃了一些陈旧的传统内容,保留了实用性很强的内容。由于学时有限,对学科前沿的新发展未能详尽介绍,因此,在每章后附有“知识拓展”,对一些有重要价值但又限于时间不能展开的内容扼要提及,并介绍有关参考文献,这样可使读者开阔眼界、了解学科发展趋势,使教材具有开放性。

参加本书编写的有湖北工业大学魏兵(第 1 章、第 6 章),武汉纺织大学郭毕佳(第 2 章),武汉科技大学李佳(第 3 章)、汤勃(第 4 章),黄石理工学院周剑萍(第 5 章),武汉科技大学杨金堂(第 7 章第 1~5 节)、熊禾根(第 7 章第 6~10 节),湖北工业大学魏春梅(第 8 章),湖北教育学院吴建兵(第 9 章),武汉纺织大学林富生(第 10 章),北方工业大学王侃(第 11 章),武汉科技大学赵刚(第 12 章)。本书由魏兵、熊禾根任主编,魏春梅、周剑萍、王侃任副主编。

本书由武汉科技大学孔建益教授主审,他认真地审阅了全书,并提出了许多宝贵的修改意见。在此,谨致以衷心的感谢!

　　由于作者水平有限,书中不当及欠妥之处在所难免,真诚希望同行教师和广大读者批评指正。

编　者

2006 年 10 月

目　　录

第4篇 机械系统的动力学

第5篇 机械系统运动的方案设计和创新设计

第1篇 总 论

第1章 绪 论

本章讲述何谓机械、何谓机械原理、机械原理是一门什么性质的课程、为什么要学习机械原理、机械原理研究哪些内容、怎样学习机械原理这门课程、学习机械原理可以培养哪些方面的能力等。

1.1 机械原理课程的研究对象

机械是机构与机器的总称。机械原理是一门以机构与机器为研究对象的学科。

重难点与
知识拓展

1.1.1 机器的定义

什么是机器? 人们对它并不陌生。在日常生活和生产过程中,人类广泛地使用着各种各样的机器,用以减轻人类自身的体力劳动、脑力劳动及提高工作效率。在有些人类难以涉足的场合,更是需要用机器来代替人进行工作。之前,我们对机器已有一些直觉的认识,知道汽车、拖拉机、各种机床、缝纫机、洗衣机等都是机器,而且知道机器的种类繁多,构造、用途和性能也各不相同。但什么是机器? 它有何特征呢? 下面通过两个实例来分析、归纳它们的性能特征,从而给机器下一个定义。

图 1-1(a)所示为一台单缸四冲程内燃机,它是汽车、飞机、轮船、装载机等各种流动性机械最常用的动力装置。其工作过程为:吸气→压缩→做功→排气。

演示视频

气缸 1 中的活塞 4 向下移动时,排气阀门 5 关闭,进气阀门 7 在凸轮 8 的控制下打开,将可燃气体吸入气缸,这一过程称为吸气冲程;当活塞 4 向上移动时,进、排气阀门均关闭,可燃气体受到压缩,这一过程称为压缩冲程;压缩冲程结束后,火花塞 6 利用高压放电,使可燃气体在气缸中燃烧、膨胀,从而产生压力推动活塞 4 向下移动,活塞 4 在向下移动的同时,通过连杆 3 推动曲轴 2 转动,向外输出机械能(力和运动),这一过程称为做功冲程;当活塞 4 再次上移时,进气阀门 7 继续处于关闭状态,排气阀门 5 在凸轮 12 的控制下打开,将废气排出,这一过程称为排气冲程。活塞上、下移动一次,曲轴转一圈,而曲轴每转两圈才完成一次产生动力的循环。一个循环中,进气阀门 7 和排气阀门 5 各进行一次开、闭运动,所以曲轴上的齿轮 10 转两圈,齿轮 9 和 11 才转一圈。根据上述运动的关系,画出以曲轴转角 φ_2 为横坐标,以活塞、阀门的位移 s_4、s_7、s_5 及点火动作为纵坐标的位移图,如图 1-1(b)所示,该图称为运动循环图。运动循环图

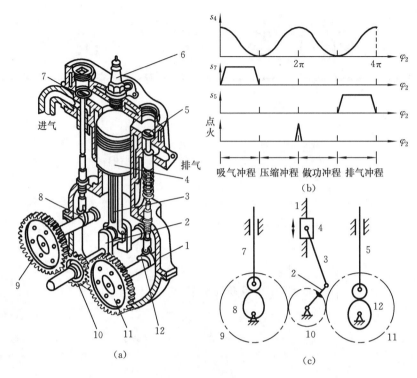

图 1-1　单缸四冲程内燃机

是表达机器运动协调关系的工程语言,从图上可清楚地看出各执行构件的运动配合关系。图 1-1(c)所示为内燃机的运动简图,是描述机器运动的工程语言。

图 1-2(a)所示为牛头刨床示意图。电动机 1 的旋转运动通过皮带传动,使齿轮 2 带动大齿轮 3 转动(同时传力);大齿轮 3 上用销子铰接了一个滑块 4,它可在杆 5 的槽中滑动,杆 5 下端的槽中有一个与机架 11 铰接的滑块 6,当大齿轮 3 上的销子做圆周运动时,滑块 4 在杆 5 的槽中滑动,在滑块 4 和 6 的作用下,杆 5 做平面复杂运动;杆 5 的上端用销子和牛头 7 铰接,推动牛头 7 在刨床床身的导轨中往复滑动;牛头 7 上装有刀架 8,牛头在工作行程中切削工件 12,回程时,刀架 8 稍抬起后与牛头 7 一起快速退回。在再次切削行程前,齿轮 3 通过连杆和棘轮(图中未画出)及螺杆 10 使工作台 9(工件)横向移动一个进刀的距离,以进行下一次切削。

以上两台机器的构造、用途和性能各不相同,但从其组成、运动确定性及功能关系来看,它们均具有以下几个共同的特征。

(1) 它们都是人为的实物组合体。

(2) 各实体之间具有确定的相对运动。

(3) 能够用来变换或传递能量、物料与信息。

因此,同时具有以上三个特征的实物组合体就称为机器。国家标准对机器的定义为:机器是执行机械运动的装置,用来变换或传递能量、物料与信息。

根据机器用途的不同,机器一般可以分为动力机器、工作机器和信息机器三类。

动力机器的用途是实现机械能和其他形式的能量之间的转换。例如,内燃机、压气机、涡轮机、电动机、发电机等都属于动力机器。

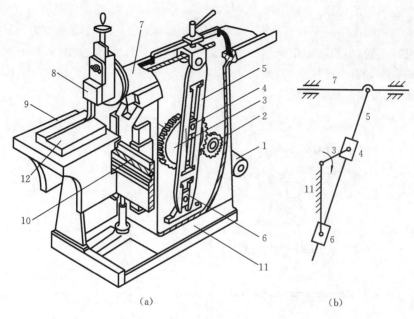

图 1-2　牛头刨床

工作机器的用途是完成有用的机械功或搬运物品。例如,各种机床、轧钢机、汽车、飞机、起重机、洗衣机等都属于工作机器。

信息机器的用途是完成信息的传递和变换。例如,复印机、打印机、绘图机、传真机、照相机等都属于信息机器。

1.1.2　机构的定义

什么是机构呢? 进一步分析图 1-1、图 1-2 所示的两个实例可以看出,各个实物组合体具有确定运动是它们成为机器的基本要求。在机器的各种实物组合体中,有些是传递回转运动(如齿轮传动、链传动等)的;有些是把转动变为往复移动的;有些是利用实物本身的轮廓曲线实现预期运动规律的。在工程实际中,人们常常根据实现这些运动形式的实物的外形特点,把相应的一些实物的组合称为机构。如图 1-1(c)所示,2-3-4-1 称为曲柄滑块机构,其功能是将滑块 4 的往复移动变换为曲柄 2 的连续转动;9-10-1 或 10-11-1 称为齿轮机构,其功能是实现转速的变化,即齿轮 10 每转两圈,齿轮 9 或 11 便转一圈;7-8-1 或 5-12-1 称为凸轮机构,其功能是将凸轮 8 或 12 的旋转运动变换为从动件 7 或 5 的往复移动,且从动件在凸轮轮廓线的控制下实现预期的运动规律。

由此可以看出,机构具有机器的前两个特征:①它们都是人为的实物组合体;②各实体之间具有确定的相对运动。

通过以上分析可知:机器是由各种各样的机构组成的,它可以完成能量转换、做有用功或处理信息;而机构则是机器的运动部分,机构在机器中仅仅起着运动传递和运动形式转换的作用。

一部机器可能是多种机构的组合体,如上述的内燃机和牛头刨床,就是由齿轮机构、凸轮机构和连杆机构等组合而成的;也可能只含有一个最简单的机构,如人们所熟悉的发电机,就只含有一个由定子和转子所组成的基本机构。

　　各种功能不同的机器,可以具有相同的机构,也可以采用不同的机构。例如,图1-2所示的牛头刨床和图1-3所示的冲床,其主要的功能均是将连续转动变换为往复移动,但所使用的机构不同:牛头刨床中采用的机构是六杆曲柄导杆机构,如图1-2(b)所示;而冲床中采用的机构是曲柄滑块机构,如图1-3(b)所示。又如,图1-1所示的内燃机与图1-3所示的冲床,均采用曲柄滑块机构。

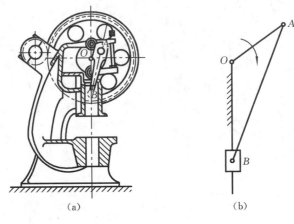

(a)　　　　　　　　　　　(b)

图1-3　冲床

　　从实现运动的结构组成观点来看,机构和机器之间并无区别。因此,人们常用"机械"作为机器和机构的总称。但机械与机器在用法上略有不同:机器常用来指一个具体的概念,如内燃机、压缩机、拖拉机等;而机械则常用在更广泛、更抽象的意义上,如机械化、机械工业、农业机械等。

1.2　机械原理课程的主要内容和学习方法

1.2.1　本课程的主要内容

机械原理是一门研究机构及机械运动方案设计的学科,其主要内容有以下几个方面。

　　1. 各种机构的分析问题

　　(1) 机构的结构分析:研究机构的组成原理、机构运动的可能性及确定性条件。

　　(2) 机构的运动分析:研究在给定原动件运动的条件下,机构各点的轨迹、位移、速度和加速度等运动特性。

　　(3) 机构的力分析:研究机构各运动副中力的计算方法、摩擦及机械效率等问题。

　　2. 常用机构的设计问题

　　机器的种类虽然极其繁多,但构成各种机器的机构类型却是有限的,常用的有齿轮机构、凸轮机构、连杆机构、间歇运动机构等。本课程将讨论这些常用机构的设计理论和设计方法。

　　3. 机械动力学问题

　　这里主要研究在已知外力作用下机械的真实运动规律,机械运转过程中速度波动的调节问题及机械运转过程中所产生的惯性力系的平衡问题。

4. 机构的选型及机械系统设计的基本知识

机械系统设计是机械方案设计的主要内容,本课程将介绍机械运动方案设计的步骤、功能分析、机构创新、执行机构的运动规律和机构系统运动的协调设计等基本原则和方法。

从另外一个角度来看,机器是执行机械运动的装置,机构是机器中的运动部分,所以机械原理课程就是研究机构的课程,它分为认识机构和设计机构两个部分。所谓认识机构,是指对已有的各种类型的机构进行结构分析、运动分析和受力分析。所谓设计机构,是指根据给出的运动和动力要求,设计出机构或机构的组合系统,以满足这一运动和动力要求。由于本课程仅限于运动和动力要求的设计,不涉及零件的强度计算、材料选择、结构的具体形状等,所以还算不上完整的机械设计,故本课程中常用"综合"二字来代替"设计"。机构综合,首先要确定机构的类型,称为机构的类型综合;然后确定机构的尺寸,称为机构的尺寸综合;最后再对设计的机构进行分析,以确定其是否满足设计要求。机构的设计是从无到有的过程,极富创造性,当然难度相对也较大。

1.2.2 本课程的学习方法

机械原理课程是一门具有设计性质的重要学科基础课程,它涉及的内容广泛,而且问题的答案不是唯一的,往往有多种方案可供选择和判断。因此,学生在学习本课程时,往往难以适应。为了使学生尽快地适应机械原理课程的特点,学好机械原理课程,下面简要介绍本课程的学习方法。

1. 注意运用先修课程的有关知识

机械原理作为一门学科基础课程,它的先修课程有高等数学、物理、工程图学和理论力学等,其中,理论力学与本课程的联系最为密切。机械原理将理论力学的有关原理应用于实际机械,具有自己的特点。在学习本课程的过程中,要注意把理论力学中的有关知识运用(不是照搬)到本课程的学习中。

2. 善于观察、勤于思考、勇于实践,做到"举一反三"

机械原理是一门实践性很强的应用型课程。善于观察、勤于思考、勇于实践是学好本课程的关键。学习中要注意理论联系实际,把所学知识运用于实际,就能达到"举一反三"的目的。与本课程密切相关的实验、课程设计、创新大赛、"互联网+"大赛及课外科技活动,将为学生提供学以致用的机会。

3. 注意加强形象思维能力的培养

从公共基础课程到学科基础课程,学习内容变化了,学习方法也应有所改变,其中最重要的一点是在重视逻辑思维的同时,要加强形象思维的培养。学科基础课程不同于公共基础课程,它更加接近工程实际,要正确理解和掌握本课程的内容,要解决工程实际问题,要进行创新设计,单靠逻辑思维是远远不够的,必须发展形象思维能力。

1.3 机械原理课程的地位和作用

1.3.1 机械原理课程的地位

机械原理课程以高等数学、物理、工程图学和理论力学等课程为基础,而其本身又为以后学习机械设计和有关专业课程打下理论基础。因此，机械原理是一门重要的学科基础课程，在教学中起着承上启下的作用，是高等院校机械类各专业的必修课程。此外，本课程的一些内容也可直接应用于生产实际。因此，机械原理课程在机械设计系列课程体系中占有非常重要的位置。

1.3.2　学习本课程的目的

1. 认识机械和了解机械

机械原理课程中对机械的组成原理，各种机械的工作原理、运动分析乃至设计理论和方法都作了基本的介绍，这对工科各专业的学生，在认识实习、生产实习中认识机械、了解机械和使用机械都会有很大的帮助，而且这些有关机械的基本理论和知识将为学习专业课程打下基础。

2. 为机械类有关专业课程打好理论基础

由于机械的种类极其繁多，它们的性能和工作要求往往又截然不同，为了研究工程实际中的各种特殊机械，在高等院校中相应地设置了各种专门的课程，用以研究某一类机械所具有的特殊问题。但是，当研究某一具体机械时，不仅需要研究它所有的特殊问题，而且还需要研究它与其他机械所具有的共性问题。机械原理课程正是为此目的而开设的学科基础课程。

3. 为机械产品的创新设计打下良好基础

随着科学技术的发展和市场经济体制的建立，多数产品的商业寿命正在逐渐缩短，品种需求增多，这就使产品的设计和生产要从传统的单一品种大批量生产逐渐向多品种小批量生产过渡。要使所设计的产品在国际市场上具有竞争力，就需要设计和制造出大量种类繁多、性能优良的新机械。机械的创新设计首先是在运动方式和执行运动方式的机构上的创新，而这正是机械原理课程所研究的主要内容。所以，机械原理课程常被人们称为创造新机械的课程。

4. 为现有机械的合理使用和革新改造打下基础

对操作机械设备的人员来讲，要充分发挥机械设备的潜力，关键在于了解机械的性能。通过学习机械原理这门课程，掌握机构和机器的分析方法，才能进而了解机械的性能和更合理地使用机械；掌握机构和机器的设计方法，才能对现有机械的革新改造提出方案。为此，机械原理的知识是必不可少的。

上述介绍可以充分说明，机械原理学科的研究领域十分广阔，内容非常丰富，发展十分迅猛。机械原理学科涌现的不少前沿的研究课题，对我们具有巨大的吸引力，推动我们进行深入的研究。但是，机械原理作为机械类专业的一门学科基础课程，根据教学要求，只能研究一些有关机构及其系统的基本设计原理和基本方法，以使学生掌握进一步研究机械原理学科的新课题所必需的基础知识。

第2篇 机构的组成和分析

第2章 机构的组成及结构分析

如第1章绪论所述,组成机构的各实物具有确定的相对运动。那么,机构是怎样组成的?在什么条件下机构才具有确定的运动?如何判断机构运动的可能性与确定性?为保证机构运动的确定性,在组成机构时,有没有什么规律可循?本章将介绍有关知识。

2.1 研究机构结构的目的

教学视频　重难点与知识拓展

机械原理课程对机械的研究一般可以概括为两方面:一是对已有机械进行分析,包括结构分析、运动分析和动力分析;二是对新机构进行设计,即机构综合,其中包括机构的选型、运动设计及动力设计。本章的任务主要是研究机构的结构分析和综合,其目的有以下几个方面。

(1) 研究组成机构的要素及机构具有确定运动的条件。机构是各构件间具有相对运动的组合体,要研究机构,首先要了解机构是由哪些要素组成的,然后判断机构能否运动以及具有确定运动的条件。

(2) 研究机构的组成原理,并根据结构特点对机构进行分类。机构虽然形式多样,但从结构上讲,它们的组成原理都是一样的。此外,根据结构特点,可对机构进行分类,并把机构分解成若干个基本杆组。同一类的基本杆组,可应用相同的方法对其进行运动分析和力的分析。

(3) 研究机构运动简图的绘制,即研究如何用简单的图形表示机构的结构和运动状态。

(4) 研究机构结构的综合方法,即研究在满足预期运动及工作条件下,如何综合出机构可能的结构形式。

2.2 机构的组成及其运动简图的绘制

2.2.1 机构的组成要素

机器是由各种机构所组成的系统。如内燃机就包含了曲柄滑块机构、凸轮机构和齿轮机构。

组成机构的每一个独立运动单元称为构件,而各构件又按一定方式连接在一起。总的说来,机构是由构件和运动副两个要素组成的。

1. 构件

所谓构件是指作为一个整体参与机构运动的刚性单元。一个构件，可以是不能拆开的单一的零件，也可以是由若干个不同零件装配起来的刚性体，如内燃机中的连杆，是由连杆体、连杆头、螺栓、螺母及垫圈等零件装配成的刚性体。由此可见，构件与零件的区别在于：构件是机构的运动单元，而零件则是机构的加工制造单元。本课程以构件作为研究的基本单元。

2. 运动副

因为机构是由两个以上具有相对运动的构件系统所组成的，所以，在机构中，每个构件都以一定的方式与其他构件相互连接，并且这种连接是可动的。通常把两构件之间的这种直接接触而又能产生一定相对运动的可动连接称为运动副。图 2-1 所示的轴 1 与轴承 2 的连接、图 2-2 所示的滑块 2 与导轨 1 的连接、图 2-3 所示的两轮轮齿的啮合等均为运动副。而两构件上参与构成运动副的接触表面称为运动副元素。如图 2-1、图 2-2、图 2-3所示，它们的运动副元素分别是：圆柱面和圆柱孔面、平面及齿廓曲面。

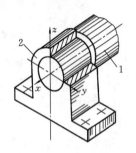 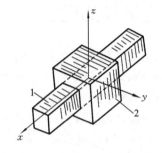 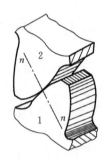

图 2-1　轴与轴承的连接　　　图 2-2　滑块与导轨的连接　　　图 2-3　两轮轮齿的啮合

很显然，两构件间的运动副所起的作用是限制构件间的相对运动，这种限制作用称为约束。如图 2-1 所示的构件 2 限制了构件 1 沿三个坐标轴的移动和绕轴 y、z 的转动，构件 1 只能绕轴 x 转动。这说明两构件若以某种方式相连接而构成运动副，则其相对运动便受到约束，其自由度就相应减少，减少的数目等于该运动副所引入的约束数目。当物体在三维空间自由运动时，其自由度有 6 个，即沿三个坐标轴的移动和绕它们的转动。由于两构件构成运动副后，仍需具有一定的相对运动，故具有 6 个相对运动自由度的构件，经运动副引入的约束数目最多只能为 5 个，而剩下的自由度至少为 1 个。

3. 运动链

若干个构件通过运动副连接组成的构件系统称为运动链。如果运动链中的各构件构成首末封闭的系统，则称为闭式链（图 2-4(a)），否则称为开式链（图 2-4(b)）。在一般机械中，大多采用闭式链，而开式链多用在机器人等机械中。

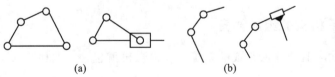

（a）　　　　　　　　　（b）　　　　　　演示视频

图 2-4　运动链

4. 机构

若将闭式运动链中的一个构件固定为参考系,并使构件间具有确定的相对运动,则这种运动链就成为机构。机构中作为参考系的构件称为机架,机架相对地面可以是固定的,也可以是运动的(如在运动的汽车、飞机等中的机架)。机构中按给定运动规律独立运动的构件称为主动件,或称原动件,而其余随主动件运动的活动构件称为从动件。

2.2.2 运动副的分类

运动副有许多不同的分类方法,常见的分类方法有以下几种。

1. 根据运动副所引入的约束数分类

把引入一个约束的运动副称为 I 级副,引入两个约束的运动副称为 II 级副,依此类推,最末为 V 级副。表 2-1 给出了常用运动副及其分类情况。

演示视频

表 2-1 常用运动副及其分类情况

名　　称	示　意　图	简图符号	副　　级	自　由　度
球面高副	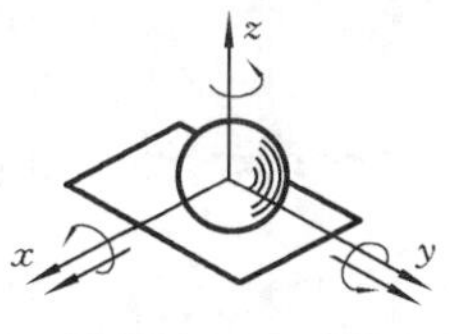		I	5
柱面高副	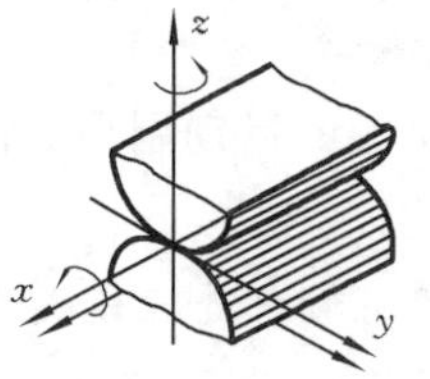		II	4
球面低副	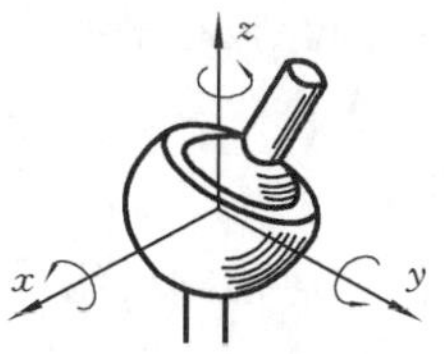		III	3
球销副	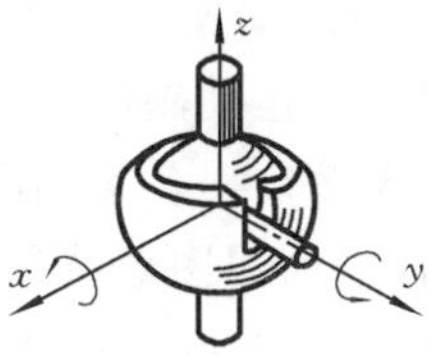		IV	2
圆柱套筒副	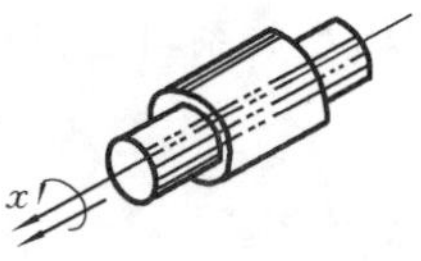		IV	2

名　称	示　意　图	简图符号	副　级	自　由　度
转动副		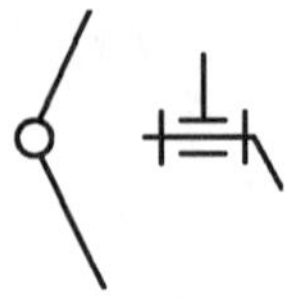	V	1
移动副	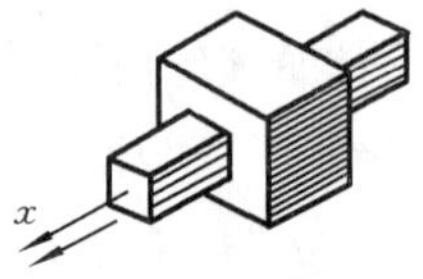	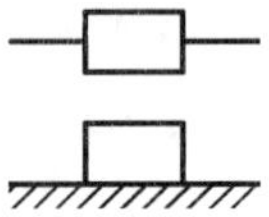	V	1
螺旋副	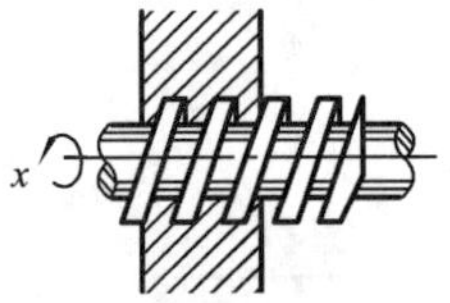		V	1

2. 根据构成运动副的两构件的接触情况进行分类

通常把面接触的运动副称为低副，把点或线接触的运动副称为高副。在平面机构中，一个低副将引入两个约束，一个高副将引入一个约束。

3. 根据组成运动副两构件间的相对运动的空间形式进行分类

如果两构件间相对运动的平面平行，则称为平面运动副，否则称为空间运动副。应用最多的是平面运动副，它只有转动副、移动副（统称为低副）和平面高副三种形式。

2.2.3　机构运动简图的绘制

实际机构往往是由外形和结构都很复杂的构件和运动副所组成的。但从运动的观点来看，构件的运动取决于运动副的类型和机构的运动尺寸（确定各运动副相对位置的尺寸），而与构件的外形、断面尺寸，组成构件的零件数目、固连方式及运动副的具体结构等无关。因此，为了便于研究机构的运动，可以撇开构件、运动副的外形和具体构造，而只用简单的线条和规定的符号代表构件和运动副，并按比例定出各运动副的位置，表示机构的组成和传动情况。这种能够准确表达机构运动特性的简明图形就称为机构运动简图。

机构运动简图与原机构具有完全相同的运动特性，因此，可以根据运动简图对机构进行结构分析、运动分析和动力分析。

有时，只为了表明机构的运动状态或各构件的相互关系，也可以不按比例来绘制运动简图，这样的简图称为机构示意图。

表 2-2 列出了常用机构、构件和运动副的表示方法。

表 2-2　常用机构、构件、运动副的代表符号

名　称	两运动构件形成的运动副	两构件之一为机架时所形成的运动副
转动副	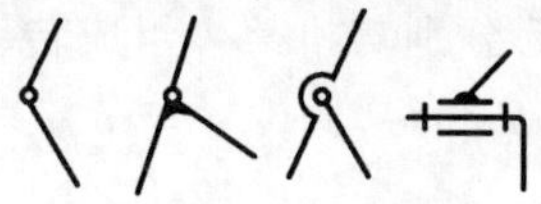	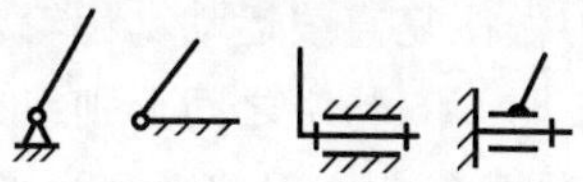
移动副	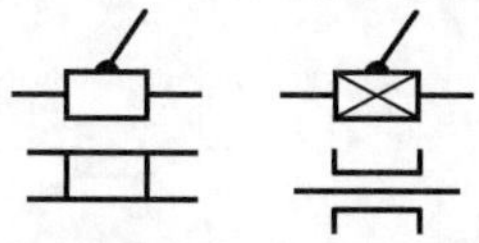	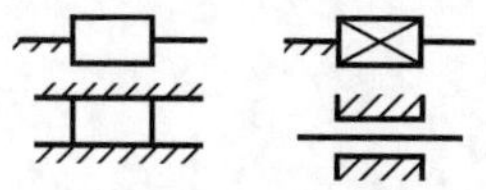
构件	双副构件　三副构件　多副构件	
凸轮及其他机构	凸轮机构　棘轮机构　带传动	
齿轮机构	外齿轮　内齿轮　圆锥齿轮　蜗杆蜗轮	

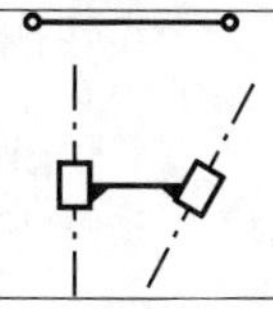

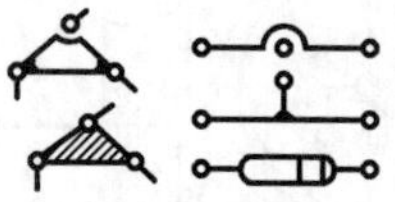

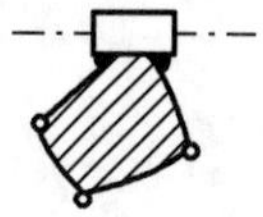

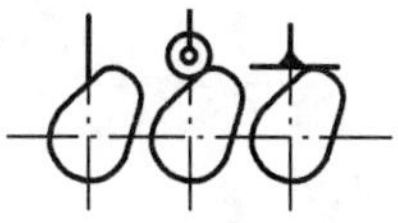

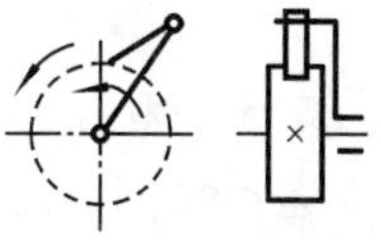

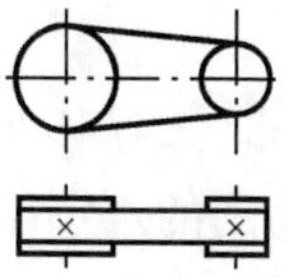

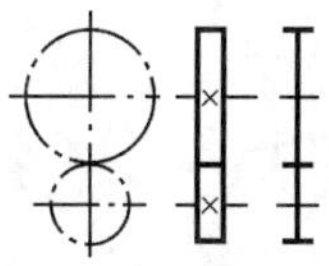

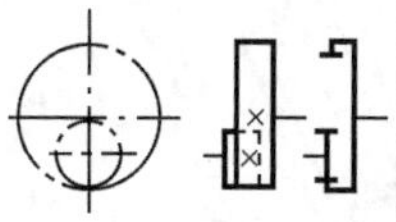

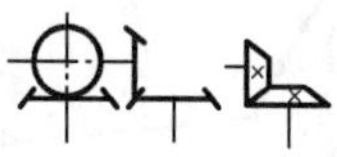

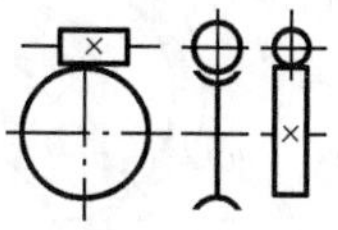

绘制机构运动简图的步骤如下。

（1）首先观察机械的实际构造和运动情况。找出机构的机架和原动件，按照运动的传递线路分析机械原动部分的运动如何传递到工作部分。

（2）分清机械由多少个构件组成，并根据两构件间的接触情况及相对运动的性质，确定各个运动副的类型。

（3）恰当地选择投影面，并将机构停留在适当的位置，避免构件重叠。一般选择与多数构件的运动平面相平行的面为投影面，必要时也可以就机械的不同部分选择两个或两个以上的投影面，然后展开到同一平面上。

（4）选择适当的长度比例尺 $\mu_l = \dfrac{\text{实际尺寸(m 或 mm)}}{\text{图示尺寸(mm)}}$，确定出各运动副之间的相对位置，用规定的符号表示各运动副，并将同一构件参与构成的运动副符号用简单线条连接起来，即可绘制出机构的运动简图。

总之，绘制机构运动简图要遵循正确、简单、清晰的原则。

下面通过具体例子来说明机构运动简图的绘制。

【例 2-1】　绘制图 2-5(a)所示牛头刨床机构的运动简图。

解　牛头刨床由七个构件组成。安装于机架 1 上的主动齿轮 2 将回转运动传递给与之相啮合的齿轮 3,齿轮 3 带动滑块 4 而使导杆 5 绕点 E 摆动,并通过连杆 6 带动滑枕 7 使刨刀做往复直线运动。齿轮 2、3 及导杆 5 分别与机架 1 组成转动副 A、C 和 E。构件 3 与 4、5 与 6、6 与 7 之间分别组成转动副 D、F 和 G,构件 4 与 5、7 与 1 之间分别组成移动副,齿轮 2 与 3 之间的啮合为平面高副 B。

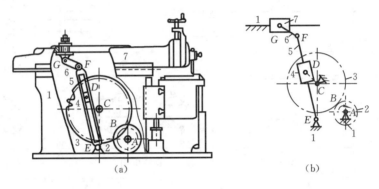

图 2-5　牛头刨床

合理选择长度比例尺 μ_l(m/mm)和投影面后,定出各运动副之间的相对位置,用构件和运动副的规定符号绘制机构运动简图,如图 2-5(b)所示。

【例 2-2】　试绘制图 2-6(a)所示的偏心轮传动机构的机构运动简图。

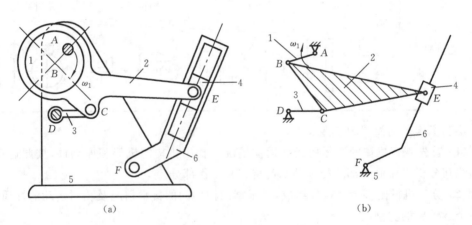

图 2-6　偏心轮传动机构

解　偏心轮传动机构由六个构件组成。根据机构的工作原理,构件 5 是机架,原动件为偏心轮 1,它与机架 5 组成转动副 A。构件 2 是一个三副构件,它与构件 1、构件 3、构件 4 分别组成转动副 B、C 和 E。构件 3 与机架 5、构件 6 与机架 5 分别在点 D、F 组成转动副。构件 4 与构件 6 组成移动副。在选定长度比例尺和投影面后,定出各转动副的回转中心点 A、B、C、D、E、F 的位置及移动副导路的方向,并用运动副符号表示,用直线把各运动副连接起来,在机架上画上短斜线,即得图 2-6(b)所示的机构运动简图。

2.3　平面机构自由度的计算及机构运动确定的条件

2.3.1　平面机构的自由度计算

机构自由度是指机构中各构件相对于机架所具有的独立运动参数。由于平面机构的应用特别广泛,所以下面仅讨论平面机构的自由度计算问题。

机构的自由度与组成机构的构件的数目、运动副的类型及数目有关。

1. 构件、运动副、约束与自由度的关系

由理论力学可知,一个做平面运动的自由构件(刚体),具有三个自由度。如图 2-7(a)所示,构件 1 在未与构件 2 构成运动副时,具有沿轴 x 及轴 y 的移动和绕与运动平面垂直的轴线的转动,共有三个独立运动,即具有三个自由度。当两构件通过运动副相连接时,如图 2-7(b)、(c)、(d)所示,很显然,构件间的相对运动受到限制,这种限制作用称为约束。就是说,运动副引进了约束,就使构件的自由度减少。图 2-7(b)中构件 1 与构件 2 构成转动副,构件 1 沿轴 x 及轴 y 的移动被约束,使构件 1 只能相对构件 2 转动;图 2-7(c)中构件 1 与构件 2 构成移动副,构件 1 沿轴 y 的移动和绕与运动平面垂直的轴线的转动被约束,使构件 1 只能相对构件 2 沿轴 x 移动;图 2-7(d)中构件 1 与构件 2 构成平面高副,构件 1 沿轴 y 的移动被约束,使构件 1 只能相对构件 2 沿轴 x 移动和绕与运动平面垂直的轴线转动。可见,平面低副(转动副或移动副)将引进两个约束,使两构件只剩下一个相对转动或相对移动的自由度;平面高副将引进一个约束,使两构件剩下相对转动和相对移动两个自由度。

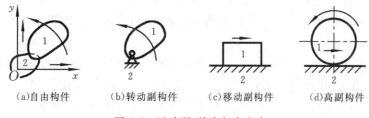

(a)自由构件　　　(b)转动副构件　　　(c)移动副构件　　　(d)高副构件

图 2-7　运动副、约束与自由度

2. 平面机构自由度的计算公式

由以上分析可知,如果一个平面机构共有 n 个活动构件(机架因固定不动而不计算在内),当各构件尚未通过运动副相连接时,显然它们共有 $3n$ 个自由度。若各构件之间共构成 P_L 个低副和 P_H 个高副,则它们共引入了 $(2P_L + P_H)$ 个约束,机构的自由度 F 则为

$$F = 3n - (2P_L + P_H) = 3n - 2P_L - P_H \tag{2-1}$$

这就是平面机构自由度的计算公式。下面举例说明其应用。

【例 2-3】　计算图 2-5 所示牛头刨床机构的自由度。

解　由图 2-5(b)所示的机构运动简图可以看出,该机构共有 6 个活动构件(主动齿轮 2、从动齿轮 3、滑块 4、导杆 5、连杆 6 和滑枕 7),8 个低副(A、C、D、E、F、G 等 6 个转动副及分别由滑块 4 与导杆 5、滑枕 7 与机架 1 构成的 2 个移动副),1 个高副 B(齿轮 2 和齿轮 3 构成的高副)。根据式(2-1),便可求得该机构的自由度为

$$F = 3n - 2P_\mathrm{L} - P_\mathrm{H} = 3 \times 6 - 2 \times 8 - 1 = 1$$

2.3.2　机构具有确定运动的条件

图 2-8(a)所示为一铰链四杆机构。$n = 3, P_\mathrm{L} = 4, P_\mathrm{H} = 0$, 由式(2-1)得

$$F = 3n - 2P_\mathrm{L} - P_\mathrm{H} = 3 \times 3 - 2 \times 4 - 0 = 1$$

此机构的自由度为 1, 如上所述, 即机构中各构件相对于机架所具有的独立运动的数目为 1。

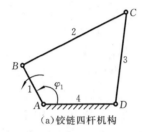 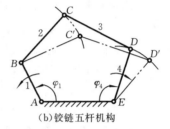

（a）铰链四杆机构　　　　　　（b）铰链五杆机构

图 2-8　机构具有确定运动的条件

通常机构的原动件都是用转动副或移动副与机架相连, 因此每个原动件只能输入一个独立运动。设构件 1 为原动件, 参变量 φ_1 表示构件 1 的独立运动, 由图 2-8(a)可见, 每给定一个 φ_1 的数值, 从动件 2、3 便有一个确定的相应位置。

由此可见, 自由度等于 1 的机构在具有一个原动件时运动是确定的。

图 2-8(b)所示的铰链五杆机构, 因为 $n = 4, P_\mathrm{L} = 5, P_\mathrm{H} = 0$, 所以由式(2-1)得

$$F = 3n - 2P_\mathrm{L} - P_\mathrm{H} = 3 \times 4 - 2 \times 5 - 0 = 2$$

如果只有构件 1 为原动件, 则当构件 1 处在 φ_1 位置时, 由于构件 4 的位置不确定, 所以构件 2 和 3 可以处在图示的实线位置或双点画线位置, 也可处在其他位置, 即从动件的运动是不确定的。

若取构件 1 和 4 为原动件, φ_1 和 φ_4 分别表示构件 1 和 4 的独立运动, 如图 2-8(b)所示, 每当给定一组 φ_1 和 φ_4 的数值, 从动件 2 和 3 便有一个确定的相应位置。

由此可见, 自由度等于 2 的机构在具有两个原动件时才有确定的相对运动。

如图 2-9 所示的构件组合中, $n = 4, P_\mathrm{L} = 6, P_\mathrm{H} = 0$, 由式(2-1)得该构件组合的自由度为 0, 所以它是一个静定桁架。

又如图 2-10 所示的构件组合中, $n = 3, P_\mathrm{L} = 5, P_\mathrm{H} = 0$, 式(2-1)得该构件组合的自由度小于 0, 说明它所受的约束过多, 已是超静定桁架。

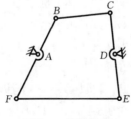 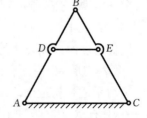

图 2-9　静定桁架　　　　　　图 2-10　超静定桁架

若在图 2-8(a)所示的 $F = 1$ 的机构中, 把构件 1 和构件 3 都作为原动件, 这时受力较

小的原动件变为从动件,机构按受力较大的原动件的运动规律运动,如果构件或运动副的强度不足,则会在不足处遭到破坏。

综上所述,机构的自由度 F、机构原动件的数目与机构的运动有着密切的关系:

(1) 若机构自由度 $F \leqslant 0$,则机构不能动;

(2) 若 $F > 0$ 且与原动件数相等,则机构各构件间的相对运动是确定的,因此,机构具有确定运动的条件是:机构的原动件数等于机构的自由度数;

(3) 若 $F > 0$,而原动件数小于 F,则构件间的运动是不确定的;

(4) 若 $F > 0$,而原动件数大于 F,则构件不能运动或产生破坏。

2.3.3 计算机构自由度时应注意的事项

在计算机构自由度时,应注意以下一些事项,否则计算结果会发生错误。

1. 复合铰链

图 2-11(a)表示构件 1 和构件 2、3 组成两个转动副,连接状况如图 2-11(b)所示。在计算自由度时,必须把它当成两个转动副来计算。像这种两个以上构件在同一处构成的重合转动副,称为复合铰链。不难推想,由 m 个构件汇集而成的复合铰链应当包含 $(m-1)$ 个转动副。

【例 2-4】 计算图 2-12 所示直线机构的自由度。

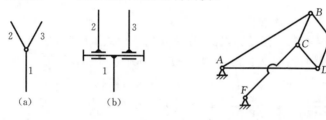

图 2-11 复合铰链 图 2-12 直线机构

解 在本机构中,A、B、C、D 四处都是由三个构件组成的复合铰链,它们各具有两个运动副,所以在本机构中,$n=7$,$P_L=10$,$P_H=0$,由式(2-1)可得

$$F = 3n - 2P_L - P_H = 3 \times 7 - 2 \times 10 - 0 = 1$$

计算结果与实际情况相符。

2. 局部自由度

如图 2-13(a)所示的凸轮机构,为了减少高副接触处的磨损,在凸轮和从动件之间安装了圆柱形滚子,可以看出,滚子绕其自身轴线的自由转动丝毫不影响其他构件的运动。这种与机构的其他构件运动无关的自由度,称为局部自由度。

在计算机构自由度时,局部自由度应当舍弃不计。为了防止计算差错,在计算自由度时,可以设想将滚子与从动件焊成一体,如图 2-13(b)所示,预先排除局部自由度,然后进行计算。

3. 虚约束

在运动副所加的约束中,有些约束所起的限制作用可能是重复的,这种重复的、多余的、不起独立限制作用的约束称为虚约束。如图 2-14(a)所示的平行四边形机构中,连杆 3 做平移运动,其上各点的轨迹均为圆心在 AD 线上而半径等于 $\overline{AB}$ 的圆。若在该机构中

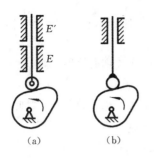

图 2-13　凸轮机构

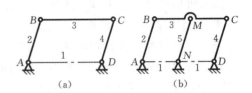

图 2-14　平行四边形机构

再加上一个构件 5，使其与构件 2、4 相互平行，且长度相等，如图 2-14（b）所示。由于杆 5 上点 M 的轨迹与 BC 杆上点 M 的轨迹是相互重合的，因此加上杆 5 并不影响机构的运动，但此时若按式（2-1）计算自由度，则有

$$F = 3n - 2P_{\mathrm{L}} - P_{\mathrm{H}} = 3 \times 4 - 2 \times 6 = 0$$

　　这个结果与实际情况不符，造成这个结果的原因是加入了一个构件 5，引入了三个自由度，但同时又增加了两个转动副，形式上引入了四个约束，即多引入了一个约束。而实际上这个约束对机构的运动起着重复的限制作用，因而它是一个虚约束。由此可以看出，在利用式（2-1）计算机构自由度时，应将产生虚约束的构件和运动副去掉，然后再进行计算。

　　常见的虚约束有以下几种情况。

　　（1）当两构件组成多个移动副，且其导路互相平行或重合时，则只有一个移动副起约束作用，其余都是虚约束，图 2-13（a）中的 E、E' 便属于这种情况。

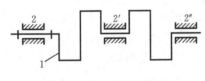

图 2-15　转动副轴线重合

　　（2）当两构件构成多个转动副，且各转动副轴线互相重合时，则只有一个转动副起作用，其余转动副都是虚约束，如图 2-15 所示四缸发动机的曲轴 1 和轴承 2、2′ 和 2″ 组成三个转动副，由于这三个转动副的中心轴线相互重合，因此只能起到一个转动副的约束作用。

　　（3）如果机构中两活动构件上某两点的距离始终保持不变，此时若用具有两个转动副的附加构件来连接这两个点，则将会引入一个虚约束。如图 2-16 所示的机构中，$\triangle ABF \cong \triangle DCE$，当机构运动时，构件 1 和 3 上 F、E 两点间的距离始终保持不变，如果将 E、F 两点以构件 4 相连，则由此多引入的一个约束显然是虚约束。在计算自由度时，该机构可看作如图 2-14（a）所示的机构进行计算。

　　（4）机构中对运动起重复限制作用的对称部分也往往会引入虚约束。如图 2-17 所示的周转轮系，为了受力均衡，采取三个行星轮 2、2′ 和 2″ 对称布置的结构，而事实上只要一个行星轮便能满足运动要求，其他两个行星轮则引入两个虚约束。

　　应特别指出，机构中的虚约束都是在一些特定几何条件下出现的，如果这些几何条件不能满足，则虚约束就会成为实际有效的约束，从而使机构卡住不能运动。如图 2-14（b）中，若所加构件 5 不与构件 2、4 平行，则机构就不能运动，所以，从保证机构运动和便于加工装配等方面考虑，应尽量减少机构的虚约束。

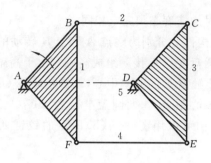
图 2-16　平行四边形机构

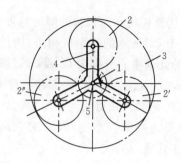
图 2-17　周转轮系

但为了改善构件的受力,增加机构的刚度,在实际机械中虚约束又被广泛地应用。如图 2-15 中,若从运动学观点看,曲轴 1 仅和轴承 2 组成一个转动副就可以了,但是考虑到曲轴很长,载荷又很大,必须再增加轴承 2′和 2″。为了保证三个轴承的同轴度,应提高制造精度,否则若三个轴孔的同轴度太低,安装后轴将产生变形,并在轴承中产生不容许的过大应力,致使曲轴运转困难。总之,在机械设计过程中,要判断是否使用及如何使用虚约束,就必须对现有的生产设备、加工成本、所要求的机器使用寿命和可靠性等进行全面考虑。而作为学生,只要在计算机构自由度时能正确识别虚约束即可。

【例 2-5】　试计算图 2-18(a)所示大筛机构的自由度。

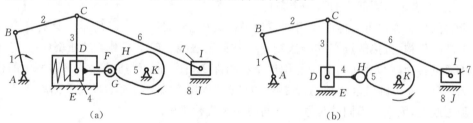

(a)　　　　　　　　　　　　　　　　　　　　(b)

图 2-18　大筛机构

解　由图可知,活动构件数 $n=8$,A、B、C、D、G、K、I 为转动副,E、F、J 为移动副,H 为高副。G 处滚子绕自身轴线的转动为局部自由度,E、F 处活塞及活塞杆与气缸组成两平行移动副,其中有一个是虚约束,计算运动副时应减去。去掉虚约束 F 和 G 处的局部自由度后,活动构件数为 7,按图 2-18(b)分析,C 处为复合铰链,转动副应为 $3-1=2$ 个,由 $n=7$,$P_L=9$,$P_H=1$,得

$$F = 3n - 2P_L - P_H = 3 \times 7 - 2 \times 9 - 1 = 2$$

2.4　平面机构的高副低代、结构分析和组成原理

2.4.1　机构中高副用低副代替的方法

为了使平面低副机构的运动分析和动力分析方法能适用于所有平面机构,因而要了解平面高副与平面低副之间的内在联系,研究在平面机构中用低副代替高副的条件和方法(简称高副低代)。

为了保证机构的运动保持不变,进行高副低代时必须满足的条件如下:

(1)代替机构和原机构的自由度必须完全相同;

（2）代替机构和原机构的瞬时速度和瞬时加速度必须完全相同。

图 2-19(a)所示的高副机构中,构件 1 和构件 2 分别为绕点 A 和点 B 转动的两个圆盘,它们的几何中心分别为 O_1 和 O_2,这两个圆盘在点 C 接触组成高副。由于高副两元素均为圆弧,故 O_1、O_2 即为构件 1 和构件 2 在接触点 C 的曲率中心,两圆连心线 O_1O_2 即为过 C 点的公法线。在机构运动时,圆盘 1 的偏心距 AO_1、两圆盘半径之和 O_1O_2 及圆盘 2 的偏心距 BO_2 均保持不变,因而这个高副机构可以用图 2-19(b)所示的铰链四杆机构 AO_1O_2B 来代替。

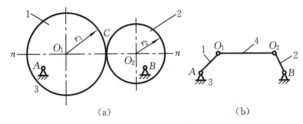

图 2-19　高副机构

代替后机构的运动并不发生任何改变,因此能满足高副低代的第二个条件。由于高副具有一个约束,而构件 4 及转动副 O_1、O_2 也具有一个约束,所以这种代替不会改变机构的自由度,即满足高副低代的第一个条件。

上述的代替方法可以推广应用到各种平面高副上。图 2-20(a)所示为具有任意曲线轮廓的高副机构,过接触点 C 作公法线 n-n,在此公法线上确定接触点的曲率中心 O_1、O_2,构件 4 通过转动副 O_1 和 O_2,分别与构件 1 和构件 2 相连,便可得到图 2-20(b)所示的代替机构 AO_1O_2B。当机构运动时,随着接触点的改变,其接触点的曲率半径及曲率中心的位置也随之改变,因而在不同的位置有不同的瞬时代替机构。

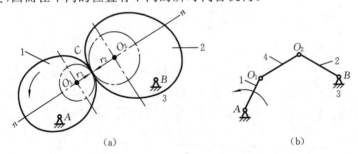

图 2-20　任意曲线轮廓高副机构

根据以上分析,高副低代的方法就是用一个带有两个转动副的构件来代替一个高副,这两个转动副分别处在高副两元素接触点的曲率中心。

若高副两元素之一为一点(图 2-21(a)),则因其曲率半径为零,所以曲率中心与两构件的接触点 C 重合,其瞬时代替机构如图 2-21(b)所示。

若高副两元素之一为一直线(图 2-22(a)),则因直线的曲率中心在无穷远处,所以这一端的转动副将转化为移动副。其瞬时代替机构如图 2-22(b)或(c)所示。

由上述可知,平面机构中的高副均可以用低副来代替,所以任何平面机构都可以化为只含低副的机构,对平面机构进行结构分类时,只需研究平面低副机构就可以了。

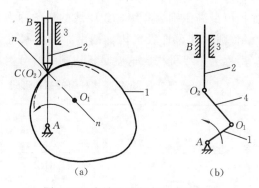

图 2-21 尖端从动件盘形凸轮机构

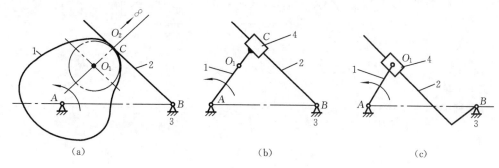

图 2-22 摆动从动件盘形凸轮机构

2.4.2 平面机构的结构分析

由前述可知,机构的原动件数必须等于机构的自由度数,而每一个原动件用低副与机架相连后自由度为1,因此如将机构的机架及和机架相连的原动件与其余构件拆开后,则由其余构件组成的构件组必然是一个自由度为零的构件组。该构件组有时还可以再拆成更简单的自由度为零的构件组。最后不能再拆的最简单的自由度为零的构件组称为基本杆组。

下面讨论全含低副的基本杆组的组成。设基本杆组由 n 个构件和 P_L 个低副组成,按式(2-1)得

$$F = 3n - 2P_L = 0$$

即
$$P_L = 3n/2 \qquad (2-2)$$

由于构件数和运动副数必须是整数,所以满足式(2-2)的构件数和运动副数的组合为:$n=2$,$P_L=3$;$n=4$,$P_L=6$;等等。n 应是 2 的倍数,而 P_L 应是 3 的倍数。

最简单的组合为 $n=2$ 和 $P_L=3$,通常把这种由 2 个构件和 3 个低副构成的基本杆组称为Ⅱ级杆组。考虑到低副中有转动副和移动副,Ⅱ级杆组有 5 种不同的类型,如表 2-3 所示。

除Ⅱ级杆组外,还有Ⅲ、Ⅳ级等较高级的基本杆组。表 2-3 中给出了两种Ⅲ级杆组和一种Ⅳ级杆组,它们都是由 4 个构件及 6 个低副组成的,其中具有由三个内运动副组成封闭轮廓的杆组称为Ⅲ级杆组,具有由四个内运动副组成封闭轮廓的杆组称为Ⅳ级杆组。在实际机构中,这些比较复杂的基本杆组应用较少。

在同一机构中可包含不同级别的基本杆组,通常把机构中所包含的基本杆组的最高

级别作为机构的级别,如把由最高级别为Ⅱ级杆组组成的机构称为Ⅱ级机构,若机构中既有Ⅱ级杆组,又有Ⅲ级杆组,则称其为Ⅲ级机构。把由原动件和机架组成的机构(如杠杆机构、斜面机构、电动机等)称为Ⅰ级机构。这就是机构的结构分类方法。

表 2-3　Ⅱ级及部分Ⅲ、Ⅳ级基本杆组的结构形式

杆组中含有构件及运动副数	杆 组 结 构	
$n=2$ $P_L=3$ 二杆三副 （Ⅱ级杆组）	(1) RRR 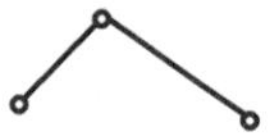 (3) RPR (5) RPP	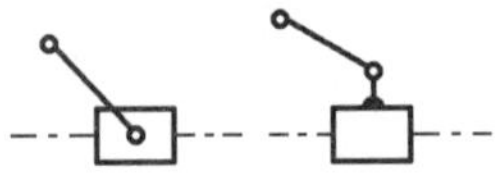 (2) RRP (4) PRP
$n=4$ $P_L=6$ 四杆六副 （部分Ⅲ、 Ⅳ级杆组）	(1) Ⅲ级杆组 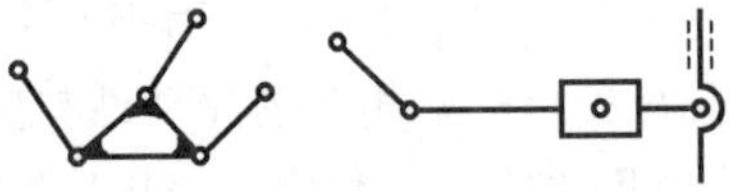	(2) Ⅳ级杆组 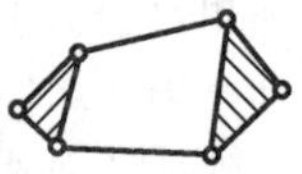

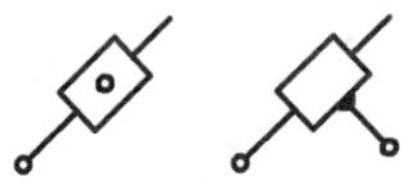

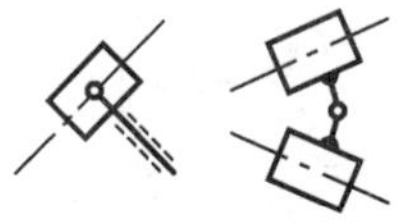

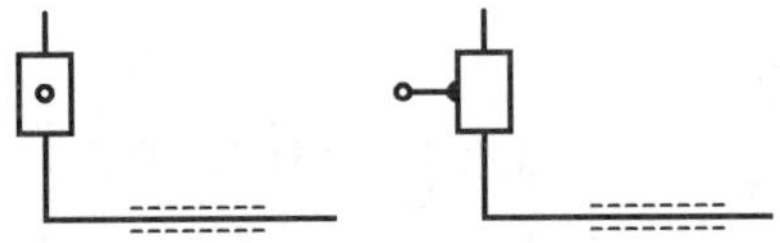

机构结构分析的目的是将已知机构分解为原动件、机架和若干个基本杆组,进而了解机构的组成,并确定机构的级别。机构结构分析的步骤如下。

(1) 除去虚约束和局部自由度,计算机构的自由度并确定原动件。

(2) 拆杆组。从远离原动件的构件开始拆分,按基本杆组的特征,首先试拆Ⅱ级杆组,若不可能时再试拆Ⅲ级杆组。必须注意,每拆出一个杆组后,剩下部分仍组成机构,且自由度数与原机构的自由度数相同,直至全部拆下各杆组,最后只剩下Ⅰ级机构为止。

(3) 确定机构的级别。

【例 2-6】　试确定图 2-23(a)所示平面高副机构的级别。

解　具体的解题步骤如下。

(1) 先除去机构中的局部自由度和虚约束,再计算机构的自由度。O_2 为局部自由度,E' 为虚约束。由 $n=4, P_L=5, P_H=1$,得

$$F = 3n - 2P_L - P_H = 3 \times 4 - 2 \times 5 - 1 = 1$$

以构件 1 为原动件。

(2) 进行高副低代,画出其瞬时代替机构,得到如图 2-23(b)所示的平面低副机构。

(3) 进行结构分析。可依次拆出构件 4 与 3 和构件 2 与 6 两个Ⅱ级杆组,最后剩原动

件 1 和机架 5。

（4）确定机构的级别。由于拆出的最高级别的杆组是Ⅱ级杆组，故此机构为Ⅱ级机构。

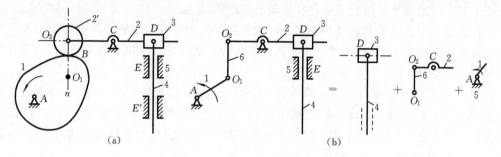

图 2-23　平面高副机构的结构分析

【例 2-7】　计算图 2-24 所示机构的自由度，并确定机构的级别。

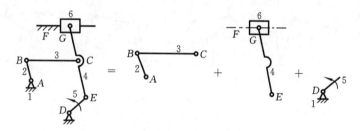

图 2-24　结构分析（一）

解　该机构无虚约束和局部自由度，无高副，由 $n=5$，$P_L=7$，得自由度为
$$F = 3n - 2P_L - P_H = 3 \times 5 - 2 \times 7 = 1$$

构件 5 为原动件，距离构件 5 最远的与其不直接相连的构件 2、3 可以组成Ⅱ级杆组，剩下的构件 4 和构件 6 也可组成Ⅱ级杆组，最后剩下构件 5 与机架 1 组成Ⅰ级机构。该机构由Ⅰ级机构和两个Ⅱ级杆组所组成，因而为Ⅱ级机构。

对于图 2-24 所示机构，若以构件 2 为原动件，则可拆出图 2-25 所示的基本杆组及原动件与机架。该机构是由一个Ⅲ级杆组和原动件 2 与机架 1 所组成的，基本杆组的最高级别为Ⅲ级，所以该机构为Ⅲ级机构。

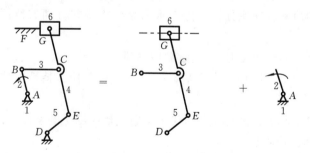

图 2-25　结构分析（二）

如上所述可知，同一机构因所取的原动件不同，机构的级别可能不同。因此，对一个具体机构，必须根据实际工作情况指定原动件，并用箭头标明运动方向。

2.4.3　平面机构的组成原理

根据上述机构结构分析的过程可知,平面机构的组成原理是:任何机构都可以看成由若干个基本杆组依次连接到原动件和机架上所组成。

在设计一个新机构的运动简图时,可先选定机架,并将等于该机构自由度数的若干个原动件用低副连接于机架上,然后再将各个基本杆组依次连接于机架和原动件上,即可完成该简图的设计。

图 2-26 表示了根据机构组成原理组成机构的过程。首先把如图 2-26(b)所示的Ⅱ级杆组 BCD 通过其外副 B、D 连接到图 2-26(a)所示的原动件 1 和机架上,形成四杆机构 $ABCD$。再把图 2-26(c)所示的Ⅲ级杆组通过外副 E、I、J 依次与Ⅱ级杆组及机架连接,组成如图 2-26(d)所示的八杆机构。

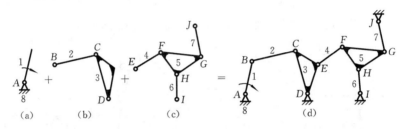

图 2-26　机构的组成

思考题与习题

2-1　什么是构件? 构件与零件有什么区别?

2-2　什么是运动副? 运动副有哪些常用类型?

2-3　什么是自由度? 什么是约束? 自由度、约束、运动副之间存在什么关系?

2-4　什么是运动链? 什么是机构? 机构具有确定运动的条件是什么? 当机构的原动件数少于或多于机构的自由度时,机构的运动将发生什么情况?

2-5　机构运动简图有何用处? 它能表示出原机构哪些方面的特征? 如何绘制机构运动简图?

2-6　在计算机构的自由度时,应注意哪些事项?

2-7　何谓机构的组成原理? 何谓基本杆组? 它具有什么特性? 如何确定基本杆组的级别及机构的级别?

2-8　为何要对平面机构进行高副低代? 高副低代应满足的条件是什么?

2-9　机构如题 2-9 图所示。

(1) 计算自由度,说明该机构是否有确定运动。

(2) 如要使机构有确定运动,则可如何修改? 说明修改的要点,并用简图表示。

2-10　绘出如题 2-10 图所示各机构的运动简图,并计算其自由度(其中构件 1 均为机架)。

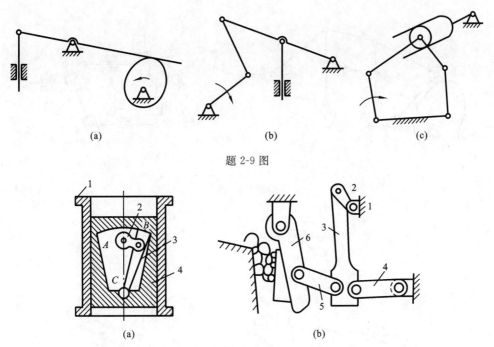

题 2-9 图

题 2-10 图

2-11　计算如题 2-11 图所示各机构的自由度,并明确指出机构中的复合铰链、局部自由度或虚约束,并判断机构运动是否确定。

2-12　计算如题 2-12 图所示各机构的自由度,并确定杆组及机构的级别(图(b)所示机构分别以构件 1、3、7 为原动件进行分析)。

2-13　计算如题 2-13 图所示各机构的自由度,并在高副低代后,进行结构分析。

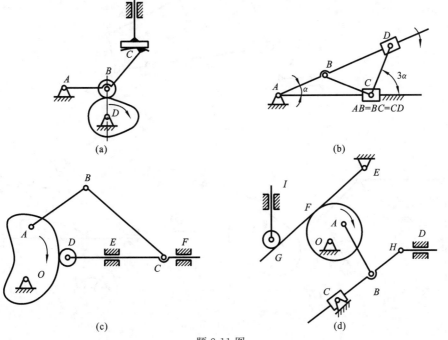

题 2-11 图

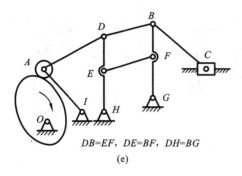

DB=EF，DE=BF，DH=BG

(e)

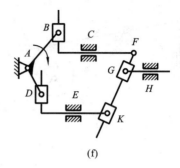

(f)

续题 2-11 图

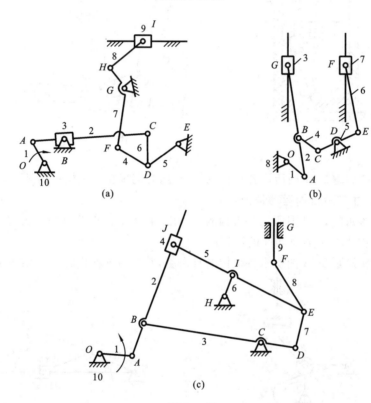

(a)

(b)

(c)

题 2-12 图

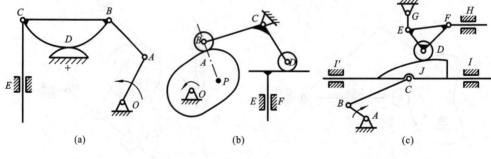

(a)　　　　　　(b)　　　　　　(c)

题 2-13 图

第3章 平面机构的运动分析

如图 3-1 所示为 V 形发动机简图,如何才能确定点 E 处活塞的冲程,并确定机壳的轮廓呢?为了确定点 E 处活塞的冲程,必须先确定连杆 DE 的连接点 D 的轨迹;而为了确定机壳的轮廓,必须先确定主连杆 BC 各端点的轨迹。也就是说,要想解决这类问题,必须对机构进行运动分析,这正是本章所要介绍的内容。

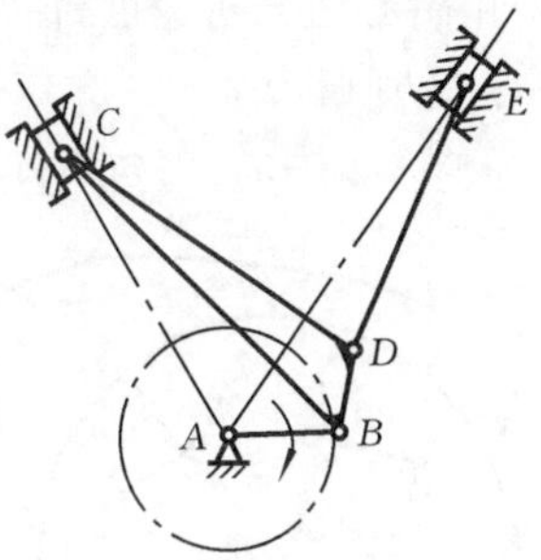

图 3-1 V 形发动机简图

3.1 机构运动分析的目的和方法

所谓机构的运动分析,就是对机构的位移、速度和加速度进行分析。具体地说,就是根据原动件的已知运动规律,分析该机构其他构件上某些点的位移、轨迹、速度和加速度,以及这些构件的角位移、角速度和角加速度。显然上述分析的内容,无论是对于设计新的机械,还是对于了解现有机械的运动性能,都是十分必要的。

教学视频　　重难点与
　　　　　　知识拓展

正如例 2-1、例 2-2 中的案例分析所述,通过对机构进行位移或轨迹的分析,可以确定某些构件在运动时所需的空间,判断当构件运动时各构件之间是否会互相干涉,确定机构从动件的行程,考察某构件或构件上某一点能否实现预定的位置或轨迹要求等。

通过对机构进行速度分析,可以了解从动件的速度变化规律能否满足工作要求。例如,就牛头刨床来说,要求刨刀在工作行程中应接近于等速运动,而空回行程的速度则应高于工作行程的速度,因为这样既能提高加工质量、延长刀具寿命,又能节省动力、提高工效。怎样判定设计的牛头刨床是否满足这种设计要求呢?这就必须对它进行速度分析。

对于高速机械和重型机械,其构件的惯性力往往很大,因此在进行强度计算或分析其工作性能时,决不能不考虑这些惯性力的影响。为了确定惯性力,就必须先进行机构的加速度分析。

平面机构运动分析的方法主要有图解法、解析法。图解法的特点是形象直观,对于平面机构来说,一般也比较简单,但精度不高,而且对机构的一系列位置进行分析时,需要反复作图,也相当麻烦。解析法的特点是把机构中已知的尺寸参数和运动参数与未知的运动变量之间的关系用数学式表达出来,然后求解,因此可得到很高的精度。其缺点是不像图解法那样形象直观,计算公式较复杂,计算工作量大,但它可以借助计算机来解决问题,因此,解析法现在得到较为广泛的应用。

本章仅限于对平面机构进行运动分析,当用图解法进行分析时,由于机构的位置或轨迹的求解是简单的几何问题,故不再专门进行讨论。

3.2　速度瞬心法及其在机构速度分析中的应用

机构速度分析的图解法，又有速度瞬心法和矢量方程图解法等。对简单平面机构来讲，应用瞬心法分析速度，往往非常简单清晰。

1. 速度瞬心

如图 3-2 所示，当两构件 1、2 做平面运动时，在任一瞬时，其相对运动可看作绕某一

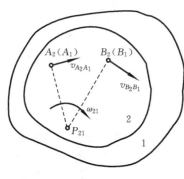

图 3-2　速度瞬心图

重合点的相对转动。而该重合点则称为瞬时速度中心，简称瞬心。因此瞬心是该两刚体上瞬时相对速度为零的重合点，也是瞬时绝对速度相同的重合点（或简称同速点）。如果这两个构件都是运动的，则其瞬心称为相对瞬心；如果两个构件之一是静止的，则其瞬心称为绝对瞬心。用符号 P_{ij} 表示构件 i 和构件 j 的瞬心。

2. 机构中瞬心的数目

由于任意两个构件都存在一个瞬心，所以根据排列组合原理，由 n 个构件组成的机构，其总的瞬心数 K 为

$$K = n(n-1)/2 \tag{3-1}$$

3. 机构中瞬心位置的确定

如上所述，机构中每两个构件就有一个瞬心。如果两个构件是通过运动副直接连接在一起的，那么其瞬心位置可以直接观察加以确定；如果两构件不直接接触，则它们的瞬心位置需要用三心定理来确定。下面分别加以介绍。

1）通过运动副直接连接的两构件的瞬心

（1）以转动副连接的两构件的瞬心。

如图 3-3(a)、(b)所示，当两构件 1、2 组成转动副时，转动副的中心处具有相同的速度，故回转中心即为其速度瞬心 P_{12}。图(a)及图(b)中的 P_{12} 分别为绝对瞬心和相对瞬心。

（2）以移动副连接的两构件的瞬心。

如图 3-3(c)、(d)所示，当两构件以移动副连接时，构件 1 相对构件 2 移动的速度平行于导路方向，因此瞬心 P_{12} 应位于移动副导路方向的垂线上的无穷远处。图(c)及图(d)中的 P_{12} 分别为绝对瞬心和相对瞬心。

（3）以平面高副连接的两构件的瞬心。

如图 3-3(e)、(f)所示，当两构件以平面高副连接时，如果高副两元素之间为纯滚动（图 3-3(e)），则两元素的接触点 M 的相对速度为零，点 M 即为两构件的瞬心 P_{12}；如果高副两元素之间既有相对滚动，又有相对滑动（图 3-3(f)），则不能直接定出两构件的瞬心 P_{12} 的具体位置。但是，因为构成高副的两构件必须保持接触，而且两构件在接触点 M 处的相对滑动速度必定沿着高副接触点处的公切线 t-t 方向，由此可知，两构件的瞬心 P_{12} 必定位于接触点的公法线 n-n 上。

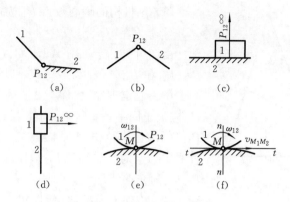

图 3-3 直接成副两构件的瞬心

2）不直接相连的两构件的瞬心

不直接组成运动副的两构件的瞬心可用三心定理来求。

所谓三心定理，即做平面运动的三个构件共有三个速度瞬心，且它们位于同一条直线上。

证明如下：如图 3-4 所示，设构件 1、2、3 彼此做平面运动，根据式（3-1），它们共有三个瞬心，即 P_{12}、P_{23}、P_{13}，其中 P_{12}、P_{13} 分别处于构件 2、1 和构件 3、1 直接构成的转动副的中心，故可直接求出。现只需证明 P_{23} 必定位于 P_{12}、P_{13} 的连线上。

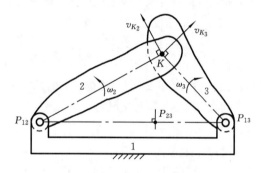

图 3-4 三心定理

方便起见，假定构件 1 是不动的。因瞬心为两构件上绝对速度（大小和方向）相同的重合点，如果 P_{23} 不在 P_{12} 和 P_{13} 的连线上，而在图示的点 K 上，则绝对速度 v_{K_2} 和 v_{K_3} 在方向上就不可能相同。显然，只有当 P_{23} 位于 P_{12} 和 P_{13} 的连线上时，构件 2 和构件 3 的重合点的绝对速度的方向才能一致，故知 P_{23} 必定位于 P_{12} 和 P_{13} 的连线上。

4．速度瞬心在速度分析中的应用

利用瞬心法进行速度分析，可求出两构件的角速度比、构件的角速度及构件上某点的速度。现举例说明。

【例 3-1】 在图 3-5 所示的平面四杆机构中，已知各个构件的尺寸和主动件 2 的角速度 ω_2。试求：

（1）在图示位置时，该机构的瞬心及瞬心数目；

（2）ω_2 与 ω_4 的比值 ω_2/ω_4；

（3）速度 v_C。

解 具体的解题步骤如下。

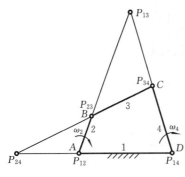

图 3-5　平面四杆机构

（1）该机构的瞬心数目 K，按式（3-1）计算为

$$K=n(n-1)/2=4\times(4-1)/2=6$$

由图可知，转动副 A、B、C、D 分别为瞬心 P_{12}、P_{23}、P_{34} 和 P_{14}。

由三心定理知，构件 1、2、3 的三个瞬心 P_{12}、P_{23} 及 P_{13} 应位于同一条直线上；构件 1、4、3 的三个瞬心 P_{14}、P_{34} 及 P_{13} 也应位于同一直线上。因此，直线 $P_{12}P_{23}$ 和直线 $P_{14}P_{34}$ 的交点就是 P_{13}。同理，直线 $P_{14}P_{12}$ 和直线 $P_{34}P_{23}$ 的交点就是 P_{24}。

（2）构件 1 为机架，所以 P_{13}、P_{12} 和 P_{14} 是绝对瞬心，而 P_{23}、P_{34} 和 P_{24} 是相对瞬心。因为 P_{24} 为速度瞬心，也就是构件 2 和构件 4 在此点具有相同的绝对速度，所以其速度为

$$v_{P_{24}}=\omega_2 l_{P_{12}P_{24}}=\omega_4 l_{P_{14}P_{24}}$$

由上式可得

$$\omega_2/\omega_4=l_{P_{14}P_{24}}/l_{P_{12}P_{24}}=\mu_1\overline{P_{14}P_{24}}/(\mu_1\overline{P_{12}P_{24}})=\overline{P_{14}P_{24}}/\overline{P_{12}P_{24}}$$

式中：μ_1 为机构的尺寸比例尺，它是构件的真实长度与图示长度之比（m/mm）；ω_2/ω_4 为该构件的主动件 2 与从动件 4 的瞬时角速度之比，即机构的传动比。上式表明，此传动比等于两构件 2 和 4 的绝对瞬心（P_{12}、P_{14}）与其相对瞬心（P_{24}）距离的反比。此关系可以推广到平面机构中任意两构件 i 与 j 的角速度之间的关系，即

$$\omega_i/\omega_j=\overline{P_{1j}P_{ij}}/\overline{P_{1i}P_{ij}}$$

式中：ω_i、ω_j 分别为构件 i、j 的瞬时角速度；P_{1i} 及 P_{1j} 分别为构件 i 及 j 的绝对瞬心；而 P_{ij} 则为构件 i、j 的相对瞬心。因此，在已知 P_{1i}、P_{1j} 及构件 i 的角速度 ω_i 的条件下，只要定出 P_{ij} 的位置，便可求出构件 j 的角速度 ω_j。由此可得

$$\omega_3/\omega_4=\overline{P_{14}P_{34}}/\overline{P_{13}P_{34}}$$

（3）点 C 的速度即为瞬心 P_{34} 的速度，则有

$$v_C=\omega_3\overline{P_{13}P_{34}}\mu_1=\omega_4\overline{P_{14}P_{34}}\mu_1=\omega_2(\overline{P_{12}P_{24}}/\overline{P_{14}P_{24}})\overline{P_{14}P_{34}}\mu_1$$

3.3　用矢量方程图解法作机构的速度和加速度分析

3.3.1　矢量方程图解法的基本原理和作法

在用矢量方程图解法对机构进行速度和加速度分析时，首先根据相对运动原理，建立点与点之间的速度和加速度矢量方程，然后用作图法求解矢量方程，按比例绘出机构的速度多边形和加速度多边形，求得未知的运动参数。下面先针对机构运动分析中遇到的两种具体情况进行说明。

1. 同一构件上不同点之间的速度及加速度关系

根据构件的平面运动可视为随某点的牵连平动及绕该点的相对转动的合成，可建立同一构件上不同点间的速度及加速度关系。

在图 3-6(a) 所示的曲柄滑块机构中，设构件 1 以 ω_1 匀速转动，点 A 和点 B 为构件 2

上的两点,它们的速度及加速度关系为

$$\boldsymbol{v}_B = \boldsymbol{v}_A + \boldsymbol{v}_{BA} \qquad (3\text{-}2)$$

大小: ? $l_{OA}\omega_1$?

方向: //导路 $\perp OA$ $\perp AB$

$$\boldsymbol{a}_B = \boldsymbol{a}_A + \boldsymbol{a}_{BA}^n + \boldsymbol{a}_{BA}^t \qquad (3\text{-}3)$$

大小: ? $l_{OA}\omega_1^2$ $l_{AB}\omega_2^2$?

方向: //导路 $A \rightarrow O$ $B \rightarrow A$ $\perp AB$

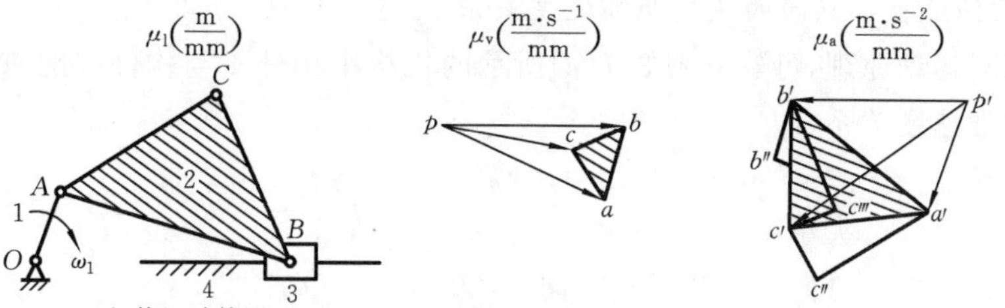

(a)机构运动简图　　　(b)机构速度多边形　　　(c)机构加速度多边形

图 3-6　同一构件上不同点间的速度及加速度关系

在式(3-2)中,只有 $\boldsymbol{v}_B$ 及 $\boldsymbol{v}_{BA}$ 的大小为未知,故可用图解法求解。为此,选定速度比例尺 $\mu_v(\mathrm{m \cdot s^{-1}/mm})$,并任选点 p 作为起始点(代表机构中绝对速度为零的点),作矢量线 pa 表示 $\boldsymbol{v}_A$(图 3-6(b)),过点 a 作直线 ab 代表 $\boldsymbol{v}_{BA}$ 的方向线,与代表 $\boldsymbol{v}_B$ 的矢量线 pb 交于点 b,则 pb 表示 $\boldsymbol{v}_B$,ab 表示 $\boldsymbol{v}_{BA}$,且构件 2 的角速度大小为 $\omega_2 = v_{BA}/l_{AB} = (\overline{ab} \cdot \mu_v)/(\overline{AB} \cdot \mu_l)$,通过将 $\boldsymbol{v}_{BA}$ 平移到点 B 可确定其转向为逆时针方向。

同理,可用图解法求解式(3-3)得点 B 的绝对加速度 $\boldsymbol{a}_B$。选定加速度比例尺 μ_a $(\mathrm{m \cdot s^{-2}/mm})$ 及点 p' 作矢量线 $p'a'$ 表示 $\boldsymbol{a}_A$(图 3-6(c)),再作矢量线 $a'b''$ 表示 $\boldsymbol{a}_{BA}^n$,过点 b'' 作直线 $b''b'$ 代表 $\boldsymbol{a}_{BA}^t$ 的方向线,与过点 p' 所作的代表 $\boldsymbol{a}_B$ 方向线的直线 $p'b'$ 交于点 b',则 $p'b'$ 表示 $\boldsymbol{a}_B$,$b''b'$ 表示 $\boldsymbol{a}_{BA}^t$。构件 2 的角加速度 $\boldsymbol{\alpha}_2$ 的大小为 $a_{BA}^t/l_{AB} = (\mu_v \cdot \overline{b''b'})/(\mu_l \cdot \overline{AB})$,通过将 $\boldsymbol{a}_{BA}^t$ 平移到点 B 可确定其转向为逆时针方向。

为了求得构件 2 上任一点 C 的速度和加速度,同理可建立点 C 与点 A 间的运动关系式,即

$$\boldsymbol{v}_C = \boldsymbol{v}_A + \boldsymbol{v}_{CA}$$

$$\boldsymbol{a}_C = \boldsymbol{a}_A + \boldsymbol{a}_{CA}^n + \boldsymbol{a}_{CA}^t$$

分析可知,上面两式中均含有三项未知量($\boldsymbol{v}_C$ 的方向、大小及 $\boldsymbol{v}_{CA}$ 的大小,$\boldsymbol{a}_C$ 的方向、大小及 $\boldsymbol{a}_{CA}^t$ 的大小),故无法求解。为此,再建立点 C 和点 B 间的运动关系式,即

$$\boldsymbol{v}_C = \boldsymbol{v}_B + \boldsymbol{v}_{CB}$$

$$\boldsymbol{a}_C = \boldsymbol{a}_B + \boldsymbol{a}_{CB}^n + \boldsymbol{a}_{CB}^t$$

分别联立速度关系式及加速度关系式,可得

$$\boldsymbol{v}_A + \boldsymbol{v}_{CA} = \boldsymbol{v}_B + \boldsymbol{v}_{CB}$$

$$\boldsymbol{a}_A + \boldsymbol{a}_{CA}^n + \boldsymbol{a}_{CA}^t = \boldsymbol{a}_B + \boldsymbol{a}_{CB}^n + \boldsymbol{a}_{CB}^t$$

上面两矢量方程式可用图解法求解,其结果见图 3-6(b)及图 3-6(c),这样即可求得代表点 C 速度 $\boldsymbol{v}_C$ 的矢量线 pc 和代表点 C 加速度 $\boldsymbol{a}_C$ 的矢量线 $p'c'$。

图 3-6(b)和图 3-6(c)分别称为图 3-6(a)所示机构的速度多边形和加速度多边形。点

p 及点 p' 分别称为速度多边形和加速度多边形的极点。可以证明,同一构件上各点在速度多边形和加速度多边形中对应点所形成的图形,与这些点组成的构件图形相似,且字母绕行顺序也是一致的。此即为速度或加速度映像原理。如图 3-6 中有 $\triangle ABC \backsim \triangle abc$,$\triangle ABC \backsim \triangle a'b'c'$,且字母绕行顺序也是一致的。因此把图形 abc 和 $a'b'c'$ 分别称为构件图形 ABC 的速度投影和加速度投影。当已知构件上某两点的速度或加速度之后,利用影像关系可方便地作出构件的相似图形,从而求得其他点的速度或加速度,不必通过联立矢量方程来求解(但应注意:整个机构与其速度多边形或加速度多边形间不存在映像关系)。

2. 两构件上重合点间的速度及加速度关系

根据相对运动原理,可建立图 3-7(a)所示的机构中构件 1 与构件 2 的重合点 B_1、B_2 间的速度及加速度关系,即

$$\boldsymbol{v}_{B_2} = \boldsymbol{v}_{B_1} + \boldsymbol{v}_{B_2 B_1} \tag{3-4}$$

大小:　　?　　　　$l_{OB}\omega_1$　　　　?

方向:　铅垂方向　$\perp OB$　　　//OA

$$\boldsymbol{a}_{B_2} = \boldsymbol{a}_{B_1} + \boldsymbol{a}_{B_2 B_1}^{k} + \boldsymbol{a}_{B_2 B_1}^{r} \tag{3-5}$$

大小:　　?　　　　$l_{OB}\omega_1^2$　　$2\omega_1 v_{B_2 B_1}$　　?

方向:　铅垂方向　$B{\to}O$　　$\perp OA$　　　//OA

式中:$\boldsymbol{v}_{B_2 B_1}$ 为点 B_2 对点 B_1 的相对速度,其方向平行于移动副 A 的导路方向,大小未知;$\boldsymbol{a}_{B_2 B_1}^{k}$ 为点 B_2 对点 B_1 的科氏加速度,其大小为

$$\boldsymbol{a}_{B_2 B_1}^{k} = 2\omega_1 \boldsymbol{v}_{B_2 B_1} \tag{3-6}$$

其方向与将 $\boldsymbol{v}_{B_2 B_1}$ 沿 ω_1 的转向转过 90° 的方向一致;$\boldsymbol{a}_{B_2 B_1}^{r}$ 为点 B_2 对点 B_1 的相对加速度,其方向平行于移动副 A 的导路方向,其大小未知。

式(3-4)和式(3-5)均有两个未知量,故可用图解法求解,其结果如图 3-7(b)和图 3-7(c)所示。

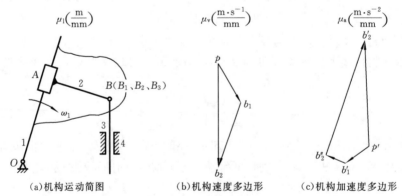

(a)机构运动简图　　　(b)机构速度多边形　　　(c)机构加速度多边形

图 3-7　两构件重合点间的速度及加速度关系

3.3.2　用矢量方程图解法作机构的速度及加速度分析

在运用上述原理和作法进行机构的速度和加速度分析时,需要从机构中速度和加速度的大小及方向均已知的点出发,过渡到速度和加速度方向已知而大小未知的点上,从而完成整个机构的速度和加速度分析。现举例如下。

【例 3-2】 图 3-8(a)所示为一刨床机构运动简图,设构件尺寸均已知,选定尺寸比例

尺μ_1(m/mm)。已知原动件1以等角速度ω_1顺时针回转,用图解法求机构在图示位置时滑块5(刨刀)的速度v_E、加速度a_E及导杆3和连杆4的角速度ω_3、ω_4和角加速度α_3和α_4。

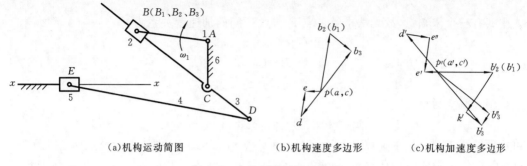

（a)机构运动简图　　　　（b)机构速度多边形　　　　（c)机构加速度多边形

图3-8　牛头刨床的运动分析

解　根据上述以图解法求解机构上某点速度和加速度的条件可知,此题的解题步骤应是先求v_{B_2},再求v_{B_3},然后求v_D,最后求v_E;再以同样的步骤进行加速度求解。现说明如下。

(1)速度分析。

① 求v_{B_2}　$v_{B_2}=v_{B_1}$,其大小为$\omega_1 l_{AB}$,其方向垂直于AB,且指向与ω_1一致。

② 求v_{B_3}　点B_2与点B_3为两构件重合点,故有

$$v_{B_3}\quad=\quad v_{B_2}\quad+\quad v_{B_3 B_2}$$

方向：　　　$\perp BC$　　　$\perp AB$　　　$//BC$

大小：　　　?　　　$\omega_1 l_{AB}$　　　?

式中仅有两个未知量,可用图解法求解。如图3-8(b)所示,取点p作为速度多边形的极点,作pb_2代表v_{B_2},则速度比例尺$\mu_v=v_{B_2}/\overline{pb_2}$(m·s^{-1}/mm)。再过点$b_2$作出$v_{B_3 B_2}$的方向线$b_2 b_3$,与过点$p$所作的$v_{B_3}$方向线$pb_3$交于点$b_3$,则矢量线$pb_3$和$b_2 b_3$即分别代表$v_{B_3}$和$v_{B_3 B_2}$。导杆3的角速度$\omega_3=v_{B_3}/l_{BC}=\overline{pb_3}\mu_v/(\overline{CB}\mu_1)$,将矢量线$pb_3$平移至机构图上的点$B_3$处,可知$\omega_3$为顺时针方向。

③ 求v_D　因点B_3、C及D同属导杆3上的点,故可以利用速度影像关系求v_D。在图3-8(b)中,将$b_3 p$连线延伸至点d,使$\overline{pd}/\overline{CD}=\overline{pb_3}/\overline{CB}$,则矢量线$pd$代表$v_D$。

④ 求v_E　点D与点E为构件4上的两个点,故有

$$v_E\quad=\quad v_D\quad+\quad v_{ED}$$

方向：　　　$//xx$　　　√　　　$\perp ED$

大小：　　　?　　　√　　　?

式中仅有两个未知量,可用图解法求解。在图3-8(b)中,过点d作出v_{ED}的方向线de,与过点p所作的v_E方向线交于点e,则矢量线pe和de分别代表v_E和v_{ED},v_E方向为沿xx向左,连杆4的角速度为$\omega_4=v_{ED}/l_{ED}=\overline{de}\mu_v/(\overline{ED}\mu_1)$,将矢量线$de$平移到机构图上的点$E$处,可知$\omega_4$为顺时针方向。

(2)加速度的分析。

① 求a_{B_2}　因原动件1做匀速转动,故a_{B_2}的大小为$\omega_1^2 l_{AB}$,其方向由点B指向点A。

② 求a_{B_3}　点B_2与点B_3为两构件重合点,故有

$$a_{B_3} = a_{B_2} + a_{B_3 B_2}^k + a_{B_3 B_2}^r$$

方向： ? $B{\to}A$ $\sqrt{}$ $//BC$

大小： ? $\omega_1^2 l_{AB}$ $2\omega_2 v_{B_3 B_2}$?

式中共有三个未知量，故无法求解。点 B 与点 C 间的加速度关系为

$$a_{B_3} = a_{B_3 C}^n + a_{B_3 C}^t$$

方向： ? $B{\to}C$ $\perp BC$

大小： ? $\omega_3^2 l_{BC}$?

上面两式联立后得

$$a_{B_3 C}^n + a_{B_3 C}^t = a_{B_2} + a_{B_3 B_2}^k + a_{B_3 B_2}^r$$

可用图解法求解。选加速度比例尺 $\mu_a(\mathrm{m \cdot s^{-2}/mm})$ 及加速度多边形极点 p'，如图 3-8 (c)所示，作矢量线 $p'b_2'$ 代表 a_{B_2}，过点 $b_2'(b_1')$ 作矢量线 $b_2'k'$ 代表 $a_{B_3 B_2}^k$，过点 p' 作矢量线 $p'b_3''$ 代表 $a_{B_3 C}^n$，过点 k' 所作的 $a_{B_3 B_2}^r$ 的方向线与过点 b_3'' 所作的 $a_{B_3 C}^t$ 的方向线交于点 b_3'，则矢量线 $p'b_3'$ 代表 a_{B_3}。导杆 3 的角加速度 $\alpha_3 = a_{B_3 C}^t / l_{BC} = \overline{b_3'' b_3'} \mu_a / (\overline{BC}\mu_1)$，将代表 $a_{B_3 C}^t$ 的矢量线 $b_3'' b_3'$ 平移至构件图上点 B 处，可知 α_3 的转向为逆时针方向。

　③ 求 a_D　点 B_3、C、D 为构件 3 上的点，故可用加速度影像关系求 a_D。在图 3-8(c) 中，将 $b_3'p'$ 连线延长至点 d'，使 $\overline{p'd'}/\overline{CD} = \overline{p'b_3'}/\overline{CB}$，则矢量线 $p'd'$ 代表 a_D。

　④ 求 a_E　点 E 与点 D 为同一构件上的两点，故有

$$a_E = a_D + a_{ED}^n + a_{ED}^t$$

方向： $//xx$ $\sqrt{}$ $E{\to}D$ $\perp ED$

大小： ? $\sqrt{}$ $\omega_4^2 l_{ED}$?

式中仅有两个未知量，可用图解法求解。在图 3-8(c)中，过点 d' 作矢量线 $d'e''$ 代表 a_{ED}^n，过点 e'' 作矢量线 $e''e'$ 代表 a_{ED}^t 的方向线，与过点 p' 所作的代表 a_E 方向线的直线 $p'e'$ 相交于点 e'，则矢量线 $p'e'$ 代表 a_E，方向为沿 xx 向左。连杆 4 的角加速度 $\alpha_4 = a_{ED}^t / l_{ED} = \overline{e''e'} \mu_a / (\overline{ED}\mu_1)$，将矢量线 $e''e'$ 平移至机构图中的点 E 处，可知 α_4 的转向为逆时针方向。

3.4　用解析法作机构的运动分析

　　用图解法作机构的运动分析，虽然比较形象直观，但是从现代机械设计和工业发展的要求来看，不仅精度较低、费时较长，而且也不便于把机构分析问题和机构综合问题联系起来。因此，随着科学技术的发展，解析法得到越来越广泛的应用。

　　用解析法进行机构运动分析时，关键是建立机构位移方程式，而速度方程式和加速度方程式，是对位移方程关于时间求一阶和二阶导数得到的。所采用的数学工具不同，解析法的种类也随之不同。本书主要介绍三种比较容易掌握且便于应用的方法——复数矢量法、矩阵法和杆组法。

3.4.1　复数矢量法

　　现以图 3-9 所示的偏置曲柄滑块机构为例，说明用复数矢量法进行机构运动分析的一般过程。

　　1. 位移分析

　　设图 3-9 所示机构各构件尺寸为：曲柄 AB 长 l_1，连杆 BC 长 l_2，偏距 l_3。又设曲柄

AB 为原动件,以等角速度 ω_1 沿逆时针方向回转。现需用解析法求解连杆 2 及滑块 3 的位移、速度和加速度。

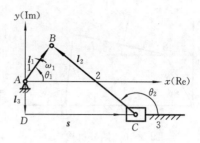

图 3-9 偏置曲柄滑块机构解析法
运动分析

建立如图 3-9 所示的坐标系,并规定曲柄 1 和连杆 2 的角位移 θ_1 及 θ_2 从实轴开始度量,逆时针方向为正;滑块 3 的位移 s 由点 A 开始度量。在机构上建立图示封闭的矢量多边形,故可得位移方程

$$l_1 = l_2 + l_3 + s \qquad (3\text{-}7)$$

将上述各矢量写成复数指数形式,即得

$$l_1 \mathrm{e}^{\mathrm{i}\theta_1} = l_2 \mathrm{e}^{\mathrm{i}\theta_2} + l_3 \mathrm{e}^{\mathrm{i}\times\frac{3}{2}\pi} + s\mathrm{e}^{\mathrm{i}\times 0} \qquad (3\text{-}8)$$

在该位移方程式中,只有 θ_1 和 θ_2 两个未知量,故可求解。为此将式(3-8)写成

$$l_2 \mathrm{e}^{\mathrm{i}\theta_2} = l_1 \mathrm{e}^{\mathrm{i}\theta_1} - l_3 \mathrm{e}^{\mathrm{i}\times\frac{3}{2}\pi} - s\mathrm{e}^{\mathrm{i}\times 0} \qquad (3\text{-}9)$$

式(3-9)两边同时取模得

$$l_2 = \sqrt{(l_1\cos\theta_1 - s)^2 + (l_1\sin\theta_1 + l_3)^2}$$

整理可得

$$s = l_1\cos\theta_1 \mp \sqrt{l_2^2 - (l_1\sin\theta_1 + l_3)^2} \qquad (3\text{-}10)$$

取式(3-9)的虚部并经整理可得

$$\theta_2 = \arcsin\big[(l_1\sin\theta_1 + l_3)/l_2\big] \qquad (3\text{-}11)$$

由机构的初始安装情况和机构的运动连续性可确定出式(3-10)中根号前应为"+"号,而 θ_2 应在第二象限或第三象限。

2. 速度分析

将式(3-8)两边对时间 t 求导,可得

$$\mathrm{i}l_1\omega_1 \mathrm{e}^{\mathrm{i}\theta_1} = \mathrm{i}l_2\omega_2 \mathrm{e}^{\mathrm{i}\theta_2} + v_3 \qquad (3\text{-}12)$$

式中:ω_1、ω_2 为构件 1 及构件 2 的角速度,而 v_3 为构件 3 的线速度。

式(3-12)取虚部及两边同时乘以 $\mathrm{e}^{-\mathrm{i}\theta_2}$ 并取实部,得

$$\omega_2 = \omega_1 l_1\cos\theta_1/(l_2\cos\theta_2)$$

$$v_3 = -\omega_1 l_1\sin(\theta_1 - \theta_2)/\cos\theta_2$$

3. 加速度分析

将式(3-12)两边对时间 t 求导,可得

$$-l_1\omega_1^2 \mathrm{e}^{\mathrm{i}\theta_1} = -l_2\omega_2^2 \mathrm{e}^{\mathrm{i}\theta_2} + \mathrm{i}l_2\alpha_2 \mathrm{e}^{\mathrm{i}\theta_2} + a_3 \qquad (3\text{-}13)$$

取式(3-13)虚部得

$$\alpha_2 = (\omega_2^2\sin\theta_2 - l_1\omega_1^2\sin\theta_2/l_2)/\cos\theta_2 \qquad (3\text{-}14)$$

式(3-13)两边同时乘以 $\mathrm{e}^{-\mathrm{i}\theta_2}$ 并取其实部,得

$$a_3 = \big[-l_1\omega_1^2\cos(\theta_1 - \theta_2) + l_2\omega_2^2\big]/\cos\theta_2 \qquad (3\text{-}15)$$

3.4.2 矩阵法

如图 3-10 所示为一简单的四杆机构。设已知各构件的尺寸,又知原动件 1 以等角速

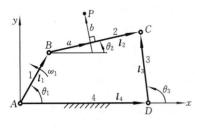

图 3-10　四杆机构

度 ω_1 回转，现需求该机构在图示位置时连杆 2 及从动件 3 的角位移、角速度和角加速度，以及连杆上点 P 的位移、速度和加速度。

为了对该机构进行运动分析，如图 3-10 所示，先建立一直角坐标系，并将各构件以矢量形式表示出来（坐标系和各构件矢量方向的选取均与解题结果无关。方便起见，取轴 x 与 l_4 一致，并取轴 x 为各构件转角 θ 的起始线）。下面分别对该机构的位置、速度及加速度进行分析。

1. 位置分析

如图 3-10 所示，根据机构各构件所构成的封闭矢量多边形，可写出以下矢量方程式：

$$\boldsymbol{l}_1 + \boldsymbol{l}_2 = \boldsymbol{l}_4 + \boldsymbol{l}_3 \tag{3-16}$$

将式（3-16）分别向 x 轴和 y 轴投影，得

$$\left.\begin{array}{l} l_1\cos\theta_1 + l_2\cos\theta_2 - l_3\cos\theta_3 - l_4 = 0 \\ l_1\sin\theta_1 + l_2\sin\theta_2 - l_3\sin\theta_3 = 0 \end{array}\right\} \tag{3-17}$$

式（3-17）即为机构的位置方程式。式中仅含有两个未知量 θ_2、θ_3，故可以求解。

又如图 3-10 所示，连杆上点 P 的坐标为

$$\left.\begin{array}{l} x_P = l_1\cos\theta_1 + a\cos\theta_2 + b\cos(90° + \theta_2) \\ y_P = l_1\sin\theta_1 + a\sin\theta_2 + b\sin(90° + \theta_2) \end{array}\right\} \tag{3-18}$$

由式（3-17）求得 θ_2 后，式（3-18）右端均为已知参数，故 x_P、y_P 均可求得。

2. 速度分析

将式（3-17）对时间求导一次，整理后得

$$\left.\begin{array}{l} -l_2\sin\theta_2\omega_2 + l_3\sin\theta_3\omega_3 = l_1\omega_1\sin\theta_1 \\ l_2\cos\theta_2\omega_2 - l_3\cos\theta_3\omega_3 = -l_1\omega_1\cos\theta_1 \end{array}\right\} \tag{3-19}$$

经过位置分析后，上式中仅 ω_2、ω_3 为未知数，故可求得。

又因式（3-19）为一线性方程式组，故可按矩阵形式写成

$$\begin{bmatrix} -l_2\sin\theta_2 & l_3\sin\theta_3 \\ l_2\cos\theta_2 & -l_3\cos\theta_3 \end{bmatrix} \begin{bmatrix} \omega_2 \\ \omega_3 \end{bmatrix} = \omega_1 \begin{bmatrix} l_1\sin\theta_1 \\ -l_1\cos\theta_1 \end{bmatrix} \tag{3-20}$$

式（3-20）即为该机构的速度分析关系式。由此可得相应的机构速度分析矩阵表达式的通式为

$$[A][\omega] = \omega_1[B] \quad \text{或} \quad \boldsymbol{A}\boldsymbol{\omega} = \omega_1\boldsymbol{B} \tag{3-21}$$

式中：$\boldsymbol{A}$ 为机构从动件的位置参数矩阵；$\boldsymbol{\omega}$ 为机构从动件的角速度列阵；$\boldsymbol{B}$ 为机构原动件的位置参数列阵；ω_1 为机构原动件的角速度（已知）。

将式（3-18）对时间取一次导数，即可得点 P 的两个速度分量 v_{Px}、v_{Py}，即

$$\left.\begin{array}{l} v_{Px} = \dot{x}_P = -\omega_1 l_1\sin\theta_1 - \omega_2 a\sin\theta_2 - \omega_2 b\sin(90° + \theta_2) \\ v_{Py} = \dot{y}_P = \omega_1 l_1\cos\theta_1 + \omega_2 a\cos\theta_2 + \omega_2 b\cos(90° + \theta_2) \end{array}\right\} \tag{3-22}$$

由式（3-18）求出 ω_2 后，式（3-22）右边均为已知，故可求出 v_{Px} 和 v_{Py}，而点 P 的速度 $\boldsymbol{v}_P$ 则为两分速度的矢量和，其大小为 $v_P = \sqrt{v_{Px}^2 + v_{Py}^2}$。

3. 加速度分析

将式（3-20）对时间求导一次，得机构的加速度分析关系式，即

$$\begin{bmatrix} -l_2\sin\theta_2 & l_3\sin\theta_3 \\ l_2\cos\theta_2 & -l_3\cos\theta_3 \end{bmatrix}\begin{bmatrix} \alpha_2 \\ \alpha_3 \end{bmatrix} = -\begin{bmatrix} -\omega_2 l_2\cos\theta_2 & \omega_3 l_3\cos\theta_3 \\ -\omega_2 l_2\sin\theta_2 & \omega_3 l_3\sin\theta_3 \end{bmatrix}\begin{bmatrix} \omega_2 \\ \omega_3 \end{bmatrix} + \omega_1\begin{bmatrix} \omega_1 l_1\cos\theta_1 \\ \omega_1 l_1\sin\theta_1 \end{bmatrix}$$

$$(3\text{-}23)$$

经过速度分析后,式(3-23)中仅 α_2、α_3 为未知,故可求得。同时可得相应的机构加速度分析矩阵的通式为

$$\dot{\boldsymbol{A}} = \mathrm{d}\boldsymbol{A}/\mathrm{d}t, \qquad \dot{\boldsymbol{B}} = \mathrm{d}\boldsymbol{B}/\mathrm{d}t, \qquad \boldsymbol{A}\boldsymbol{\alpha} = -\dot{\boldsymbol{A}}\boldsymbol{\omega} + \omega_1\dot{\boldsymbol{B}} \qquad (3\text{-}24)$$

式中:$\boldsymbol{\alpha}$ 为机构从动件的角加速度列阵。

在求得 α_2、α_3 后,若将式(3-22)对时间求导一次,则可得连杆上点 P 的加速度的两个分量 a_{Px} 和 a_{Py},即

$$\left.\begin{aligned} a_{Px} &= \ddot{x}_P = -\omega_1^2 l_1\cos\theta_1 - \omega_2^2 a\cos\theta_2 - \omega_2^2 b\cos(90°+\theta_2) - \alpha_2 a\sin\theta_2 - \alpha_2 b\sin(90°+\theta_2) \\ a_{Py} &= \ddot{y}_P = -\omega_1^2 l_1\sin\theta_1 - \omega_2^2 a\sin\theta_2 - \omega_2^2 b\sin(90°+\theta_2) + \alpha_2 a\cos\theta_2 + \alpha_2 b\cos(90°+\theta_2) \end{aligned}\right\}$$

$$(3\text{-}25)$$

而求出 α_2 后,式(3-25)右边均为已知,故可求出 a_{Px} 和 a_{Py},点 P 的加速度则为两分加速度的矢量和,其大小为 $a_P = \sqrt{a_{Px}^2 + a_{Py}^2}$。

通过上述平面四杆机构运动分析的过程可知,用解析法作机构运动分析的关键是位置方程的建立和求解。至于其速度分析和加速度分析,只不过是对其位置方程作进一步的数学运算而已。

另外,虽然上述讨论的例子仅是一个简单的四杆机构,但所采用的方法对比较复杂的机构来说,同样也是适用的。

3.4.3 杆组法及其应用

1. 杆组法

由机构组成原理可知,任何平面机构都可以分解为Ⅰ级机构和基本杆组两部分,因此,只要分别对Ⅰ级机构和常见的基本杆组进行运动分析并编制成相应的子程序,那么在对机构进行运动分析时,就可以根据机构组成情况的不同,依次调用这些子程序,从而完成机构的运动分析,这就是杆组法的基本思路。该方法的主要特点在于将一个复杂机构分解成一个个较简单的基本杆组,在用计算机对机构进行运动分析时,即可直接调用已编好的子程序,从而使主程序的编写大为简化。

工程实际中所用的大多数机构是Ⅱ级机构,它是由Ⅰ级机构和一些Ⅱ级杆组组成的。Ⅱ级杆组有多种形式,其中最常见的有三种,如图 3-11 所示。

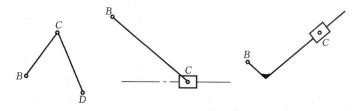

图 3-11 常见的Ⅱ级杆组

本章只介绍Ⅰ级机构和 RRR、RRP 两种常见Ⅱ级杆组运动分析的数学模型。首先介绍Ⅰ级机构和两种常见Ⅱ级杆组运动分析的方法及其子程序编写和调用时应注意的问

题，然后通过具体实例说明对复杂的多杆机构进行运动分析的方法和步骤。

2. 杆组法运动分析的数学模型

1) 同一构件上点的运动分析

同一构件上点的运动分析，是指已知该构件上一点的运动参数（如位移、速度和加速度等）和构件的角位移、角速度和角加速度以

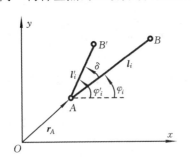

图 3-12　同一构件上点的运动分析

及已知点到所求点的距离，求同一构件上任意点的位移、速度和加速度。如图 3-12 所示的构件 AB，若已知运动副 A 的位移 x_A、y_A，速度 $\dot{x}_A$、$\dot{y}_A$，加速度 $\ddot{x}_A$、$\ddot{y}_A$ 和构件的角位移 φ_i、角速度 $\dot{\varphi}_i$、角加速度 $\ddot{\varphi}_i$ 及所求点 B 到已知点 A 的距离 $\overline{AB}=l_i$，求点 B 的位移、速度和加速度。这种运动分析常用于求解 I 级机构、连杆和摇杆上点的运动。

（1）位置分析。由图 3-12 可得所求点 B 的位置矢量方程为

$$\boldsymbol{r}_B = \boldsymbol{r}_A + \boldsymbol{l}_i$$

在 x、y 轴上的投影坐标方程为

$$\left. \begin{array}{l} x_B = x_A + l_i \cos\varphi_i \\ y_B = y_A + l_i \sin\varphi_i \end{array} \right\} \tag{3-26}$$

（2）速度和加速度分析。将式（3-26）对时间 t 求导，可得出速度方程，即

$$\left. \begin{array}{l} \dfrac{\mathrm{d}x_B}{\mathrm{d}t} = \dot{x}_B = \dot{x}_A - \dot{\varphi}_i l_i \sin\varphi_i \\[2mm] \dfrac{\mathrm{d}y_B}{\mathrm{d}t} = \dot{y}_B = \dot{y}_A + \dot{\varphi}_i l_i \cos\varphi_i \end{array} \right\} \tag{3-27}$$

再将式（3-27）对时间 t 求导，可得出加速度方程，即

$$\left. \begin{array}{l} \dfrac{\mathrm{d}^2 x_B}{\mathrm{d}t^2} = \ddot{x}_B = \ddot{x}_A - \dot{\varphi}_i^2 l_i \cos\varphi_i - \ddot{\varphi}_i l_i \sin\varphi_i \\[2mm] \dfrac{\mathrm{d}^2 y_B}{\mathrm{d}t^2} = \ddot{y}_B = \ddot{y}_A - \dot{\varphi}_i^2 l_i \sin\varphi_i + \ddot{\varphi}_i l_i \cos\varphi_i \end{array} \right\} \tag{3-28}$$

上两式中：$\dot{\varphi}_i = \dfrac{\mathrm{d}\varphi_i}{\mathrm{d}t} = \omega_i$ 和 $\ddot{\varphi}_i = \dfrac{\mathrm{d}^2\varphi_i}{\mathrm{d}t^2} = \alpha_i$ 分别是构件的角速度和角加速度。

若点 A 为固定转动副（与机架固连），即 x_A、y_A 为常数，则该点的速度 $\dot{x}_A$、$\dot{y}_A$ 和加速度 $\ddot{x}_A$、$\ddot{y}_A$ 均为零，此时构件 AB 和机架组成 I 级机构。若 $0° < \varphi_i < 360°$，点 B 相当于摇杆上的点；若 $\varphi_i \geqslant 360°$（AB 整周回转），点 B 相当于曲柄上的点。若点 A 不固定，则构件 AB 就相当于做平面运动的连杆。

2) RRR II 级杆组的运动分析

对 II 级杆组的运动分析，与前面运动方程式的推导类似，只要列出位置方程和角位移方程，一次求导后即得出速度和角速度方程。若再次求导，就可以得到加速度和角加速度方程。这里不详细推导，只给出 RRR II 级杆组的运动分析基本公式。

图 3-13 所示是由三个转动副和两个构件组成的 II 级杆组。已知两杆长 l_i、l_j 和两个外运动副 B、D 位置（x_B、y_B，x_D、y_D）、速度（$\dot{x}_B$、$\dot{y}_B$，$\dot{x}_D$、$\dot{y}_D$）和加速度（$\ddot{x}_B$、$\ddot{y}_B$，$\ddot{x}_D$、$\ddot{y}_D$）。

求内运动副 C 的位置$(x_C、y_C)$、速度$(\dot{x}_C、\dot{y}_C)$、加速度$(\ddot{x}_C、\ddot{y}_C)$以及两杆的角位置$(\varphi_i、\varphi_j)$、角速度$(\dot{\varphi}_i、\dot{\varphi}_j)$和角加速度$(\ddot{\varphi}_i、\ddot{\varphi}_j)$。

（1）位置方程。点 C 处内运动副的位置矢量方程为

$$\boldsymbol{r}_C = \boldsymbol{r}_B + \boldsymbol{l}_i = \boldsymbol{r}_D + \boldsymbol{l}_j$$

将其在 x、y 轴上投影，可得

$$\left.\begin{array}{l} x_C = x_B + l_i\cos\varphi_i = x_D + l_j\cos\varphi_j \\ y_C = y_B + l_i\sin\varphi_i = y_D + l_j\sin\varphi_j \end{array}\right\} \quad (3\text{-}29)$$

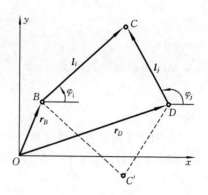

图 3-13　RRR II 级杆组的运动分析

为求解式（3-29），应先求出 φ_i 或 φ_j。将式（3-29）移项后分别平方再相加，消去 φ_j 得

$$A_0\cos\varphi_i + B_0\sin\varphi_i - C_0 = 0 \quad (3\text{-}29')$$

式中

$$A_0 = 2l_i(x_D - x_B)$$
$$B_0 = 2l_i(y_D - y_B)$$
$$C_0 = l_i^2 + l_{BD}^2 - l_j^2$$

其中

$$l_{BD} = \sqrt{(x_D - x_B)^2 + (y_D - y_B)^2}$$

为了保证机构的装配，必须同时满足

$$l_{BD} \leqslant l_i + l_j \quad \text{和} \quad l_{BD} \geqslant |\, l_i - l_j\,|$$

解三角方程（3-29'）可求得

$$\varphi_i = 2\arctan\frac{B_0 \pm \sqrt{A_0^2 + B_0^2 - C_0^2}}{A_0 + C_0} \quad (3\text{-}30)$$

式（3-30）中，"$+$"表示 B、C、D 三个运动副顺时针排列（图 3-13 中实线位置），"$-$"表示 B、C、D 逆时针排列（图 3-13 中虚线位置）。此式表示已知两外副 B、D 的位置和杆长 l_i、l_j 后，该杆组可有两种位置。

将 φ_i 代入式（3-29）可求得 x_C、y_C，而后即可按下式求得 φ_j。

$$\varphi_j = \arctan\frac{y_C - y_D}{x_C - x_D} \quad (3\text{-}31)$$

（2）速度方程。将式（3-29）对时间求导可得两杆角速度 ω_i、ω_j 为

$$\left.\begin{array}{l} \omega_i = \dot{\varphi}_i = [C_j(\dot{x}_D - \dot{x}_B) + S_j(\dot{y}_D - \dot{y}_B)]/G_1 \\ \omega_j = \dot{\varphi}_j = [C_i(\dot{x}_D - \dot{x}_B) + S_i(\dot{y}_D - \dot{y}_B)]/G_1 \end{array}\right\} \quad (3\text{-}32)$$

式中

$$G_1 = C_iS_j - C_jS_i$$
$$C_i = l_i\cos\varphi_i, \quad S_i = l_i\sin\varphi_i$$
$$C_j = l_j\cos\varphi_j, \quad S_j = l_j\sin\varphi_j$$

点 C 处内运动副的速度 v_{Cx}、v_{Cy} 为

$$\left.\begin{array}{l} v_{Cx} = \dot{x}_C = \dot{x}_B - \dot{\varphi}_i l_i\sin\varphi_i = \dot{x}_D - \dot{\varphi}_j l_j\sin\varphi_j \\ v_{Cy} = \dot{y}_C = \dot{y}_B + \dot{\varphi}_i l_i\cos\varphi_i = \dot{y}_D + \dot{\varphi}_j l_j\cos\varphi_j \end{array}\right\} \quad (3\text{-}33)$$

（3）加速度方程。两杆角加速度 α_i、α_j 为

$$\left.\begin{array}{l} \alpha_i = \ddot{\varphi}_i = (G_2C_j + G_3S_j)/G_1 \\ \alpha_j = \ddot{\varphi}_j = (G_2C_i + G_3S_i)/G_1 \end{array}\right\} \quad (3\text{-}34)$$

式中
$$G_2 = \ddot{x}_D - \ddot{x}_B + \dot{\varphi}_i^2 C_i - \dot{\varphi}_j^2 C_j$$
$$G_3 = \ddot{y}_D - \ddot{y}_B + \dot{\varphi}_i^2 S_i - \dot{\varphi}_j^2 S_j$$

点 C 处内运动副的加速度 a_{Cx}、a_{Cy} 为

$$\left.\begin{array}{l} a_{Cx} = \ddot{x}_C = \ddot{x}_B - \ddot{\varphi}_i l_i \sin\varphi_i - \dot{\varphi}_i^2 l_i \cos\varphi_i \\ a_{Cy} = \ddot{y}_C = \ddot{y}_B + \ddot{\varphi}_i l_i \cos\varphi_i - \dot{\varphi}_i^2 l_i \sin\varphi_i \end{array}\right\} \tag{3-35}$$

3) RRP Ⅱ 级杆组运动分析

RRP Ⅱ 级杆组是由两个构件和两个回转副及一个外移动副组成的（见图 3-14）。

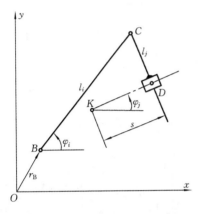

图 3-14　RRP Ⅱ 级杆组运动分析

已知：两杆长 l_i 和 l_j（l_j 杆垂直于滑块导路），点 B 处外回转副的参数（x_B、y_B、$\dot{x}_B$、$\dot{y}_B$、$\ddot{x}_B$、$\ddot{y}_B$），滑块导路方向角 φ_j 和计算位移 s 时参考点 K 的位置（x_K、y_K）；若导路运动（如导杆），还必须给出点 K 和导路的运动参数（x_K、y_K、$\dot{x}_K$、$\dot{y}_K$、$\ddot{x}_K$、$\ddot{y}_K$、$\dot{\varphi}_j$、$\ddot{\varphi}_j$）。求点 C 处内运动副的运动参数（x_C、y_C、$\dot{x}_C$、$\dot{y}_C$、$\ddot{x}_C$、$\ddot{y}_C$）。

（1）位置方程。点 C 处内回转副的位置方程为
$$\left.\begin{array}{l} x_C = x_B + l_i \cos\varphi_i = x_K + s\cos\varphi_j - l_j \sin\varphi_j \\ y_C = y_B + l_i \sin\varphi_i = y_K + s\sin\varphi_j + l_j \cos\varphi_j \end{array}\right\} \tag{3-36}$$

消去式（3-36）中的 s，得

$$\varphi_i = \arcsin\left(\frac{A_0 + l_j}{l_i}\right) + \varphi_j$$

式中
$$A_0 = (x_B - x_K)\sin\varphi_j - (y_B - y_K)\cos\varphi_j$$

为保证机构能够存在，应满足装配条件 $|A_0 + l_j| \leqslant l_i$。求得 φ_i 后，可按式（3-36）求得 x_C、y_C，而后即可求得滑块的位移，即

$$s = (x_C - x_K + l_j \sin\varphi_j)/\cos\varphi_j = (y_C - y_K - l_j \cos\varphi_j)/\sin\varphi_j \tag{3-37}$$

点 D（滑块）的位置方程为

$$\left.\begin{array}{l} x_D = x_K + s\cos\varphi_j \\ y_D = y_K + s\sin\varphi_j \end{array}\right\} \tag{3-38}$$

（2）速度方程。杆 l_i 的角速度 ω_i 和滑块沿导路的移动速度 v_D 为

$$\omega_i = \dot{\varphi}_i = (-Q_1 \sin\varphi_j + Q_2 \cos\varphi_j)/Q_3 \tag{3-39}$$

$$v_D = \dot{s} = -(Q_1 l_i \cos\varphi_i + Q_2 l_i \sin\varphi_i)/Q_3 \tag{3-40}$$

式中
$$Q_1 = \dot{x}_K - \dot{x}_B - \dot{\varphi}_j(s\sin\varphi_j + l_j \cos\varphi_j)$$
$$Q_2 = \dot{y}_K - \dot{y}_B + \dot{\varphi}_j(s\cos\varphi_j - l_j \sin\varphi_j)$$
$$Q_3 = l_i \sin\varphi_i \sin\varphi_j + l_i \cos\varphi_i \cos\varphi_j$$

点 C 处内回转副的速度 v_{Cx}、v_{Cy} 为

$$\left.\begin{array}{l} v_{Cx} = \dot{x}_C = \dot{x}_B - \dot{\varphi}_i l_i \sin\varphi_i \\ v_{Cy} = \dot{y}_C = \dot{y}_B + \dot{\varphi}_i l_i \cos\varphi_i \end{array}\right\} \tag{3-41}$$

点 D 处外移动副的速度 v_{Dx}、v_{Dy} 为

$$v_{Dx} = \dot{x}_D = \dot{x}_k + \dot{s}\cos\varphi_j - s\dot{\varphi}_j\sin\varphi_j \atop v_{Dy} = \dot{y}_D = \dot{y}_k + \dot{s}\sin\varphi_j + s\dot{\varphi}_j\cos\varphi_j \right\} \qquad (3\text{-}42)$$

（3）加速度方程。杆 l_i 的角加速度 α_i 和滑块沿导路移动加速度 $\ddot{s}$ 为

$$\alpha_i = \ddot{\varphi}_i = (-Q_4\sin\varphi_j + Q_5\cos\varphi_j)/Q_3 \atop \ddot{s} = (-Q_4 l_i\cos\varphi_i - Q_5 l_i\sin\varphi_i)/Q_3 \right\} \qquad (3\text{-}43)$$

式中

$$Q_4 = \ddot{x}_K - \ddot{x}_B + \dot{\varphi}_i^2 l_i\cos\varphi_i - \ddot{\varphi}_j(s\sin\varphi_j + l_j\cos\varphi_j) - \dot{\varphi}_j(s\cos\varphi_j - l_j\sin\varphi_j) - 2\dot{s}\dot{\varphi}_j\sin\varphi_j$$

$$Q_5 = \ddot{y}_K - \ddot{y}_B + \dot{\varphi}_i^2 l_i\sin\varphi_i + \ddot{\varphi}_j(s\cos\varphi_j - l_j\sin\varphi_j) - \dot{\varphi}_j(s\sin\varphi_j + l_j\cos\varphi_j) + 2\dot{s}\dot{\varphi}_j\cos\varphi_j$$

点 C 处内回转副的加速度 a_{Cx}、a_{Cy} 为

$$a_{Cx} = \ddot{x}_C = \ddot{x}_B - \ddot{\varphi}_i l_i\sin\varphi_i - \dot{\varphi}_i^2 l_i\cos\varphi_i \atop a_{Cy} = \ddot{y}_C = \ddot{y}_B + \ddot{\varphi}_i l_i\cos\varphi_i - \dot{\varphi}_i^2 l_i\sin\varphi_i \right\} \qquad (3\text{-}44)$$

滑块上点 D 的加速度 a_{Dx}、a_{Dy} 为

$$a_{Dx} = \ddot{x}_D = \ddot{x}_K + \ddot{s}\cos\varphi_j - s\ddot{\varphi}_j\sin\varphi_j - s\dot{\varphi}_j^2\cos\varphi_j - 2\dot{s}\dot{\varphi}_j\sin\varphi_j \atop a_{Dy} = \ddot{y}_D = \ddot{y}_K + \ddot{s}\sin\varphi_j + s\ddot{\varphi}_j\cos\varphi_j - s\dot{\varphi}_j^2\sin\varphi_j + 2\dot{s}\dot{\varphi}_j\cos\varphi_j \right\} \qquad (3\text{-}45)$$

3. 杆组法在运动分析中的应用

运用上述 Ⅰ 级机构和两种常见 Ⅱ 级杆组运动分析的解析式编制子程序，即可对较复杂的多杆 Ⅱ 级机构进行运动分析。下面通过一个实例说明利用计算机对多杆机构进行运动分析的步骤。

【**例 3-3**】　设有六杆机构如图 3-15 所示，已知各构件的长度分别为：$l_{AB}=0.08$ m，l_{BC} $=0.26$ m，$l_{DE}=0.4$ m，$l_{CE}=0.1$ m，$l_{EF}=0.46$ m，曲柄 AB 的匀角速度 $\omega_1=40$ rad/s。计算在曲柄回转一周时，滑块 F 和构件2、3、4的运动参数。曲柄1从 $\theta_1=0°$ 开始，每转过 $30°$ 为一个计算点。

解　具体的解题步骤如下。

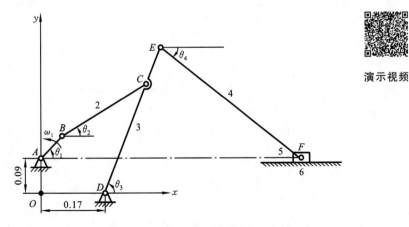

演示视频

图 3-15　六杆机构运动分析

（1）计算机构的自由度并划分基本杆组。

该六杆机构的自由度为

$$F = 3n - 2P_L - P_H = 3 \times 5 - 2 \times 7 - 0 = 1$$

计算结果与实际机构的自由度相符，说明机构中并没有多余的自由度或约束，机构分析可以往下进行；否则，需要将多余的自由度或约束排除以后，才能往下进行。

此机构可分解成一个 RRR Ⅱ 级杆组 BCD、一个 RRP Ⅱ 级杆组 EF 和一个基本机构 AB。此外，为了分析 RRP Ⅱ 级杆组 EF，还需要计算连架杆 DE 上点 E 的有关参数。

（2）进行机构的运动分析。

机构的运动分析可以从基本机构开始，根据各基本杆组连接起来的先后次序，分别调用对应的子程序进行计算，其具体步骤如下。

① 调用刚体运动分析子程序，计算点 B 的运动参数。

② 调用 RRR Ⅱ 级杆组运动分析子程序，计算构件 2、3 的运动参数和点 C 的运动参数。

③ 调用刚体运动分析子程序，计算点 E 的运动参数。

④ 调用 RRP Ⅱ 级杆组运动分析子程序，计算构件 4 和滑块 5 的运动参数。

⑤ 输出计算结果。

该机构的运动分析计算结果见表 3-1，各构件的运动线图分别如图 3-16(a)、(b)、(c)、(d)所示。必须注意的是，按图中所示方向，构件 4 的角位置 θ_4 应作为负角度处理。为了便于全面考察滑块 5 的运动状态，将滑块 5 的位移、速度和加速度同时绘制在图 3-16(d) 中。由于这三个运动参数数量级相差较大，故进行了归一化处理，即分别找出滑块在一个运动周期内的最大位移 $s_{5\max}$、最大绝对速度 $v_{5\max}$、最大绝对加速度 $a_{5\max}$，然后进行如下变换：

$$S_5 = s_5/s_{5\max}, \quad V_5 = v_5/v_{5\max}, \quad A_5 = a_5/a_{5\max}$$

图 3-16(d)中显示的便是 S_5、V_5、A_5 的变化曲线。

表 3-1 例 3-3 的计算结果

曲柄转角/(°)	各构件转角/(°)			水平位置/mm	各构件角速度/(rad/s)			速度 ×10/(m/s)	各构件角加速度/(rad/s²)			加速度/(m/s²)
	2	3	4	滑块5	2	3	4	滑块5	2	3	4	滑块5
θ_1	θ_2	θ_3	θ_4	s_5	ω_2	ω_3	ω_4	v_5	α_2	α_3	α_4	a_5
0	50.38	75.36	−40.22	0.62	−28.19	−19.45	5.60	9.19	966.59	1463.08	−30.72	−624.61
30	34.65	67.84	−37.57	0.69	−13.79	−1.58	0.65	0.77	995.95	1074.37	−442.36	−522.60
60	28.51	70.84	−38.74	0.66	−3.44	8.27	−3.03	−4.00	613.70	480.33	−111.02	−225.72
90	28.55	78.78	−41.09	0.59	3.12	12.19	−2.74	−5.61	413.27	152.57	127.40	−35.51
120	32.73	88.34	−42.34	0.52	7.83	12.91	−0.44	−5.30	316.65	−25.10	196.75	68.99
150	40.05	97.71	−41.76	0.46	11.52	11.87	1.86	−4.14	248.17	−125.25	140.01	98.92
180	49.78	105.89	−39.84	0.41	14.26	9.81	3.04	−2.88	165.16	−184.23	40.05	89.96
210	61.11	112.26	−37.52	0.38	15.66	7.08	2.94	−1.80	38.18	−236.52	−54.08	76.84
240	72.73	116.28	−35.74	0.37	14.86	3.41	1.62	−0.79	−183.94	−338.60	−151.29	81.88
270	82.36	116.84	−35.47	0.36	9.82	−2.51	−1.21	0.57	−648.53	−608.69	−288.44	140.85

续表

曲柄转角/(°)	各构件转角/(°)			水平位置/mm	各构件角速度/(rad/s)			速度×10/(m/s)	各构件角加速度/(rad/s²)			加速度/(m/s²)
	2	3	4	滑块5	2	3	4	滑块5	2	3	4	滑块5
θ_1	θ_2	θ_3	θ_4	s_5	ω_2	ω_3	ω_4	v_5	α_2	α_3	α_4	a_5
300	85.19	111.14	−37.98	0.39	−4.33	−13.91	−5.54	3.62	−1583.56	−1161.24	−286.83	368.85
330	73.20	94.89	−42.12	0.48	−27.32	−28.1	−2.81	10.33	−1351.14	−499.13	865.32	490.15
360	50.38	75.36	−40.22	0.62	−28.19	−19.45	5.60	9.19	966.59	1463.08	−30.72	−624.61

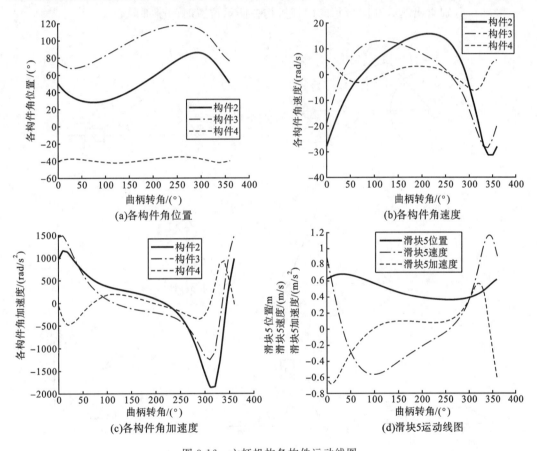

图 3-16　六杆机构各构件运动线图

思考题与习题

3-1　什么是速度瞬心？什么是绝对瞬心？什么是相对瞬心？

3-2　同一构件上不同的两点 A 和 B 间的速度和加速度有何关系？两构件上重合点 B_1 和 B_2 间的速度和加速度有何关系？

3-3 机构的运动分析包括哪些内容？对机构进行运动分析的目的是什么？

3-4 什么是三心定理？

3-5 在对机构进行速度分析时,速度瞬心法一般适用于什么场合？能否利用速度瞬心法对机构进行加速度分析？

3-6 如何用矢量表示构件？用解析法分析机构运动的关键是什么？

3-7 如题 3-7 图所示为齿轮连杆组合机构,三个齿轮 1、2、3 相互纯滚动,指出齿轮 1、3 的速度瞬心 P_{13},并用瞬心法写出 1、3 两轮角速度比 ω_1/ω_3 的表达式(不需具体数据)。

3-8 在题 3-8 图所示的曲柄滑块机构中,已知 $a=100$ mm, $\alpha=60°$, $\angle ABC=90°$, $v_C=2$ m/s。指出速度瞬心 P_{13},并用瞬心法求构件 1 的角速度 ω_1。

3-9 分别求出题 3-9 图所示的四杆机构在图示位置时的全部瞬心。

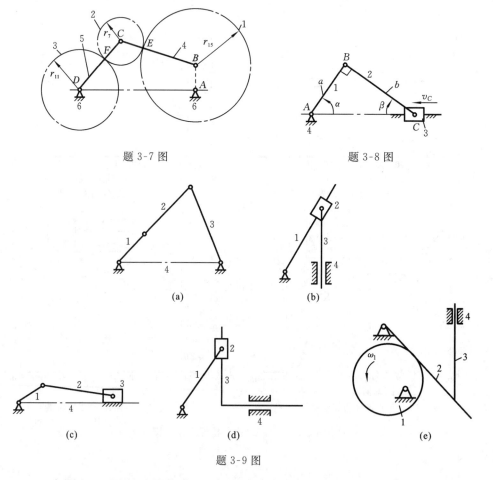

题 3-7 图　　　　　　　　题 3-8 图

(a)　　　　　　(b)

(c)　　　　　(d)　　　　　(e)

题 3-9 图

3-10 在题 3-10 图所示机构中,已知长度 $l_{AB}=l_{BC}=20$ mm, $l_{CD}=40$ mm, $\alpha=\beta=90°$, $\omega_1=100(1/s)$,试分别用速度瞬心法和矢量方程图解法求点 C 速度的大小及方向。

3-11 在题 3-11 图所示的机构中,已知各构件的尺寸及原动件 1 以等角速度 ω_1 沿逆时针方向转动,试用矢量方程图解法求机构在图示位置时构件 3 的角速度 ω_3 和角加速度 α_3。

3-12 如题 3-12 图所示的机构,已知机构尺寸及原动件 1 以等角速度 ω_1 沿逆时针方向转动,试:

（1）在图上标出全部速度瞬心，并指出其中的绝对瞬心；

（2）用矢量方程图解法作出机构速度多边形和加速度多边形，并求构件 3 的角速度 ω_3 和角加速度 α_3。

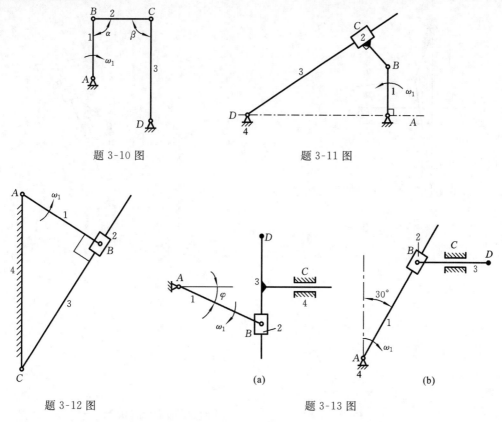

题 3-10 图　　　　　　　　　　　题 3-11 图

题 3-12 图　　　　　　　　　　题 3-13 图

3-13　题 3-13 图所示机构的构件 1 做等速转动，角速度为 ω_1，分别用相对运动图解法和解析法求构件 3 上点 D 的速度和加速度。

3-14　在题 3-14 图所示各机构中，设已知各构件的尺寸及点 B 的速度 v_B，试作出各机构在图示位置时的速度多边形以及图（b）、（c）所示机构的加速度多边形。

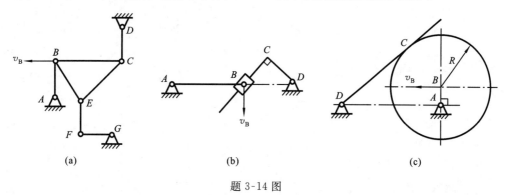

（a）　　　　　　　　　　（b）　　　　　　　　　　（c）

题 3-14 图

3-15　机构如题 3-15 图所示，已知 $a=0.1$ m，$b=0.4$ m，$c=0.125$ m，$d=0.54$ m，$h=0.35$ m，$y=0.2$ m，当 $\omega_1=10$ rad/s，逆时针转动，$\varphi_1=30°$时，求冲头 E 的速度 v_E 和加速度 a_E。

3-16 如题 3-16 图所示为导杆机构，试建立直角坐标系，推导机构运动的数学模型。已知机构尺寸 l_1、l_2 及原动件角速度 ω_2（ω_2 为常数）。求：构件 4 上的参数 φ_4、ω_4 及 α_4，并写出具体表达式。

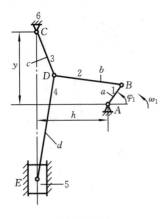

题 3-15 图

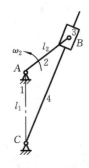

题 3-16 图

第4章 平面机构的力分析

机械的运转是功能传递与变换的过程,所以机构的运动过程也是传力的过程。机械在运动过程中,其各机构上受到不同种类的作用力,这些力不仅是影响机械运动和动力的重要参数,而且也是决定机械强度设计和结构形状的重要依据,分析并确定机构上力的大小和性能,可以对已有机械的工作性能作出评估。因此,机构力分析是设计和分析机械的重要步骤。

4.1 概　　述

**重难点与
知识拓展**

4.1.1 机构力分析的目的和方法

机构力分析的目的主要有以下两个方面。

(1) 求解运动副总反力　所谓运动副总反力是指两运动副元素在接触处彼此作用的正压力和摩擦力的合力。对于单个构件来说,运动副反力是外力,对于整个机械来说它则是内力。其大小和性质,对于计算机构各构件的强度及刚度,确定机械的效率、运动副中的振动、摩擦及磨损等问题,都是重要的已知条件。

(2) 计算机械上的平衡力(矩)　所谓平衡力(矩)是指在已知外力(矩)作用下,为了使该机构能按给定的运动规律运动,必须加在机械上的未知外力(矩)。若已知机械的生产阻力(矩),则求出的平衡力(矩)即为机械上的驱动力(矩);若已知机械的驱动力(矩),则求出的平衡力(矩)即为机械上的生产阻力(矩)。据此可确定机械所需原动机的最小功率或机械所能克服的最大生产阻力等问题。机械平衡力(矩)的确定,对于设计新机械或充分挖掘现有机械的生产潜力,都是十分必要的。

在对机械进行力分析时,对于低速机械,由于其惯性力的影响不大,故常略而不计。在不计惯性力的条件下,对机械进行的力分析称为机构的静力分析。但对于高速及重型机械,由于某些构件的惯性力往往很大,有时甚至比机械所受的外力还大得多,所以,在进行力分析时就必须考虑惯性力的影响。不过,根据理论力学的达朗贝尔原理,此时如将惯性力视为一般外力加于产生该惯性力的构件上,就可将该机械视为处于静力平衡状态,而仍可采用静力学方法对其进行受力分析。这样的力分析称为机构的动态静力分析。

在设计新机械并进行机构动态静力分析时,当然需要求出各构件的惯性力。然而,惯性力的大小取决于构件的质量、转动惯量和角加速度及质心点的加速度。因此,在进行机构动态静力分析之前,一般应先对机构进行静力分析及静强度计算,初步确定各构件尺寸,然后再对机构进行动态静力分析及强度计算,并据此修正各构件尺寸,重复上述分析及计算过程,直到合理地定出各构件尺寸为止。

在进行动态静力分析时,一般可不考虑构件的重力和摩擦力,所得结果大都能满足工程问题的需要。但对于高速、精密和大动力传动的机械,因摩擦对机械性能有较大影响,故必须考虑摩擦力。

机构力分析方法通常有两种：一种是图解法，它用作图的方法来求解未知力，该方法形象、直观，但精度差；另一种是解析法，该方法又包括代数式法和矩阵法等多种方法，不但精度高，而且便于进行机构在一个运动循环中的力分析，但直观性差。

4.1.2　作用在机构上的力

机构在运动过程中，其各构件上受到的力有驱动力、生产阻力、重力、摩擦力和介质阻力、惯性力及运动副总反力等。根据力对机械运动影响的不同，可将其分为两大类。

1. 驱动力

驱动机械运动的力称为驱动力。驱动力方向与其作用点的速度方向相同或成锐角，其所做的功为正功，称为驱动功或输入功。

2. 阻抗力

阻止机械运动的力称为阻抗力。阻抗力方向与其作用点的速度方向相反或成钝角，其所做的功为负功，称为阻抗功。阻抗力又可分为如下两种。

(1) 有效阻抗力，即工作阻力。它是机械在生产过程中为了改变工作物的外形、位置或状态等受到的阻力，克服这些阻力就完成了有效的工作，如机床中工件作用于刀具上的切削阻力，起重机所起重物的重力等都是有效阻力。克服有效阻力所完成的功称为有效功或输出功。

(2) 有害阻力，即机械在运转过程中所受到的非生产阻力。克服这类阻力所做的功是一种纯粹的浪费，故称为损失功。如摩擦力、介质阻力等，一般就常为有害阻力。

4.2　运动副中摩擦力的确定

当机械运转时，运动副中因存在摩擦而产生摩擦阻力。在低副中，运动副两元素之间的相对运动为滑动，将产生滑动摩擦阻力；在高副中，运动副两元素之间的相对运动以滚动为主，兼有一定的相对滑动，将产生滚动摩擦阻力与滑动摩擦阻力。运动副中摩擦力的类型：低副通常产生滑动摩擦力；高副通常产生滑动兼滚动摩擦力。

4.2.1　移动副中摩擦力的确定

1. 平面摩擦

如图 4-1 所示，构件 1 与水平平面 2 构成移动副。设受铅垂载荷 F_Q 作用的构件 1 在力 F 作用下以 v_{12} 的速度匀速向右运动。F_{N21} 为构件 2 作用于构件 1 上的法向反力，设构件 1 与构件 2 之间的摩擦系数为 f，则构件 2 给构件 1 的摩擦力 F_{f21} 向左，其大小为

$$F_{f21} = fF_{N21} = fF_Q \tag{4-1}$$

2. 非平面摩擦和当量摩擦系数

如图 4-2 所示为一槽面移动副，两构件沿一楔形角为 2θ 的槽面接触，此时的法向反力 F_{N21} 的大小为

$$F_{N21} = \frac{F_Q}{\sin\theta} \tag{4-2}$$

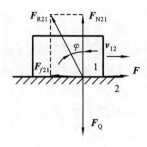

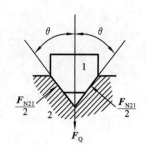

图 4-1 平面摩擦 图 4-2 槽面摩擦

摩擦力 F_{f21} 的大小为

$$F_{f21} = fF_{N21} = f\frac{F_Q}{\sin\theta} = \frac{f}{\sin\theta}F_Q \tag{4-3}$$

若令 $f_v = \dfrac{f}{\sin\theta}$，则式（4-3）可写为

$$F_{f21} = fF_{N21} = f_v F_Q \tag{4-4}$$

图 4-3 所示的移动副是由两构件沿半圆柱面接触构成的，因其接触面各点处的法向反力均沿径向，故法向反力的总和可表示为 kF_Q，k 为与接触面接触情况有关的系数，通常 $k = 1 \sim \dfrac{\pi}{2}$，那么

$$F_{f21} = fF_{N21} = fkF_Q = f_v F_Q \tag{4-5}$$

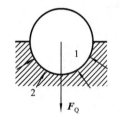

由以上分析可见，不论两运动副元素的几何形状如何，两元素间产生的滑动摩擦力均可用通式 $F_{f21} = fF_{N21} = f_v F_Q$ 来计算，式中 f_v 称为当量摩擦系数。

图 4-3 柱面摩擦

引入当量摩擦系数的概念，是为了使问题简单化。因为如上所述，在计算运动副中的滑动摩擦力时，不管运动副两元素的几何形状如何，均可将其视为沿单一平面接触来计算其摩擦力，只需按运动副元素几何形状的不同引入适当的当量摩擦系数就行了。

又如上述可知，在其他条件相同的情况下，槽面接触的当量摩擦系数 f_v 大于平面接触的摩擦系数 f，故槽面接触的滑动摩擦力较平面接触的滑动摩擦力大。因此，当机械中需要利用摩擦力来工作时，多采用槽面接触等非平面接触，如在机械传动中采用的 V 带、在连接螺纹中采用的三角形螺纹等；若摩擦力为有害阻力，可采用平面接触来达到减小摩擦力的目的。

在进行机械的受力分析时，由于 F_{N21} 及 F_{f21} 都是构件 2 作用在构件 1 的反力，故可将它们合成为一个总反力，其大小为

$$F_{R21} = \sqrt{F_{N21}^2 + (f_v F_{N21})^2} \tag{4-6}$$

设总反力 F_{R21} 和法向反力 F_{N21} 之间的夹角为 φ_v，则

$$\tan\varphi_v = \frac{F_{f21}}{F_{N21}} = \frac{f_v F_{N21}}{F_{N21}} = f_v \tag{4-7}$$

式中：φ_v 称为摩擦角。

3. 总反力作用线的确定

总反力 F_{R21} 的方向可确定如下：

（1）总反力 F_{R21} 的指向应与 v_{12} 的指向形成钝角（$90°+\varphi_v$）；

（2）总反力 F_{R21} 的箭头方向指向被约束物体。

【例 4-1】　在图 4-4(a) 中，设滑块 1 置于升角为 α 的斜面 2 上，作用在滑块 1 上的铅垂载荷为 F_Q，现需求使滑块 1 沿斜面 2 等速上升（正行程）时所需的水平驱动力 F。

解　（1）根据上述方法作出总反力 F_{R21} 的方向，如图 4-4(a) 所示。

（2）取滑块 1 为示力体，分析其受力情况，再根据滑块的力平衡条件，求得

$$F = F_Q \tan(\alpha + \varphi) \tag{4-8}$$

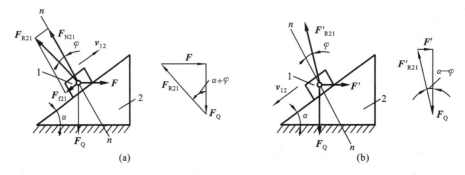

图 4-4　斜面机构

若要滑块 1 沿斜面 2 等速下滑（反行程），在作出总反力 F'_{R21} 的方向后，如图 4-4(b) 所示，同样，根据滑块 1 的力平衡条件，可求得要保持滑块 1 等速下滑的水平阻力 F' 的大小为

$$F' = F_Q \tan(\alpha - \varphi) \tag{4-9}$$

应当注意的是，在反行程中，F_Q 为驱动力。当 $\alpha > \varphi$ 时，F' 为正值，是阻止滑块 1 加速下滑所必须施加的阻抗力；当 $\alpha < \varphi$ 时，F' 为负值，其方向与图示方向相反，F' 成为驱动力，其作用是促使滑块 1 沿斜面 2 等速下滑。

4.2.2　转动副中摩擦力的确定

在实际机械中，转动副的形式很多，现以轴与轴承构成的径向轴承（见图 4-5）转动副为代表分析其考虑摩擦后的总反力及其表示方法。

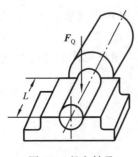

图 4-5　径向轴承

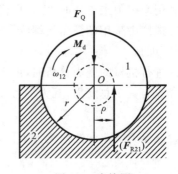

图 4-6　摩擦圆

1. 径向轴承的摩擦力和当量摩擦系数

如图 4-6 所示，设半径为 r 的轴颈 1 在径向载荷 F_Q、驱动力矩 M_d 作用下相对轴承 2

以等角速度 ω_{12} 回转,此时在轴颈 1 和轴承 2 间便存在法向反力 $\boldsymbol{F}_{\mathrm{N21}}$ 和摩擦力 $\boldsymbol{F}_{f21}$,转动副总反力 $\boldsymbol{F}_{\mathrm{R21}}$ 为

$$\boldsymbol{F}_{\mathrm{R21}} = -\boldsymbol{F}_{\mathrm{Q}}$$

由于轴颈 1 和轴承 2 之间是圆柱面摩擦,参照式(4-5),可得

$$F_{21} = fF_{\mathrm{N21}} = f_{\mathrm{v}}F_{\mathrm{Q}} \tag{4-10}$$

式中:f_{v} 为当量摩擦系数,其值为 $f_{\mathrm{v}} = (1 \sim \pi/2)f$(对于配合紧密且未经跑合的转动副,$f_{\mathrm{v}}$ 取较大值;而对于有较大间隙的转动副,f_{v} 取较小值)。

2. 摩擦圆与摩擦圆半径

摩擦力 $\boldsymbol{F}_{f21}$ 对轴颈形成的摩擦力矩 $\boldsymbol{M}_{f21}$ 的大小为

$$M_{f21} = F_{f21}r = f_{\mathrm{v}}F_{\mathrm{Q}}r \tag{4-11}$$

且 $\boldsymbol{F}_{\mathrm{R21}}$ 与 $\boldsymbol{F}_{\mathrm{Q}}$ 构成一阻止轴颈转动的力矩,该力矩与 $\boldsymbol{M}_{\mathrm{d}}$ 相平衡。设 $\boldsymbol{F}_{\mathrm{R21}}$ 与 $\boldsymbol{F}_{\mathrm{Q}}$ 之间的距离为 ρ,则有

$$F_{\mathrm{R21}}\rho = M_{f21} = -M_{\mathrm{d}} \tag{4-12}$$

即总反力 $\boldsymbol{F}_{\mathrm{R21}}$ 对轴颈中心 O 的力矩即为摩擦阻力矩 $\boldsymbol{M}_{f21}$,由式(4-11)知其大小为

$$M_{f21} = f_{\mathrm{v}}F_{\mathrm{Q}}r = f_{\mathrm{v}}F_{\mathrm{R21}}r = F_{\mathrm{R21}}\rho \tag{4-13}$$

式中:$\rho = f_{\mathrm{v}}r$。

对于一个具体的轴颈,由于 f_{v} 及 r 均为定值,所以 ρ 是一固定值。现如以轴颈中心 O 为圆心、以 ρ 为半径作圆(如图 4-6 中虚线小圆所示),则此圆必为一定圆,特称其为摩擦圆,ρ 称为摩擦圆半径。而由此可知,只要轴颈相对于轴承转动,则轴承对轴颈的总反力 $\boldsymbol{F}_{\mathrm{R21}}$ 将始终切于摩擦圆。

3. 总反力作用线的确定

考虑摩擦时,转动副总反力 $\boldsymbol{F}_{\mathrm{R21}}$ 的作用线可根据以下三原则确定。

(1)应根据力的平衡条件,确定总反力 $\boldsymbol{F}_{\mathrm{R21}}$ 的箭头方向。

(2)总反力 $\boldsymbol{F}_{\mathrm{R21}}$ 必切于摩擦圆。

(3)总反力 $\boldsymbol{F}_{\mathrm{R21}}$ 对轴颈中心 O 之矩的方向必与轴颈 1 相对于轴承 2 转动的角速度 ω_{12} 的方向相反。

4.2.3　平面高副中摩擦力的确定

平面高副两元素之间的相对运动通常是滚动兼滑动,所以有滚动摩擦力和滑动摩擦力。由于滚动摩擦力一般比滑动摩擦力小得多,所以在进行机构力的分析时,一般只考虑滑动摩擦力。如图4-7所示,其总反力 $\boldsymbol{F}_{\mathrm{R21}}$ 方向的确定方法与移动副相同;或将高副接触点处的公法线沿 ω 方向转 φ 角,并且箭头指向被约束的物体。

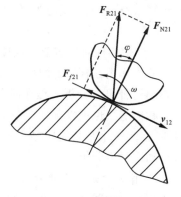

图 4-7　高副的摩擦力

4.3　不考虑摩擦时机构的力分析

4.3.1　构件组的静定条件

如前所述，机构力分析的任务是确定运动副中的反力和需加于机构上的平衡力。然而由于运动副反力对整个机构来说是内力，故不能就整个机构进行力分析，而必须将机构分解为若干个构件组，然后逐个进行分析。不过，为了能用静力学方法将构件组中所有力的未知要素确定出来，则构件组必须满足静定条件，即对构件组所能列出的独立的力平衡方程数应等于构件组中所有力的未知要素的数目。

在忽略摩擦的情况下，每个平面低副中的约束反力均有两个未知要素，如转动副中约束反力的大小和方向未知，反力作用点通过回转中心为已知；移动副中约束反力的大小和作用点未知，反力作用方向垂直于移动副导路为已知。

若一个杆组有 P_L 个低副，则约束反力的未知要素共有 $2P_L$ 个，而每个平面构件受力平衡时，可列出 3 个平衡方程，当未知要素数和方程数相等时，杆组满足受力静定条件，即

$$3n = 2P_L \tag{4-14}$$

式(4-14)与基本杆组的确定条件相同，所以，基本杆组是满足静定条件的，即所有的基本杆组都是静定杆组。

4.3.2　采用杆组法对平面机构进行动态静力分析

取杆组为示力体，其上外力可分为以下三类。

（1）生产阻力或其他已知外力。这些力的大小和变化规律通常与机械所完成的工艺过程或运动状态有关，在杆组的力分析中可以作为已知力处理。

（2）构件的惯性力和力偶及构件所受重力。惯性力在已知构件运动参数的前提下可以计算出来，又因为重力和惯性力都作用于构件质心，故可把重力合并于惯性力竖直分量一起计算，设构件 k 的质心为 s，则惯性力的计算公式为

$$F_{sx} = -m_k a_{sx}, \quad F_{sy} = -m_k(a_{sy} + g), \quad M_k = -J_k \varepsilon_k \tag{4-15}$$

（3）其他构件通过运动副连接点对杆组的作用力，在杆组分析之前就已算出，将其方向相反的力作用在杆组上即可。

在编写杆组力分析子程序时可以将这些力向构件质心简化，使每个构件上只有一个质心力和力偶。也可以预计杆组中每个构件上作用有两个外力：一是质心惯性力、惯性力偶及重力，另一个是其他外力。下面采用第一种方法对第 3 章介绍的两种 Ⅱ 级杆组和刚体进行动态静力分析。

1. 刚体的动态静力分析

刚体受力如图 4-8 所示，已知作用在刚体质心 G 的惯性力 $\boldsymbol{F}_{Gx}$、$\boldsymbol{F}_{Gy}$ 和惯性力偶 $\boldsymbol{M}_G$，以及作用在一个运动副 P_3 上的力 $\boldsymbol{F}_{R3x}$、$\boldsymbol{F}_{R3y}$，求另一个运动副 P_1 上的反力 $\boldsymbol{F}_{R1x}$、$\boldsymbol{F}_{R1y}$ 和作用在刚体上的平衡力矩 $\boldsymbol{M}_0$。

根据图 4-8 可以求得其大小分别为

$$F_{R1x} = -(F_{R3x} + F_{Gx})$$
$$F_{R1y} = -(F_{R3y} + F_{Gy})$$
$$M_0 = -(P_{3x} - P_{1x})F_{R3y} + (P_{3y} - P_{1y})F_{R3x}$$
$$\left. -(G_x - P_{1x})F_{Gy} + (G_y - P_{1y})F_{Gx} - M_G \right\}$$

$$(4-16)$$

式中: P_{1x}、P_{1y} 分别为运动副 P_1 的位置坐标; P_{3x}、P_{3y} 分别为运动副 P_3 的位置坐标; G_x、G_y 分别为质心 G 的位置坐标。

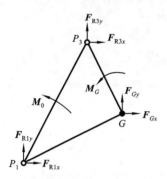

图 4-8 刚体动态静力分析

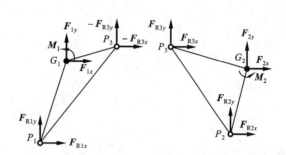

图 4-9 RRR Ⅱ 级杆组动态静力分析

2. RRR Ⅱ 级杆组动态静力分析

如图 4-9 所示, RRR Ⅱ 级杆组两杆的质心分别为 G_1 和 G_2, 上面作用的惯性力和惯性力偶分别为 F_{1x}、F_{1y}、M_1 和 F_{2x}、F_{2y}、M_2, 作用在杆组上的其他外力和外力偶都可以向质心简化后叠加到上面。各力的方向均以沿坐标轴正向为正, 各力偶均以逆时针方向为正。求作用在 RRR Ⅱ 级杆组的外点 P_1、P_2 和内点 P_3 上的运动副反力。

根据图 4-9, 分别对点 P_1、P_2 取矩, 可以列出力矩平衡方程组, 即

$$-F_{R3y}(P_{3x} - P_{1x}) + F_{R3x}(P_{3y} - P_{1y}) + F_{1y}(G_{1x} - P_{1x}) - F_{1x}(G_{1y} - P_{1y}) + M_1 = 0 \Big\}$$
$$-F_{R3y}(P_{2x} - P_{3x}) - F_{R3x}(P_{2y} - P_{3y}) + F_{2y}(G_{2x} - P_{2x}) - F_{2x}(G_{2y} - P_{2y}) + M_2 = 0$$

$$(4-17)$$

式中: P_{1x}、P_{1y}、P_{3x}、P_{3y}、P_{2x}、P_{2y} 分别为外点 P_1、外点 P_3 及内点 P_2 的位置坐标; G_{1x}、G_{1y}、G_{2x}、G_{2y} 分别为构件 1 和 2 的质心 G_1、G_2 的位置坐标; F_{R1x}、F_{R1y}、F_{R3x}、F_{R3y}、F_{R2x}、F_{R2y} 分别是外点 P_1、外点 P_3 和内点 P_2 的运动副反力。

令

$$A = F_{1x}(G_{1y} - P_{1y}) - [F_{1y}(G_{1x} - P_{1x}) + M_1]$$
$$B = F_{2x}(G_{2y} - P_{2y}) - [F_{2y}(G_{2x} - P_{2x}) + M_2]$$
$$C = (P_{3y} - P_{1y})(P_{3x} - P_{2x}) - (P_{3y} - P_{2y})(P_{3x} - P_{1x})$$

则可以求得内点 P_3 的运动副反力为

$$F_{R3x} = [A(P_{3x} - P_{2x}) + B(P_{3x} - P_{1x})]/C \Big\}$$
$$F_{R3y} = [A(P_{3y} - P_{2y}) + B(P_{3y} - P_{1y})]/C$$

$$(4-18a)$$

再根据两构件的力平衡方程, 可以求得外点 P_1、P_2 的运动副反力, 即

$$F_{R1x} = F_{R3x} - F_{1x} \Big\}$$
$$F_{R1y} = F_{R3y} - F_{1y}$$

$$(4-18b)$$

$$F_{R2x} = -(F_{R3x} + F_{2x}) \Big\}$$
$$F_{R2y} = -(F_{R3y} + F_{2y})$$

$$(4-18c)$$

3. RRPⅡ级杆组动态静力分析

如图 4-10 所示，RRPⅡ级杆组两杆的质心分别为 G_1 和 G_2，上面作用的惯性力和惯性力偶分别为 F_{1x}、F_{1y}、M_1 和 F_{2x}、F_{2y}、M_2。求作用在 RRPⅡ级杆组的外点 P_1、内点 P_3 上的运动副反力及移动副中的约束反力 F_{R2} 及约束反力矩 T_2。

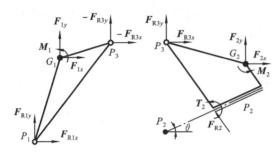

图 4-10　RRPⅡ级杆组动态静力分析

根据图 4-10，对点 P_3 取矩，可以列出力矩平衡方程组，即

$$\left.\begin{array}{l} (P_{3y}-P_{1y})F_{R1x}-(P_{3x}-P_{1x})F_{R1y}+(P_{3y}-G_{1y})F_{1x}-(P_{3x}-G_{1x})F_{1y}+M_1=0 \\ (P_{3x}-G_{2x})F_{2y}-(P_{3y}-G_{2y})F_{2x}-M_2-T_2=0 \end{array}\right\}$$

$$(4\text{-}19)$$

然后分别对两个构件列出力平衡方程组，即

$$\left.\begin{array}{l} F_{R1x}-F_{R3x}+F_{1x}=0 \\ F_{R1y}-F_{R3y}+F_{1y}=0 \\ F_{R3x}-F_{R2}\sin\theta+F_{2x}=0 \\ F_{R3y}+F_{R2}\cos\theta+F_{2y}=0 \end{array}\right\}$$

$$(4\text{-}20)$$

令 $C=(P_{3x}-P_{1x})\cos\theta+(P_{3y}-P_{1y})\sin\theta$，则由式（4-19）、式（4-20）可求得各约束反力，即

$$F_{R2}=(A+B-M_1)/C \tag{4-21a}$$

式中：

$$A=(G_{1y}-P_{3y})F_{1x}+(P_{1x}-G_{1x})F_{1y}$$

$$B=(P_{3y}-P_{1y})F_{2x}+(P_{1x}-P_{3x})F_{2y}$$

$$F_{R1x}=F_{R3x}-F_{1x},\quad F_{R1y}=F_{R3y}-F_{1y} \tag{4-21b}$$

$$F_{R3x}=-(F_{2x}-F_{R2}\sin\theta),\quad F_{R3y}=-(F_{2y}+F_{R2}\cos\theta) \tag{4-21c}$$

$$T_2=(P_{3x}-G_{2x})F_{2y}-(P_{3y}-G_{2y})F_{2x}-M_2 \tag{4-21d}$$

下面通过一个实例说明其应用。

【例 4-2】 仍以例 3-3 中的六杆机构为例，各构件的长度与例 3-3 相同，各构件的质量与转动惯量的数据为：$m_1=3.6$ kg，$J_1=0.0294$ kg·m²，$m_2=6$ kg，$J_2=0.0784$ kg·m²，$m_3=7.2$ kg，$J_3=0.098$ kg·m²，$m_4=8.5$ kg，$J_4=0.118$ kg·m²，$m_5=8.5$ kg。各构件质心的位置分别为：G_1 在点 A 处，G_2 在 BC 的中点处，G_3 在点 C 处，G_4 在 EF 的中点处，G_5 在点 F 处。当滑块向右运动时，作用在滑块上的水平阻力 $F_Q=4000$ N（见图 4-11）。计算在曲柄回转一周时，运动副 A、D 中的反力和应加在曲柄 1 上的平衡力矩 M_b 的变化。曲柄 1 从 $\theta_1=0°$ 开始，每转过 $30°$ 为一个计算点。

解　具体的解题步骤如下。

（1）进行机构的运动分析，其过程见例 3-3。为便于之后的力分析，

演示视频

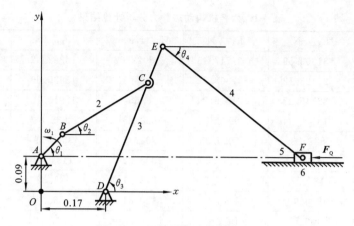

图 4-11 六杆机构动态静力分析

构件 2、4 的质心 G_2、G_4 的运动参数也需要计算出来。此外,由于水平阻力 $\mathbf{F}_Q$ 只是作用在滑块向右运动阶段,因此应确定 $\mathbf{F}_Q$ 作用时曲柄 1 的起止位置。由后面第 5 章平面连杆机构的相关理论可知,这两个位置正好是机构的极限位置,可以由铰链四杆机构 $ABCD$ 的位形为三角形时求得,如图 4-12 所示。

$$\theta_{11} = \arccos \frac{(l_{AB} + l_{BC})^2 + l_{AD}^2 - l_{CD}^2}{2(l_{AB} + l_{BC})l_{AD}} \approx 33.51°$$

$$\theta_{12} = \arccos \frac{(-l_{AB} + l_{BC})^2 + l_{AD}^2 - l_{CD}^2}{2(-l_{AB} + l_{BC})l_{AD}} + 180° \approx 259.41°$$

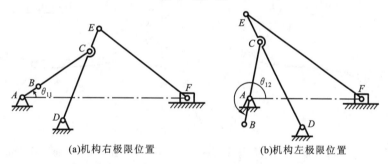

(a)机构右极限位置　　　　　　　(b)机构左极限位置

图 4-12 六杆机构的极限位置

（2）进行机构的力分析。

与机构的运动分析不同,机构的力分析应该从所受已知外力较多的杆组开始进行。对于本例来说,各构件除了惯性力之外,剩下的外力只有作用在 RRPⅡ级杆组上的生产阻力 $\mathbf{F}_Q$,因此应从 RRPⅡ级杆组开始进行力分析,其具体步骤如下。

① 调用 RRPⅡ级杆组力分析子程序,计算点 E、F 的运动副反力和反力偶。

② 调用 RRRⅡ级杆组力分析子程序,计算点 B、C、D 的运动副反力。必须注意的是,点 E 的运动副反力应作为杆组的外力看待。

③ 调用刚体力分析子程序,计算点 A 的运动副反力和施加在曲柄 1 上的平衡力矩,此时点 B 的运动副反力也应作为外力看待。

④ 输出计算结果。

该机构力分析的计算结果如表 4-1 所示,点 A、D 处运动副的反力和平衡力矩 $\mathbf{M}_b$ 的大小变化曲线如图 4-13(a)、(b)、(c)所示。

表 4-1　六杆机构动态静力分析计算结果

曲柄转角 θ_1/(°)	F_{RAx}/N	F_{RAy}/N	M_b/(N·m)	F_{RDx}/N	F_{RDy}/N
0.00	−31803.59	−37747.43	−3022.62	16262.52	44676.59
30.00	−25423.12	−17363.72	−188.52	13686.66	24018.93
33.51	−32745.25	−21516.24	8.65	17910.18	30719.11
60.00	−18172.44	−9972.11	858.73	8835.88	15703.43
90.00	−8854.35	−5095.35	708.35	3551.59	8370.67
120.00	−4026.41	−2946.20	398.22	1194.42	5058.72
150.00	−1870.78	−1950.48	212.41	145.32	3961.62
180.00	−936.90	−1474.81	120.81	−563.22	3898.90
210.00	−403.53	−1070.07	60.44	−1152.01	3944.96
240.00	40.98	−143.32	9.98	−1335.32	3338.79
259.41	311.15	1516.92	2.68	−802.85	1754.10
270.00	1155.39	8629.73	92.43	3239.26	−8292.77
300.00	1948.98	24185.24	1101.03	8049.64	−26445.68
330.00	7976.01	27367.84	2212.69	628.58	−35322.04
360.00	−31803.59	−37747.43	−3022.62	16262.52	44676.59

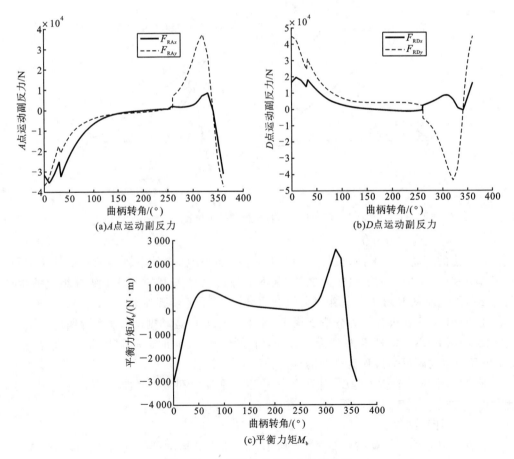

(a)A点运动副反力　　　　(b)D点运动副反力

(c)平衡力矩M_b

图 4-13　六杆机构动态静力分析曲线

4.4　考虑摩擦时机构的力分析

考虑摩擦时对机构的动态静力分析方法类似于对运动副中的摩擦分析方法,下面举例加以说明。

【例 4-3】 图 4-14(a)所示为曲柄滑块机构,已知构件尺寸、材料、运动副半径,水平阻力 F_r,求平衡力 F_b 的大小。

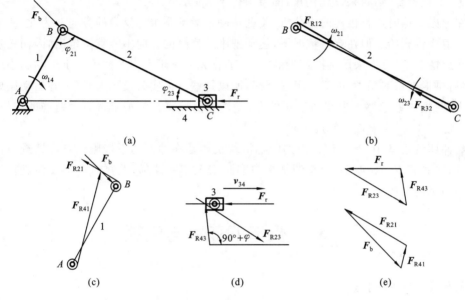

图 4-14　曲柄滑块机构的力分析

解 (1)根据已知条件,在转动副 A、B、C 处作出摩擦圆(见图 4-14(a))。

(2)分别以曲柄、连杆和滑块为受力体,确定作用在其上各力的方向。在这三个构件中,曲柄受平衡力 F_b、运动副 A 和 B 的反力作用,滑块则受水平阻力 F_r、运动副 C 的转动副反力及导路给予的运动副反力作用,因此它们的受力问题均为三力平衡问题。而连杆则在运动副 B、C 的反力作用下保持平衡,因此连杆为二力杆,可以首先确定这两个力的方向。

根据机构的运动状态可以判断连杆处于受压状态,因此作用在其上的两个力的方向应该是相对的。又因此时 φ_{21} 是增大的,故可判断此时 ω_{21} 是逆时针方向,因此 F_{R12} 的方向应为相切于点 B 摩擦圆上方。同理,φ_{23} 是减小的,ω_{23} 也是逆时针方向,因此 F_{R32} 的方向应为相切于点 C 摩擦圆下方(见图 4-14(b))。

曲柄受到平衡力 F_b、运动副 A 和 B 的反力 F_{R21}、F_{R41} 作用。因 ω_{14} 为顺时针方向,故 F_{R41} 应相切于点 A 摩擦圆右边,并通过 F_b 和 F_{R21} 作用线交点,以满足三力平衡条件(见图 4-14(c))。

滑块受到水平阻力 F_r、转动副反力 F_{R23} 和移动副反力 F_{R43} 作用。因 v_{34} 水平向右,故 F_{R43} 的方向与水平线的夹角为 $90°+\varphi$(φ 为移动副摩擦角),并通过 F_r 与 F_{R23} 作用线的交点,以满足三力平衡条件(见图 4-14(d))。

(3)列出力平衡方程,作出力三角形并求解。

分别由曲柄和滑块的三力平衡条件，可列出下面两个力平衡方程：

　　　　滑块　　　　　　　　　　　　　　　　　　曲柄

$$F_{R43} + F_{R23} + F_r = 0 \qquad\qquad F_{R41} + F_{R21} + F_b = 0$$

大小：	？	？	√	大小：	？	√	？
方向：	√	√	√	方向：	√	√	√

选取适当的力比例尺 μ_F（单位为 N/mm），作出力三角形（见图 4-14(e)），从图中量得表示 F_b 的线段长度，再乘以比例尺，即可求得 F_b 的大小。

在考虑摩擦时进行机构的力分析，关键是确定运动副中总反力的方向。为此，一般都先从二力构件开始。但在有些情况下，运动副中总反力的方向不能直接定出，因而无法求解。在此情况下，可以采用逐次逼近的方法，即首先完全不考虑摩擦确定出运动副中的反力，然后再根据这些反力（因为未考虑摩擦，所以这些反力实为正压力）求出各运动副中的摩擦力，并把这些摩擦力也作为已知外力，重作全部计算。为了求得更为精确的结果，还可重复上述步骤，直至满足精度要求。

在冲床等设备中，其主传动用的曲柄滑块机构是在冲头的下极限位置附近进行冲压工作的，这时若不考虑摩擦，分析的结果与实际情况相差甚远，故在对这类设备进行力分析时必须考虑摩擦。

4.5　机械的效率与自锁

4.5.1　机械的效率

如前所述，机器运转时，作用在机械上的驱动力所做的功为驱动功，克服生产阻力所做的功为有效功，而克服有害阻力所做的功为损耗功，也称为损失功。损耗功完全是一种能量的损失，应当力求减少。所以，研究机械对能量的有效利用是必要的。

1. 用功表示机械的效率

在机械运转时，设作用在机械上的驱动功（输入功）为 W_d，有效功（输出功）为 W_r，损失功为 W_f，机械的输出功与输入功之比称为机械效率，用 η 表示，即

$$\eta = \frac{W_r}{W_d} = \frac{W_d - W_f}{W_d} = 1 - \frac{W_f}{W_d} \tag{4-22}$$

2. 用功率表示机械的效率

在机械运转时，设作用在机械上的输入功率为 P_d，输出功率为 P_r，损失功率为 P_f，则

$$P_d = P_r + P_f$$

$$\eta = \frac{\dfrac{W_r}{t}}{\dfrac{W_d}{t}} = \frac{P_r}{P_d} = 1 - \frac{P_f}{P_d} \tag{4-23}$$

3. 用力表示机械的效率

图 4-15 所示为一匀速运转的机械传动示意图。设 F 为驱动力，F_Q 为生产阻力，v_F 和 v_Q 分别为 F 和 F_Q 的作用点沿该力作用线方向的速度，于是根据式(4-23)可得

$$\eta = \frac{P_{\mathrm{r}}}{P_{\mathrm{d}}} = \frac{F_{\mathrm{Q}} v_{\mathrm{Q}}}{F v_{\mathrm{F}}} \qquad (4\text{-}24)$$

为进一步将式(4-24)简化,设想该机械不存在摩擦(这样的机械称为理想机械)。这时,为克服同样的生产阻力 F_{Q},所需的驱动力(称为理想驱动力)显然就不再需要像 F 那样大了。如用 F_0 表示这时所需的驱动力,那么对理想机械来说,其效率 η_0 应等于1,故得

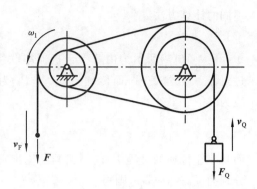

图 4-15　机械传动示意图

$$\eta_0 = \frac{F_{\mathrm{Q}} v_{\mathrm{Q}}}{F_0 v_{\mathrm{F}}} = 1$$

即 $\qquad\qquad F_{\mathrm{Q}} v_{\mathrm{Q}} = F_0 v_{\mathrm{F}} \qquad (4\text{-}25)$

式(4-25)说明:理想机械(或当机械中不计损失功率时)的瞬时输入功率与瞬时输出功率相等。这一结论也可用于不计摩擦时求解作用在机构上的平衡力。

于是,将式(4-25)代入式(4-24),得

$$\eta = \frac{F_{\mathrm{Q}} v_{\mathrm{Q}}}{F v_{\mathrm{F}}} = \frac{F_0 v_{\mathrm{F}}}{F v_{\mathrm{F}}} = \frac{F_0}{F} \qquad (4\text{-}26)$$

式(4-26)说明:机械效率也等于不计摩擦时克服生产阻力所需的理想驱动力大小 F_0,与克服同样生产阻力(连同克服摩擦力)时该机械实际所需的驱动力大小 F 之比。

同理,机械效率也可以用力矩大小之比的形式表达,即

$$\eta = \frac{M_0}{M} \qquad (4\text{-}27)$$

式中:M_0 和 M 分别表示为了克服同样生产阻力所需的理想驱动力矩和实际驱动力矩的大小。

以上式(4-26)、式(4-27)是用驱动力和驱动力矩表示机械效率的形式。同理,也可用工作阻力或工作阻力矩表示机械效率。如在理想机械中驱动力 F 能克服工作阻力 F_{Q0} 或工作阻力矩 M_{Q0},在实际机械中同样大小的驱动力 F 能克服工作阻力 F_{Q} 或工作阻力矩 M_{Q},则有

$$\eta = \frac{F_{\mathrm{Q}} v_{\mathrm{Q}}}{F v_{\mathrm{F}}} = \frac{F_{\mathrm{Q}} v_{\mathrm{F}}}{F_{\mathrm{Q0}} v_{\mathrm{F}}} = \frac{F_{\mathrm{Q}}}{F_{\mathrm{Q0}}} \qquad (4\text{-}28\mathrm{a})$$

或 $\qquad\qquad\qquad \eta = \frac{M_{\mathrm{Q}}}{M_{\mathrm{Q0}}} \qquad (4\text{-}28\mathrm{b})$

应用式(4-26)至式(4-28)来计算机械效率,一般都十分简便,例如对于图 4-4 所示的斜面机构,其正行程的机械效率为

$$\eta = \frac{F_0}{F} = \frac{\tan\alpha}{\tan(\alpha + \varphi)}$$

其反行程的机械效率(此时 F_{Q} 为驱动力)为

$$\eta' = \frac{F_{\mathrm{Q}}}{F_{\mathrm{Q0}}} = \frac{\tan(\alpha - \varphi)}{\tan\alpha}$$

4.5.2　机械系统组的效率

机构连接组合的方式分为串联、并联和混联三种,相应机械系统组的机械效率有三种

不同的计算方法。

1. 串联系统

图 4-16(a)所示为由若干台机器串联组成的机组。设机组的输入功率为 P_d，依次经过机器 1、机器 2……而传到机器 k。P_k 为该机组的输出功率。于是该机组的机械效率应为

$$\eta = \frac{P_k}{P_d} \tag{4-29}$$

而功率在传递的过程中，前一机器的输出功率即为后一机器的输入功率，设各机器的效率分别为 $\eta_1, \eta_2, \cdots, \eta_k$，则得

$$\eta_1 = \frac{P_1}{P_d}, \eta_2 = \frac{P_2}{P_1}, \cdots, \eta_k = \frac{P_k}{P_{k-1}}$$

将 $\eta_1, \eta_2, \cdots, \eta_k$ 连乘起来，得

$$\eta_1 \eta_2 \cdots \eta_k = \frac{P_1}{P_d} \frac{P_2}{P_1} \cdots \frac{P_k}{P_{k-1}} = \frac{P_k}{P_d} = \eta \tag{4-30}$$

由式(4-30)可知，串联系统的总效率等于各台机器的效率的连乘积，总效率与各台机器传递的功率大小无关，串联的级数越多，系统的效率越低。

2. 并联系统

图 4-16(b)所示为由若干台机器并联组成的机组。设各个机器的输入功率分别 P_1，$P_2, \cdots, P_k$，而输出功率分别为 $P'_1, P'_2, \cdots, P'_k$。因为总输入功率为

$$P_d = P_1 + P_2 + \cdots + P_k$$

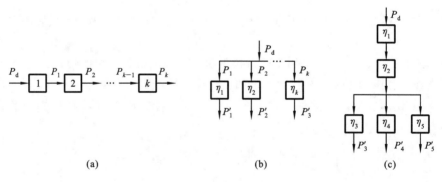

图 4-16　机组的效率

总输出功率为

$$P_Q = P'_1 + P'_2 + \cdots + P'_k = P_1 \eta_1 + P_2 \eta_2 + \cdots + P_k \eta_k$$

所以总效率 η 为

$$\eta = \frac{P_Q}{P_d} = \frac{P_1 \eta_1 + P_2 \eta_2 + \cdots + P_k \eta_k}{P_1 + P_2 + \cdots + P_k} \tag{4-31}$$

式(4-31)表明并联机组的总效率 η 不仅与各机器的效率有关，而且也与各机器所传递的功率有关。设在各个机器中效率最高者及最低者的效率分别用 η_{max} 及 η_{min} 表示，则 $\eta_{min} < \eta < \eta_{max}$。又若各个机器的效率均相等，则不论数目 k 为多少、各机器传递的功率如何，该机组的总效率总是等于机组中任一机器的效率。

3．混联系统

图 4-16(c)所示为兼有串联和并联的混联机组。为了计算其总效率，可确定输入功至输出功的路线，然后分别按各部分的连接方式，用式(4-30)或式(4-31)计算出各部分的效率。对于如图 4-16(c)所示的混联机组，设机组串联部分的效率为 η'，并联部分的效率为 η''，则机组的总效率应为

$$\eta = \eta'\eta'' \tag{4-32}$$

4.5.3 机械的自锁

有些机械，就其结构情况分析，只要加上足够大的驱动力，按常理就应该能够沿着有效驱动力作用的方向运动，而实际上由于摩擦的存在，却会出现无论这个驱动力如何增大，也无法使它运动的现象，这种现象称为机械的自锁。

自锁现象在机械工程中具有十分重要的意义。一方面，当我们设计机械时，为使机械能够实现预期的运动，当然必须避免该机械在所需的运动方向发生自锁；另一方面，有些机械又需要具有自锁的特性。例如在牛头刨床中，工作台的升降机构就应该具有自锁性。那么机械为什么会发生自锁现象呢？发生自锁的条件又是什么呢？下面就来讨论这个问题。

如图 4-17 所示，滑块 1 与平台 2 组成移动副。设 F 为作用于滑块 1 上的驱动力，它与接触面的法线间的夹角为 β，而摩擦角为 φ。将力 F 分解为沿接触面切向和法向的两个分力 F_t 和 F_n。显然 F_t 是推动滑块 1 运动的有效分力，其值为

$$F_t = F\sin\beta = F_n\tan\beta \tag{4-33}$$

而 F_n 只能使滑块 1 压向平台 2，其所能引起的摩擦力为

$$F_{f21} = F_n\tan\varphi \tag{4-34}$$

因此，当 $\beta \leqslant \varphi$ 时，则由式(4-33)和式(4-34)可知

$$F_t \leqslant F_{f21} \tag{4-35}$$

式(4-35)说明，当 $\beta \leqslant \varphi$ 时，不管驱动力 F 如何增大，滑块 1 总不会运动，即发生了自锁。

因此，移动副的自锁条件是：作用于滑块上的驱动力作用在其摩擦角之内（即 $\beta \leqslant \varphi$）。

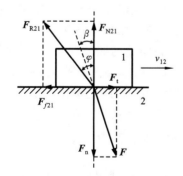

图 4-17 移动副的自锁

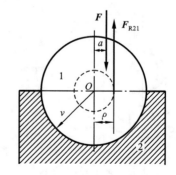

图 4-18 转动副的自锁

如图 4-18 所示，轴颈和轴组成转动副。设作用在轴颈上的外载荷为 F，则当力 F 的作用线在摩擦圆之内时（即如图 4-18 所示 $a < \rho$），因它对轴颈中心的力矩（$M = Fa$）始终小

于它本身所能引起的最大摩擦力矩（$M_{f21} = F_{R21}\rho = F\rho$）。所以力 F 任意增大，也不能驱动轴颈转动，即也出现了自锁。

因此，转动副的自锁条件是：作用于轴颈上的合外力作用在其摩擦圆之内（即 $a \leqslant \rho$）。

上面我们讨论了单个运动副发生自锁的条件。对于一个机械来说，既可通过分析其所含运动副的自锁情况来判断其是否会发生自锁，这是因为机械的自锁实质上就是其中的运动副发生了自锁；又根据式（4-35）知，也可由分析作用在构件上的驱动力的有效分力是否小于或等于由其所引起的同方向上的最大摩擦力来判断机械是否会发生自锁。

通常，还可以从生产阻力方面来判断机械的自锁状态。由于当机械自锁时，机械已不能运动，所以这时它所能克服的生产阻力 $F_Q \leqslant 0$。$F_Q \leqslant 0$ 意味着只有当阻抗力反向变为驱动力后，才能使机械运动。故可利用当驱动力任意增大时，$F_Q \leqslant 0$ 是否成立来判断机械是否会发生自锁，并据此确定机械的自锁条件。

此外，还可从效率的观点来分析机械发生自锁的条件。因为当机械发生自锁时，无论驱动力如何增大都不能使机械发生运动，这实质上是驱动力所能做的功 W_d 总不足以克服其所能引起的最大损失功 W_f 之故，根据式（4-22）知，这时 $\eta \leqslant 0$。所以，当驱动力任意增大，而机械的效率不大于零时，机械将发生自锁。当 $\eta \leqslant 0$ 时，其绝对值的大小表示机械自锁的程度。当 $\eta = 0$ 时，机械处于临界自锁状态；当 $\eta < 0$ 时，其绝对值越大，表明自锁越可靠。

通常，很多机器都有正、反两个行程。当驱动力作用在原动件上使运动向一个方向（从原动件到从动件）传递时，称为正行程；反之，当将正行程的生产阻力作为驱动力作用在原来的从动件上使运动向相反方向（从正行程的从动件到原动件）传递时，称为反行程。正行程的效率 η 和反行程的效率 η' 一般不相等。在计算实际机器的正、反行程效率时，可能遇到下列两种情形：① $\eta > 0$ 及 $\eta' > 0$；② $\eta > 0$ 及 $\eta' < 0$。第一种情形表示正、反行程时机器都能运动；第二种情形表示正行程时机器能够运动，而反行程时发生自锁，这时不论驱动力有多么大，机器都不能运动。凡使机器反行程自锁的机构通称为自锁机构。这种自锁的原理常应用于各种夹具、楔连接装置、起重装置和压榨机等。

【例 4-4】 试分析图 4-19 所示螺旋传动的效率与自锁条件。

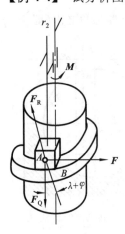

图 4-19 螺旋传动

解 当研究螺旋的摩擦和效率时，通常将螺纹接触面间的比压近似地视为常数，因此便假定螺杆与螺母之间的压力作用在中圆柱的螺旋线上。同时，如果忽略各个圆柱面上的螺旋线升角的差异，那么，当将螺旋的螺纹展开以后，即得一连续的斜面。这样便可将螺旋中的摩擦和效率问题化为斜面的摩擦和效率问题。机械中常用的螺纹主要有矩形、三角形、梯形及锯齿形等四种牙型。矩形螺纹的牙型斜角 β 为零，而其他三种螺纹 β 不为零。现分述如下。

（1）矩形螺纹。

图 4-19 所示为一矩形螺纹。清楚起见，图中仅画出螺杆的一个螺纹 B 和螺母的螺纹上的一小块 A。如前所述，当将该螺纹展开后，即得如图 4-4(a) 所示的滑块 1 和斜面 2。设 F_Q 为加于螺母上的轴向载荷（对于起重螺旋而言，它就是被

举起的重量;对于车床的传导螺杆而言,它就是轴向走刀的阻力;对于连接螺旋而言,它就是被连接零件所受到的相应夹紧力);M 为驱使螺母旋转的力矩,它的大小等于假想的作用在螺旋中圆柱的水平驱动力 F 和中圆柱半径 r_2 的乘积,即 $M=Fr_2$,螺旋的平均升角为

$$\alpha = \arctan \frac{P_h}{2\pi r_2} \tag{4-36}$$

式中:P_h 为螺旋的导程。

当螺母沿轴向移动的方向与力 $\boldsymbol{F}_Q$ 的方向相反时,即滑块沿斜面匀速上升,它相当于通常的拧紧螺母,如图 4-4(a)所示,螺旋传动的效率为

$$\eta = \frac{F_0}{F} = \frac{\tan\alpha}{\tan(\alpha+\varphi)} \tag{4-37}$$

反之,当螺母沿轴向移动的方向与力 $\boldsymbol{F}_Q$ 的方向相同时,即滑块沿斜面匀速下降,它相当于通常的拧松螺母,如图 4-4(b)所示,螺旋传动的效率为

$$\eta' = \frac{F'}{F_0'} = \frac{\tan(\alpha-\varphi)}{\tan\alpha} \tag{4-38}$$

式中:力 $\boldsymbol{F}'$ 为避免螺母加速下滑、维持螺母在载荷 $\boldsymbol{F}_Q$ 作用下等速松开的阻力,它的方向仍与 $\boldsymbol{F}$ 相同。

如果要求螺母在力 $\boldsymbol{F}_Q$ 作用下不会自动松开,则必须使 $\eta' \leqslant 0$,即反行程自锁的条件为

$$\alpha \leqslant \varphi \tag{4-39}$$

(2)非矩形螺纹。

非矩形螺纹是指牙型斜角 β 不为零的三角形、梯形及锯齿形等三种牙型的螺纹。图 4-20 所示为一三角形螺纹。非矩形螺纹与矩形螺纹相比,其不同点仅是后者相当于平滑块与斜平面的作用,而前者相当于楔形滑块与斜楔形槽面的作用。因此,参照 4.2 节楔形滑块摩擦的特点,只需用当量摩擦角 φ_v 代替式(4-37)至式(4-39)中的摩擦角 φ,便可得到非矩形螺纹的各个对应的公式。如图 4-20 所示,楔形槽的半夹角 θ 近似地等于 $90°-\beta$,因此

$$f_v = \frac{f}{\sin\theta} = \frac{f}{\sin(90°-\beta)} = \frac{f}{\cos\beta} \tag{4-40}$$

$$\varphi_v = \arctan f_v = \arctan\left(\frac{f}{\cos\beta}\right) \tag{4-41}$$

不同牙型的非矩形螺纹,其 β 各不相同,但均大于零,所以 φ_v 总大于 φ。在四种常用螺纹中,三角形螺纹的 β 最大,故三角形螺纹的摩擦最大、效率最低,但自锁性能最好,因此三角形螺纹常用于连接;而矩形螺纹的 β 为零,效率最高,梯形螺纹和锯齿形螺纹 β 小于三角形螺纹,故它们的效率高于三角形螺纹,常用于传递,如起重螺旋、螺旋压床及各种机床的传导螺杆等。

【例 4-5】 大型机床装配过程中需要将床身平面调平,通常在底座处放置四个斜面自锁机构,如图 4-21 所示,该机构由螺旋机构和斜面机构组成。当转动圆盘 4 时,由螺旋机构带动活动构件 3 向右移动,可以将机床向上顶起,当床身调平后该机构形成反向自锁。设移动副摩擦系数均为 f,$\boldsymbol{F}_r$ 为螺纹对构件 3 的阻抗力。试分析在螺纹满足反行程自锁的前提下,忽略构件 4 与 2 的摩擦,以 $\boldsymbol{F}_d$ 为驱动力时的机构自锁条件。

解 (1)对机构中各构件进行受力分析。

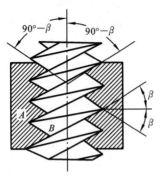

图 4-20　三角形螺纹

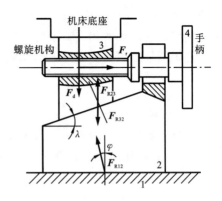

图 4-21　机床调平机构

根据摩擦系数 f 计算 $\varphi = \arctan f$，确定作用于构件 2 和 3 的总反力方向，如图 4-21 所示。

（2）分析构件 2。

根据力的平衡条件列出平衡方程，即

$$F_{R32} + F_{R12} = 0$$

因为 F_{R32} 为驱动力，所以自锁条件为 $F_{R32} \leqslant F_{R12}$，即驱动力作用线在摩擦锥之内，$\lambda - \varphi \leqslant \varphi$。

由此可得，$\lambda \leqslant 2\varphi$ 时构件 2 自锁。

4.6　提高机械效率的途径

由前面的分析可知，机械运转过程中影响其效率的主要原因是机械中的损耗，而损耗主要是由摩擦引起的。因此，为提高机械的效率就必须采取措施减小机械中的摩擦。一般需从三方面加以考虑，即设计方面、制造方面和使用维护方面。

在设计方面主要采取以下措施。

（1）尽量简化机械传动系统，采用最简单的机构来满足工作要求，使功率传递通过的运动副数目越少越好。例如宇航设备中的天线，往往靠航天器转动产生的离心力甩出，如果运动副数目多，摩擦过大，天线甩出的运动就可能无法实现或者运动位置不确定。

（2）选择合适的运动副形式。如转动副易保证运动副元素的配合精度，效率高；移动副不易保证配合精度，效率较低且容易发生自锁或楔紧。

（3）在满足强度、刚度等要求的情况下，不要盲目增大构件尺寸。如轴颈尺寸增大会使该轴颈的摩擦力矩增大，机械易发生自锁。

（4）设法减少运动副中的摩擦。如在传递动力的场合尽量选用矩形螺纹或牙型斜角小的螺纹；用平面摩擦代替槽面摩擦；采用滚动摩擦代替滑动摩擦；选用适当的润滑剂及润滑装置进行润滑；合理选用运动副元素的材料等。

（5）减少机械中由惯性力所引起的动载荷，可提高机械效率。特别是在机械设计阶段就应考虑其平衡问题，否则不平衡引起的振动会使零件的磨损加速，磨损又引起振动等问题，造成恶性循环，导致机器精度和可靠性降低。

4.7 摩擦在机械中的应用

机械中的摩擦虽然对机械的工作有许多不利的影响,但在某些情况下也有其有利的一面。工程实际中不少机械正是利用摩擦来工作的,除了比较常见的摩擦传动机构、带传动机构外,应用摩擦的机构还有以下几种。

1. 摩擦离合器

摩擦离合器种类很多,最简单的单片离合器如图 4-22(a)所示。此外还有多片离合器(见图 4-22(b))、锥面离合器(见图 4-23)等。其优点是离合平稳、安全。

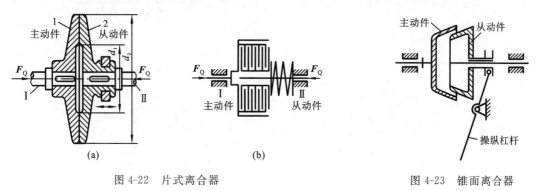

图 4-22 片式离合器

图 4-23 锥面离合器

2. 摩擦制动器

摩擦制动器广泛应用在机械制动中,常用的有带式制动器(见图 4-24)和块式制动器(见图 4-25)。

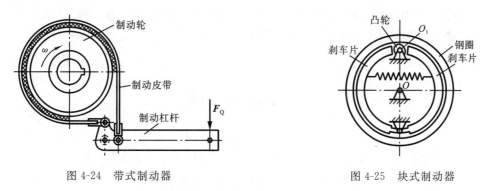

图 4-24 带式制动器

图 4-25 块式制动器

摩擦制动器的优点是制动平滑、安全。

在图 4-25 所示的块式制动器中,当需要制动时,凸轮转动克服弹簧力,将刹车片撑开并与钢圈逐渐接触,增大了摩擦阻力,从而实现制动。当不需要制动时,凸轮继续转动,将刹车片松开,在弹簧力的作用下刹车片离开钢圈。

3. 摩擦连接

在日常生活及工程实际中,螺纹连接应用很普遍。为了保证螺纹连接可靠,螺纹采用较小的升角且使升角小于摩擦角,而且还采用三角形螺纹以增大摩擦力,提高自锁性。

此外,车轮轮毂与其轴的牢固连接,是靠过盈配合的摩擦力实现的。车床主轴套内锥与顶尖尾锥的配合,也是靠摩擦实现牢固连接的实例。

　　除以上应用外，摩擦在生产实际中的应用例子还很多，如摩擦式缓冲器（见图 4-26）、摩擦式夹紧机构（见图 4-27 所示的偏心夹具）、夹钳式握持器（见图 4-28）、斜面压榨机（见图 4-29）等。

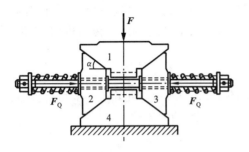

图 4-26　摩擦式缓冲器

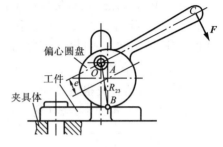

图 4-27　偏心夹具

图 4-28　夹钳式握持器

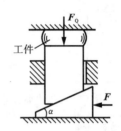

图 4-29　斜面压榨机

　　在图 4-26 所示的摩擦式缓冲器中，当冲击力 F 作用在滑块 1 上时，左右两弹簧允许滑块 2 和 3 向外侧分开，从而使滑块 1 向下运动，以缓和冲击力 F 的影响；当冲击力撤走之后，滑块 2 和 3 在弹簧力 F_Q 的作用下能恢复原位。

思考题与习题

　　4-1　何谓机构的动态静力分析？对机构进行动态静力分析的步骤如何？

　　4-2　何谓平衡力与平衡力矩？平衡力是否总是驱动力？

　　4-3　构件组的静定条件是什么？基本杆组都是静定杆组吗？

　　4-4　采用当量摩擦系数 f_v 及当量摩擦角 φ_v 的意义何在？当量摩擦系数 f_v 与实际摩擦系数 f 不同，是因为两物体接触面几何形状改变，从而引起摩擦系数改变的结果，对吗？

　　4-5　在转动副中，无论什么情况，总反力始终应与摩擦圆相切的论断正确否？为什么？

　　4-6　如何计算机组的机械效率？

　　4-7　在题 4-7 图所示的曲柄滑块机构中，设已知曲柄长度 $l_{AB}=0.1$ m，连杆长度 $l_{BC}=0.33$ m，曲柄转速 $n=1\,500$ r/min，活塞及其附件的重力 $G_3=21$ N，连杆重力 $G_2=25$ N，连杆对其质心 c_2 的转动惯量 $I_{c_2}=0.042\,5$ kg·m²，连杆质心 c_2 至曲柄销 B 的距离 l_{Bc_2}

$=l_{BC}/3$。试确定在图示位置时活塞及连杆的惯性力。

4-8 在题 4-8 图所示的正切机构中,已知 $h=500$ mm,$\omega_1=10$ rad/s(为常数),构件 3 的重力 $G_3=10$ N,重心在其轴线上,生产阻力 $F_r=100$ N,其余构件的重力和惯性力均略去不计。试求当 $\varphi_1=60°$ 时,需加在构件 1 上的平衡力矩 M_b。

题 4-7 图　　　　　　　题 4-8 图

4-9 题 4-9 图所示为一曲柄滑块机构的三个位置,F 为作用在活塞上的力,转动副 A 及 B 上所画的虚线小圆为摩擦圆,试确定在此三个位置时作用在连杆 AB 上的作用力 F_{R12}、F_{R32} 的真实方向(构件重力及惯性力略去不计)。

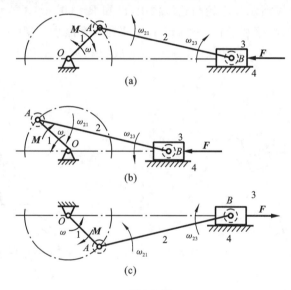

题 4-9 图

4-10 题 4-10 图所示为一摆动推杆盘形凸轮机构,凸轮 1 沿逆时针方向回转,F 为作用在推杆 2 上的外载荷,试确定凸轮 1 及机架 3 作用给推杆 2 的总反力 F_{R12} 及 F_{R32} 的方位(不考虑构件的重力及惯性力,图中虚线小圆为摩擦圆)。

4-11 题 4-11 图(a)所示为一焊接用楔形夹具,利用这个夹具把要焊接的工件 1 和 1' 预先夹妥,以便焊接。图中 2 为夹具,3 为楔块,若已知各接触面间的摩擦系数均为 f,试确定此夹具的自锁条件。

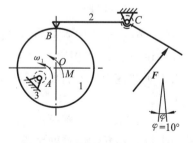

题 4-10 图

题 4-11 图(b)所示为一颚式破碎机,在破碎矿石时要求矿石不致被向上挤出,试问 α 角应满足什么条件？试分析得出结论。

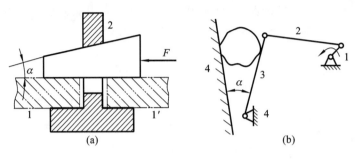

题 4-11 图

4-12　在题 4-12 图所示摆动导杆机构中,构件 1 为原动件,已知 $l_{AB}=300$ mm, $\varphi_3=30°$,加于导杆上的力矩 $M_3=60$ N·m,转动副上所画的虚线为摩擦圆,移动副中的摩擦系数 $f=0.14$,忽略各构件的重力和惯性力,求机构各运动副的反力及应加于曲柄 1 上的平衡力矩 M_b。

4-13　在题 4-13 图所示偏心轮凸轮机构中,已知 $R=60$ mm, $\overline{OA}=30$ mm,且 OA 位于水平位置,转动副的摩擦圆半径 $\rho=3$ mm,移动副的摩擦系数 $f=0.14$,高副的摩擦角为 30°;外载 $F_2=1000$ N, $\beta=30°$。求各运动副反力和加在主动件凸轮 1 上的平衡力矩 M_b。

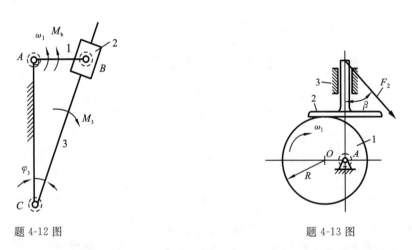

题 4-12 图　　　　　　　　　　题 4-13 图

4-14　在题 4-14 图所示的夹紧机构中,已知楔块 1 的楔形角为 α,移动副的摩擦角为 φ,不计楔块的质量,求作用在楔块 1 的力为 P 时,需要加多大的水平力 Q 才能使楔块 1 克服力 P 而等速上升？若要求不加水平力 Q,楔块在力 P 的作用下时,求机构的效率及自锁条件。

4-15　在如题 4-15 图所示的双滑块机构中,设已知 AB 杆的长度为 l,转动副 A、B 处轴颈的半径为 r,转动副处的摩擦系数 $f_v=0.15$,移动副的摩擦角为 φ,P 为驱动力,Q 为生产阻力,试求：

(1) 滑块 3 等速下滑时各运动副的反力。

（2）在驱动力 P 的作用下机构的自锁条件（不计各构件的重量和惯性力）。

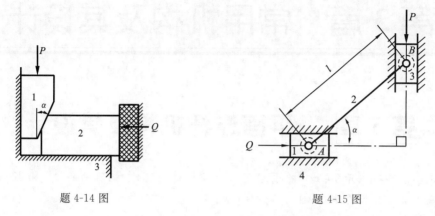

题 4-14 图   题 4-15 图

4-16   题 4-16 图所示为一胶带运输机，由电动机 1 经过平型带传动及一个两级齿轮减速器，带动运输带 8。设已知运输带 8 所需的曳引力 $F=5500$ N，运输带 8 的运送速度 $v=1.2$ m/s，滚筒直径 $D=900$ mm，平型带传动（包括轴承）的效率 $\eta_1=0.95$，每对齿轮（包括其轴承）的效率 $\eta_2=0.97$，运输带 8 的机械效率 $\eta_3=0.97$。试求该传动系统的总效率 η 及电动机所需的功率 P。

4-17   如题 4-17 图所示，电动机通过三角带传动及圆锥、圆柱齿轮传动带动工作机 A 及 B，设每对齿轮的效率 $\eta_1=0.96$，每个轴承的效率 $\eta_2=0.98$，带传动的效率 $\eta_3=0.92$，工作机 A、B 的功率分别为 $P_A=3$ kW，$P_B=2$ kW，效率分别为 $\eta_A=0.7$，$\eta_B=0.8$，试求电动机所需的功率。

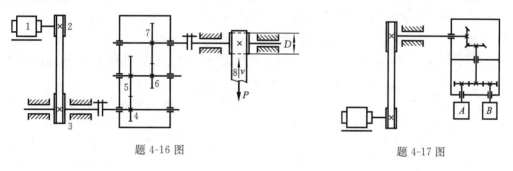

题 4-16 图   题 4-17 图

第3篇　常用机构及其设计

第5章　平面连杆机构及其设计

客车车门的巧妙开合、如同手臂般灵活的挖掘机的动作、机器狗的行走和摇头摆尾、弯道上汽车灵活自如的转弯、自行车方便的刹车等,这些动作都是靠什么来实现的呢? 平面连杆机构在其中起着重要的作用。

本章着重讨论平面连杆机构的基本类型及其演化、工作特性及设计等问题。

5.1　概　　述

教学视频　　重难点与
　　　　　　知识拓展

平面连杆机构是由若干构件用低副(转动副和移动副)连接组成的机构。在机械和仪器中,常采用平面连杆机构来满足较复杂的运动规律或运动轨迹的要求。如图 5-1 所示的电影放映机中用来输送胶片的平面连杆机构,要求机构上的点 E 能描出"D"形的轨迹,其中近似直线段部分用来输送胶片,而弧线部分则使输片爪从片孔中退出,并送入后面的片孔中。

1. 平面连杆机构的主要优点

(1) 连杆机构的运动副都是低副,而低副都是面接触,故压强小,且便于润滑,所以磨损较小。

(2) 两构件连接处的表面是圆柱面或平面,几何形状比较简单,制造方便,比较容易获得较高的制造精度。

(3) 构件多为杆件,因此可以传递较远距离的动作。

(4) 构件运动形式和连杆曲线具有多样性,亦即利用连杆机构可以获得工作所要求的各种形式的运动和多种多样的运动轨迹。

2. 平面连杆机构的主要缺点

(1) 惯性力和惯性力矩不易平衡,因此不适用于高速场合。

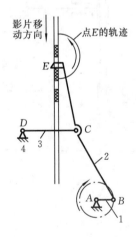

图 5-1　电影放映机输片机构

(2) 设计比高副机构复杂。有时为了满足设计和使用要求,需增加构件和运动副数目,使机构更为复杂,设计难度增大;并且运动副数目的增加及运动副间隙的存在,会引起运动误差,从而影响传动精度。

5.2　平面连杆机构的基本类型及其演化

5.2.1　平面连杆机构的基本类型和应用

　　平面连杆机构按照杆件数目的多少可分为四杆机构、六杆机构和多杆机构。四杆机构是组成六杆机构和多杆机构的基础,其应用非常广泛。四杆机构的基本类型是铰链四杆机构,如图 5-2 所示。其他形式的四杆机构都可看成是在它的基础上经演化而成的。所谓铰链四杆机构是指所有运动副都是转动副的四杆机构。在此机构中,机构的固定件 4 称为机架,与机架相连的构件 1 和 3 称为连架杆,其中能做整周回转运动的连架杆 1 称为曲柄,只能在小于 360°范围内摆动的连架杆 3 称为摇杆,连接两连架杆的构件 2 称为连杆。

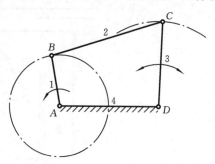

图 5-2　铰链四杆机构

　　根据两连架杆运动形式的不同,铰链四杆机构可分为三种基本类型:曲柄摇杆机构、双曲柄机构和双摇杆机构。

　　1. 曲柄摇杆机构

　　铰链四杆机构中的两连架杆之一为曲柄,另一连架杆为摇杆时,该机构称为曲柄摇杆机构。在这种机构中,当曲柄为原动件、摇杆为从动件时,可将曲柄的连续转动转变为摇杆的往复摆动。图 5-3 所示为颚式破碎机的曲柄摇杆机构,它把曲柄(轮 1)的整周回转运动转变成摇杆(颚板 3)的往复摆动,以轧碎矿石。

演示视频

　　曲柄摇杆机构中,也有以摇杆为原动件的。如图 5-4 所示的缝纫机脚踏板机构,踏板简化成摇杆 3,轮轴简化成曲柄 1。当脚踏动摇杆 3 使其做往复摆动时,通过连杆 2,使曲柄 1 做整周回转运动,从而完成缝纫工作。

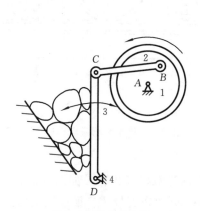

图 5-3　颚式破碎机

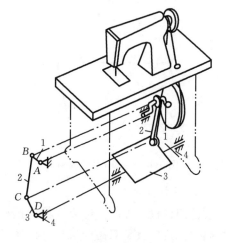

图 5-4　缝纫机脚踏板机构

2. 双曲柄机构

铰链四杆机构中的两连架杆均为曲柄时，该机构称为双曲柄机构。如图 5-5 所示的惯性筛，它的铰链四杆机构 $ABCD$ 是双曲柄机构。当主动曲柄 AB 绕轴 A 做等速转动时，另一曲柄 CD 做变速转动，使筛子 EF 具有所需的加速度，利用加速度所产生的惯性力，使被筛物料在筛上做往复运动而达到筛分目的。

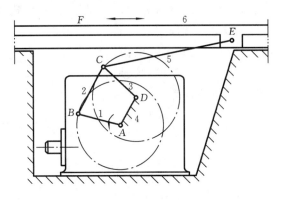

图 5-5　惯性筛机构

在双曲柄机构中，常见的还有平行四边形机构和反平行四边形机构。

（1）如果两相对构件的长度相等且相互平行，呈平行四边形，则该机构称为平行四边形机构，此时两曲柄 1 与 3 做同速同向转动，而连杆 2 做平动，如图 5-6 所示。图 5-7(a)所示的机车车轮的联动机构就是平行四边形机构，它使各车轮与主动轮具有相同的角速度。图 5-7(b)是其机构运动简图。

演示视频

（2）如果两相对构件的长度相等，但 AD 与 BC 不平行，则该机构称为反平行四边形机构，此时两曲柄 1 与 3 做不同速反向转动，如图 5-8(a)所示。图 5-8(b)所示的车门机构，采用反平行四边形机构，以保证与曲柄 1、3 固接的车门能同时打开。

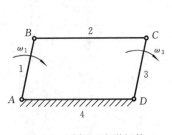

图 5-6　平行四边形机构

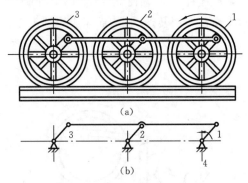

(a)

(b)

图 5-7　机车车轮联动机构

3. 双摇杆机构

铰链四杆机构中的两连架杆均为摇杆时，该机构称为双摇杆机构。如图 5-9 所示的鹤式起重机机构就是双摇杆机构。当摇杆 CD 摆动时，可使在连杆 BC 延长线上的点 M 在近似于水平直线上移动，这样重物在起吊时，可以避免因不必要的升降而消耗能量。如

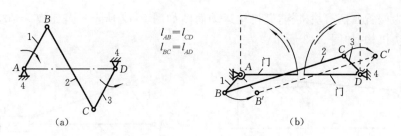

图 5-8 反平行四边形机构

图 5-10 所示的电风扇摇头机构也是双摇杆机构,电动机与摇杆 AB 固连为一体,铰链 B 处装有一个与连杆 BC 固连在一起的蜗轮。电动机转动时,电动机轴上的蜗杆通过与蜗轮啮合使连杆 BC 转动,从而使电动机连同风扇跟随摇杆 AB 一同摆动。

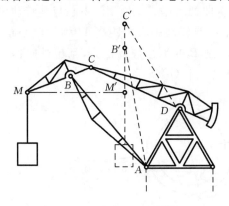

图 5-9 鹤式起重机机构

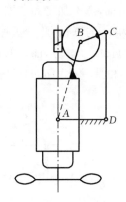

图 5-10 电风扇摇头机构

5.2.2 平面四杆机构的演化及其应用

平面四杆机构的外形和构造是多种多样的,但它们都具有相同的运动特性,或具有一定的内在联系,并且都可以看成是在铰链四杆机构的基础上演化而来的。下面通过一些实例来说明平面四杆机构的演化方法。

1. 曲柄滑块机构

如图 5-11(a)所示的曲柄摇杆机构,杆 1 是曲柄,杆 3 是摇杆。因为摇杆 3 上点 C 的轨迹是以点 D 为圆心,以摇杆 3 的长度为半径所作的圆弧,所以可在机架上制出弧形导槽,并将摇杆 3 制成弧形块与弧形导槽密切配合的结构,如图 5-11(b)所示,显然运动性质不变。若 CD 增至无穷大,则点 D 在无穷远处,此时弧形导槽就演化为直槽,弧形块 3 演化为直块,该直块称为滑块。于是转动副 D 演化为移动副,机构演化为如图 5-11(c)所示的曲柄滑块机构。若点 C 的运动轨迹线与曲柄转动中心 A 之间存在距离 e,则

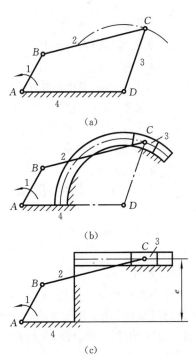

图 5-11 铰链四杆机构的演化

称该机构为偏置曲柄滑块机构,其机构运动简图如图 5-12 所示。若距离 $e=0$,则称为对心曲柄滑块机构,如图 5-13 所示。

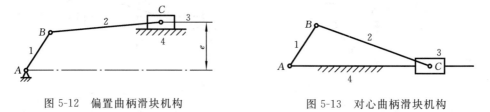

图 5-12 偏置曲柄滑块机构   图 5-13 对心曲柄滑块机构

2. 偏心轮机构

在图 5-14(a)所示的曲柄滑块机构中,如果曲柄 AB 的尺寸较小,而曲柄的两端又各装有销轴,那么加工和装配会变得困难,此时可将曲柄改作成一个几何中心与其转动中心相距为 $\overline{AB}$ 的圆盘,此圆盘称为偏心轮,其几何中心与转动中心的距离 $\overline{AB}$ 称为偏心距,即曲柄的长度。显然,曲柄的这种变化就是将转动副 B 的半径加以扩大,且超过曲柄的长度 $\overline{AB}$,由此演化而成的机构称为偏心轮机构,如图 5-14(b)所示。

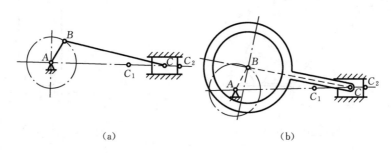

(a)   (b)

图 5-14 偏心轮机构

3. 摇块机构和定块机构

摇块机构和定块机构可以看成是改变曲柄滑块机构中的机架而演化来的。在图 5-15(a)所示的曲柄滑块机构中,若取构件 2 为机架,则可得摇块机构,构件 3 相对机架绕固定点 C 摇摆,称其为摇块,如图 5-15(b)所示。图 5-16(a)所示为货车车厢的自动翻转机构,这是摇块机构的应用实例。当液压缸 3(即摇块)内的压力油推动活塞杆 4 从油缸 3 中伸出时,车厢 1 绕车身 2 上的点 B 倾转,物料自动卸下。图 5-16(b)是货车车厢翻转机构的机构运动简图。

在图 5-15(a)所示的曲柄滑块机构中,若取构件 3 为机架,则可得定块机构,构件 3 称为定块,如图 5-15(c)所示。定块机构常用于手摇唧筒,如图 5-17(a)所示,当摇动手柄 2 时,活塞 4 就在缸体 3 中做往复移动,这时缸体为定块,图 5-17(b)所示为手摇唧筒的机构运动简图。

4. 导杆机构

导杆机构也可以看成是改变曲柄滑块机构中的机架而演化来的。在图 5-15(a)所示的曲柄滑块机构中,若取构件 1 为机架,如图 5-15(d)所示,则可得导杆机构,构件 4 称为导杆,由于构件 4(即导杆)能绕点 A 整周转动($l_1 < l_2$ 时),故把这种机构称为转动导杆机构。如图 5-18 所示的小型牛头刨床主体机构 ABC 部分,是转动导杆机构的应用实例。如果导杆机构中的导杆只能在一定角度内摆动($l_1 > l_2$ 时),则这种机构称为摆动导杆机

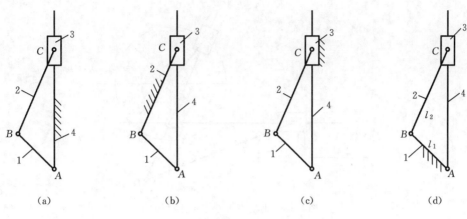

图 5-15 曲柄滑块机构的演化

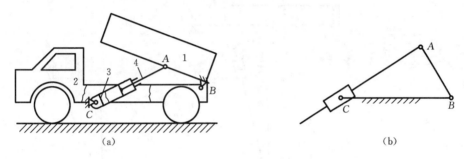

图 5-16 车厢自动翻转机构

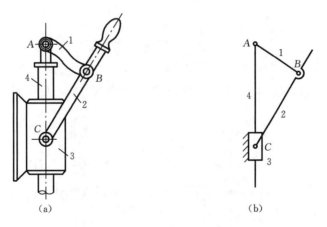

图 5-17 手摇唧筒

构。如图5-19(a)所示的牛头刨床刨刀驱动机构 $ABCD$ 部分,是摆动导杆机构的应用实例,图 5-19(b)所示为摆动导杆机构的运动简图。

5. 双滑块机构

如果以两个移动副代替铰链四杆机构中的两个转动副,便可得到双滑块机构。按照两个移动副所处位置的不同,可以将双滑块机构分成三种基本形式:如图 5-20(a)所示的正弦机构、图 5-21(a)所示的双转块机

演示视频

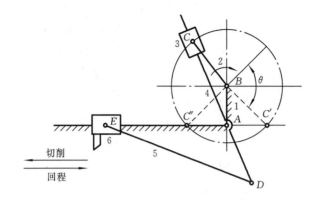

图 5-18　小型牛头刨床主体机构

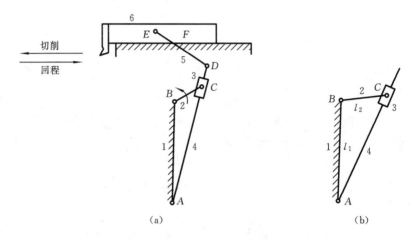

（a）　　　　　　　　　　　　（b）

图 5-19　牛头刨床刨刀驱动机构

构和图 5-22(a)所示的双滑块机构。图 5-20(b)所示的缝纫机刺布机构、图 5-21(b)所示的十字滑块联轴器，以及图 5-22(b)所示的椭圆仪分别是它们的应用实例。

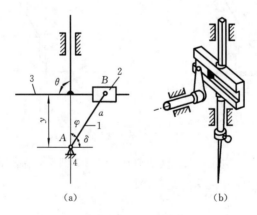

（a）　　　　　　　　　　　　（b）

图 5-20　正弦机构

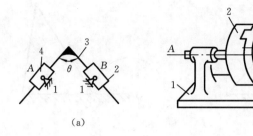

图 5-21　双转块机构

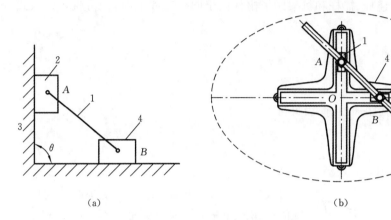

图 5-22　双滑块机构

5.3　平面连杆机构的工作特性

5.2 节介绍了平面连杆机构常见的一些形式。现在,将有关平面连杆机构的一些工作特性加以介绍。平面连杆机构的工作特性包括运动特性和传力特性。

5.3.1　平面四杆机构有曲柄的条件

1. 铰链四杆机构有曲柄的条件

由上述可知,在平面四杆机构中,有的连架杆能做整周转动而成为曲柄,而有的连架杆只能在一定角度范围内摆动而成为摇杆,这说明平面四杆机构中存在曲柄是有一定条件的。下面以铰链四杆机构为例分析其有曲柄的条件。设图 5-23 所示的铰链四杆机构为曲柄摇杆机构,其中 AB 为曲柄,各构件的长度分别为 a、b、c、d,且 $a<d$。当曲柄 AB 绕点 A 做整周回转时,机构一定存在图 5-23 所示的两个位置,即机构各构件分别构成两个三角形 $\triangle B_1 C_1 D$ 和 $\triangle B_2 C_2 D$。由三角形的边长关系可得

在 $\triangle B_1 C_1 D$ 中

$$a+d<b+c \tag{a}$$

在 $\triangle B_2 C_2 D$ 中

$$b-c<d-a \quad 即 \quad a+b<c+d \tag{b}$$

或

$$c-b<d-a \quad 即 \quad a+c<b+d \tag{c}$$

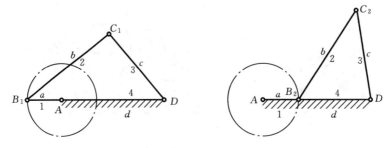

图 5-23　铰链四杆（曲柄摇杆）机构

如果考虑曲柄、连杆、摇杆和机架四个构件位于同一直线上时，则可将式（a）、式（b）、式（c）写成

$$\left.\begin{array}{l} a+d \leqslant b+c \\ a+b \leqslant c+d \\ a+c \leqslant b+d \end{array}\right\} \tag{5-1}$$

将式（5-1）中的每两式相加，化简后可得

$$\left.\begin{array}{l} a \leqslant d \\ a \leqslant c \\ a \leqslant b \end{array}\right\} \tag{5-2}$$

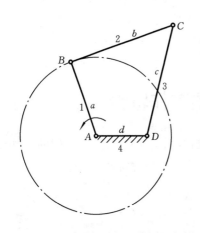

图 5-24　铰链四杆机构有曲柄的条件

由式（5-2）可知，曲柄 AB 的长度是四个构件中最短的。在另外三个构件的长度 b、c、d 中，总有一个是最长的，故由式（5-1）可知，最短杆与最长杆的长度之和小于或等于其余两杆长度之和。综上分析，得出当 $a < d$ 时，铰链四杆机构有曲柄的条件为：

（1）曲柄为最短杆。

（2）最短杆与最长杆的长度之和小于或等于其余两杆长度之和。

在图 5-24 所示的铰链四杆机构中，设连架杆 1 做整周转动，$a > d$。用上述方法进行分析，可得

$$\left.\begin{array}{l} d+a \leqslant b+c \\ d+b \leqslant a+c \\ d+c \leqslant a+b \end{array}\right\} \tag{5-3}$$

将式（5-3）中的每两式相加，化简后可得

$$\left.\begin{array}{l} d \leqslant a \\ d \leqslant b \\ d \leqslant c \end{array}\right\} \tag{5-4}$$

由式（5-3）、式（5-4）可得，当 $a > d$ 时，铰链四杆机构有曲柄的条件为：

（1）机架为最短杆。

（2）最短杆与最长杆的长度之和小于或等于其余两杆长度之和。

综上分析，铰链四杆机构有曲柄的条件是：

（1）连架杆和机架中必有一杆为最短杆。

（2）最短杆与最长杆的长度之和小于或等于其余两杆长度之和。

根据铰链四杆机构有曲柄的条件可得出下列推论。

（1）若铰链四杆机构中的最短杆与最长杆的长度之和大于其余两杆长度之和，则无论取何杆作为机架，都无曲柄存在，机构为双摇杆机构。

（2）若铰链四杆机构中的最短杆与最长杆的长度之和小于或等于其余两杆长度之和，则有以下三种类型：

① 若连杆是最短杆，则得双摇杆机构；

② 若两连架杆之一是最短杆，则该连架杆为曲柄，另一连架杆为摇杆，得曲柄摇杆机构；

③ 若机架是最短杆，则与机架相邻的两连架杆均为曲柄，得双曲柄机构。

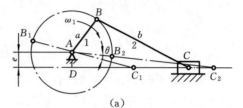

(a)

2. 曲柄滑块机构有曲柄的条件

下面分析曲柄滑块机构有曲柄的条件。图 5-25(a)所示为一偏置曲柄滑块机构，其偏心距为 e。设曲柄 AB 的长度为 a，连杆 BC 的长度为 b。当曲柄 AB 转一整周时，点 B 应能通过曲柄与连杆两次共线的位置。一次是当曲柄位于 AB_1 时，它与连杆重叠共线于 B_1AC_1；另一次是当曲柄位于 AB_2 时，它与连杆拉直共线于 AB_2C_2。

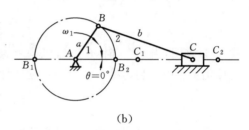

(b)

图 5-25 曲柄滑块机构有曲柄的条件

在直角三角形 ADC_1 中，有 $\overline{AC_1} > \overline{AD}$，即 $b-a>e$，于是得

$$b > a + e \tag{5-5}$$

在直角三角形 ADC_2 中，有 $\overline{AC_2} > \overline{AD}$，即 $b+a>e$，由于满足 $b-a>e$，必然满足 $b+a>e$，所以式(5-5)是偏置曲柄滑块机构有曲柄的条件。

如图 5-25(b)所示的对心曲柄滑块机构，其偏心距 $e=0$，根据式(5-5)可得对心曲柄滑块机构有曲柄的条件是 $b>a$。

5.3.2 急回运动

在图 5-26 所示的曲柄摇杆机构中，当原动件曲柄 AB 做等速转动时，从动件摇杆 CD 做往复摆动，摆角为 ψ。曲柄 AB 在转动一周的过程中，有两次与连杆 BC 共线，这时摇杆 CD 分别位于两极限位置 C_1D 和 C_2D，把曲柄与连杆共线时的两位置间所夹的锐角称为极位夹角，用 θ 表示。

当曲柄 AB 按逆时针方向等速转过 $\varphi_1=180°+\theta$，即由 AB_1 位置运动到 AB_2 位置时，摇杆 CD 由 C_1D 摆至 C_2D，称其为正行程，摇杆上点 C 的轨迹为 $\overset{\frown}{C_1C_2}$，经历的时间为 $t_正$，则摇杆正行程中点 C 的平均速度为 $v_{m正}=\dfrac{\overset{\frown}{C_1C_2}}{t_正}$。当曲柄 AB 继续转过 $\varphi_2=180°-\theta$，即由 AB_2 位置运动到 AB_1 位置时，摇杆由 C_2D 摆回到 C_1D，称其为反行程，摇杆 C 点的轨迹为 $\overset{\frown}{C_2C_1}$，经历的时间为 $t_反$，则摇杆反行程中点 C 的平均速度为 $v_{m反}=\dfrac{\overset{\frown}{C_2C_1}}{t_反}$。从动件反行程

与正行程的平均速度之比为

$$\frac{v_{m反}}{v_{m正}} = \frac{\dfrac{\overparen{C_2 C_1}}{t_反}}{\dfrac{\overparen{C_1 C_2}}{t_正}} = \frac{t_正}{t_反}$$

因为曲柄做等速转动，故经历的时间与相应的转角成正比，即

$$\frac{v_{m反}}{v_{m正}} = \frac{\dfrac{\overparen{C_2 C_1}}{t_反}}{\dfrac{\overparen{C_1 C_2}}{t_正}} = \frac{t_正}{t_反} = \frac{\varphi_1}{\varphi_2} = \frac{180° + \theta}{180° - \theta}$$

由上式可知，当 $\theta \neq 0$ 时，有 $t_反 < t_正$，$v_{m反} > v_{m正}$，即从动件反行程经历的时间短，或者说从动件反行程的平均速度大，机构的这种特性称为急回运动特性。工程上，把从动件反行程的平均速度 $v_{m反}$ 与正行程的平均速度 $v_{m正}$ 的比值称为行程速比系数，用 K 表示，即

$$K = \frac{v_{m反}}{v_{m正}} = \frac{\varphi_1}{\varphi_2} = \frac{180° + \theta}{180° - \theta} \tag{5-6}$$

式(5-6)表明，当 $\theta \neq 0$ 时，$K > 1$，机构有急回运动，K 值越大，急回运动的特性也越显著。机械化生产中常利用机构的急回运动特性来提高生产效率。由式(5-6)可得

$$\theta = 180° \frac{K-1}{K+1} \tag{5-7}$$

在设计具有急回运动的连杆机构时，一般先根据工作需要预先选定 K 值，按式(5-7)求出极位夹角 θ，然后再进行设计。

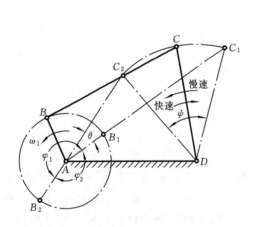

图 5-26　曲柄摇杆机构急回运动

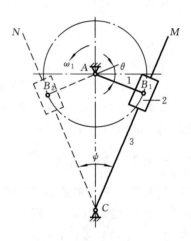

图 5-27　摆动导杆机构

图 5-25(a)所示为偏置曲柄滑块机构，偏心距为 e，原动件曲柄 AB 与连杆 BC 两次共线时，从动件滑块位于 C_1、C_2 两个极限位置，滑块的行程 $s = \overline{C_1 C_2}$，由图可知，极位夹角 $\theta \neq 0$，则 $K > 1$，机构具有急回运动特性。图 5-27 所示为摆动导杆机构，导杆在两极限位置 CM 和 CN 时，曲柄对应的两位置 AB_1 和 AB_2 分别与 CM 和 CN 垂直，AB_1 和 AB_2 所夹的锐角 θ 即为极位夹角。由于 $\theta \neq 0$，则 $K > 1$，机构具有急回运动特性。

5.3.3　压力角和传动角

在设计平面四杆机构时,要求所设计的机构不但能实现预期的运动,而且运转灵活、效率高。在图 5-28(a)所示的铰链四杆机构中,原动件 1 经连杆 2 推动从动件 3 绕点 D 运动,若不计构件重力、惯性力和运动副中的摩擦力,则连杆 2 为二力杆,那么连杆 2 作用在从动件 3 上的推力 F 的方向,必沿着 BC 的连线方向。从动件 3 上受力点 C 的速度为 v_C,其方向与 CD 垂直,从动件 3 上的力 F 的作用线与其受力点(点 C)速度 v_C 之间所夹的锐角称为压力角,用 α 表示。将力 F 分解为沿 v_C 方向的分力 F_t 和垂直 v_C 方向的分力 F_n,即

$$\left.\begin{array}{l} F_t = F\cos\alpha \\ F_n = F\sin\alpha \end{array}\right\} \tag{5-8}$$

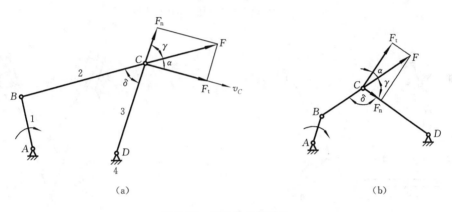

图 5-28　压力角和传动角

力 F_t 是推动从动件运动的有效分力,应该越大越好,而力 F_n 不但对从动件无推动作用,反而在运动副中引起摩擦力,阻碍从动件运动,是有害分力,应越小越好。由式(5-8)可知,当压力角 α 越小时,有效分力越大,有害分力越小,机构越省力,因此压力角 α 是判别机构传力情况好坏的重要参数。当机构运动时,压力角的大小将会变化,由上面的讨论可知,压力角 α 越大时,推动从动件运动的有效分力 F_t 越小,不利于机构的传动。因此,工程上为了保证机构传动性能良好,要限制工作行程的最大压力角 α_{max}。对于一般机械,通常取 $\alpha_{max} \leqslant 50°$;对于大功率机械,$\alpha_{max} \leqslant 40°$。

压力角 α 的余角称为传动角,用 γ 表示,如图 5-28 所示。当 $\angle BCD$ 为锐角时,$\gamma = \angle BCD = \delta$(图 5-28(a));当 $\angle BCD$ 为钝角时,$\gamma = 180° - \angle BCD = 180° - \delta$(图 5-28(b))。由于传动角比较容易由两构件的夹角观察出来,因此工程实际中,常以传动角作为四杆机构传力情况的评价指标之一。为了保证机构传动性能良好,对于一般机械,应使 $\gamma_{min} \geqslant 40°$,对于大功率机械,$\gamma_{min} \geqslant 50°$。

在图 5-29 所示的铰链四杆机构中,当曲柄 1 转到与机架 4 共线的两个位置 AB_1 和 AB_2 时,传动角可能出现最小值 γ_{min},$\gamma_{min} \in [\gamma', \gamma'']$。

5.3.4　机构的死点位置

在图 5-30 所示的曲柄摇杆机构中,摇杆 AB 为原动件,曲柄 CD 为从动件。当连杆

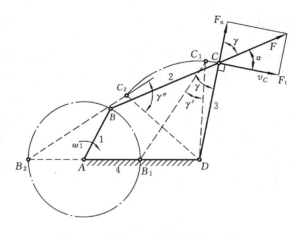

图 5-29　铰链四杆机构的最小传动角

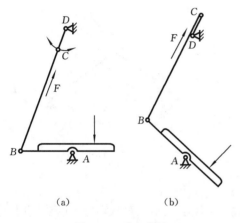

（a）　　　　（b）

图 5-30　死点位置

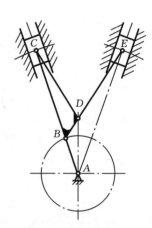

图 5-31　V 形发动机

BC 与从动件曲柄 CD 两次共线时，传动角 $\gamma=0°(\alpha=90°)$，驱动力 F 与曲柄的运动方向垂直，其有效分力（力矩）为零，机构的这种位置称为死点位置。机构在死点位置时，会出现从动件转向不定或卡死不动的现象，如缝纫机的脚踏板机构所采用的曲柄摇杆机构，在连杆与曲柄共线的两个死点位置时，出现曲柄逆、顺转向不定的现象，或者出现曲柄卡死不动的现象。

对于传递运动的机构，应避免或设法闯过死点位置，常用的方法如下。

（1）在从动曲柄上加装飞轮，利用飞轮惯性使机构顺利通过死点位置。如缝纫机脚踏板机构中，曲柄 AB 上的大带轮就相当于飞轮（见图 5-4）。

（2）多组机构交错排列，如图 5-31 所示的 V 形发动机，两组机构交错排列，可使左右两机构不同时处于死点位置。

若机构用作夹紧或需要卡死的装置，则要设置和利用死点位置。例如，钻床夹紧工件用的连杆式快速夹具，如图 5-32 所示，夹具夹紧工件后，因机构的铰链中心 B、C、D 处于一条直线上，工件经杆 1 通过连杆 2 传给杆 3 的力将通过杆 3 的回转中心 D，则杆 3 的传动角 $\gamma=0°$，机构处于死点位置，因此夹具卡死不动。又如飞机起落架机构，如图 5-33 所示，

演示视频

机轮着地时，从动件 CD 与连杆 BC 共线，机构处于死点位置。

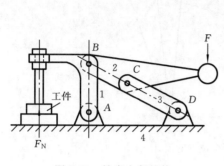 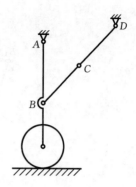

图 5-32　钻床夹紧机构　　　　　图 5-33　飞机起落架机构

5.4　平面四杆机构的设计

平面四杆机构的设计，主要是根据给定的运动条件，确定机构运动简图的尺寸参数，为了使机构设计得合理、可靠，还应考虑几何条件和传力性能要求等。平面四杆机构设计的基本问题有两大类。

1. 实现给定的从动件的运动规律

常见的大致有三种：

（1）实现给定的连杆位置；

（2）实现给定的两连架杆的对应位置；

（3）使具有急回运动特性的从动件实现给定的行程速比系数 K。

2. 实现给定的运动轨迹

设计平面四杆机构的方法有作图法、实验法和解析法。作图法和实验法比较直观、简便，是最常用的方法。解析法精确，由于其精度高，在计算机日益普及的今天得到了广泛的应用。

5.4.1　作图法

1. 按照给定的连杆位置设计四杆机构

1）给定连杆两个位置

已知连杆 BC 的长度 l_{BC} 以及它所处的两个位置 B_1C_1 和 B_2C_2，要求设计一铰链四杆机构。设计机构前，按已知条件 l_{BC}、两个位置 B_1C_1 和 B_2C_2 试作机构运动简图，如图 5-34 所示。

由图 5-34 可知，若能确定固定铰链中心 A 和 D，那么就可以求出其余三个构件的长度。由于连杆上的铰链点 B 在以点 A 为圆心的圆周上运动，故点 B_1、B_2 应在以点 A 为圆心的圆周上，反之，点 A 必然位于 B_1、B_2 两点的连线 B_1B_2 的中垂线 b_{12} 上。同理，点 D 必然位于 C_1、C_2 两点的连线 C_1C_2 的中垂线 c_{12} 上。

根据上述分析，可得如下设计步骤。

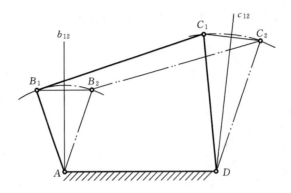

图 5-34　给定连杆两个位置的设计

① 选取比例尺 μ_1，按 $\overline{BC} = \dfrac{l_{BC}}{\mu_1}$ 及给定的连杆位置作 B_1C_1 和 B_2C_2。

② 分别作线段 B_1B_2 及 C_1C_2 的中垂线 b_{12} 和 c_{12}。

③ 分别在 b_{12} 和 c_{12} 上取适当的点 A 和 D，此两点即为所求铰链四杆机构的固定铰链中心，AB_1C_1D 即为所求的铰链四杆机构。

由于 A、D 两点可在 b_{12} 和 c_{12} 上任意选取，所以可得到无穷多解，在工程实际中，给定其他辅助条件（如最大压力角、构件尺寸范围等）后，就能得出确定的 A、D 位置。

2）给定连杆三个位置

如图 5-35 所示，已知连杆 BC 的长度 l_{BC} 以及它所处的三个位置 B_1C_1、B_2C_2、B_3C_3，要求设计一铰链四杆机构。设计该机构的作图过程与给定连杆两个位置的作图步骤基本相同。分别作线段 B_1B_2、B_2B_3 的中垂线 b_{12}，b_{23}，b_{12}、b_{23} 的交点即为固定铰链点 A。分别作线段 C_1C_2、C_2C_3 的中垂线 c_{12}、c_{23}，c_{12}、c_{23} 的交点即为固定铰链点 D。AB_1C_1D 即为所要求的铰链四杆机构。

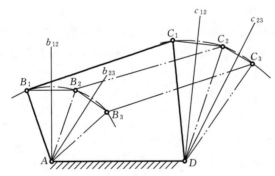

图 5-35　给定连杆三个位置的设计

【例 5-1】 设计一砂箱翻转机构。如图 5-36(a) 所示，翻台在实线位置造型，在虚线位置起模，机架在水平位置 X-X 线上。

解 翻台的运动是平面运动，可以将翻台看成一连杆，这样按翻台的两个给定位置设计四杆机构的问题，就是按照给定的连杆的两个位置设计四杆机构的问题。

如图 5-36(b) 所示，在翻台上选定 BC 作为连杆长度，按照翻台的两个给定位置绘制 B_1C_1 和 B_2C_2，分别作线段 B_1B_2 及 C_1C_2 的中垂线 b_{12} 和 c_{12}，b_{12} 和 c_{12} 与 X-X 线的两交点 A、D，即为固定铰链中心，AB_1C_1D 即为所求的铰链四杆机构。

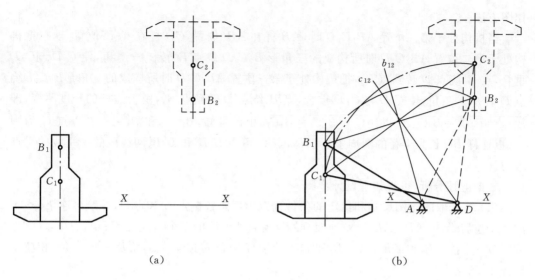

(a)   (b)

图 5-36　砂箱翻转机构的设计

2. 按照给定两连架杆的对应位置设计四杆机构

在图 5-37(a)所示的铰链四杆机构中，已知机架 AD 的长度 l_{AD} 和连架杆 AB 的长度 l_{AB} 及其三个位置 AB_1、AB_2、AB_3，当连架杆 AB 处于三个位置 AB_1、AB_2、AB_3 时，连架杆 CD 上某一直线 DE 处于 DE_1、DE_2、DE_3 三个对应位置，要求设计该机构，即要求确定铰链中心 C 的位置。

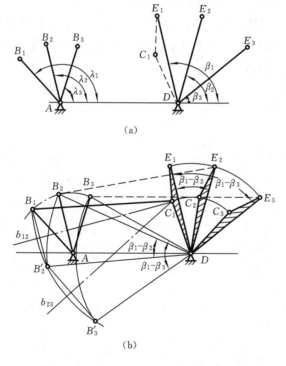

(a)

(b)

图 5-37　给定两连架杆的对应位置的设计

假设该机构已经设计出来，如图 5-37(b)所示。下面通过对该机构的分析，从中找出作图方法。

当机构处于第一位置 AB_1C_1D 时，AB 杆在 AB_1 位置，CD 杆在 C_1D 位置，现在把机构处于第二位置 AB_2C_2D 时所构成的三角形 B_2C_2D 绕点 D 转 $\beta_1-\beta_2$ 角，使 C_2D 与 C_1D 重合，点 B_2 绕点 D 转到点 B_2'，把机构处于第三位置 AB_3C_3D 时所构成的三角形 B_3C_3D 绕点 D 转 $\beta_1-\beta_3$ 角，使 C_3D 与 C_1D 重合，点 B_3 绕点 D 转到点 B_3'，由于连杆的长度不变，即 $\overline{B_1C_1}=\overline{B_2C_2}=\overline{B_3C_3}$，所以 $\overline{B_1C_1}=\overline{B_2'C_1}=\overline{B_3'C_1}$，由此可知，$B_1$、$B_2'$ 和 B_3' 三点在以点 C_1 为圆心、以连杆 BC 长为半径的圆周上。于是，点 C_1 可由 B_1B_2' 和 $B_2'B_3'$ 两线段的中垂线的交点求得。

根据上述分析，可得如下设计步骤。

（1）按选取的比例尺 μ_1 和给定的条件确定出固定铰链点 A 和点 D，并绘出连架杆 AB 的三个位置 AB_1、AB_2、AB_3 以及连架杆 CD 上直线 DE 的三个对应位置 DE_1、DE_2、DE_3。

（2）连接 DB_2 和 DB_3，将 DB_2 和 DB_3 分别绕点 D 转过 $\beta_1-\beta_2$ 角及 $\beta_1-\beta_3$ 角，相应得到点 B_2' 和点 B_3'。

（3）连接 B_1B_2' 和 $B_2'B_3'$，并分别作出它们的中垂线 b_{12} 和 b_{23}，两中垂线的交点 C_1 即为所求的铰链点 C 在连架杆 3 上的位置。

（4）连接 AB_1C_1D 即得所求的铰链四杆机构。

由上述作图过程可知，当给定两连架杆的两个对应位置 AB_1、AB_2 与 DE_1、DE_2 时，点 C_1 可以在 B_1B_2' 的中垂线 b_{12} 上任意选取，所以可得到无穷多个解，设计时可根据给定的其他辅助条件选定解答。

3. 按照给定的行程速比系数设计四杆机构

设计具有急回运动特性的四杆机构时，一般给定行程速比系数 K，根据 K 算出极位夹角 θ，由机构在极限位置时的几何关系，结合给定的一些辅助条件进行设计。下面介绍几种常见的急回运动机构的作图设计方法。

1）曲柄摇杆机构

如图 5-38（a）所示，已知条件是摇杆 CD 的长度 l_{CD}、摆角 ψ 和行程速比系数 K，设计一曲柄摇杆机构。

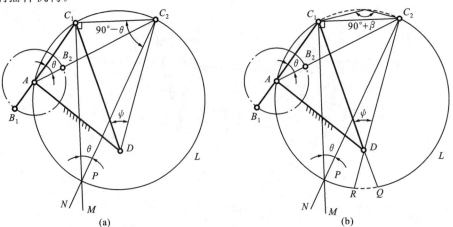

图 5-38　曲柄摇杆机构的设计

设计该曲柄摇杆机构的关键是确定固定铰链点 A 的位置。如何确定固定铰链点 A 呢？现设想机构已经设计好。因为摇杆 CD 在两极限位置 C_1D、C_2D 时，曲柄 AB 与连杆 BC 两次共线于 B_1AC_1 和 AB_2C_2，如图 5-38(a)所示。根据机构在极限位置时的几何关系，可知固定铰链点 A、点 C_1 和点 C_2 应该在同一圆 L 的圆周上，线段 C_1C_2 是圆 L 的弦，极位夹角 θ 是圆 L 上的弦 C_1C_2 所对的圆周角。因此，只要已知点 C_1、C_2 和极位夹角 θ，就能作出圆 L，结合辅助条件即可确定固定铰链点 A 在圆 L 上的位置。

需要说明的是，图 5-38(b)中圆 L 虚线所示的圆弧段 C_1C_2 和 RQ 上，不能选取点 A。这是因为，若点 A 在虚线所示的圆弧段 C_1C_2 上，圆周角 β 不等于极位夹角 θ，故不能满足机构在极限位置时的几何关系。若点 A 在虚线所示的圆弧段 RQ 上，不能保证从动摇杆 CD 在给定的摆角 ψ 范围内摆动，亦即此时只有几何上的意义而无运动上的意义。

下面再分析如何确定曲柄 AB 的长度和连杆 BC 的长度。为便于分析，设曲柄 AB 的长度为 a，连杆 BC 的长度为 b。由机构在极限位置时的几何关系可知

$$\overline{AC_1} = \overline{B_1C_1} - \overline{AB_1} = b - a$$

$$\overline{AC_2} = \overline{B_2C_2} + \overline{AB_2} = b + a$$

于是

$$a = \frac{\overline{AC_2} - \overline{AC_1}}{2} \tag{5-9}$$

$$b = \frac{\overline{AC_1} + \overline{AC_2}}{2} \tag{5-10}$$

根据上述分析，可得如下设计步骤。

(1) 按选取的比例尺 μ_1 和给定的条件作出摇杆 CD 的两个极限位置 C_1D 和 C_2D，如图 5-38 所示。

(2) 根据公式 $\theta = 180° \dfrac{K-1}{K+1}$ 算出极位夹角 θ。

(3) 连接 C_1 和 C_2，并作 C_1M 垂直于 C_1C_2。

(4) 作 $\angle C_1C_2N = 90° - \theta$，得 C_2N 与 C_1M 相交于点 P。

(5) 作 $\triangle PC_1C_2$ 的外接圆 L，在此圆周上适当地取一点 A 作为曲柄 AB 的固定铰链中心，连 AC_1 和 AC_2。

(6) 以点 A 为圆心、以曲柄长 $a = (\overline{AC_2} - \overline{AC_1})/2$ 为半径作圆，交 C_1A 的延长线于点 B_1，交 C_2A 于点 B_2，即得 $\overline{AB_1} = \overline{AB_2} = a$，$\overline{B_1C_1} = \overline{B_2C_2} = b$。$AB_1C_1D$ 即为所求曲柄摇杆机构。

2) 偏置曲柄滑块机构

如图 5-39(a)所示，已知条件是滑块行程 s、偏心距 e 和行程速比系数 K，设计一偏置曲柄滑块机构。

作图方法与上述类似。作图步骤如下。

(1) 按选取的比例尺 μ_1 和给定的滑块行程 s 作出滑块的两个极限位置 C_1 和 C_2，如图 5-39(b)所示。

(2) 根据公式 $\theta = 180° \dfrac{K-1}{K+1}$ 算出极位夹角 θ。

(3) 连接 C_1 和 C_2，并作 C_1M 垂直于 C_1C_2。

(4) 作 $\angle C_1C_2N = 90° - \theta$，得 C_2N 与 C_1M 相交于点 P。

（5）作△PC_1C_2的外接圆 L，再作一直线与 C_1C_2 平行，使其间的距离为 e/μ_1，则该直线与圆 L 的交点即为固定铰链点 A 的位置。由图 5-39（b）可知，有两个解。实际中可根据具体结构确定解答。

（6）连接 AC_1 和 AC_2，以点 A 为圆心、以曲柄长 $a=(\overline{AC_2}-\overline{AC_1})/2$ 为半径作圆，交 C_1A 的延长线于点 B_1，交 C_2A 于点 B_2，即得 $\overline{AB_1}=\overline{AB_2}=a$，$\overline{B_1C_1}=\overline{B_2C_2}=b$。$AB_2C_2$ 即为所求的偏置曲柄滑块机构。

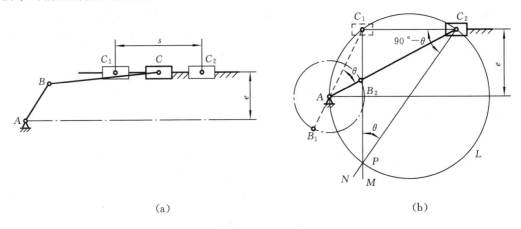

(a)   (b)

图 5-39   偏置曲柄滑块机构的设计

3）摆动导杆机构

已知条件是机架 AC 的长度 l_{AC} 和行程速比系数 K。

如图 5-40 所示，当导杆在两极限位置 CM、CN 时，曲柄 AB 分别与这两个位置垂直（即 $AB_1\perp CM$，$AB_2\perp CN$），由机构在极限位置时的几何关系可知，导杆在两极限位置 CM、CN 时的夹角 ψ 等于极位夹角 θ。据此分析，可得如下作图步骤。

（1）按选取的比例尺 μ_1，作 $\overline{AC}=l_{AC}/\mu_1$。

（2）由已知行程速比系数 K，按公式 $\theta=180°\dfrac{K-1}{K+1}$ 求得极位夹角 θ。

（3）按导杆在两极限位置 CM、CN 时的夹角 ψ 等于极位夹角 θ，作 CM 和 CN，使 $\angle ACM=\angle ACN=\psi/2=\theta/2$。

（4）过点 A 作 AB_1（或 AB_2）垂直于 CM（或 CN）得垂足 B_1（或 B_2），则 AB 就是曲柄，其长度 $l_{AB}=\mu_1\times\overline{AB_1}=\mu_1\times\overline{AB_2}$。$AB_1C$ 即为所求的摆动导杆机构。

【例 5-2】 图 5-41 所示为插床主体机构运动简图。已知机构行程速比系数 $K=1.5$，插刀行程 $h=400$ mm，机架 AD 的长度 $l_{AD}=500$ mm，插刀导路中心 F_1F_2 至摆杆极限位置端点的距离 $s=260$ mm，许用最小传动角 $[\gamma_{min}]=50°$，要求设计该机构。

解 具体的设计步骤如下。

（1）根据行程速比系数 K 算出极位夹角 θ。

$$\theta=180°\frac{K-1}{K+1}=180°\times\frac{1.5-1}{1.5+1}=36°$$

（2）选取比例尺 $\mu_1=\dfrac{20\ \text{mm}}{1\ \text{mm}}$，作 $\overline{AD}=\dfrac{l_{AD}}{\mu_1}=\dfrac{500}{20}$ mm$=25$ mm，得固定铰链点 A、D。

（3）根据摆杆摆角 $\psi=\theta=36°$ 作出摆杆两极限位置 MDE_1 和 NDE_2，使 $\angle ADM=$

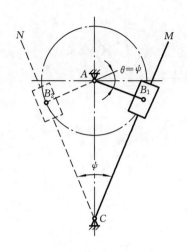

图 5-40　摆动导杆机构的设计

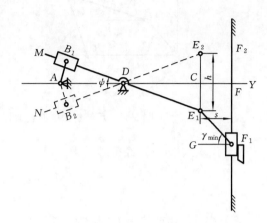

图 5-41　插床主体机构运动简图

$\angle ADN = \psi/2 = \theta/2 = 18°$。

（4）过点 A 作 AB_1（或 AB_2）垂直于 DM（或 DN）得垂足 B_1（或 B_2），则 AB 就是曲柄，其长度 $l_{AB} = \mu_1 \times \overline{AB_1} = 20 \times 8$ mm $= 160$ mm。

（5）将 AD 延长至 Y，作 AY 的垂线 E_1E_2，得交点 C，使 $\overline{E_1E_2} = \dfrac{h}{\mu_1} = \dfrac{400}{20}$ mm $= 20$ mm，得 DE_1 杆的长度 $l_{DE_1} = \mu_1 \times \overline{DE_1} = 20 \times 33$ mm $= 660$ mm。

（6）在 AY 线上量取 $\overline{CF} = \dfrac{s}{\mu_1} = \dfrac{260}{20}$ mm $= 13$ mm，过点 F 作 AF 的垂线 F_1F_2，此垂线即是插刀导路中心线。

（7）因传动角 γ 在摆杆处于两极限位置时其值为最小，故作 $\angle E_1F_1G = \gamma_{\min} = 50°$，即可得连杆 E_1F_1 的长度 $l_{E_1F_1} = \mu_1 \times \overline{E_1F_1} = 20 \times 20$ mm $= 400$ mm。

5.4.2　解析法

解析法是按给定的参数和机构类型，建立方程式，根据已知参数对方程式求解，从而确定机构的尺寸参数的方法。

1. 按照给定的两连架杆的对应位置设计四杆机构

1）铰链四杆机构

在图 5-42(a) 所示的铰链四杆机构中，已知两连架杆 AB 和 CD 的三组对应角关系：λ_1 和 β_1、λ_2 和 β_2、λ_3 和 β_3（图 5-42(b)），试设计此铰链四杆机构。

如图 5-42(a) 所示，设各构件的长度为 a、b、c、d，首先建立解析方程式，然后按照给定条件确定各构件的长度。在图 5-42(a) 中，建立坐标系 Axy，将各构件长度在坐标轴 x、y 上投影得

$$\left. \begin{aligned} a\cos\lambda + b\cos\delta &= d + c\cos\beta \\ a\sin\lambda + b\sin\delta &= c\sin\beta \end{aligned} \right\} \tag{5-11}$$

由于铰链四杆机构的运动特征取决于机构各构件的长度，所以当机构各构件长度按同一比例值变化时，各构件的转角对应关系并不改变，因此以相对长度 $\dfrac{a}{a} = 1$、$\dfrac{b}{a} = i$、$\dfrac{c}{a} =$

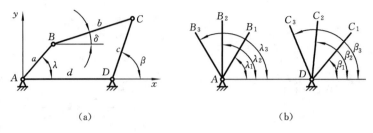

(a)　　　　　　　　　　　　(b)

图 5-42　用解析法按两连架杆的对应位置设计四杆机构

j、$\dfrac{d}{a} = k$ 代入式(5-11)，经整理后得

$$\left.\begin{array}{l} i\cos\delta = k + j\cos\beta - \cos\lambda \\ i\sin\delta = j\sin\beta - \sin\lambda \end{array}\right\} \qquad (5\text{-}12)$$

将式(5-12)中两式平方后相加，得

$$\cos\lambda = j\cos\beta - \frac{j}{k}\cos(\beta - \lambda) + \frac{k^2 + j^2 + 1 - i^2}{2k} \qquad (5\text{-}13)$$

令

$$\left.\begin{array}{l} R_1 = j \\ R_2 = -\dfrac{j}{k} \\ R_3 = \dfrac{k^2 + j^2 + 1 - i^2}{2k} \end{array}\right\} \qquad (5\text{-}14)$$

将式(5-14)代入式(5-13)，得

$$\cos\lambda = R_1\cos\beta + R_2\cos(\beta - \lambda) + R_3 \qquad (5\text{-}15)$$

将两连架杆 AB 和 CD 的三组对应角 λ_1 和 β_1、λ_2 和 β_2、λ_3 和 β_3 的值代入式(5-15)，可得到方程组

$$\left.\begin{array}{l} \cos\lambda_1 = R_1\cos\beta_1 + R_2\cos(\beta_1 - \lambda_1) + R_3 \\ \cos\lambda_2 = R_1\cos\beta_2 + R_2\cos(\beta_2 - \lambda_2) + R_3 \\ \cos\lambda_3 = R_1\cos\beta_3 + R_2\cos(\beta_3 - \lambda_3) + R_3 \end{array}\right\} \qquad (5\text{-}16)$$

由式(5-16)可解 R_1、R_2、R_3 三个未知数，再由式(5-14)求出 i、j、k，最后根据实际情况确定连架杆 AB 的长度 a，则机构另外三个构件的长度 b、c、d 便随之确定。

2）曲柄滑块机构

图 5-43 所示的曲柄滑块机构中，已知曲柄与滑块的三组对应位置 λ_1、x_{C1}，λ_2、x_{C2}，λ_3、x_{C3}，试设计此曲柄滑块机构。

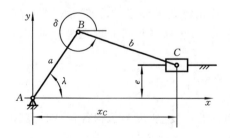

图 5-43　解析法设计曲柄滑块机构

在图 5-43 中，设曲柄 AB、连杆 BC 的长度分别为 a、b，偏心距为 e。建立坐标系 Axy。将各构件长度在坐标轴 x、y 上投影得

$$\left.\begin{array}{l} a\cos\lambda + b\cos\delta = x_C \\ a\sin\lambda + b\sin\delta = e \end{array}\right\} \qquad (5\text{-}17)$$

将式(5-17)写为

$$\left.\begin{array}{l} b\cos\delta = x_C - a\cos\lambda \\ b\sin\delta = e - a\sin\lambda \end{array}\right\} \qquad (5\text{-}18)$$

将式(5-18)中两式平方后相加,得

$$2ax_C \cos\lambda + 2ae\sin\lambda - (a^2 + e^2 - b^2) - x_C^2 = 0 \tag{5-19}$$

令

$$\left.\begin{array}{l} R_1 = 2a \\ R_2 = 2ae \\ R_3 = -(a^2 + e^2 - b^2) \end{array}\right\} \tag{5-20}$$

则式(5-19)可写成

$$R_1 x_C \cos\lambda + R_2\sin\lambda + R_3 - x_C^2 = 0 \tag{5-21}$$

将曲柄与滑块的三组对应位置代入式(5-21),得

$$\left.\begin{array}{l} R_1 x_{C1}\cos\lambda_1 + R_2\sin\lambda_1 + R_3 - x_{C1}^2 = 0 \\ R_1 x_{C2}\cos\lambda_2 + R_2\sin\lambda_2 + R_3 - x_{C2}^2 = 0 \\ R_1 x_{C3}\cos\lambda_3 + R_2\sin\lambda_3 + R_3 - x_{C3}^2 = 0 \end{array}\right\} \tag{5-22}$$

解此三个方程式,可得 R_1、R_2、R_3,再由式(5-20),即可确定曲柄 AB 的长度 a、连杆 BC 的长度 b、偏心距 e,分别为

$$a = \frac{R_1}{2}, \quad e = \frac{R_2}{2a}, \quad b = \sqrt{R_3 + a^2 + e^2}$$

2. 按照给定的传动角设计四杆机构

当四杆机构传递的动力较大时,为了保证机构具有良好的传力性能,常根据机构的许用传动角来设计此种机构。

图 5-44 所示的铰链四杆机构中,设各杆长度分别为 a、b、c、d,$\overline{BD} = l$,要求保证机构的传动角 γ 不小于许用传动角 $[\gamma]$。试设计该机构。

由前述可知,当 $\angle BCD$ 为锐角时,$\angle BCD$ 等于传动角 γ;当 $\angle BCD$ 为钝角时,传动角 $\gamma = 180° - \angle BCD$。由图 5-44可知,当机构在任意位置时,有

$$\left.\begin{array}{l} l^2 = a^2 + d^2 - 2ad\cos\lambda \\ l^2 = b^2 + c^2 - 2bc\cos\angle BCD \end{array}\right\} \tag{5-23}$$

将式(5-23)中两式相减,整理后得

$$\cos\angle BCD = \frac{b^2 + c^2 - a^2 - d^2 + 2ad\cos\lambda}{2bc} \tag{5-24}$$

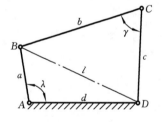

图 5-44　给定传动角的设计

从式(5-24)可以看出,$\angle BCD$ 除了随各杆长度 a、b、c、d 的变化而变化外,还因连架杆 AB 的转角 λ 的改变而发生变化。显然当 $\cos\lambda = +1$,即连架杆 AB 与机架 AD 重叠共线时,有

$$\cos\angle BCD = \frac{b^2 + c^2 - a^2 - d^2 + 2ad}{2bc}$$

此时 $\cos\angle BCD$ 的值最大,则 $\angle BCD$ 为最小,由于这时的 $\angle BCD$ 为锐角,所以传动角 $\gamma = \angle BCD$ 为最小。当 $\cos\lambda = -1$,即连架杆 AB 与机架 AD 打开共线时,有

$$\cos\angle BCD = \frac{b^2 + c^2 - a^2 - d^2 - 2ad}{2bc}$$

此时 $\cos\angle BCD$ 的值最小,则 $\angle BCD$ 为最大。当 $\angle BCD$ 为钝角时,传动角 $\gamma = 180° - \angle BCD$ 为最小;当 $\angle BCD$ 为锐角时,传动角 $\gamma = \angle BCD$ 为最大。由以上分析可得传动角 γ 必须满足的两个条件为

$$\gamma = \arccos \left| \frac{b^2 + c^2 - a^2 - d^2 + 2ad}{2bc} \right| \geqslant [\gamma] \qquad (5\text{-}25)$$

$$\gamma = \arccos \left| \frac{b^2 + c^2 - a^2 - d^2 - 2ad}{2bc} \right| \geqslant [\gamma] \qquad (5\text{-}26)$$

在式(5-25)、式(5-26)中共有五个参数 a、b、c、d 和 $[\gamma]$，在通常情况下，可以先给定三个参数 a、d 和 $[\gamma]$，再由上述公式求出 b 和 c。

3. 按照给定的行程速比系数设计四杆机构

以曲柄摇杆机构为例，介绍设计方法。设曲柄 AB、连杆 BC、摇杆 CD、机架 AD 的长度分别为 a、b、c、d。已知行程速比系数 K，摇杆 CD 的摆角 ψ 以及长度 c。

设计时先根据行程速比系数 K 算出极位夹角 $\theta = 180° \dfrac{K-1}{K+1}$，再以 $C_1 C_2$ 为弦，以 θ 为圆周角作一圆 L，如图 5-45 所示。固定铰链中心 A 就在该圆上（虚线所示的圆弧段 $C_1 C_2$ 和 RQ 除外），如果没有其他辅助条件，会有无穷多解。在实际中，若再给定其他辅助条件，就可得到确定的解。现以给定的辅助条件是摇杆 CD 在两极限位置 $C_1 D$ 和 $C_2 D$ 时，传动角 γ 大于或等于许用值 $[\gamma]$ 为例来介绍设计方法。由图 5-45 的几何关系可以求出圆 L 的直径 p。

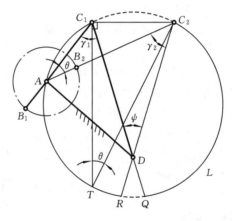

图 5-45　解析法设计铰链四杆机构

在 $\triangle DC_1 C_2$ 中

$$\overline{C_1 C_2} = 2c\sin\frac{\psi}{2}$$

在 $\triangle TC_1 C_2$ 中

$$\overline{C_1 C_2} = p\sin\theta$$

由以上两式可得

$$p = \frac{2c\sin\dfrac{\psi}{2}}{\sin\theta}$$

如图 5-45 所示，设 $\psi > \theta$，则点 D 在圆 L 内。当摇杆 CD 在两极限位置 $C_1 D$ 和 $C_2 D$ 时，曲柄与连杆两次共线，构成了 $\triangle AC_1 C_2$，利用三角形的正弦定理可以求出 $\overline{AC_1}$ 和 $\overline{AC_2}$。

将 $C_1 D$、$C_2 D$ 分别延长与圆 L 相交后，可以知道 γ_1 所对应的弧大于 γ_2 所对应的弧，故 $\gamma_1 > \gamma_2$，设 γ_1、γ_2 均为锐角，那么它们即为传动角，为满足辅助条件，应按较小传动角 γ_2 来设计四杆机构。

令 $\gamma_2 = [\gamma]$，由图 5-45 可知

$$\angle AC_2C_1 = 90° - \frac{\psi}{2} - [\gamma]$$

$$\angle AC_1C_2 = 90° - \theta + \frac{\psi}{2} + [\gamma]$$

在 $\triangle AC_1C_2$ 中，由正弦定理得

$$\frac{\overline{AC_1}}{\sin\left(90° - \frac{\psi}{2} - [\gamma]\right)} = \frac{\overline{C_1C_2}}{\sin\theta}$$

将 $\overline{C_1C_2} = p\sin\theta$ 代入上式，得

$$\overline{AC_1} = p\sin\left(90° - \frac{\psi}{2} - [\gamma]\right)$$

因为
$$\overline{AC_1} = \overline{B_1C_1} - \overline{AB_1} = b - a$$

所以有
$$b - a = p\sin\left(90° - \frac{\psi}{2} - [\gamma]\right) \tag{5-27}$$

同理
$$a + b = p\sin\left(90° - \theta + \frac{\psi}{2} + [\gamma]\right) \tag{5-28}$$

由式(5-27)、式(5-28)可以求得 a 和 b。在 $\triangle AC_2D$ 中，利用余弦定理可以求出机架长度 d 为

$$d = \sqrt{(a+b)^2 + c^2 - 2c(a+b)\cos[\gamma]} \tag{5-29}$$

上述结论是在 γ 为锐角时得出的，若 γ 为钝角，可以用同样的方法得出相应的结论。

5.4.3 实验法

1. 按照给定的两连架杆的对应位置设计四杆机构

在铰链四杆机构中，当给定的两连架杆的对应位置超过三组时，用前述的作图法和解析法精确设计是难以实现的，一般采用实验法。如图 5-46 所示，已知两连架杆 1 和 3 之间的四组对应转角为 λ_{12}、λ_{23}、λ_{34}、λ_{45} 和 β_{12}、β_{23}、β_{34}、β_{45}，试设计近似实现这一要求的四杆机构。

用实验法设计的步骤如下。

(1) 如图 5-47(a)所示，在图纸上选取一点作为连架杆 1 的回转中心 A，并选择适当的连架杆

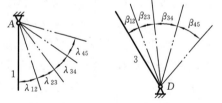

图 5-46 给定连架杆四组对应位置

1 的长度 a，作出 AB_1，根据给定的 λ_{12}、λ_{23}、λ_{34}、λ_{45} 作出 AB_2、AB_3、AB_4 和 AB_5。

(2) 选取连杆 2 的适当长度 b，以 B_1、B_2、B_3、B_4 和 B_5 各点为圆心，b 为半径，作圆弧 K_1、K_2、K_3、K_4 和 K_5。连杆 2 上另一端的铰链中心 C 将在这一系列的圆弧上。

(3) 如图 5-47(b)所示，在一张透明纸上选取一点作为连架杆 3 的回转中心 D，并任选 DE_1 作为连架杆 3 的第一位置，根据给定的 β_{12}、β_{23}、β_{34} 和 β_{45} 作出 DE_2、DE_3、DE_4 和 DE_5。再以点 D 为圆心、以连架杆 3 的不同长度为半径作许多同心圆弧。

(4) 将画在透明纸上的图 5-47(b)覆盖在图 5-47(a)上，如图 5-47(c)所示进行试凑，使圆弧 K_1、K_2、K_3、K_4 和 K_5 分别与连架杆 3 的对应位置 DE_1、DE_2、DE_3、DE_4 和 DE_5 的

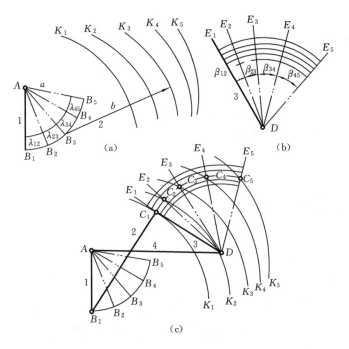

图 5-47　用实验法按给定连架杆对应位置设计四杆机构

交点 C_1、C_2、C_3、C_4 和 C_5，均落在以点 D 为圆心的同一圆弧上，则图形 AB_1C_1D 即为所要求的四杆机构，由图可以确定出各杆的长度。

如果移动透明纸，不能使交点 C_1、C_2、C_3、C_4 和 C_5 落在同一圆弧上，那就需要改变连架杆 1 和连杆 2 的长度，然后重复上述步骤，重新试凑，直到这些交点正好落在或近似落在透明纸的某一圆弧上为止。用这种方法若设计得当，则所得四杆机构的转角误差可控制在 $0.5°$ 以内。这种实验法方便、实用，并足够精确，故在机构设计中被广泛应用。这种方法同样适用于曲柄滑块机构的设计。

2. 按照给定的点的运动轨迹设计四杆机构

连杆机构运动时，连杆做平面复杂运动，连杆上各点的运动轨迹为封闭曲线，这种曲线称为连杆曲线。连杆曲线的形状随连杆上的点的位置以及各杆的相对尺寸的不同而变化，所以连杆曲线是多种多样的，工程上常利用连杆曲线的某些特点来完成一定的工作。如图 5-9 所示港口用的鹤式起重机，利用连杆上的点 M 轨迹近似为直线这一特点来达到避免不必要的升降而消耗能量的目的。又如图 5-48 所示的搅面机，利用连杆 2 上点 E 的轨迹曲线能模仿人手搅面的特点来搅匀容器中的面粉。

在生产实际中，常出现按给定的点的运动轨迹，即用连杆曲线设计四杆机构的问题。这是一个难解的问题，通常多采用近似设计。下面介绍常用的实验法。

如图 5-49 所示，设已给定主动件曲柄 AB 的长度及其回转中心 A，并且给定连杆上一点 M。现设计一四杆机构，使其连杆上的点 M 沿着预期的运动轨迹 mm 运动。设计时按曲柄 AB 长度选定其回转中心 A，并使连杆上的点 M 沿已知轨迹 mm 运动，在连杆上另外固结若干杆件，它们的端点 C、C'、C''…，在曲柄 AB 运动的过程中，也将描绘出不同形状的连杆曲线 nn、pp、qq…，在这些曲线中找出圆弧或与圆弧相接近的曲线 nn，于是即可将描绘此曲线 nn 的点 C 作为连杆与从动连架杆的铰接点，并求出曲线 nn 的曲率中心 D，

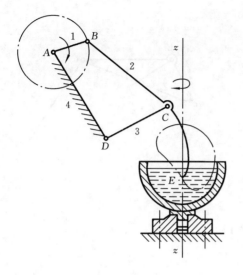

图 5-48　搅面机

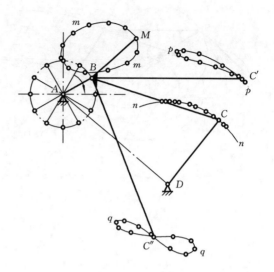

图 5-49　用实验法按给定轨迹设计四杆机构

点 D 就是从动连架杆与机架的固定铰接点，AD 即为机架，CD 即为从动连架杆，这样就设计出了能够实现给定运动轨迹的四杆机构。如果连杆上点的轨迹为直线，则表示点 D 应在无穷远处，点 C 即为滑块与连杆的铰接点，而直线即为滑块的导路轨迹线。如果在连杆上 C、C'、C'' 等点的轨迹中，找不到圆弧、直线或与圆弧、直线接近的线，可以改变连杆长度或连杆间的夹角，重做上述实验，直到得到满意结果为止。

　　按照给定的点的运动轨迹设计四杆机构还可以借助于"连杆曲线图谱"。从图谱中找出所需的运动轨迹，便可直接查出该四杆机构的各尺寸参数。这种方法称为图谱法。

　　"连杆曲线图谱"是利用实验方法编制的连杆曲线图册。图 5-50 所示为一绘制连杆曲线的模型机构简图。此机构是铰链四杆机构，其各杆长度可以调整，连杆制成钻有许多小孔的平板，小孔表示连杆平面上不同点的位置。绘图时将机架 AD 固定在图板 b 上，转动曲柄 AB，连杆平面上每个小孔的运动轨迹即可被记录下来，通过改变四杆机构各杆的相对尺寸，即可得到不同杆长比的连杆曲线簇，将它们顺序整理编制成册，就得到了"连杆曲线图谱"。图5-51(a)所示即为连杆曲线图谱中的一张。

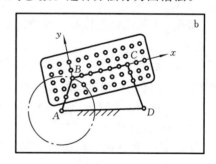

图 5-50　连杆曲线的绘制

　　设计时，可以先从图谱(图 5-51(a))中查出与给定点的运动轨迹相似的连杆曲线，例如 mm 曲线，以及描绘该连杆曲线的四杆机构中各构件的长度 $AB(l_1)$、$BC(l_2)$、$CD(l_3)$ 和 $AD(l_4)$，然后量出连杆上点 E 的位置 EB 和 EC，便可作机构运动简图，如图 5-51(b)所示，最后用缩放仪求出图谱中的连杆曲线与给定点的运动轨迹之间相差的倍数，即可求出四杆机构中各构件的实际长度。

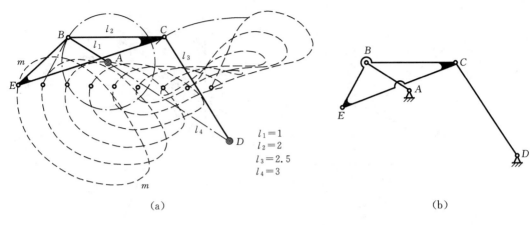

图 5-51　连杆曲线图谱

思考题与习题

5-1　何谓平面连杆机构？它有哪些特点？常用于何种场合？

5-2　铰链四杆机构和含有一个移动副的四杆机构有哪些基本类型？

5-3　何谓曲柄？铰链四杆机构有曲柄的条件是什么？

5-4　平面连杆机构中的急回运动特性是什么含义？在什么条件下机构才具有急回运动特性？

5-5　平面四杆机构的行程速比系数 K 和极位夹角 θ 是怎样定义的？它们之间有何联系？

5-6　加大原动件上的驱动力，能否使机构越过死点位置？死点位置是否就是采用任何方法都不能使机构运动的位置？

5-7　在题 5-7 图所示的四杆机构中，$L_{AB}=60$ mm，$L_{BC}=130$ mm，$L_{DC}=140$ mm，$L_{AD}=200$ mm，且 $\angle BAD=135°$。

（1）确定铰链四杆机构的类型。

（2）如果杆 AB 是原动件，并且以恒定的角速度 ω 旋转，作图求解以下问题：

①标出机构在图示位置的压力角 α 和传动角 γ；

②标出杆 CD 的摆角 $\psi_{\max}$；

③标出极位夹角 θ，并计算行程速比系数 K；

④标出 $\alpha_{\max}$ 和最小传动角 $\gamma_{\min}$。

（3）如果杆 CD 为原动件，作图求解以下问题：

①求机构在图示位置的压力角 α' 和传动角 γ'。

②判断该机构是否有死点，如果有，画出死点位置，并标出 $\alpha_{\max}$ 和最小传动角 $\gamma_{\min}$。

5-8　在题 5-8 图所示四铰链运动链中，已知各构件长度：$l_{AB}=60$ mm，$l_{BC}=45$ mm，$l_{CD}=50$ mm，$l_{AD}=30$ mm。试问：

（1）将哪个构件固定可获得曲柄摇杆机构？

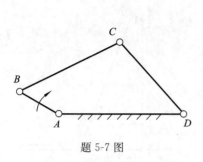

题 5-7 图

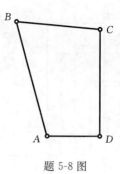

题 5-8 图

（2）将哪个构件固定可获得双曲柄机构？

（3）将哪个构件固定可获得双摇杆机构？

5-9　在题 5-9 图所示铰链四杆机构中，已知：$l_{BC}=50$ mm，$l_{CD}=35$ mm，$l_{AD}=30$ mm，AD 为机架。

（1）若此机构为曲柄摇杆机构，且 AB 为曲柄，求 l_{AB} 的极限值；

（2）若此机构为双曲柄机构，求 l_{AB} 的极限值；

（3）若此机构为双摇杆机构，求 l_{AB} 的取值范围。

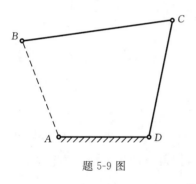

题 5-9 图

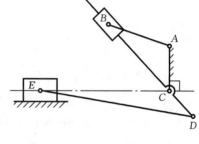

题 5-10 图

5-10　题 5-10 图所示为插床的转动导杆机构，已知 $l_{AC}=500$ mm，$l_{CD}=400$ mm，行程速比系数 $K=1.6$，试求曲柄 AB 的长度 l_{AB} 和插刀 E 的行程 s。又若 $K=2$，则曲柄 AB 的长度 l_{AB} 应调整到何值？此时的插刀行程 s 是否随之改变？

5-11　题 5-11 图所示为用铰链四杆机构控制的加热炉炉门启闭机构，加热时炉门能关闭紧密，炉门开启后能处于水平位置。炉门上两铰链的中心距为 50 mm，与固定件连接的铰链点 A 和 D 装在 yy 轴线上，其相互位置的尺寸如图所示，试设计此机构。

5-12　如题 5-12 图所示，设计一脚踏轧棉机的曲柄摇杆机构，要求踏板 CD 在水平位置上下各摆动 $10°$，$l_{CD}=500$ mm，$l_{AD}=1\,000$ mm，试用作图法求曲柄 AB 和连杆 BC 的长度。

5-13　如题 5-13 图所示，设计一曲柄滑块机构，已知滑块的行程 $s=60$ mm，偏心距 $e=20$ mm，行程速比系数 $K=1.25$，试求：

（1）曲柄 AB 的长度 l_{AB} 和连杆 BC 的长度 l_{BC}。

（2）若滑块由左向右运动为工作行程，要使机构具有急回运动特性，原动曲柄应沿哪个方向转动？

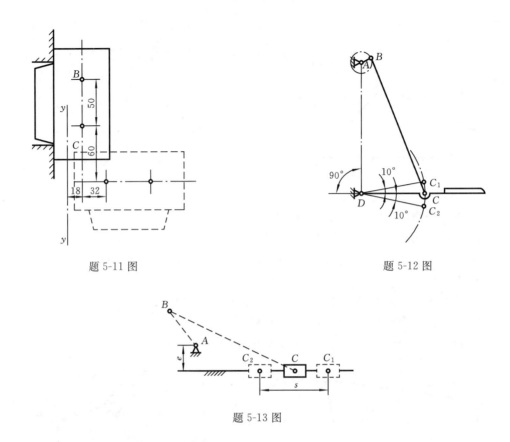

题 5-11 图　　　　　　　　　　题 5-12 图

题 5-13 图

（3）以曲柄为原动件时，在图中标出 $\gamma_{\min}$。

（4）以滑块为原动件时，机构有无死点位置？若有，在图中指出。

5-14　试设计一小功率机械的曲柄摇杆机构，并检验其最小传动角。已知行程速比系数 $K=1.12$，摇杆长度 $l_{CD}=420$ mm，摆角 $\phi=50°$，摆角 ϕ 的角平分线为铅垂线，机架 AD 位于水平位置。

5-15　如题 5-15 图所示，试设计一铰链四杆机构，已知机架 AD 的长度 $l_{AD}=600$ mm，要求两连架杆的三组对应位置为：$\lambda_1=120°$，$\lambda_2=80°$，$\lambda_3=45°$；$\beta_1=110°$，$\beta_2=70°$，$\beta_3=30°$。连架杆 AB 的长度 $l_{AB}=200$ mm。试求其余两杆的长度。

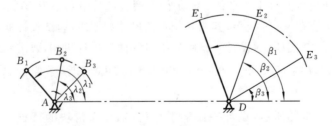

题 5-15 图

5-16　在题 5-16 图所示的牛头刨床刨刀驱动机构中，已知行程速比系数 $K=2$，$l_{AC}=300$ mm，行程 $H=450$ mm。试设计该机构。

5-17　某操纵装置采用如题 5-17 图所示的铰链四杆机构,两连架杆的对应位置如图所示:$\lambda_1=45°,\beta_1=52°10';\lambda_2=90°,\beta_2=82°10';\lambda_3=135°,\beta_3=112°10'$。机架 AD 的长度 $l_{AD}=50$ mm。试用解析法求其余三杆长度。

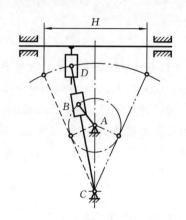

题 5-16 图

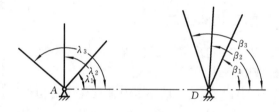

题 5-17 图

第6章　凸轮机构及其设计

通过对连杆机构的学习,可以知道:平面连杆机构具有许多优点,因此它在工程实际中得到了相当广泛的应用。但是连杆机构比较难以准确地实现任意预定的运动规律,而且其设计也比较复杂和困难。在设计机械时,当要求机械中某些从动件的位移、速度和加速度必须严格地按照某种预定的运动规律变化时,通常最为简便的办法是采用凸轮机构。凸轮机构的组成和应用情况如何? 它能实现怎样的运动规律? 如何设计凸轮机构? 这是本章将要介绍的主要内容。

6.1　凸轮机构的类型及应用

教学视频　重难点与
知识拓展

6.1.1　凸轮机构的应用和组成

凸轮机构是由凸轮、从动件和机架这三个基本构件组成的一种高副机构。凸轮机构在自动机械和半自动机械中得到了广泛的应用。

图 6-1 所示为内燃机的配气机构。图中具有曲线轮廓的构件 1 称为凸轮。当它做等速转动时,其曲线轮廓通过与气阀 2 的平底接触,推动气阀有规律地开启和闭合。气阀的动作程序是按照工作要求严格预定的,其速度和加速度也有严格的控制,这些都是由凸轮 1 的曲线轮廓所决定的。

图 6-2 所示为自动机床的进刀机构。图中具有曲线凹槽的构件 1 称为凸轮。当它做等速回转时,其上曲线凹槽的侧面通过嵌于凹槽中心的滚子 3 迫使从动件 2 绕点 O 做往复摆动,以控制刀架做进刀和退刀运动。刀架的运动规律完全取决于凸轮 1 上曲线凹槽

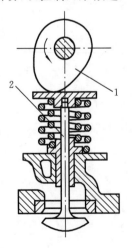

图 6-1　内燃机的配气机构

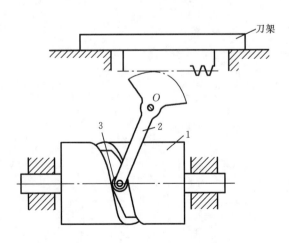

图 6-2　自动机床的进刀机构

的形状。

图 6-3 所示为绕线机的排线机构。当绕线轴 3 快速转动时,经蜗杆传动带动凸轮 1 缓慢转动,通过凸轮高副驱使从动件 2 往复摆动,从而使线均匀地缠绕在绕线轴上。

演示视频

图 6-4 所示为录音机的卷带机构。凸轮 1 随放音键上下移动。放音时,凸轮 1 处于最低位置,在弹簧 6 的作用下,摩擦轮 4 紧靠卷带轮 5,从而将磁带 3 卷紧。停止放音时,凸轮 1 随按键上移,其轮廓迫使从动件 2 顺时针摆动,使摩擦轮与卷带轮分离,从而停止卷带。

从以上诸例可看出:凸轮是一个具有曲线轮廓或凹槽的构件。当它为原动件时,通常做等速连续转动或移动;当它为从动件时,则按任意预定的工作要求做连续或间歇的往复摆动、移动或平面复杂运动。

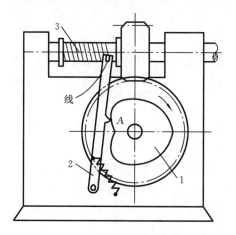

图 6-3　绕线机的排线机构

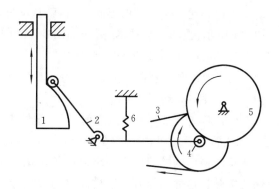

图 6-4　录音机的卷带机构

6.1.2　凸轮机构的分类

工程实际中所使用的凸轮机构是多种多样的,常用的分类方法有以下几种。

演示视频

1. 按凸轮的形状分类

(1)盘形凸轮。它是凸轮最基本的形式,是一个具有变化向径的盘状构件。当其绕固定轴转动时,可推动从动件在垂直于凸轮转轴的平面内运动,如图 6-1、图 6-3 所示。

(2)移动凸轮。当盘形凸轮的转轴位于无穷远处时,凸轮相对机架做直线运动,这种凸轮称为移动凸轮,如图 6-4 所示。

在以上两种凸轮机构中,凸轮与从动件之间的相对运动均为平面运动,故它们又统称为平面凸轮机构。

(3)圆柱凸轮。如图 6-2 所示,凸轮的轮廓曲线做在圆柱体上。它可以看成是把上述移动凸轮卷成圆柱体演化而成的。在这种凸轮机构中,凸轮与从动件之间的相对运动是空间运动,故它属于空间凸轮机构。

此外,空间凸轮机构还有圆锥凸轮机构、弧面凸轮机构和球面凸轮机构等。

2. 按从动件的形状分类

（1）尖端从动件。如图 6-3 所示，从动件的尖端能与任意复杂的凸轮轮廓保持接触，从而能实现任意预定的运动规律。这种从动件结构最简单，但尖端处易磨损，故只适用于速度较低和传力不大的场合。

（2）滚子从动件。为了克服尖端从动件的缺点，减少摩擦和磨损，在尖端从动件的端部装一个滚轮，如图 6-2 和图 6-4 所示，这样就把从动件与凸轮之间的滑动摩擦变成了滚动摩擦，因此摩擦和磨损较小，可用来传递较大的动力，故这种形式的从动件应用很广。

（3）平底从动件。如图 6-1 所示，从动件与凸轮轮廓之间为线接触，接触处易形成油膜，润滑状况好。此外，在不计摩擦时，凸轮对从动件的作用力始终垂直于从动件的平底，故受力平稳、传动效率高，常用于高速场合。其缺点是与之配合的凸轮轮廓必须全部为外凸形状。

3. 按从动件的运动形式分类

无论凸轮和从动件的形状如何，就从动件的运动形式来讲，只有两种：直动从动件，如图 6-1 所示；摆动从动件，如图 6-2、图 6-3 和图 6-4 所示。

4. 按凸轮高副的锁合方式分类

（1）力锁合。利用重力、弹簧力或其他外力使组成凸轮高副的两构件始终保持接触，如图 6-1、图 6-3 和图 6-4 所示。

（2）形锁合。利用特殊几何形状（虚约束）使组成凸轮高副的两构件始终保持接触。

① 沟槽凸轮机构。如图 6-2 所示，凸轮轮廓做成凹槽，从动件的滚子置于凹槽中，利用凸轮凹槽两侧壁间的法向距离恒等于滚子的直径，使从动件与凸轮在运动过程中始终保持接触。这种锁合方式结构简单，其缺点是加大了凸轮的外廓尺寸和自重。

② 等宽凸轮机构。如图 6-5 所示，其从动件做成矩形框架形状，而凸轮轮廓上任意两条平行切线间的距离恒等于框架内侧宽度 L。因此，凸轮轮廓和平底可始终保持接触。其缺点是从动件运动规律的选择受到一定的限制，即当第一个 180° 范围内的凸轮轮廓根据从动件的运动规律确定之后，其余 180° 内的凸轮轮廓必须根据等宽的原则来确定。

③ 定径凸轮机构。如图 6-6 所示，从动件上装有两个滚子，凸轮轮廓同时与两个滚子相接触。由于两滚子中心之间的距离 D 始终保持不变，故可使凸轮轮廓与两滚子始终保持接触。其缺点与等宽凸轮相同，即当第一个 180° 范围内的凸轮轮廓根据从动件的运动规律确定之后，其余 180° 内的凸轮轮廓必须根据定径的原则来确定。

④ 主回凸轮机构。如图 6-7 所示，为了克服等宽、定径凸轮的缺点，使从动件的运动规律可在 360° 范围内任意选取，可用彼此固连在一起的一对凸轮控制一个具有两个滚子的从动件。一个凸轮（主凸轮）推动从动件完成正行程的运动；另一个凸轮（回凸轮）推动从动件完成反行程的运动，故其又称共轭凸轮机构。其缺点是结构复杂，制造精度要求较高。

凸轮机构的优点是只要设计出适当的凸轮轮廓，即可使从动件实现任意预期的运动规律，并且结构简单、紧凑，工作可靠。其缺点是凸轮为高副接触，压强较大，容易磨损，凸轮轮廓加工比较困难，费用较高。

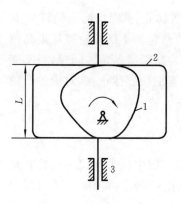
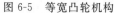

图 6-5　等宽凸轮机构

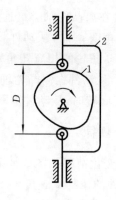

图 6-6　定径凸轮机构

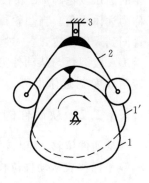

图 6-7　主回凸轮机构

6.2　从动件的运动规律设计

6.2.1　凸轮机构的基本名词术语

图 6-8(a)所示为一尖端直动从动件盘形凸轮机构,以凸轮轮廓最小向径 r_0 为半径所作的圆称为凸轮的基圆,r_0 为基圆半径。图示位置为从动件即将上升时的位置。当凸轮以等角速度 ω 沿逆时针方向转过角度 Φ 时,向径渐增的轮廓 AB 将从动件以一定的运动规律推到离凸轮轴心最远的位置,这一过程称为推程。在此阶段,凸轮转过的转角 Φ 称为推程运动角,从动件上升的最大位移称为升程 h。当凸轮继续转过角度 Φ_s 时,从动件尖端与凸

演示视频

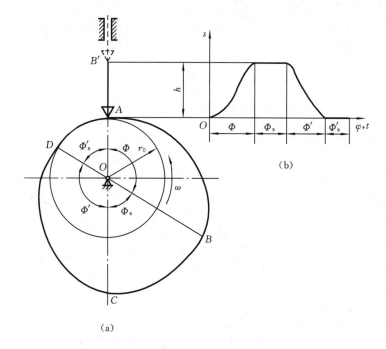

(b)

(a)

图 6-8　凸轮机构的工作原理图

轮的圆弧段轮廓 BC 相接触,从动件在离凸轮轴心最远的位置休止,其对应的凸轮转角 Φ_s 称为远休止角。当凸轮再继续转过角度 Φ' 时,从动件将沿着凸轮的 CD 段轮廓从最高位置回到最低位置,这一过程称为回程,凸轮的相应转角 Φ' 称为回程运动角。同理,当基圆上 DA 段圆弧与从动件尖端接触时,从动件在离凸轮轴心最近的位置休止,其对应的凸轮转角 Φ'_s 称为近休止角。当凸轮继续回转时,从动件重复上述运动。

6.2.2　从动件的常用运动规律

从动件位移 s 随凸轮转角 φ 的变化情况如图 6-8(b)所示,图中横坐标代表凸轮转角 φ,纵坐标代表从动件位移 s。从动件的位移 s、速度 v 和加速度 a 随凸轮转角 φ(或时间 t)的变化规律称为从动件的运动规律。

凸轮的轮廓曲线取决于从动件的运动规律,故从动件的运动规律是设计凸轮的重要依据。表 6-1 中列出了从动件常用运动规律的运动方程式及推程运动线图。

表 6-1　从动件常用运动规律的运动方程式及推程运动线图

运动规律名称	等速运动规律	等加速等减速运动规律	
运动方程式	推程 $0\leqslant\varphi\leqslant\Phi$ $s=\dfrac{h}{\Phi}\varphi$ $v=\dfrac{h}{\Phi}\omega$ $a=0$	推程 $0\leqslant\varphi\leqslant\Phi/2$ $s=\dfrac{2h}{\Phi^2}\varphi^2$ $v=\dfrac{4h\omega}{\Phi^2}\varphi$ $a=\dfrac{4h\omega^2}{\Phi^2}$	推程 $\Phi/2\leqslant\varphi\leqslant\Phi$ $s=h-\dfrac{2h}{\Phi^2}(\Phi-\varphi)^2$ $v=\dfrac{4h\omega}{\Phi^2}(\Phi-\varphi)$ $a=-\dfrac{4h\omega^2}{\Phi^2}$
	回程 $0\leqslant\varphi\leqslant\Phi'$ $s=h-\dfrac{h}{\Phi'}\varphi$ $v=-\dfrac{h}{\Phi'}\omega$ $a=0$	回程 $0\leqslant\varphi\leqslant\Phi'/2$ $s=h-\dfrac{2h}{\Phi'^2}\varphi^2$ $v=-\dfrac{4h\omega}{\Phi'^2}\varphi$ $a=-\dfrac{4h\omega^2}{\Phi'^2}$	回程 $\Phi'/2\leqslant\varphi\leqslant\Phi'$ $s=\dfrac{2h}{\Phi'^2}(\Phi'-\varphi)^2$ $v=-\dfrac{4h\omega}{\Phi'^2}(\Phi'-\varphi)$ $a=\dfrac{4h\omega^2}{\Phi'^2}$
推程运动线图		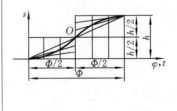	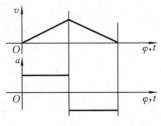

续表

运动规律名称	余弦加速度 （简谐）运动规律	正弦加速度 （摆线）运动规律	3-4-5 多项式运动规律
运动方程式	推程 $0 \leqslant \varphi \leqslant \Phi$	推程 $0 \leqslant \varphi \leqslant \Phi$	推程 $0 \leqslant \varphi \leqslant \Phi$
	$s = \dfrac{h}{2} - \dfrac{h}{2}\cos\left(\dfrac{\pi}{\Phi}\varphi\right)$	$s = \dfrac{h}{\Phi}\varphi - \dfrac{h}{2\pi}\sin\left(\dfrac{2\pi}{\Phi}\varphi\right)$	$s = h\left(\dfrac{10}{\Phi^3}\varphi^3 - \dfrac{15}{\Phi^4}\varphi^4 + \dfrac{6}{\Phi^5}\varphi^5\right)$
	$v = \dfrac{\pi h \omega}{2\Phi}\sin\left(\dfrac{\pi}{\Phi}\varphi\right)$	$v = \dfrac{h}{\Phi}\omega - \dfrac{h\omega}{\Phi}\cos\left(\dfrac{2\pi}{\Phi}\varphi\right)$	$v = h\omega\left(\dfrac{30}{\Phi^3}\varphi^2 - \dfrac{60}{\Phi^4}\varphi^3 + \dfrac{30}{\Phi^5}\varphi^4\right)$
	$a = \dfrac{\pi^2 h \omega^2}{2\Phi^2}\cos\left(\dfrac{\pi}{\Phi}\varphi\right)$	$a = \dfrac{2\pi h \omega^2}{\Phi^2}\sin\left(\dfrac{2\pi}{\Phi}\varphi\right)$	$a = h\omega^2\left(\dfrac{60}{\Phi^3}\varphi - \dfrac{180}{\Phi^4}\varphi^2 + \dfrac{120}{\Phi^5}\varphi^3\right)$
	回程 $0 \leqslant \varphi \leqslant \Phi'$	回程 $0 \leqslant \varphi \leqslant \Phi'$	回程 $0 \leqslant \varphi \leqslant \Phi'$
	$s = \dfrac{h}{2} + \dfrac{h}{2}\cos\left(\dfrac{\pi}{\Phi'}\varphi\right)$	$s = h - \dfrac{h}{\Phi'}\varphi + \dfrac{h}{2\pi}\sin\left(\dfrac{2\pi}{\Phi'}\varphi\right)$	$s = h - h\left(\dfrac{10}{\Phi'^3}\varphi^3 - \dfrac{15}{\Phi'^4}\varphi^4 + \dfrac{6}{\Phi'^5}\varphi^5\right)$
	$v = -\dfrac{\pi h \omega}{2\Phi'}\sin\left(\dfrac{\pi}{\Phi'}\varphi\right)$	$v = -\left[\dfrac{h}{\Phi'}\omega - \dfrac{h\omega}{\Phi'}\cos\left(\dfrac{2\pi}{\Phi'}\varphi\right)\right]$	$v = -h\omega\left(\dfrac{30}{\Phi'^3}\varphi^2 - \dfrac{60}{\Phi'^4}\varphi^3 + \dfrac{30}{\Phi'^5}\varphi^4\right)$
	$a = -\dfrac{\pi^2 h \omega^2}{2\Phi'^2}\cos\left(\dfrac{\pi}{\Phi'}\varphi\right)$	$a = -\dfrac{2\pi h \omega^2}{\Phi'^2}\sin\left(\dfrac{2\pi}{\Phi'}\varphi\right)$	$a = -h\omega^2\left(\dfrac{60}{\Phi'^3}\varphi - \dfrac{180}{\Phi'^4}\varphi^2 + \dfrac{120}{\Phi'^5}\varphi^3\right)$
推程运动线图			

（1）等速运动规律。当凸轮以等角速度 ω 转动时，从动件的运动速度为常数。在运动的起点和终点处速度产生突变，加速度理论上为无穷大，产生无穷大的惯性力，机构将产生极大的冲击，称为刚性冲击。因此，这种运动规律只适用于低速运动的场合。

（2）等加速等减速运动规律。当凸轮以等角速度 ω 转动时，从动件的加速度为常数。在运动的起点、终点和中间位置处加速度产生突变，产生较大的惯性力，由此而引起的冲击称为柔性冲击。因此，这种运动规律只适用于中、低速运动场合。

（3）余弦加速度运动规律。余弦加速度运动规律又称简谐运动规律。从动件在整个运动过程中速度皆连续，但在运动的起点、终点处加速度产生突变，产生柔性冲击。因此，这种运动规律也只适用于中、低速运动场合。

（4）正弦加速度运动规律。正弦加速度运动规律又称摆线运动规律。从动件在整个运动过程中速度和加速度皆连续无突变，避免了刚性冲击和柔性冲击。因此，这种运动规律适用于高速运动场合。

（5）3-4-5 多项式运动规律。这种运动规律与摆线运动规律一样避免了刚性冲击和柔性冲击。因此，这种运动规律也可以用于高速运动场合。

6.2.3 组合型运动规律

上述各种运动规律是凸轮机构从动件运动规律的基本形式，它们各有优缺点。为了扬长避短，可以将数种基本的运动规律拼接起来，构成组合型运动规律。拼接的原则如下。

（1）对于中、低速运动的凸轮机构，为避免刚性冲击，从动件的位移曲线和速度曲线（包括起点和终点在内）必须连续，即要求位移曲线和速度曲线在连接点处其值应分别相等。

（2）对于中、高速运动的凸轮机构，还应避免柔性冲击，这就要求从动件的加速度曲线（包括起点和终点在内）也必须连续，即要求位移曲线、速度曲线和加速度曲线在连接点处其值应分别相等。

（3）在满足以上两个条件的情况下，还应使最大速度 v_{max} 和最大加速度 a_{max} 的值尽可能小。

构造组合型运动规律时，可根据凸轮机构的工作性能指标，选择一种基本运动规律作为主体，再用其他类型的基本运动规律与之组合，从而避免在运动的始、末位置发生刚性冲击或柔性冲击，降低动力参数的幅值等。因此，组合型运动规律又称修正型运动规律。

组合型运动规律设计比较灵活，易于满足各种运动要求，因而应用日益广泛。其类型很多，下面简单介绍几种比较典型的组合型运动规律。

1. 修正型等速运动规律

为了消除单纯的等速运动规律所导致的刚性冲击，利用其 v_{max} 值小，能实现机械等速工作的优点，通常可在运动的起始区段和终止区段上划出一部分凸轮转角范围，改用其他类型的运动规律，即构成修正型等速运动规律。图 6-9 所示的是用摆线运动规律修正等速运动规律的推程运动线图。由图可知，摆线运动修正的等速运动规律的加速度曲线无突变现象，因此从动件无刚性冲击和柔性冲击。

2. 组合摆线运动规律

在单纯的摆线运动规律的始、末区段，从动件运动相当缓慢，这会导致中间区段的速度幅值增大。为了适当减小速度幅值，可在始、末区段采用与中部区段不同周期的摆线运动规律，构成组合摆线运动规律。如图 6-10 所示，这种运动规律的加速度曲线由三段正弦曲线组成，它具有光滑连续、特征值 v_{max} 和 a_{max} 比摆线运动规律和 3-4-5 次多项式运动规律小的特点，所以适用于高速重载的场合。

3. 梯形加速度运动规律

等加速等减速运动规律的特点是加速度的幅值 a_{max} 较小，但加速度曲线不连续，有柔性冲击。为此，可在等加速等减速运动规律的加速度曲线突变处用一段斜直线过渡，如图

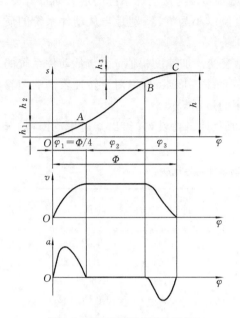

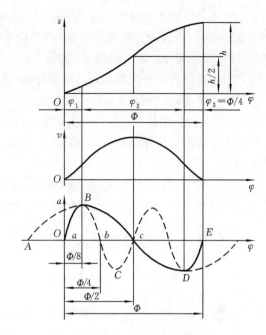

图 6-9　修正型等速运动规律　　　　　　　图 6-10　组合摆线运动规律

6-11(a)所示。图中,加速度曲线由两个梯形构成,故称为梯形加速度运动规律,这种运动规律的加速度曲线无突变,避免了柔性冲击。若用正弦曲线代替上述斜直线,则可使加速度曲线光滑连续(见图6-11(b))。这种规律称为改进梯形加速度运动规律,它具有良好的动力性能,适用于高速、轻载的场合。

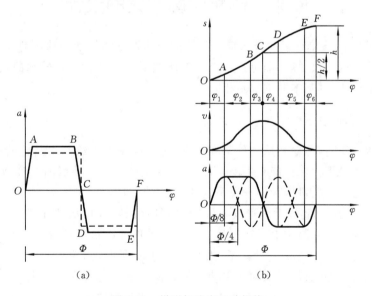

（a）　　　　　　　　　　　　（b）

图 6-11　梯形加速度运动规律

6.2.4　从动件运动规律的选择

进行从动件运动规律的设计时,要注意以下问题。

（1）从动件的速度幅值 v_{max} 要尽量小。速度幅值 v_{max} 与从动件系统的最大动量有关。为了使机构停止、运动灵活和运行安全，希望动量值以小为好，特别是当从动件系统的质量较大时，应选用 v_{max} 较小的运动规律。

（2）从动件的加速度幅值 a_{max} 要尽量小，且无突变。加速度幅值 a_{max} 与从动件系统的最大惯性力有关，而惯性力是影响机构动力学性能的主要因素，所以对于转速较高的凸轮机构，应选用加速度曲线连续且 a_{max} 的值尽可能小的运动规律。

表 6-2 列出了几种基本运动规律的 v_{max}、a_{max} 值及冲击特性，并给出其适用范围，供选用参考。

表 6-2　若干种从动件运动规律特性比较

运 动 规 律	最大速度 $v_{max}(h\omega/\Phi)\times$	最大加速度 $a_{max}(h\omega^2/\Phi^2)\times$	冲 击 特 性	应 用 场 合
等速	1.00	∞	刚性	低速轻载
等加速等减速	2.00	4.00	柔性	中速轻载
余弦加速度	1.57	4.93	柔性	中低速中载
正弦加速度	2.00	6.28	无	中高速轻载
3-4-5 多项式	1.88	5.77	无	高速中载
修正型等速	1.33	8.38	无	低速重载
组合摆线	1.76	5.53	无	中高速重载
梯形加速度	2.00	4.89	无	高速轻载

6.3　凸轮轮廓曲线的设计

当根据工作要求和使用场合选定了凸轮机构的类型和从动件的运动规律，并确定了凸轮基圆半径等基本尺寸后，即可进行凸轮轮廓曲线的设计。凸轮轮廓曲线的设计方法有图解法和解析法，其基本原理都是相同的。

6.3.1　基本原理

凸轮机构工作时，凸轮和从动件都在运动，为了在图纸上绘制出凸轮的轮廓曲线，希望凸轮相对于图纸平面保持静止不动，为此可采用反转法。下面以图 6-12 所示的对心尖端直动从动件盘形凸轮机构为例来说明这种方法的原理。

如图 6-12 所示，凸轮以等角速度 ω 绕轴 O 逆时针转动时，从动件将按预定的运动规律在导路中上下往复移动。当从动件处在最低位置时，凸轮轮廓曲线与从动件在点 A 处接触；当凸轮转过 φ_1 角时，凸轮轮廓将转到图中虚线所示的位置，而从动件尖端将从最低位置 A 上升到 B'，上升的距离为 $s_1=\overline{AB'}$。这是凸轮转动时从动件的真实运动情况。

演示视频

现设想凸轮固定不动，而让从动件连同导路一起绕点 O 以角速度"$-\omega$"转过 φ_1 角。此时从动件将随导路一起以角速度"$-\omega$"转动，同时又在导路中做相对移动，运动到图中虚线所示的位置，此时从动件向上移动的距离为 $\overline{A_1B}$。由图中可以看出，$\overline{A_1B}=\overline{AB'}=s_1$，即在上述两种情况下从动件移动的距离是相等的。由于从动件尖端在运动过程中始终与凸轮轮廓曲线保持接触,所以此时从动件尖端所占据的位置 B 一定是凸轮轮廓曲线上的一点。若继续反转从动件,即可得到凸轮轮廓曲线上的其他点,将所有点用光滑曲线连起来即得凸轮轮廓曲线。这种研究问题的方法,称为反转法。

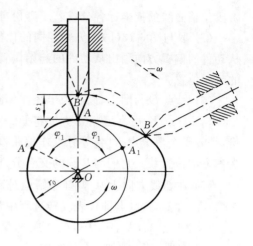

综上所述,可把反转法原理归纳如下。假设给整个机构加上一个公共的角速度"$-\omega$",使其绕凸轮轴心 O 做反向转动。根据相对运动原理,凸轮与从动件之间的相对运动关系并不改变,但这样一来,凸轮将固定不动,而从动件将一方面随其导路以角速度"$-\omega$"绕点 O 转动,另一方面又相对其导路按预定的运动规律移动。

图 6-12 反转法设计原理

从动件在这种复合运动中,其尖端仍然始终与凸轮轮廓保持接触,因此,在此复合运动中,从动件尖端的运动轨迹即为凸轮轮廓曲线。

下面介绍几种盘形凸轮轮廓的设计方法和设计步骤。

6.3.2 图解法设计凸轮轮廓曲线

演示视频

6.3.2.1 直动从动件盘形凸轮机构凸轮轮廓的设计

1. 尖端从动件

图 6-13(a)所示为一偏置直动尖端从动件盘形凸轮机构。已知从动件位移线图,凸轮基圆半径为 r_0,从动件导路偏于凸轮轴心的左侧,偏心距为 e,凸轮以等角速度 ω 沿顺时针方向转动,试设计凸轮的轮廓曲线。

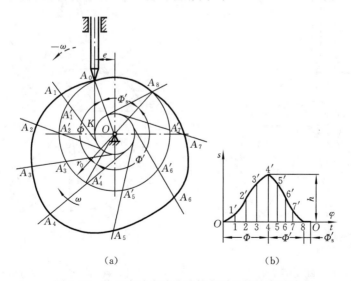

(a)   (b)

图 6-13 偏置直动尖端从动件盘形凸轮轮廓设计

根据反转法的原理,具体设计步骤如下。

(1) 选取适当的比例尺,作出从动件的位移线图,如图 6-13(b)所示。将推程和回程阶段位移曲线的横坐标各分成若干等份(图中各为四等份)，分别得点 1，2，…，8。

(2) 取与图 6-13(b)中纵轴相同的比例尺，以点 O 为圆心，以 r_0 为半径作基圆，并根据从动件的偏置方向画出从动件的起始位置线，该位置线与基圆的交点 A_0 即是从动件尖端的起始位置。

(3) 以点 O 为圆心，以 e 为半径作偏距圆，该圆与从动件的起始位置线切于点 K。

(4) 自点 K 开始，沿 $-\omega$ 方向将偏距圆分成与图 6-13(b)的横坐标相对应的区间和等份，得若干个等分点；过各等分点作偏距圆的切线，这些切线代表从动件在反转过程中依次占据的位置线。它们与基圆的交点分别为 $A_1'，A_2'，\cdots，A_8'$。

(5) 在切线方向上从基圆开始向外截取线段 $\overline{A_1 A_1'} = \overline{11'}，\overline{A_2 A_2'} = \overline{22'}，\cdots$，分别得点 $A_1，A_2，\cdots，A_8$，这些点即代表反转过程中从动件尖端依次占据的位置。

(6) 将点 $A_0，A_1，A_2，\cdots，A_8$ 连成光滑的曲线，即得出所求的凸轮轮廓曲线。

若偏心距 $e=0$(图 6-14)，则为对心直动尖端从动件盘形凸轮机构。显然，从动件在反转过程中，其导路位置线将不再是偏距圆的切线，而是通过凸轮轴心的径向线。因此设计这种凸轮轮廓时，不需要作偏距圆，只需要以点 O 为圆心，以 r_0 为半径作基圆，基圆与导路的交点 A_0 即为从动件的起始位置。按图 6-13 所示同样的作图方法，便可求得如图 6-14 所示的凸轮轮廓曲线。

2．滚子从动件

若将图 6-13 中的尖端从动件改为滚子从动件，如图 6-15 所示，则其凸轮轮廓可按下述方法绘制。

(1) 把滚子中心假想成尖端从动件的尖端，按照上述尖端从动件凸轮轮廓曲线的设计方法作出曲线 η。曲线 η 是反转过程中滚子中心的运动轨迹，称为凸轮的理论廓线。

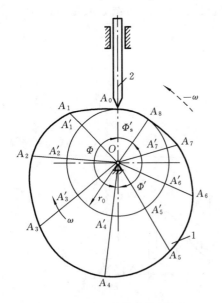

图 6-14　对心直动尖端从动件
盘形凸轮轮廓设计

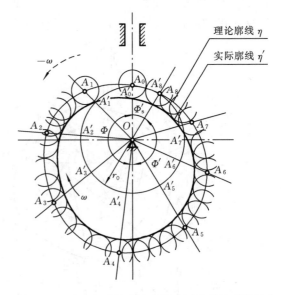

图 6-15　对心直动滚子从动件盘形凸轮轮廓设计

(2) 以理论廓线上各点为圆心，以滚子半径 r_r 为半径作一系列的滚子圆，然后作这簇滚子圆的内包络线 η'，它就是凸轮的实际廓线。显然，该实际廓线是其理论廓线的法向等距曲线,其距离为滚子半径。

由上述作图过程可知,在滚子从动件凸轮机构的设计中,基圆半径 r_0 是凸轮理论廓线的最小向径。

6.3.2.2　摆动从动件盘形凸轮轮廓曲线的设计

图 6-16(a)所示为一尖端摆动从动件盘形凸轮机构。已知凸轮以等角速度 ω 逆时针回转,凸轮基圆半径为 r_0,凸轮轴心 O 与从动件摆动中心 A 的距离 $l_{OA}=a$;摆动从动件长度为 l,从动件运动规律如图 6-16(b)所示。试设计该凸轮的轮廓曲线。

反转法原理同样适用于摆动从动件凸轮机构。当令整个机构以角速度 $-\omega$ 绕点 O 反转时,凸轮将固定不动,而摆动从动件一方面随机架以等角速度 $-\omega$ 绕点 O 反转,另一方面又绕点 A 摆动。因此,凸轮轮廓曲线可按下述步骤设计。

(1) 选取适当的比例尺,作出从动件的位移线图,将推程和回程阶段位移曲线的横坐标各分成若干等份,如图 6-16(b)所示。

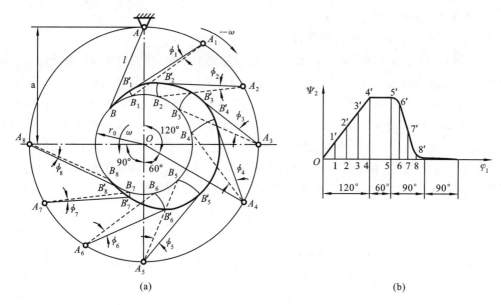

(a)　　　　　　　　　　　　　　(b)

图 6-16　摆动从动件盘形凸轮轮廓设计

(2) 按比例尺确定摆动从动件的长度 l,以及连心线 OA 和基圆半径 r_0。

(3) 以点 O 为圆心,以 r_0 为半径作基圆,并根据已知的中心距 a 确定从动件摆动中心 A 的位置。再以点 A 为圆心,以从动件杆长 l 为半径作圆弧,交基圆于点 B,该点即为从动件尖端的起始位置。

(4) 以点 O 为圆心,以 a 为半径作圆,并自点 A 开始,沿 $-\omega$ 方向将该圆分成与图 6-16(b)的横坐标对应的区间和等份,分别得点 $A_1,A_2,\cdots,A_8$,这些点代表反转过程中从动件摆动中心依次占据的位置。径向线 $OA_1,OA_2,\cdots,OA_8$ 即代表反转过程中机架 OA 依次占据的位置。

(5) 分别以点 $A_1,A_2,\cdots,A_8$ 为圆心,以 l 为半径作圆弧,与基圆分别相交于 B_1,$B_2,\cdots,B_8$,得到摆动从动件在随机架反转过程中所占据的位置。

(6) 分别以点 $A_1,A_2,\cdots,A_8$ 为圆心,以 l 为半径,以 $B_1,B_2,\cdots,B_8$ 为起点作圆弧,圆弧的圆心角分别为位移曲线上对应等分点纵坐标所代表的角度值,圆弧的终点分别为 B_1',

$B_2', \cdots, B_8'$，即为摆动从动件尖端绕 A 摆动后的对应位置。

（7）将点 $B_1', B_2', \cdots, B_8'$ 连成光滑的曲线，即得凸轮的轮廓曲线。

若采用滚子从动件，则上述凸轮轮廓即为凸轮的理论廓线，只要在理论廓线上选一系列点作滚子圆，然后作它们的包络线即可求得凸轮的实际廓线。

6.3.3 解析法设计凸轮轮廓曲线

根据反转法原理用图解法设计凸轮轮廓，形象直观，简便易行。但是由于作图误差较大，精确度有限，故只适用于精度要求较低的凸轮轮廓线的设计。对于精度要求较高的高速凸轮、靠模凸轮、共轭凸轮等，必须用解析法来设计凸轮轮廓线。随着机构不断朝着高速、精密、自动化方向发展，以及计算机和各种数控加工机床在生产中的应用，用解析法设计凸轮轮廓线具有更大的现实意义。下面将以几种盘形凸轮机构为例来介绍凸轮轮廓线设计的解析法。

6.3.3.1 尖端从动件盘形凸轮机构

1. 直动尖端从动件盘形凸轮机构

已知凸轮以等角速度 ω 逆时针回转，凸轮的基圆半径为 r_0，尖端从动件偏于凸轮转动轴心 O 的右边，偏心距为 e，要求实现的运动规律为 $s = s(\varphi)$。试设计凸轮轮廓线。

建立直角坐标系 Oxy，如图 6-17 所示，点 B_0 为凸轮轮廓上推程起始点。当凸轮转过 φ 角时，直动尖端从动件将自点 B_0 外移 $s = s(\varphi)$ 至点 $B'(x', y')$。根据反转法原理，将点 B' 绕原点（凸轮轴心）O 沿凸轮转动的相反方向转过 φ 角，即得直动从动件尖端的对应点 $B(x, y)$，它也是凸轮轮廓上的一点，这相当于矢量 $\boldsymbol{OB'}$ 沿顺时针转 φ 角到达 $\boldsymbol{OB}$ 位置。根据绕坐标原点转动的构件上点运动前后的坐标关系，可得凸轮轮廓坐标为

$$\begin{bmatrix} x \\ y \end{bmatrix} = \boldsymbol{R}_\varphi \begin{bmatrix} x' \\ y' \end{bmatrix}$$

式中：旋转矩阵 $\boldsymbol{R}_\varphi = \begin{bmatrix} \cos\varphi & \sin\varphi \\ -\sin\varphi & \cos\varphi \end{bmatrix}$；点 B' 的坐标 (x', y') 可由图 6-17 得出，$\begin{bmatrix} x' \\ y' \end{bmatrix} = \begin{bmatrix} e \\ s_0 + s \end{bmatrix}$，故有

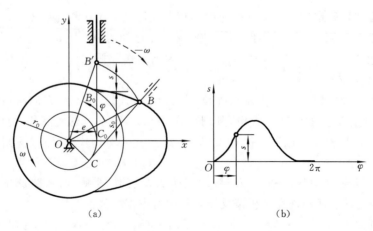

(a)　　　　　　　　　　　　(b)

图 6-17　解析法设计直动尖端从动件凸轮轮廓

$$\begin{bmatrix} x \\ y \end{bmatrix} = \begin{bmatrix} \cos\varphi & \sin\varphi \\ -\sin\varphi & \cos\varphi \end{bmatrix} \begin{bmatrix} e \\ s_0 + s \end{bmatrix}$$

即

$$\left. \begin{array}{l} x = (s_0 + s)\sin\varphi + e\cos\varphi \\ y = (s_0 + s)\cos\varphi - e\sin\varphi \end{array} \right\} \qquad (0 \leqslant \varphi \leqslant 2\pi) \qquad (6\text{-}1)$$

式中

$$s_0 = \sqrt{r_0^2 - e^2}$$

式(6-1)即为直动尖端从动件盘形凸轮机构凸轮的轮廓方程。

2. 摆动尖端从动件盘形凸轮机构

图 6-18 所示为一摆动尖端从动件盘形凸轮机构。已知凸轮以等角速度 ω 逆时针回转，凸轮的基圆半径为 r_0，凸轮中心 O 与从动件摆动中心 A 的距离 $l_{OA} = a$；摆动从动件长度为 l，从动件运动规律为 $\psi = \psi(\varphi)$。要求设计凸轮轮廓曲线。

建立直角坐标系 Oxy，如图 6-18 所示，点 B_0 为凸轮轮廓上推程起始点。当凸轮转过

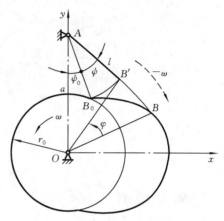

图 6-18　解析法设计摆动尖端从动件凸轮轮廓

φ 角时，摆动从动件尖端将自点 B_0 被凸轮外摆角度 $\psi = \psi(\varphi)$ 至点 $B'(x', y')$。根据反转法原理，将点 B' 沿凸轮转动的相反方向绕原点（凸轮轴心）O 转过 φ 角，到达点 B 位置，即得摆动从动件尖端在反转运动中的对应点 $B(x, y)$，该点也应是凸轮轮廓上的一点，其坐标为

$$\begin{bmatrix} x \\ y \end{bmatrix} = \boldsymbol{R}_\varphi \begin{bmatrix} x' \\ y' \end{bmatrix}$$

根据图 6-18，点 B' 的坐标为

$$\begin{bmatrix} x' \\ y' \end{bmatrix} = \begin{bmatrix} l\sin(\psi_0 + \psi) \\ a - l\cos(\psi_0 + \psi) \end{bmatrix}$$

故有

$$\begin{bmatrix} x \\ y \end{bmatrix} = \begin{bmatrix} \cos\varphi & \sin\varphi \\ -\sin\varphi & \cos\varphi \end{bmatrix} \begin{bmatrix} l\sin(\psi_0 + \psi) \\ a - l\cos(\psi_0 + \psi) \end{bmatrix}$$

即

$$\left. \begin{array}{l} x = a\sin\varphi + l\sin(\psi_0 + \psi - \varphi) \\ y = a\cos\varphi - l\cos(\psi_0 + \psi - \varphi) \end{array} \right\} \qquad (0 \leqslant \varphi \leqslant 2\pi) \qquad (6\text{-}2)$$

式中：ψ_0 为摆动从动件的初位角，其值为 $\psi_0 = \arccos \dfrac{a^2 + l^2 - r_0^2}{2al}$。

式(6-2)即为摆动尖端从动件凸轮机构的凸轮轮廓曲线方程。

6.3.3.2　滚子从动件盘形凸轮机构

1. 直动滚子从动件盘形凸轮

1) 理论轮廓方程

如图 6-19 所示，在滚子从动件凸轮机构中，滚子与从动件铰接，且铰接时滚子中心恰好与前述尖端从动件的尖端重合，故滚子中心的运动规律即为尖端的运动规律。如果把滚子中心视为尖端从动件的尖端，按前述求得的尖端从动件盘形凸轮机构的凸轮轮廓，称为该滚子从动件盘形凸轮机构凸轮的理论轮廓。式(6-1)即为凸轮理论轮廓方程。

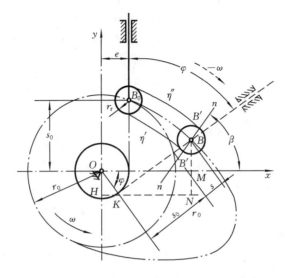

图 6-19　解析法设计直动滚子从动件凸轮轮廓

2）实际轮廓方程

以理论轮廓上各点为圆心，以滚子半径 r_r 为半径，作一系列的滚子圆，此圆簇的包络线即为滚子从动件盘形凸轮机构凸轮的实际轮廓。因此，实际轮廓与理论轮廓在法线方向上处处等距，该距离均等于滚子半径 r_r。所以，如果已知理论轮廓上任一点 B 的坐标 (x,y)，只要沿理论轮廓在该点的法线方向取距离为 r_r，即可得到实际轮廓上相应点的坐标值 (X,Y)。

由高等数学可知，曲线上任一点的法线斜率与该点的切线斜率互为负倒数，故理论轮廓上点 B 处的法线 $n\text{-}n$ 的斜率为

$$\tan\beta = \frac{\mathrm{d}x}{-\mathrm{d}y} = \frac{\mathrm{d}x/\mathrm{d}\varphi}{-\mathrm{d}y/\mathrm{d}\varphi} \tag{6-3}$$

式中：$\mathrm{d}x/\mathrm{d}\varphi$、$\mathrm{d}y/\mathrm{d}\varphi$ 可由式(6-1)求得，分别为

$$\left.\begin{aligned}
\mathrm{d}x/\mathrm{d}\varphi &= (\mathrm{d}s/\mathrm{d}\varphi - e)\sin\varphi + (s_0 + s)\cos\varphi \\
\mathrm{d}y/\mathrm{d}\varphi &= (\mathrm{d}s/\mathrm{d}\varphi - e)\cos\varphi - (s_0 + s)\sin\varphi
\end{aligned}\right\}$$

由图可知，当 β 角求出后，实际轮廓上对应点的坐标可由式(6-4)求出：

$$\left.\begin{aligned}
X &= x \pm r_r\cos\beta = x \pm r_r\,\frac{\mathrm{d}y/\mathrm{d}\varphi}{\sqrt{\left(\dfrac{\mathrm{d}x}{\mathrm{d}\varphi}\right)^2 + \left(\dfrac{\mathrm{d}y}{\mathrm{d}\varphi}\right)^2}} \\
Y &= y \mp r_r\sin\beta = y \mp r_r\,\frac{\mathrm{d}x/\mathrm{d}\varphi}{\sqrt{\left(\dfrac{\mathrm{d}x}{\mathrm{d}\varphi}\right)^2 + \left(\dfrac{\mathrm{d}y}{\mathrm{d}\varphi}\right)^2}}
\end{aligned}\right\} \quad (0 \leqslant \varphi \leqslant 2\pi) \tag{6-4}$$

此即凸轮实际轮廓方程。式中，上面一组加减号用于求解滚子圆的外包络曲线 η'，下面一组加减号用于求解滚子圆的内包络曲线 η''。

3）刀具中心轨迹方程

当在数控铣床上铣削或在磨床上磨削凸轮时，通常需要给出刀具中心的运动轨迹方程式。如果刀具（铣刀或砂轮）的半径 r_c 与滚子半径 r_r 相同，则凸轮的理论轮廓方程即为刀具中心运动轨迹方程；如果 r_c 不等于 r_r（见图 6-20），由于刀具的外圆总与凸轮的实际轮

廓相切,因而刀具中心运动轨迹应是凸轮实际轮廓的等距曲线,这样,只要把式(6-4)中的 r_r 换成(r_r-r_c)即可得到刀具中心运动轨迹方程,加工时,刀具中心沿此轨迹运动即可加工出所要求的凸轮实际轮廓曲线。

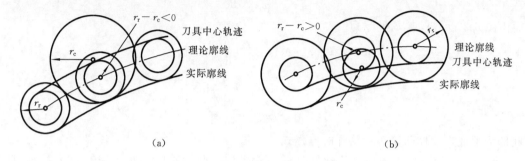

图 6-20   刀具中心轨迹

2. 摆动滚子从动件盘形凸轮

图 6-21 所示为一摆动滚子从动件盘形凸轮机构。

(1)理论轮廓方程。式(6-2)为理论轮廓方程。

(2)实际轮廓方程。仍用式(6-4)计算,只是其中的 x、y 值应用式(6-2)计算,$\mathrm{d}x/\mathrm{d}\varphi$、$\mathrm{d}y/\mathrm{d}\varphi$ 应用式(6-2)对 φ 求导后代入计算。

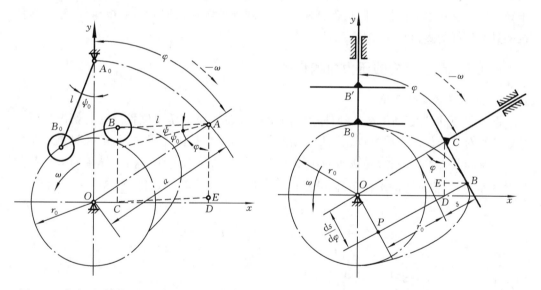

图 6-21   解析法设计摆动滚子从动件凸轮轮廓   图 6-22   解析法设计直动平底从动件凸轮轮廓

6.3.4   直动平底从动件盘形凸轮机构

图 6-22 所示为一直动平底从动件盘形凸轮机构。建立图示的直角坐标系 Oxy,点 B_0 位置为凸轮轮廓上推程起始位置。当凸轮转过 φ 角时,直动平底从动件将自点 B_0 位置外移 $s=s(\varphi)$ 至点 $B'(x',y')$ 位置。根据反转法原理,将处于 B' 位置的从动件绕原点(凸轮轴心)O 沿凸轮转动的相反方向转过 φ 角,即得直动平底从动件的对应位置 $B(x,y)$,其坐标可用如下方法求得。

由图 6-22 可知,点 P 为凸轮与从动件的相对瞬心,故从动件的移动速度为

$$v = v_P = \overline{OP}\omega$$

即

$$\overline{OP} = \frac{v}{\omega} = \frac{\mathrm{d}s}{\mathrm{d}\varphi}$$

而由图 6-22 可知,点 B 坐标为

$$\left.\begin{array}{l} x = (r_0 + s)\sin\varphi + \dfrac{\mathrm{d}s}{\mathrm{d}\varphi}\cos\varphi \\[2mm] y = (r_0 + s)\cos\varphi - \dfrac{\mathrm{d}s}{\mathrm{d}\varphi}\sin\varphi \end{array}\right\}$$

$$(0 \leqslant \varphi \leqslant 2\pi) \tag{6-5}$$

此即为平底从动件凸轮实际轮廓的方程式。

由式(6-5)可见,直动平底从动件盘形凸轮机构的凸轮轮廓形状与偏心距 e 无关,如无结构上的需要,不必采用偏置从动件。

6.4 凸轮机构基本尺寸的设计

如上所述,无论用图解法还是解析法,在设计凸轮轮廓前,除了要根据工作要求选定从动件的运动规律外,还需确定凸轮机构的一些基本参数,如基圆半径 r_0、偏心距 e、滚子半径 r_r 等。这些参数的选择除应保证从动件能准确地实现预期的运动规律外,还应当使机构具有较好的受力状况和紧凑的尺寸。

6.4.1 凸轮机构的压力角和自锁

1. 压力角及其许用值

图 6-23 所示为直动尖端从动件盘形凸轮机构在推程中任一位置的受力情况。图中 F 为凸轮对从动件的作用力;F_Q 为从动件所受的载荷(包括生产阻力、从动件自重以及弹簧压力等);F_{R1}、F_{R2} 分别为导轨两侧作用于从动件上的总反力;φ_1、φ_2 为摩擦角。选从动件 2 为示力体,根据力的平衡条件,分别由 $\sum F_x = 0$、$\sum F_y = 0$ 和 $\sum M_B = 0$ 可得

$$F\sin(\alpha + \varphi_1) - (F_{R1} - F_{R2})\cos\varphi_2 = 0$$

$$F\cos(\alpha + \varphi_1) - F_Q - (F_{R1} + F_{R2})\sin\varphi_2 = 0$$

$$F_{R2}\cos\varphi_2(l + b) - F_{R1}\cos\varphi_2 b = 0$$

由以上三式消去 F_{R1} 和 F_{R2},经整理后得

$$F = \frac{F_Q}{\cos(\alpha + \varphi_1) - (1 + 2b/l)\sin(\alpha + \varphi_1)\tan\varphi_2} \tag{6-6}$$

式中:α 为从动件在与凸轮的接触点 B 处所受正压力的方向(即凸轮轮廓在接触点的法线方向)与从动件上点 B 的速度方向之间所夹的锐角,称为凸轮机构在图示位置时的压力角。

压力角 α 是表征凸轮机构受力情况的一个重要参数。由式(6-6)可知,在其他条件相同的情况下,压力角 α 愈大,则分母愈小,因而凸轮机构中的作用力 F 将愈大;如果压力角 α 大到使式(6-6)中的分母为零时,则作用力 F 将增至无穷大,此时机构将发生自锁。机构发生自锁的压力角特称为临界压力角 α_C,其值为

$$\alpha_{\mathrm{C}} = \arctan[1/(1+2b/l)\tan\varphi_2] - \varphi_1 \qquad (6\text{-}7)$$

一般说来，凸轮轮廓上不同点处的压力角是不同的。为保证凸轮机构能正常运转，应使最大压力角 $\alpha_{\max}$ 小于临界压力角 α_{C}。由式(6-7)可以看出，增大导轨长度 l，减小悬臂尺寸 b，可以使临界压力角 α_{C} 的数值提高。

在工程实际中，为提高机构效率，改善其受力情况，通常规定凸轮机构的最大压力角 $\alpha_{\max}$ 应小于某一许用压力角 $[\alpha]$，即 $\alpha_{\max} \leqslant [\alpha]$；而 $[\alpha]$ 的值远小于临界压力角 α_{C}。

根据实践经验，推荐的许用压力角取值如下。

推程(工作行程)：直动从动件取 $[\alpha] = 30°$，摆动从动件取 $[\alpha] = 35° \sim 45°$。

回程(空回行程)：考虑到此时从动件靠其他外力(如弹簧力)推动返回，故通常不会自锁，许用压力角的取值范围可适当放宽。直动和摆动从动件推荐取 $[\alpha] = 70° \sim 80°$。

2. 压力角与机构尺寸的关系

设计凸轮机构时，除了应使机构具有良好的受力状况外，还希望机构结构紧凑。而凸轮尺寸的大小取决于凸轮基圆半径的大小，在实现相同运动规律的情况下，基圆半径愈大，凸轮的尺寸也愈大。因此，要获得轻便紧凑的凸轮机构，就应使基圆半径尽可能地小。

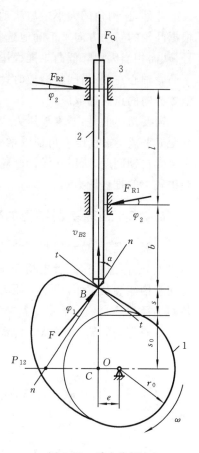

图 6-23　受力分析

但是，对某些类型的凸轮机构，在从动件的运动规律选定后，凸轮机构的压力角与其基圆半径的大小直接相关。下面以图 6-23 为例来说明这种关系。

由瞬心知识可知，点 P_{12} 即为从动件与凸轮的相对瞬心，故有 $\overline{OP_{12}} = \dfrac{v}{\omega} = \mathrm{d}s/\mathrm{d}\varphi$。于是由图 6-23 中 $\triangle BCP_{12}$ 可得

$$\tan\alpha = \frac{\overline{OP_{12}} - e}{s_0 + s} = \frac{(\mathrm{d}s/\mathrm{d}\varphi) - e}{\sqrt{r_0^2 - e^2} + s} \qquad (6\text{-}8\mathrm{a})$$

式(6-8a)是在凸轮沿顺时针(逆时针)方向转动、从动件偏于凸轮轴心左侧(右侧)的情况下，直动从动件盘形凸轮机构压力角的计算公式。当凸轮沿顺时针(逆时针)方向转动、从动件偏于凸轮轴心右侧(左侧)时，仿照上述推导过程可得压力角的计算公式为

$$\tan\alpha = \frac{\overline{OP_{12}} + e}{s_0 + s} = \frac{(\mathrm{d}s/\mathrm{d}\varphi) + e}{\sqrt{r_0^2 - e^2} + s} \qquad (6\text{-}8\mathrm{b})$$

综合以上两式，可以得出

$$\tan\alpha = \frac{\overline{OP_{12}} \mp e}{s_0 + s} = \frac{(\mathrm{d}s/\mathrm{d}\varphi) \mp e}{\sqrt{r_0^2 - e^2} + s} \qquad (6\text{-}8\mathrm{c})$$

由式(6-8c)不难看出，在其他条件不变的情况下，压力角 α 随凸轮基圆半径的增大而减小。当基圆半径 r_0 一定时，压力角 α 随从动件的位移 s 和速度 $\mathrm{d}s/\mathrm{d}\varphi$ 的变化而变化。

此外，压力角的大小还与从动件的偏置方向和偏心距 e 有关。当所有条件均相同时，根据凸轮的转动方向来正确地选择从动件的偏置方向，可以使分子中 e 的前面出现"－"号，从而相当大地降低凸轮推程压力角的值。即当凸轮沿顺时针方向转动时，从动件应偏于凸轮轴心左侧；当凸轮沿逆时针方向转动时，从动件应偏于凸轮轴心右侧。此即从动件偏置方向的正确选取原则。

需要指出的是：若推程压力角减小，则回程压力角将增大，即采用偏置方式和增大偏心距 e 来减小推程压力角是以增大回程压力角为代价的。但是，由于回程时通常受力较小且无自锁问题，所以在设计凸轮机构时，通常的做法是选取从动件适当的偏置方向，以获得较小的推程压力角。

6.4.2　凸轮基圆半径的确定

一般情况下，总希望所设计的凸轮机构既有较好的受力状况又有较紧凑的尺寸。但由以上分析可知，这两者是相互制约的。因此，设计凸轮机构时，应兼顾两者，统筹考虑。为使机构能顺利工作，规定了压力角的许用值 $[\alpha]$；在 $\alpha_{\max} \leqslant [\alpha]$ 的前提下，选取尽可能小的基圆半径。

对于直动尖端、滚子从动件盘形凸轮，可根据式（6-8c）求出凸轮的基圆半径 r_0。

$$r_0 = \sqrt{\left(\frac{\mathrm{d}s/\mathrm{d}\varphi \mp e}{\tan\alpha} - s\right)^2 + e^2} \tag{6-9}$$

当 $\alpha = [\alpha]$ 时，选取有利于减小推程压力角的偏心距 e，可求出最小的基圆半径 $r_{0\min}$。

$$r_{0\min} = \sqrt{\left(\frac{\mathrm{d}s/\mathrm{d}\varphi - e}{\tan[\alpha]} - s\right)^2 + e^2} \tag{6-10}$$

对于直动平底从动件盘形凸轮，其压力角恒为常数。因此，平底从动件盘形凸轮的基圆半径不能按压力角确定，而应按从动件运动不"失真"，即凸轮轮廓全部外凸的条件确定。也就是说，凸轮轮廓各处的曲率半径 $\rho > 0$。由高等数学知识可知，曲率半径的计算公式为

$$\rho = \frac{(1 + y'^2)^{\frac{3}{2}}}{y''}$$

整理可得

$$\rho = \frac{\left[\left(\dfrac{\mathrm{d}x}{\mathrm{d}\varphi}\right)^2 + \left(\dfrac{\mathrm{d}y}{\mathrm{d}\varphi}\right)^2\right]^{\frac{3}{2}}}{\dfrac{\mathrm{d}x}{\mathrm{d}\varphi}\dfrac{\mathrm{d}^2 y}{\mathrm{d}\varphi^2} - \dfrac{\mathrm{d}y}{\mathrm{d}\varphi}\dfrac{\mathrm{d}^2 x}{\mathrm{d}\varphi^2}} \tag{6-11}$$

令 $\rho > 0$，代入式（6-5）可求得

$$r_0 > \rho - s - \frac{\mathrm{d}^2 s}{\mathrm{d}\varphi^2} \tag{6-12}$$

6.4.3　滚子半径的选择

1. 凸轮理论轮廓的内凹部分

如图 6-24(a)所示，实际轮廓曲率半径 ρ_a、理论轮廓曲率半径 ρ 与滚子半径 r_r 三者之间的关系为

$$\rho_a = \rho + r_r$$

这时实际轮廓曲率半径恒大于理论轮廓曲率半径,即 $\rho_a > \rho$。这样,当理论轮廓作出后,不论选择多大的滚子,都能作出实际轮廓。

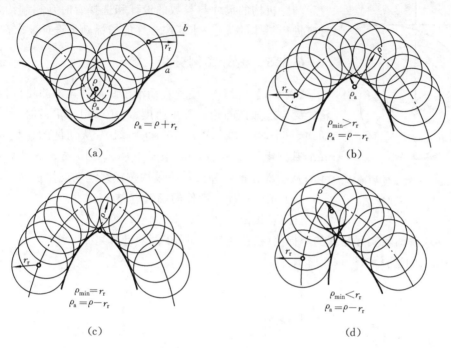

图 6-24　滚子半径的选择

2. 凸轮理论轮廓的外凸部分

如图 6-24(b)所示,实际轮廓曲率半径 ρ_a、理论轮廓曲率半径 ρ 与滚子半径 r_r 三者之间的关系为

$$\rho_a = \rho - r_r$$

(1) 当 $\rho_{min} > r_r$ 时,$\rho_{amin} > 0$(图 6-24(b)),这时可作出凸轮的实际轮廓;

(2) 当 $\rho_{min} = r_r$ 时,$\rho_{amin} = 0$(图 6-24(c)),这时凸轮实际轮廓将出现尖点,由于尖点处极易磨损,故不能付之实用;

(3) 当 $\rho_{min} < r_r$ 时,$\rho_{amin} < 0$(图 6-24(d)),这时凸轮实际轮廓将出现交叉;当进行加工时,交点以外的部分将被刀具切去,使凸轮实际轮廓产生过度切割,致使从动件不能准确地实现预期的运动规律,这种现象称为运动失真。

综上所述,滚子半径 r_r 不宜过大。但因滚子装在销轴上,故也不宜过小。一般推荐:

$$r_r < \rho_{min} - (3 \sim 5)\text{mm} \tag{6-13}$$

式中:ρ_{min} 为凸轮理论轮廓外凸部分的最小曲率半径。

6.4.4　平底宽度的确定

在设计平底从动件盘形凸轮机构时,为了保证机构在运转过程中,从动件的平底与凸轮轮廓始终保持接触,还必须确定平底的宽度。

由图 6-25 可知,平底宽度 l 为

$$l = 2\overline{OP}_{\max} + \Delta l = 2\left(\frac{\mathrm{d}s}{\mathrm{d}\varphi}\right)_{\max} + \Delta l \qquad (6\text{-}14)$$

附加宽度 Δl 由具体的结构而定，一般取 $\Delta l = 5\sim 7$ mm。

凸轮机构的尺寸与参数的设计和选择有时互相制约，设计时应进行整体的优化，使其综合性能指标满足设计要求。

6.4.5 设计实例分析

【例 6-1】 设计一偏置直动滚子从动件盘形凸轮机构的凸轮轮廓。已知该凸轮以等角速度 $\omega = 10$ rad/s 沿逆时针方向转动；$\Phi = 60^\circ$，$\Phi_s = 30^\circ$，$\Phi' = 60^\circ$，$\Phi_s' = 210^\circ$；从动件的行程 $h = 30$ mm，基圆半径 $r_0 = 60$ mm，滚子半径 $r_r = 10$ mm，偏心距 $e = 20$ mm；从动件在推程和回程阶段均按摆线运动规律运动。试：

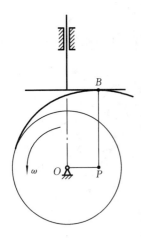

图 6-25 平底宽度的确定

(1) 正确选择从动件的偏置方向；

(2) 求解凸轮理论轮廓的坐标值（按凸轮转角的 10° 间隔计算）；

(3) 求解凸轮实际轮廓的坐标值（按凸轮转角的 10° 间隔计算）。

坐标系的选择如图 6-26 所示。

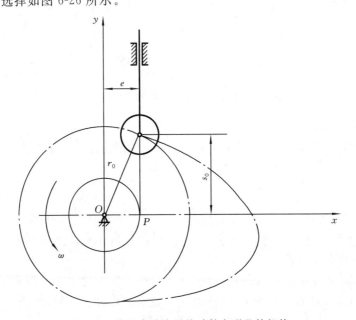

图 6-26 偏置直动滚子从动件盘形凸轮机构

解 具体的解题步骤如下。

(1) 由式 (6-8c) 可知，为减小推程压力角，凸轮沿逆时针方向转动时，从动件应偏于凸轮轴心的右侧，即采用右偏置。所以

$$\tan\alpha = \frac{(\mathrm{d}s/\mathrm{d}\varphi) - e}{\sqrt{r_0^2 - e^2} + s}$$

(2) 由式 (6-1) 可知，该凸轮的理论轮廓曲线方程为

$$\left.\begin{array}{l} x = (s_0 + s)\sin\varphi + e\cos\varphi \\ y = (s_0 + s)\cos\varphi - e\sin\varphi \end{array}\right\}$$

$$s_0 = \sqrt{r_0^2 - e^2}$$

在推程阶段 $\qquad (\varphi \in [0°, \Phi]) \quad s = \dfrac{h}{\Phi}\varphi - \dfrac{h}{2\pi}\sin\left(\dfrac{2\pi}{\Phi}\varphi\right)$

在远休止期 $\qquad\qquad (60° \sim 90°) \quad s = 30 \text{ mm}$

在回程阶段 $\qquad (\varphi \in [0°, \Phi']) \quad s = h - \dfrac{h}{\Phi'}\varphi + \dfrac{h}{2\pi}\sin\left(\dfrac{2\pi}{\Phi'}\varphi\right)$

在近休止期 $\qquad\qquad (150° \sim 360°) \quad s = 0$

（3）由式（6-4）可知，该凸轮的实际轮廓曲线方程为

$$\left.\begin{aligned} X &= x + r_r \dfrac{\mathrm{d}y/\mathrm{d}\varphi}{\sqrt{\left(\dfrac{\mathrm{d}x}{\mathrm{d}\varphi}\right)^2 + \left(\dfrac{\mathrm{d}y}{\mathrm{d}\varphi}\right)^2}} \\ Y &= y - r_r \dfrac{\mathrm{d}x/\mathrm{d}\varphi}{\sqrt{\left(\dfrac{\mathrm{d}x}{\mathrm{d}\varphi}\right)^2 + \left(\dfrac{\mathrm{d}y}{\mathrm{d}\varphi}\right)^2}} \end{aligned}\right\}$$

$$\mathrm{d}x/\mathrm{d}\varphi = (\mathrm{d}s/\mathrm{d}\varphi - e)\sin\varphi + (s_0 + s)\cos\varphi$$

$$\mathrm{d}y/\mathrm{d}\varphi = (\mathrm{d}s/\mathrm{d}\varphi - e)\cos\varphi - (s_0 + s)\sin\varphi$$

$$(\varphi \in [0°, 60°]) \quad \dfrac{\mathrm{d}s}{\mathrm{d}\varphi} = \dfrac{h}{\Phi} - \dfrac{h}{\Phi}\cos\left(\dfrac{2\pi}{\Phi}\varphi\right)$$

$$(\varphi \in [60°, 90°]) \quad \dfrac{\mathrm{d}s}{\mathrm{d}\varphi} = 0$$

$$(\varphi \in [90°, 150°]) \quad \dfrac{\mathrm{d}s}{\mathrm{d}\varphi} = \dfrac{h}{\Phi'} + \dfrac{h}{\Phi'}\cos\left(\dfrac{2\pi}{\Phi'}\varphi\right)$$

$$(\varphi \in [150°, 360°]) \quad \dfrac{\mathrm{d}s}{\mathrm{d}\varphi} = 0$$

代入已知参数和尺寸，运算结果如表 6-3 所示。

表 6-3 凸轮轮廓的坐标值

凸轮转角 φ	理论廓线坐标 x	理论廓线坐标 y	实际廓线坐标 X	实际廓线坐标 Y
0°	20.000	56.569	16.667	47.141
10°	29.669	53.088	26.973	43.459
20°	40.148	51.828	40.182	41.828
30°	53.105	51.980	52.673	41.990
40°	67.196	48.967	63.111	39.839
50°	78.508	39.769	70.440	33.861
60°	84.971	25.964	75.407	23.042
70°	88.188	10.814	78.263	9.597
80°	88.726	−4.664	78.741	−4.139
90°	86.569	−20.000	76.825	−17.749
100°	80.929	−34.578	72.432	−29.305
110°	68.997	−46.396	63.692	−37.919
120°	51.980	−53.105	49.765	−43.353
130°	34.971	−55.452	34.143	−45.487
140°	21.597	−56.852	20.009	−46.979

凸轮转角 φ	理论廓线坐标 x	理论廓线坐标 y	实际廓线坐标 X	实际廓线坐标 Y
150°	10.964	−58.990	9.137	−49.158
160°	0.554	−59.997	0.462	−49.998
170°	−9.873	−59.182	−8.227	−49.318
180°	−20.000	−56.569	−16.667	−47.141
190°	−29.519	−52.236	−24.599	−43.530
200°	−38.141	−46.317	−31.784	−38.597
210°	−45.605	−38.990	−38.004	−32.491
220°	−51.683	−30.478	−43.069	−25.399
230°	−56.190	−21.041	−46.825	−17.534
240°	−58.990	−10.964	−49.158	−9.137
250°	−58.997	−0.554	−49.998	−0.462
260°	−56.569	9.873	−49.318	8.227
270°	−56.569	20.000	−47.141	16.667
280°	−52.236	29.519	−43.530	24.599
290°	−46.317	38.141	−38.597	31.784
300°	−38.990	45.605	−32.492	38.004
310°	−30.478	51.682	−25.399	43.069
320°	−21.041	56.190	−17.534	46.825
330°	−10.964	58.990	−9.137	49.158
340°	−0.554	59.997	−0.462	49.998
350°	9.873	59.182	8.227	49.318
360°	20.000	56.569	16.667	47.141

根据上述数据绘出的凸轮轮廓曲线如图 6-27 所示。

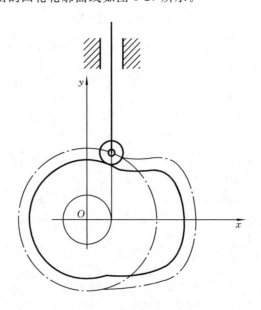

图 6-27　凸轮轮廓曲线

思考题与习题

6-1　凸轮机构由哪几个基本构件组成？举出生产实际中应用凸轮机构的几个实例，通过实例说明凸轮机构的特点。

6-2　什么是推程运动角、回程运动角、近休止角、远休止角？它们的度量起始位置分别在哪里？

6-3　何谓从动件的运动规律？常用的从动件运动规律有哪几种？各有何优缺点？适用于何种场合？

6-4　何谓刚性冲击和柔性冲击？哪些运动规律有刚性冲击？哪些运动规律有柔性冲击？哪些运动规律没有冲击？

6-5　图解法和解析法各有何特点？

6-6　何谓凸轮机构的压力角、基圆半径？应如何选择它们的数值？这对凸轮机构的运动特性、动力特性有何影响？

6-7　何谓运动失真？为何会产生运动失真？它对凸轮机构的工作有何影响？应如何避免？

6-8　何谓从动件的偏心距？它的正负如何确定？它对压力角有何影响？

6-9　在题 6-9 图所示的运动规律线图中，各段运动规律未表示完全，请根据给定部分补足其余部分（位移线图要求准确画出，速度和加速度线图可用示意图表示）。

6-10　在题 6-10 图所示的对心直动滚子从动件盘形凸轮机构中，已知凸轮为一偏心圆盘。试用图解法：

（1）作出凸轮的理论廓线；（2）作出凸轮的基圆；（3）标出图示位置的压力角 α；（4）标出从动件在图示位置时的位移 s；（5）标出升程 h。

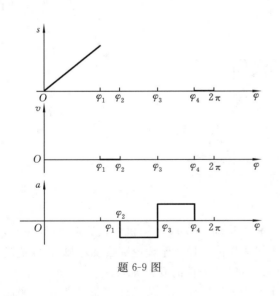

题 6-9 图

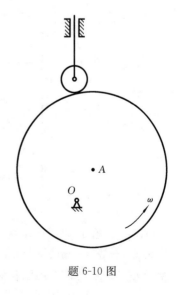

题 6-10 图

6-11　若将题 6-10 中对心直动滚子从动件盘形凸轮机构改为偏置直动滚子从动件盘形凸轮机构，从动件偏于凸轮转轴轴心点 O 的右侧，且从动件的运动轨迹线正好通过偏心盘的圆心点 A，试用图解法：(1)判断凸轮的正确转动方向；(2)作出凸轮的理论廓线；(3)作出凸轮的基圆；(4)标出图示位置时，从动件的位移 s 和机构的压力角 α；(5)标出升程 h；(6)凸轮由图示位置转过 90°后，标出从动件的位移 s' 和机构的压力角 α'；(7)标出凸轮的推程运动角 Φ 和回程运动角 Φ'。

6-12　按题 6-12 图中所示位移曲线，设计直动尖端从动件盘形凸轮机构的凸轮轮廓。分析最大压力角在何处（提示：从压力角公式来分析）。

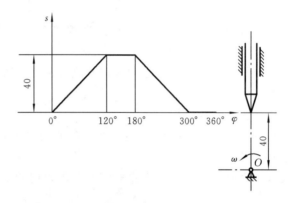

题 6-12 图

6-13　若运动规律仍与题 6-12 相同，将凸轮回转中心偏于从动件尖端轨迹线左侧 20 mm，试设计此尖端直动从动件盘形凸轮轮廓，并与题 6-12 对比，说明偏置对从动件压力角的影响。

6-14　如题 6-14 图所示，试设计一偏置直动滚子从动件盘形凸轮机构。已知凸轮顺时针转动，从动件升程 $h=32$ mm，其位移曲线 s-φ 如图所示，凸轮回转中心偏于从动件滚子中心轨迹线的右侧，偏心距 $e=10$ mm，凸轮的基圆半径 $r_0=25$ mm，滚子半径 $r_r=10$ mm。

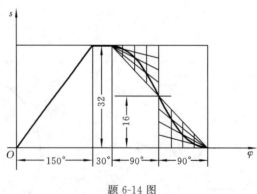

题 6-14 图

6-15　如题 6-15 图所示为一偏置直动滚子从动件盘形凸轮机构，已知 $r=28$ mm，$L=16.5$ mm，$e=7$ mm，$r_r=6$ mm。试用图解法作出：(1)凸轮理论廓线及基圆，并确定基圆半径 r_0；(2)从动件在图示位置的上升位移 s；(3)从动件的升程 h。

6-16　如题 6-16 图所示，设凸轮基圆半径为 $r_0=50$ mm。从动件运动规律如下：当凸轮转过 120°时,从动件以余弦加速度规律上升 15 mm;凸轮继续转过 60°时,从动件停歇不动;凸轮再继续转过 120°时,从动件以余弦加速度规律下降,复位;凸轮转过其余 60°时,从动件在最低位置停歇不动。试设计此平底直动从动件盘形凸轮机构。

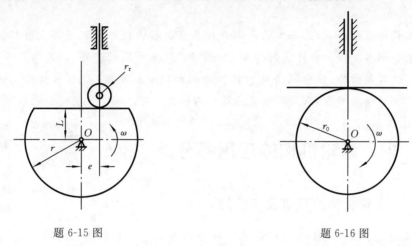

题 6-15 图　　　　　　　　　　题 6-16 图

第7章 齿轮机构及其设计

齿轮机构的类型很多,最基本的是渐开线直齿圆柱齿轮机构。了解直齿圆柱齿轮机构的齿廓啮合基本定律和渐开线的特性;掌握渐开线直齿圆柱齿轮、斜齿圆柱齿轮、人字齿齿轮、齿条、螺旋齿轮、蜗杆蜗轮及圆锥齿轮机构的形成原理、基本参数及几何尺寸计算、啮合原理、根切与变位;采用对照直齿圆柱齿轮机构的方法学习其他齿轮机构。

7.1 齿轮机构的应用和分类

教学视频　　重难点与
　　　　　　知识拓展

7.1.1 齿轮机构的特点及其应用

齿轮机构是工程上应用非常广泛的一种传动机构。它由主动齿轮、从动齿轮和机架等构件所组成,用于传递空间任意两轴之间的运动和动力。与其他传动机构相比,其主要优点是可实现任意两轴之间的运动和动力的传递,瞬时传动比恒定,适用的圆周速度和传递功率范围广,工作可靠,效率高,寿命长,结构紧凑等;其主要缺点是制造、安装精度要求高,制造时需要专用设备,成本高,不宜在两轴中心距很大的场合下使用等。

随着加工技术的进步,齿轮机构的性能越来越好,适用范围也越来越广。目前,齿轮机构适用的最高转速达 10 000 r/min,最大圆周速度达 300 m/s,最大传递功率达 6×10^5 kW,最大直径可达 26 m。

7.1.2 齿轮机构的分类及其特点

工程上,齿轮传动的类型很多,可按不同的条件进行分类。根据两齿轮轴线的相对位置、齿向和啮合的特点,齿轮传动可分类如下:

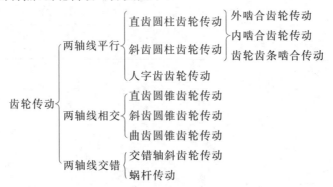

在以上各种齿轮传动中,圆柱齿轮传动应用最广泛。常用的齿轮机构类型及特点见表 7-1。

演示动画

表 7-1　常用的齿轮机构类型及特点

分类	名称	图例及特点	名称	图例及特点
平行轴齿轮机构	外啮合直齿圆柱齿轮机构	两轮轴线平行,轮齿分布在圆柱体外部且与其轴线平行,相互啮合的两轮转向相反,无轴向力,适宜低速 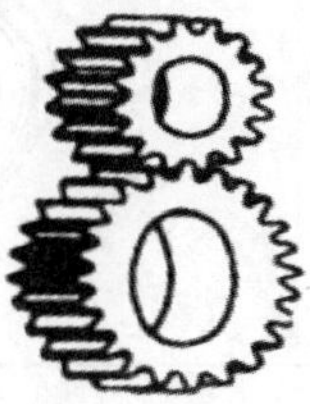	外啮合斜齿圆柱齿轮机构	轮齿分布在圆柱体外部且与其轴线成一定角度,两轴平行,相互啮合的两轮转向相反,轴向力大,承载能力强,工作平稳,适宜高速 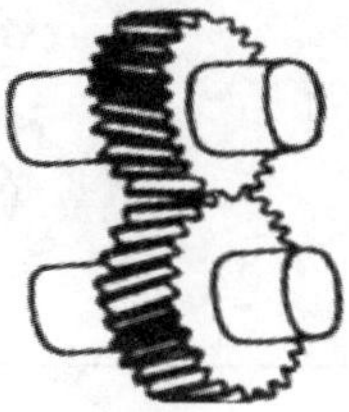
	外啮合人字齿齿轮机构	两轮轴线平行,转向相反,轴向力相互抵消,承载能力强,适宜重载 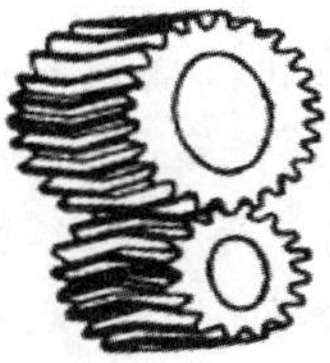	齿轮齿条机构	齿条相当于直径无穷大的齿轮,可实现将旋转运动变为直线运动 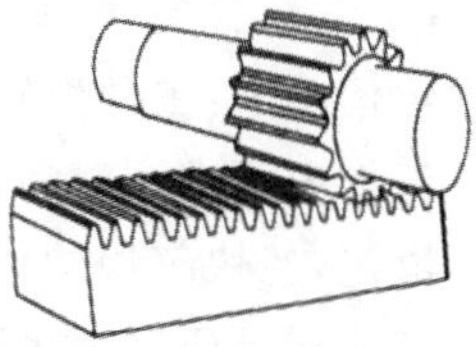
	内啮合直齿圆柱齿轮机构	两轮轴线平行,转向相同,结构紧凑,效率高 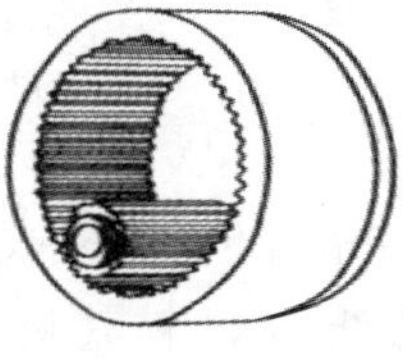	内啮合斜齿圆柱齿轮机构	两轮轴线平行,转向相同,结构紧凑,工作平稳,适宜高速,有轴向力 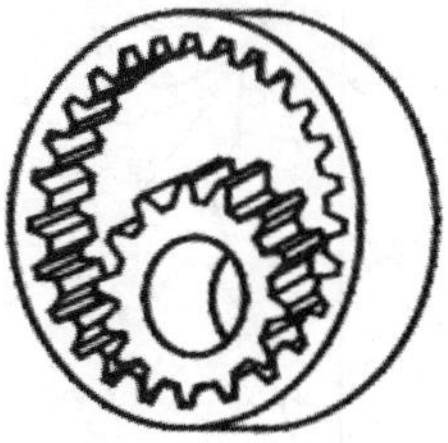
相交轴齿轮机构	直齿圆锥齿轮机构	两轴相交,常用轴交角为 90°,轮齿沿圆锥母线排列,加工制造简单,适宜低速 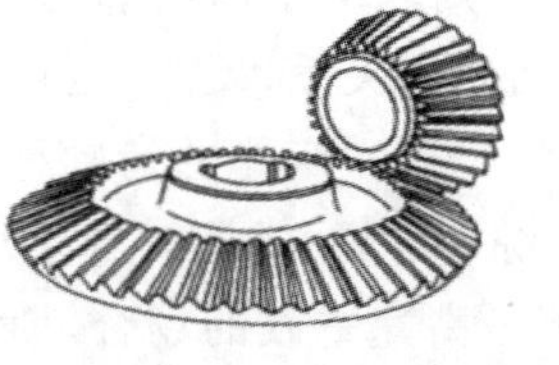	曲齿圆锥齿轮机构	轮齿为曲线,有圆弧齿、螺旋齿等,传动平稳,适宜高速重载,制造成本高 

续表

分类	名称	图例及特点	名称	图例及特点
交错轴齿轮机构	交错轴斜齿轮机构	两齿轮螺旋角不等,可实现空间任意轴间交错传动,两轮齿为点接触,相对滑动速度大,适宜低速轻载	蜗杆机构	常用于两轴交错角为 90° 的传动,传动比大,传动平稳,自锁性好,效率较低

7.2 渐开线齿轮的齿廓与啮合特性

7.2.1 齿廓啮合基本定律

在齿轮传动中,主动齿轮的角速度 ω_1 与从动齿轮的角速度 ω_2 之比 $i_{12}=\omega_1/\omega_2$,称为传动比。工作中要求一对啮合齿轮的瞬时传动比必须恒定不变,以保证传动平稳。如果传动比不恒定,忽快忽慢的传动将会引起机器的振动并产生噪声,影响机器的寿命。齿廓啮合基本定律就是研究满足瞬时传动比保持不变的条件。

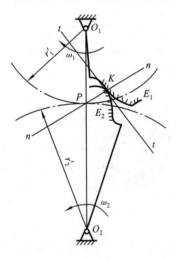

图 7-1 齿廓啮合基本定律

图 7-1 表示一对啮合齿轮的轮齿 E_1、E_2 在点 K 处接触,主、从动轮分别以 ω_1、ω_2 转动。过点 K 作两齿廓的公切线 t-t 和公法线 n-n,公法线 n-n 与连心线 O_1O_2 的交点为 P。由第 3 章的瞬心概念可知,点 P 即为两齿轮的相对瞬心,故两齿轮的瞬时传动比为

$$i_{12} = \frac{\omega_1}{\omega_2} = \frac{\overline{O_2P}}{\overline{O_1P}} \tag{7-1}$$

式(7-1)表明:相互啮合传动的一对齿轮,在任一位置时的传动比,都与其连心线 O_1O_2 被其啮合齿廓在接触点处的公法线所分成的两段长度成反比。这一规律,称为齿廓啮合基本定律。根据这一定律可知:两齿轮的齿廓在不同位置啮合时,过其接触点的公法线与两齿轮连心线交点的位置不同,则两齿轮的传动比也不同。而两齿廓在不同接触点处的公法线的方向如何,则取决于两齿廓的形状。所以,根据齿廓啮合基本定律,可以求得齿廓曲线与齿轮传动比的关系;反之,也可以按照给定的传动比,利用齿廓啮合基本定律来确定齿廓曲线。满足这一定律的齿廓称为共轭齿廓。理论上共轭齿廓很多,但从设计、制造和强度等方面综合考虑,常用的有渐开线、摆线和圆弧线齿廓,其中渐开线齿廓应用最广,圆弧线齿廓用于高速重载的场合,而摆线齿廓多用于各种仪表中。

由式(7-1)可知,要保证齿轮瞬时传动比不变,则要求 $\dfrac{\overline{O_2P}}{\overline{O_1P}}$ 为定值。而由于在两齿轮的传动过程中,其轴心 O_1、O_2 均为定点,所以,欲使 $\dfrac{\overline{O_2P}}{\overline{O_1P}}$ 为常数,则必须使点 P 在连心线上为一定点。由此可得出结论:要使两齿轮做定传动比传动,则两轮齿廓必须满足的条件是,不论两轮齿廓在何位置接触,过接触点所作的两齿廓公法线必须与两齿轮的连心线相交于一定点。

由于两轮做定传动比传动时,点 P 为连心线上的一个定点,故点 P 在轮 1 的运动平面(与轮 1 相固连的平面)上的轨迹是一以 O_1 为圆心、$\overline{O_1P}$ 为半径的圆,同理,点 P 在轮 2 运动平面上的轨迹是一以 O_2 为圆心、$\overline{O_2P}$ 为半径的圆。这两个圆分别称为轮 1 与轮 2 的节圆。而点 P 则称为节点。由上述可知,轮 1 与轮 2 的节圆相切于节点 P,且在节点 P 处两轮的线速度是相等的,即 $\omega_1\overline{O_1P} = \omega_2\overline{O_2P}$,所以啮合传动可以视为两轮的节圆做纯滚动。显然,单个齿轮不存在节点和节圆。

节圆的半径用 r' 表示,则 $r'_1 = \overline{O_1P}$,$r'_2 = \overline{O_2P}$。两齿轮连心线 O_1O_2 的长度称为中心距,用 a' 表示,则

$$a' = \overline{O_1O_2} = \overline{O_1P} + \overline{O_2P} = r'_1 + r'_2 \tag{7-2}$$

即一对啮合齿轮的中心距等于两轮的节圆半径之和。又由式(7-1)可得

$$i_{12} = \frac{\omega_1}{\omega_2} = \frac{\overline{O_2P}}{\overline{O_1P}} = \frac{r'_2}{r'_1} \tag{7-3}$$

即一对啮合齿轮的传动比等于两轮的节圆半径之反比。

同理,由式(7-1)可知,当要求两齿轮做变传动比传动时,则节点 P 就不再是连心线上的一个定点,而应是按传动比的变化规律在连心线上移动的。这时,点 P 在轮 1、轮 2 运动平面上的轨迹也就不再是圆,而是一条非圆曲线,称为节线。如图 7-2 所示的两个椭圆即为该对非圆齿轮的节线。

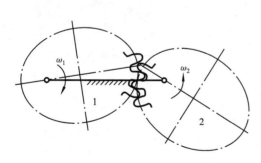

图 7-2　非圆齿轮的节线

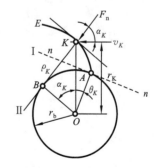

图 7-3　渐开线的形成

7.2.2　渐开线齿廓

1. 渐开线的形成

如图 7-3 所示,当一直线 n-n 沿一圆周做纯滚动时,直线 n-n 上任意点 K 的轨迹 AK,就是该圆的渐开线。这个圆称为渐开线的基圆,它的半径用 r_b 表示;直线 n-n 称为渐开线的发生线;渐开线在起始点 A 的向径 OA 与点 K 的

演示动画

向径 OK 间的夹角 θ_K 称为渐开线 AK 段的展角。

2. 渐开线的性质

由渐开线的形成过程，可以得到渐开线的下列特性。

（1）因发生线在基圆上做纯滚动，故发生线沿基圆滚过的一段长度 $\overline{BK}$ 应等于基圆上被滚过的一段弧长 $\overset{\frown}{AB}$，即 $\overline{BK}=\overset{\frown}{AB}$。

（2）因发生线 BK 沿基圆做纯滚动，故它与基圆的切点 B 即为其速度瞬心，所以发生线 BK 即为渐开线在点 K 的法线。又因发生线恒切于基圆，故可得出结论：渐开线上任意点的法线恒与其基圆相切。

（3）可以证明，发生线与基圆的切点 B 也是渐开线在点 K 处的曲率中心，而线段长度 $\overline{BK}$ 就是渐开线在点 K 处的曲率半径。又由图可见，渐开线愈接近于其基圆的部分，其曲率半径愈小。在基圆上其曲率半径为零。

（4）渐开线的形状取决于基圆的大小。在展角相同的条件下，基圆的大小不同，其渐开线的曲率也不同。图 7-4 中 C_1、C_2 表示从半径不同的两个基圆上展成的两条渐开线。在展角相同时，基圆半径小的，其渐开线的曲率半径就小；反之，其渐开线的曲率半径就大；当基圆半径为无穷大时，其渐开线变成一条直线。齿条的齿廓曲线就是这种特例的直线渐开线。

（5）基圆以内无渐开线。

（6）同一基圆上展开的任意两条渐开线（不论是同向或反向）间公法线长度处处相等（见图 7-5），即 $\overline{A_1B_1}=\overline{A_2B_2}=\overset{\frown}{AB}$。根据渐开线的性质（1）、（2），可以证明这条结论。

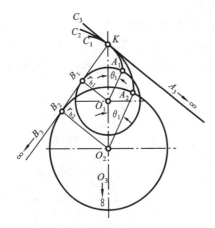
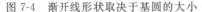
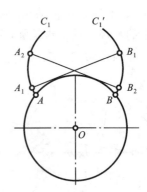

图 7-4　渐开线形状取决于基圆的大小　　　图 7-5　同一基圆上两渐开线间公法线长度

由图 7-3 可得渐开线的极坐标参数方程为（推导从略）

$$\left.\begin{array}{l} r_K = \dfrac{r_{\mathrm{b}}}{\cos\alpha_K} \\[2mm] \theta_K = \mathrm{inv}\,\alpha_K = \tan\alpha_K - \alpha_K \end{array}\right\} \tag{7-4}$$

式中：r_K 为渐开线点 K 的向径；α_K 为渐开线点 K 的压力角，即作用在渐开线点 K 的载荷 F_{n}（若忽略摩擦，此载荷沿渐开线点 K 的法线方向）与其作用点速度 v_K 方向所夹的锐角，如图 7-3 所示；θ_K 为渐开线 AK 段的展角（或极角），以弧度度量，它是 α_K 的函数，又称为 α_K 的渐开线函数，用 $\mathrm{inv}\,\alpha_K$ 表示。为使用方便，已将其制成函数表 7-2 待查。

表 7-2 渐开线函数表

α_K	次	0'	5'	10'	15'	20'	25'	30'	35'	40'	45'	50'	55'
11	0.00	23941	24495	25057	25628	26208	26797	27394	28001	28616	29241	29875	30518
12	0.00	31171	31832	32504	33185	33875	34575	35285	36005	36735	37474	38224	38984
13	0.00	39754	40534	41325	42126	42938	43760	44593	45437	46294	47157	48033	48921
14	0.00	49819	50729	51650	52582	53526	54482	55448	56427	57417	58420	59434	60460
15	0.00	61498	62548	63611	64686	65773	66873	67985	69110	70248	71398	72561	73738
16	0.0	07493	07613	07735	07857	07982	08107	08234	08362	08492	08623	08756	08889
17	0.0	09025	09161	09299	09439	09580	09722	09866	10012	10158	10307	10456	10608
18	0.0	10760	10915	11071	11228	11387	11547	11709	11873	12038	12205	12373	12543
19	0.0	12715	12888	13063	13240	13418	13598	13779	13963	14148	14334	14523	14713
20	0.0	14904	15098	15293	15490	15689	15890	16092	16296	16502	16710	16920	17132
21	0.0	17345	17560	17777	17996	18217	18440	18665	18891	19120	19350	19683	19817
22	0.0	20054	20292	20533	20775	21019	21266	21514	21765	22018	22272	22529	22788
23	0.0	23049	23312	23577	23845	24114	24386	24660	24936	25214	25495	25778	26062
24	0.0	26350	26639	26931	27225	27521	27820	28121	28424	28729	29037	29348	29660
25	0.0	29975	30293	30613	30935	31260	31587	31917	32249	32583	32920	33260	33602
26	0.0	33947	34294	34644	34997	35352	35709	36069	36432	36798	37166	37537	37910
27	0.0	38287	38666	39047	39432	39819	40209	40602	40997	41395	41797	42201	42607
28	0.0	43017	43430	43845	44264	44685	45110	45537	45967	46400	46837	47276	47718
29	0.0	48164	48612	49064	49518	49976	50437	50901	51368	51838	52312	52788	53268
30	0.0	53751	54238	54728	55221	55717	56217	56720	57226	57736	58249	58765	59285
31	0.0	59809	60335	60866	61400	61937	62478	63022	63570	64122	64577	65236	65798
32	0.0	66364	66934	67507	68084	69665	69250	69838	70430	71026	71626	72230	72838
33	0.0	73449	74064	74684	75307	75934	76565	77200	77839	78483	79130	79781	80437
34	0.0	81097	81760	82428	83101	83777	84457	85142	85832	86525	87223	87925	88631
35	0.0	89342	90058	90777	91502	92230	92963	93701	94443	95190	95942	96698	97459
36	0.0	09822	09899	09977	10055	10133	10212	10292	10371	10452	10533	10614	10696
37	0.0	10778	10861	10944	11028	11113	11197	11283	11369	11455	11542	11630	11718
38	0.0	11806	11895	11985	12075	12165	12257	12348	12441	12534	12627	12721	12815
39	0.0	12911	13006	13102	13199	13297	13395	13493	13592	13692	13792	13893	13995
40	0.0	14097	14200	14303	14407	14511	14616	14722	14829	14936	15043	15152	15261

3. 渐开线齿廓的啮合特性

1）能实现定传动比传动

如图 7-6 所示，两齿轮连心线为 O_1O_2，两轮基圆半径分别为 r_{b1}、r_{b2}，两轮的渐开线齿廓曲线 C_1、C_2 在任意点 K 啮合，过点 K 作两齿廓的公

演示动画

法线 N_1N_2。根据渐开线的特性知，该公法线 N_1N_2 必同时与两轮的基圆相切，即 N_1N_2 为两基圆的一条内公切线。由于两基圆为两定圆，在同一方向的内公切线只有一条，所以无论这对齿廓在什么位置啮合，例如在点 K' 处啮合，过啮合点 K' 所作两齿廓的公法线也必将与 N_1N_2 重合，即直线 N_1N_2 为一定线，所以得到 N_1N_2 与连心线的交点 P 必为一定点。这样就证明了两个以渐开线为齿廓曲线的齿轮，其传动比一定为常数，即

$$i_{12} = \frac{\omega_1}{\omega_2} = \frac{\overline{O_2P}}{\overline{O_1P}} = 常数 \qquad (7\text{-}5)$$

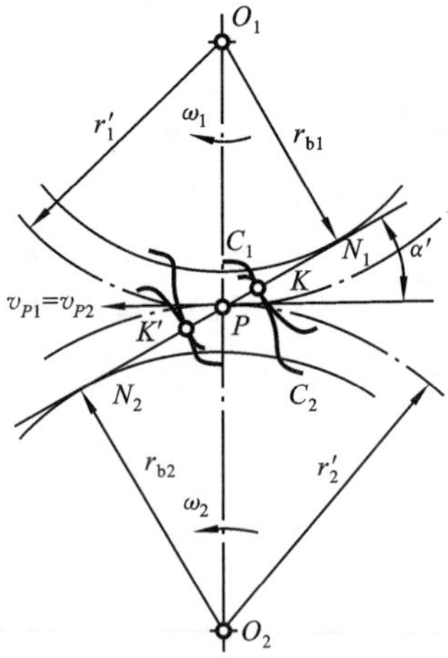

这一特性在工程实际中具有重要意义，可减少因传动比变化而引起的动载荷、振动和噪声，提高传动精度和齿轮的使用寿命。

图 7-6 渐开线齿廓的啮合

2）中心距的可分性

由图 7-6 可知，因 $\triangle O_1N_1P \backsim \triangle O_2N_2P$，故两轮的传动比可写成

$$i_{12} = \frac{\omega_1}{\omega_2} = \frac{\overline{O_2P}}{\overline{O_1P}} = \frac{r_{b2}}{r_{b1}} \qquad (7\text{-}6)$$

通常，一对渐开线齿轮制成后，基圆半径 r_{b1}、r_{b2} 为常数。当两齿轮的中心距稍有变化时，基圆半径 r_{b1}、r_{b2} 仍不变，根据式（7-6）可知，其传动比保持不变，这一性质称为渐开线齿轮的中心距可分性。由于渐开线齿轮存在此性质，因此当制造、安装误差或轴承磨损导致中心距有微小变化时，其传动比不会改变，从而保证了渐开线齿轮具有良好的传动性能。

3）渐开线齿廓之间的正压力方向不变

既然一对渐开线齿廓在任何位置啮合时，过接触点的公法线都是同一条直线 N_1N_2，这就说明一对渐开线齿廓从开始啮合到脱离接触，所有的啮合点均在直线 N_1N_2 上，即直线 N_1N_2 是两齿廓接触点的轨迹，故称它为渐开线齿轮传动的啮合线。啮合线为一定直线。

由于在齿轮传动中两啮合齿廓间的正压力是沿其接触点的公法线方向的，而对于渐开线齿廓啮合传动来说，该公法线与啮合线是同一直线 N_1N_2，故知渐开线齿轮在传动过程中，两啮合齿廓之间的正压力方向是始终不变的。这对于齿轮传动的平稳性是很有利的。

两节圆的公切线与啮合线间所夹的锐角称为啮合角，用 α' 表示。当两齿廓在节点啮合时，啮合角也就是节圆上的压力角。对于同一对齿轮传动，在整个啮合过程中，啮合角 α' 是随中心距而定的常数。

正是由于渐开线齿廓具有上述这些特点，且渐开线齿廓还有加工刀具简单、工艺成熟、互换性好等优点，渐开线齿轮才在机械工程中获得了特别广泛的应用。

7.3 渐开线标准直齿圆柱齿轮的基本参数和几何尺寸

7.3.1 齿轮各部分的名称和符号

渐开线齿轮的轮齿是由两段反向的渐开线组成的。为了进一步研究齿轮的传动原理和齿轮的设计问题,首先了解和掌握齿轮各部分的名称、符号。

图 7-7 所示为一标准直齿圆柱外齿轮的一部分,其各部分名称和符号如下。

1. 齿数、齿槽和齿宽

齿数:齿轮圆柱面上凸出的部分称为齿,它的总数称为齿数,用 z 表示。

齿槽:齿轮上相邻两齿之间的空间称为齿槽。

齿宽:轮齿沿齿轮轴线方向的宽度称为齿宽,用 B 表示。

2. 齿厚、齿槽宽和齿距

在任意圆周上所测量的轮齿的弧线厚度称为该圆上的齿厚,用 s_i 表示;相邻两齿间齿槽的弧线宽度,称为该圆上的齿槽宽,用 e_i 表示;该圆上相邻两齿同侧齿廓间的弧长,称为齿轮在这个圆上的齿距,用 p_i 表示。由图 7-7 可知,在同一圆周上,齿距等于齿厚和齿槽宽之和,即

$$p_i = s_i + e_i \tag{7-7}$$

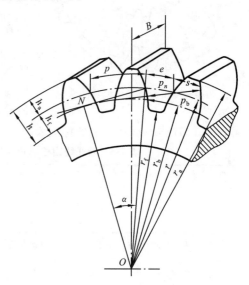

图 7-7 齿轮各部分的名称和符号

3. 齿顶圆、齿根圆和分度圆

齿顶圆:过齿轮所有齿顶端部所作的圆称为齿顶圆,其直径和半径分别用 d_a 和 r_a 表示。

齿根圆:过各齿槽根部所作的圆称为齿根圆,其直径和半径分别用 d_f 和 r_f 表示。

分度圆:为了便于计算齿轮几何尺寸,在齿轮上选择一个圆作为尺寸计算基准,称该圆为齿轮的分度圆,其直径和半径分别用 d 和 r 表示。

4. 齿顶高、齿根高和齿全高

轮齿被分度圆分为两部分:介于分度圆与齿顶圆之间的部分称为齿顶,其径向高度称为齿顶高,用 h_a 表示;介于分度圆与齿根圆之间的部分称为齿根,其径向高度称为齿根高,用 h_f 表示。齿顶高与齿根高之和称为齿全高,用 h 表示,显然

$$h = h_a + h_f \tag{7-8}$$

7.3.2 渐开线齿轮的基本参数

1. 齿数

如前所述,齿轮在整个圆周上轮齿的总数称为齿数,用 z 表示。

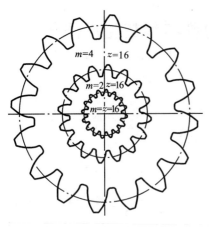

图 7-8　齿轮尺寸随模数的变化

2. 模数

由于分度圆的周长等于 pz，故分度圆的直径 d 为

$$d = z \frac{p}{\pi}$$

为了便于设计、计算、制造和检验，令

$$\frac{p}{\pi} = m \tag{7-9}$$

m 称为齿轮的模数，其单位为 mm。于是得

$$d = mz \tag{7-10}$$

模数 m 是决定齿轮尺寸的重要参数之一。相同齿数的齿轮，模数越大，其尺寸也越大（见图 7-8）。在设计齿轮时，若无特殊需要，应选用标准模数。表 7-3 为 GB/T 1357—2008 所规定的标准模数系列。

表 7-3　渐开线圆柱齿轮的标准模数系列表（GB/T 1357—2008）　　　　mm

第 一 系 列	1　1.25　1.5　2　2.5　3　4　5　6　8　10　12　16　20　25　32　40　50
第 二 系 列	1.125　1.375　1.75　2.25　2.75　3.5　4.5　5.5(6.5)　7　9 (11)14　18　22　28　36　45

注：选用模数时，应优先采用第一系列，其次是第二系列，括号内的模数尽可能不用；对于斜齿轮是指法面模数。

3. 压力角

由式(7-4)可知，同一渐开线齿廓上各点的压力角不同。通常所说的齿轮压力角是指分度圆上的压力角，以 α 表示。根据式(7-4)有

$$\alpha = \arccos(r_b/r)$$

或

$$r_b = r\cos\alpha = mz\cos\alpha/2 \tag{7-11}$$

为了便于工程中齿轮的设计、制造和互换使用，国家标准 GB/T 1356—2001 中规定，分度圆压力角为标准值，$\alpha=20°$。在一些特殊场合，α 也允许采用其他的值。

模数、齿数不变的齿轮，若分度圆压力角不同，其基圆的大小也不同，因而齿轮齿廓渐开线的形状也不同。因此，压力角是决定渐开线齿廓形状的重要参数。

在模数、压力角规定了标准值后，可以给分度圆一个确切的定义：分度圆就是齿轮上具有标准模数和标准压力角的圆。

4. 齿顶高系数

齿轮的齿顶高 h_a 是用模数的倍数表示的。标准齿顶高为

$$h_a = h_a^* m \tag{7-12}$$

式中：h_a^* 称为齿顶高系数，它已经标准化，$h_a^* = 1.0$。

5. 顶隙系数

一对齿轮在啮合时，为了避免一轮的齿顶与另一轮的齿槽底直接接触，应当在一轮的顶端与另一轮的齿槽底之间留有一定的间隙，此间隙称为顶隙或径向间隙。顶隙也是用模数的倍数表示的。标准顶隙为

$$c = c^* m \tag{7-13}$$

式中：c^* 称为顶隙系数或径向间隙系数，它也已经标准化，$c^*=0.25$。

显然，为了保证顶隙，标准的齿根高 h_f 应当为

$$h_f = h_f^* m = (h_a^* + c^*)m \tag{7-14}$$

根据上述的讨论，标准外齿轮的齿顶圆直径和齿根圆直径分别为

$$d_a = d + 2h_a = m(z + 2h_a^*) \tag{7-15}$$

$$d_f = d - 2h_f = m(z - 2h_a^* - 2c^*) \tag{7-16}$$

7.3.3　渐开线齿轮各部分的几何尺寸

为了便于计算和设计，现将渐开线标准直齿圆柱齿轮传动几何尺寸的计算公式汇集于表 7-4 中。这里所说的标准齿轮是指 m、α、h_a^*、c^* 均为标准值，且 $e=s$ 的齿轮。

表 7-4　渐开线标准直齿圆柱齿轮几何尺寸的计算公式

名　称	符号	计算公式	
		小　齿　轮	大　齿　轮
模数	m	根据齿轮受力情况和结构需要确定，选取标准值	
压力角	α	选取标准值	
分度圆直径	d	$d_1 = mz_1$	$d_2 = mz_2$
齿顶高	h_a	$h_{a1} = h_{a2} = h_a^* m$	
齿根高	h_f	$h_{f1} = h_{f2} = (h_a^* + c^*)m$	
齿全高	h	$h_1 = h_2 = (2h_a^* + c^*)m$	
齿顶圆直径	d_a	$d_{a1} = (z_1 + 2h_a^*)m$	$d_{a2} = (z_2 + 2h_a^*)m$
齿根圆直径	d_f	$d_{f1} = (z_1 - 2h_a^* - 2c^*)m$	$d_{f2} = (z_2 - 2h_a^* - 2c^*)m$
基圆直径	d_b	$d_{b1} = d_1 \cos\alpha$	$d_{b2} = d_2 \cos\alpha$
齿距	p	$p = \pi m$	
基圆齿距	p_b	$p_b = p\cos\alpha$	
齿厚	s	$s = \pi m/2$	
齿槽宽	e	$e = \pi m/2$	
顶隙	c	$c = c^* m$	
标准中心距	a	$a = m(z_1 + z_2)/2$	
节圆直径	d'	当中心距为标准中心距 a 时，$d' = d$	
传动比	i	$i_{12} = \omega_1/\omega_2 = z_2/z_1 = d_2'/d_1' = d_2/d_1 = d_{b2}/d_{b1}$	

7.3.4　齿条和内齿轮的尺寸

1. 齿条

如图 7-9 所示，齿条与齿轮相比有以下两个主要特点。

（1）由于齿条的齿廓是直线，所以齿廓上各点的法线是平行的，而且由于在传动时齿条是做直线移动的，所以齿条齿廓上各点的压力角相同，其大小等于齿廓直线的倾斜角

（称为齿形角）。

（2）由于齿条上各齿同侧的齿廓是平行的，所以不论在分度线上还是在与其平行的其他直线上，其齿距都相等，即 $p_i = p = \pi m$。

齿条的基本尺寸可参照外齿轮的计算公式进行计算。

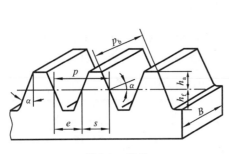

图 7-9　齿条

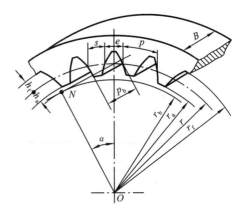

图 7-10　内齿圆柱齿轮

2. 内齿轮

图 7-10 所示为一内齿圆柱齿轮。由于内齿轮的轮齿分布在空心圆柱体的内表面上，所以它与外齿轮比较有下列不同点。

（1）内齿轮的齿厚相当于外齿轮的齿槽宽，内齿轮的齿槽宽相当于外齿轮的齿厚。内齿轮的齿廓也是渐开线，但其轮齿的形状与外齿轮不同，外齿轮的齿廓是外凸的，而内齿轮的齿廓则是内凹的。

（2）内齿轮的分度圆直径大于齿顶圆直径，而齿根圆直径又大于分度圆直径，即齿根圆直径大于齿顶圆直径。

（3）为了使内齿轮齿顶的齿廓全部为渐开线，则其齿顶圆直径必须大于基圆直径。

基于上述各点，内齿轮有些基本尺寸的计算，就不同于外齿轮。例如：内齿轮的齿顶圆直径 $d_a = d - 2h_a$；内齿轮的齿根圆直径 $d_f = d + 2h_f$。

7.4　渐开线直齿圆柱齿轮的啮合传动

7.4.1　一对渐开线直齿圆柱齿轮正确啮合的条件

渐开线齿廓能够满足啮合基本定律并能保证定传动比传动，但这并不说明任意两个渐开线齿轮都能搭配起来并能正确地传动。如果一个齿轮的齿距很小，而另一个齿轮的齿距很大，可能其中一个齿轮的轮齿不能进入另一个齿轮的齿槽间，显然，这两个齿轮是无法啮合传动的。

演示动画

为了解决这一问题，不妨对图 7-11 所示的一对齿轮进行分析。

如前所述，一对渐开线齿轮在传动时，它们的齿廓啮合点都应该在啮合线 $N_1 N_2$ 上。因此，要使处于啮合线的各对轮齿都能正确地进入啮合，两齿轮的相邻两齿同侧齿廓间的法线距离（即法向齿距）应相等，以保证位于啮合线的各对齿轮都能同时进入啮合。

根据渐开线的性质,齿轮的法向齿距与其基圆齿距
相等,所以有

$$p_{b1} = p_{b2} \tag{7-17}$$

而

$$p_b = p\cos\alpha = \pi m\cos\alpha$$

故有

$$m_1\cos\alpha_1 = m_2\cos\alpha_2$$

式中:m_1、m_2分别为两齿轮的模数;α_1、α_2分别为两齿轮
压力角。由于模数和压力角均已标准化,所以要满足上
式则必须有

$$\left. \begin{array}{l} m_1 = m_2 = m \\ \alpha_1 = \alpha_2 = \alpha \end{array} \right\} \tag{7-18}$$

也就是说,一对渐开线齿轮正确啮合的条件是:两轮的模
数和压力角应分别相等。

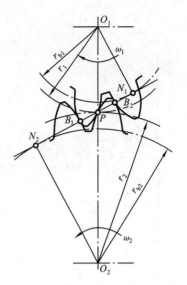

图 7-11 正确啮合条件

7.4.2 齿轮传动的标准中心距及啮合角

1. 标准顶隙与无侧隙啮合条件

在齿轮传动中,为避免一个齿轮的齿顶与另一齿轮齿槽底相抵触,在一齿轮齿顶与另
一齿轮齿根圆之间应留有一定的间隙 c,即顶隙。$c = c^* m$,称为标准顶隙。顶隙在传动中
还具有储存润滑油的作用。

为避免或减小轮齿传动中的冲击,应使两齿轮齿侧间隙为零;而齿轮在传动中由于轮
齿受力变形、摩擦发热膨胀以及安装制造误差等其他因素的影响,当两齿轮齿侧间隙为零
时,会引起轮齿间的挤轧现象,所以两齿轮非工作齿廓间又要留有一定的齿侧间隙。这个
齿侧间隙一般很小,通常由制造公差来保证。所以在实际设计中,齿轮的公称尺寸是按无
侧隙计算的。

齿轮在传动时,仅两齿轮节圆做纯滚动,故无侧隙啮合条件是:一个齿轮节圆上的齿
厚等于另一个齿轮节圆上的齿槽宽,即 $s'_1 = e'_2$,$s'_2 = e'_1$。

2. 标准中心距和啮合角

图 7-12(a)所示为一对标准外啮合齿轮传动的情况,当保证标准顶隙 $c = c^* m$ 时,两
轮的中心距应为

$$a = r_{a1} + c + r_{f2} = r_1 + r_2 = m(z_1 + z_2)/2 \tag{7-19}$$

即两齿轮的中心距应等于两轮分度圆半径之和,这个中心距称为标准中心距,用 a 表示。
按照标准中心距进行的安装称为标准安装。

我们知道,一对齿轮啮合时两轮的节圆总是相切的,而由上述可知,当两轮按标准中
心距安装时,两轮的分度圆也是相切的,即 $r'_1 + r'_2 = r_1 + r_2$。又因 $i_{12} = r'_2/r'_1 = r_2/r_1$,故在
此情况下,两轮的节圆分别与其分度圆相重合,即此时齿轮的节圆与其分度圆大小相等。
但要注意,节圆与分度圆是完全不同的两个概念,不可混淆。

现在再来分析当一对标准齿轮按标准中心距安装时,是否能满足侧隙为零的要求。
我们知道,欲使一对齿轮在传动时其齿侧间隙为零,需使一个齿轮在节圆上的齿厚等于另
一个齿轮在节圆上的齿槽宽。今两轮的节圆与其分度圆重合,而分度圆上的齿厚与齿槽

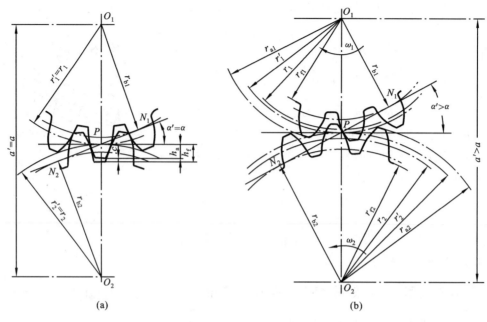

图 7-12　标准齿轮的安装

宽相等,因此有 $s_1' = e_1' = s_2' = e_2' = \pi m/2$。故知标准齿轮在按标准中心距安装时,其无齿侧间隙的要求也能得到满足。

另外,标准齿轮在按标准中心距安装时,由于两轮的节圆与其分度圆重合,所以,啮合角也等于压力角,即 $\alpha' = \alpha$。

如果齿轮的安装中心距 a' 与标准中心距 a 不一致(见图 7-12(b)),两轮的节圆与分度圆就不再重合。根据 $r_b = r\cos\alpha = r'\cos\alpha'$ 的关系,可得出

$$r_{b1} + r_{b2} = (r_1 + r_2)\cos\alpha = a\cos\alpha$$

及

$$r_{b1} + r_{b2} = (r_1' + r_2')\cos\alpha' = a'\cos\alpha'$$

则有

$$a\cos\alpha = a'\cos\alpha' \tag{7-20}$$

或

$$\cos\alpha' = a\cos\alpha/a'$$

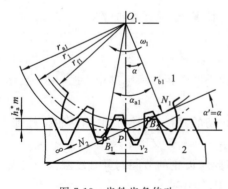

图 7-13　齿轮齿条传动

对于图 7-13 所示的齿轮齿条传动,由于齿条的渐开线齿廓变为直线,而且不论齿轮与齿条是标准安装(此时齿轮的分度圆与齿条的分度线相切),还是齿条沿径向线 O_1P 远离或靠近齿轮(相当于中心距改变),齿条的直线齿廓总是保持原始方向不变,因此使啮合线 N_1N_2 及节点 P 的位置也始终保持不变。这说明,对于齿轮和齿条传动,不论两者是否为标准安装,齿轮的节圆恒与其分度圆重合,其啮合角 α' 恒等于齿轮的分度圆压力角 α。只是在非标准安装时,齿条的节线与其分度线将不再重合而已。

7.4.3　一对轮齿的啮合过程及连续传动条件

1. 轮齿的啮合过程

图 7-14(a)所示为一对渐开线齿轮的啮合情况。设齿轮 1 为主动齿轮,以角速度 ω_1 沿顺时针方向回转;齿轮 2 为从动齿轮,以角速度 ω_2 沿逆时针方向回转;N_1N_2 为啮合线。在两轮轮齿开始进入啮合时,先是主动齿轮 1 的齿根部分与从动齿轮 2 的齿顶部分接触,即主动齿轮 1 的齿根推动从动齿轮 2 的齿顶。而轮齿的啮合点都应在啮合线上,所以,轮齿进入啮合的起点为从动轮的齿顶圆与啮合线 N_1N_2 的交点 B_2。随着啮合传动的进行,轮齿啮合点沿啮合线 N_1N_2 移动,即主动齿轮轮齿上的啮合点逐渐向齿顶部分移动,而从动齿轮轮齿上的啮合点则逐渐向齿根部分移动。当啮合进行到主动轮的齿顶与啮合线 N_1N_2 的交点 B_1 时,两轮齿即将脱离接触,故点 B_1 为轮齿啮合的终点。从一对轮齿的啮合过程分析,啮合点实际走过的轨迹只是啮合线 N_1N_2 的一部分线段 B_1B_2,称 B_1B_2 为实际啮合线段。

如图 7-14(b)所示,当两轮齿顶圆加大,点 B_1、B_2 将接近于啮合线与两基圆的切点 N_1、N_2,实际啮合线段会增长。但是,因为基圆内部没有渐开线,所以,点 B_1、B_2 不得超过点 N_1、N_2。因此啮合线 N_1N_2 是理论上可能的最长啮合线段,称为理论啮合线段,而 N_1、N_2 称为啮合极限点。

演示动画

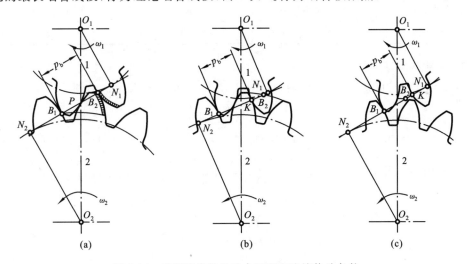

(a)　　　　　　　(b)　　　　　　　(c)

图 7-14　渐开线齿轮的啮合过程和连续传动条件

2. 渐开线齿轮传动的连续传动条件

一对满足正确啮合条件的齿轮,只能保证在传动时其各对轮齿能依次正确地啮合,但并不能说明齿轮传动是否连续。从上述轮齿的啮合过程可以看出,为了使齿轮能连续传动,必须在前一对轮齿尚未脱离啮合时,后一对轮齿就及时地进入了啮合。要实现这一点,就必须使实际啮合线段长度 $\overline{B_1B_2}$ 大于或等于这一对齿轮的法向齿距,即基圆齿距 p_b。

当 $\overline{B_1B_2} = p_b$ 时,如图 7-14(a)所示,齿轮的轮齿除了在点 B_1、B_2 的瞬间是两对齿接触外,始终只有一对齿处于啮合。

当 $\overline{B_1B_2} > p_b$ 时,如图 7-14(b)所示,齿轮最少有一对轮齿啮合,有时还有两对轮齿啮合。

若 $\overline{B_1 B_2} < p_b$ 时，如图 7-14(c)所示，当前一对轮齿在啮合终止点 B_1 时，后一对轮齿尚未进入啮合，前对轮齿中主动齿轮的轮齿顶部只能在从动齿轮的齿面上划过。此时已不是两齿廓正常啮合传动，也不能保证原有的定传动比传动。

由此可见，齿轮连续定传动比传动的条件是，两齿轮的实际啮合线段大于或等于齿轮的法向齿距，即基圆齿距 p_b。

3. 重合度的定义

根据上述条件，我们用符号 ε_a 表示 $\overline{B_1 B_2}$ 和 p_b 的比值，则有

$$\varepsilon_a = \frac{\overline{B_1 B_2}}{p_b} \geqslant 1 \tag{7-21}$$

式中：ε_a 称为齿轮传动的重合度（也称作端面重叠系数）。

理论上只要重合度 $\varepsilon_a = 1$ 就能保证齿轮的定传动比连续传动。但在工程中齿轮的制造和安装总会有误差，为了确保齿轮传动的连续性，则应该使计算所得的重合度 ε_a 大于1。工程中常取计算的 ε_a 值大于或等于一定的许用值 $[\varepsilon_a]$，即

$$\varepsilon_a \geqslant [\varepsilon_a] \tag{7-22}$$

$[\varepsilon_a]$ 的值根据齿轮的使用场合和制造精度而定，常用的推荐值见表 7-5。也可以查阅相关的手册、标准等。

表 7-5　$[\varepsilon_a]$ 推荐值

使 用 场 合	一般机械制造业	汽车、拖拉机	金属切削机床
$[\varepsilon_a]$	1.4	1.1～1.2	1.3

4. 重合度的计算

由重合度定义可知，ε_a 值可以通过计算 $\overline{B_1 B_2}$ 和 p_b 的值来确定。由图 7-15 所示有

$$\overline{B_1 B_2} = \overline{PB_1} + \overline{PB_2}$$

而　　$$\overline{PB_1} = \overline{B_1 N_1} - \overline{PN_1} = r_{b1}(\tan\alpha_{a1} - \tan\alpha') = \frac{mz_1}{2}\cos\alpha(\tan\alpha_{a1} - \tan\alpha')$$

同理　　$$\overline{PB_2} = \overline{B_2 N_2} - \overline{PN_2} = r_{b2}(\tan\alpha_{a2} - \tan\alpha') = \frac{mz_2}{2}\cos\alpha(\tan\alpha_{a2} - \tan\alpha')$$

所以有

$$\begin{aligned}\varepsilon_a &= \frac{\overline{B_1 B_2}}{p_b} = \frac{\overline{PB_1} + \overline{PB_2}}{\pi m\cos\alpha} \\ &= \frac{1}{2\pi}[z_1(\tan\alpha_{a1} - \tan\alpha') + z_2(\tan\alpha_{a2} - \tan\alpha')]\end{aligned} \tag{7-23}$$

式中：α' 为啮合角，α_{a1}、α_{a2} 分别为齿轮 1、2 的齿顶圆压力角，可由下式求出：

$$\alpha' = \arccos\frac{r_b}{r}$$

$$\alpha_{a1} = \arccos\frac{r_{b1}}{r_{a1}}$$

$$\alpha_{a2} = \arccos\frac{r_{b2}}{r_{a2}}$$

由式(7-23)可知，ε_a 与模数 m 无关，但随着齿数 z 的增多而加大。若假想将两齿轮的齿数增加，并逐渐趋向无穷大时，则 ε_a 将趋向一个极限值 $\varepsilon_{a\max}$。此时 $\overline{PB_1} = \overline{PB_2} = \dfrac{h_a^* m}{\sin\alpha}$，所以，

$$\varepsilon_{\alpha\max} = \frac{2h_a^* m}{\pi m \sin\alpha\cos\alpha} = \frac{4h_a^*}{\pi \sin2\alpha}$$

当 $\alpha=20°$、$h_a^*=1$ 时,得 $\varepsilon_{\alpha\max}=1.981$。此外,重合度 ε_α 还随啮合角 α' 的减小和齿顶高系数 h_a^* 的增大而增大。

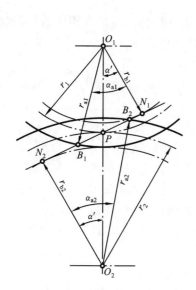

图 7-15 一对外齿轮传动重合度的计算

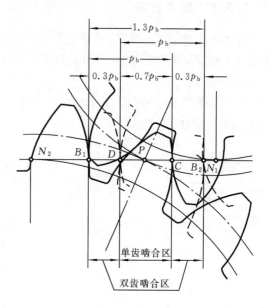

图 7-16 重合度的物理意义

5. 重合度的物理意义

一对齿轮传动时,重合度的大小表明了同时参加啮合的轮齿对数的多少。当 $\varepsilon_\alpha=1$ 时,其物理意义是:在传动过程中,始终只有一对轮齿参加啮合(点 B_1、B_2 除外,在这两点接触瞬间,有两对齿瞬时参加啮合),即在啮合过程中有一对单齿啮合所占时间的百分比为 100%;当 $\varepsilon_\alpha=2$ 时,则除了点 B_1、B_2 和线段 B_1B_2 中点这三点接触的瞬间为三对齿啮合外,同时参加啮合的轮齿只有两对,即在啮合过程中有两对轮齿啮合所占时间的百分比为 100%;若 $\varepsilon_\alpha=1.3$,可以用图 7-16 来说明这种情况下两个齿轮轮齿之间的啮合情况。由图可知,在实际啮合线 B_2C 和 DB_1 两段范围内,即在两个 $0.3p_b$ 的长度上,有两对轮齿同时参与啮合;在 CD 段范围内,即在 $0.7p_b$ 的长度上,只有一对轮齿啮合。所以 CD 段称为单齿啮合区,B_2C 和 DB_1 段称为双齿啮合区,即在一个基圆齿距的啮合过程中,双齿啮合区所占时间的百分比为 30%,而单齿啮合区所占时间的百分比为 70%。同理,若 $\varepsilon_\alpha=2.4$,则在一个基圆齿距的啮合过程中,三齿啮合区所占时间的百分比为 40%,而双齿啮合区所占时间的百分比为 60%。

综上所述,齿轮传动的重合度越大,表明同时参加啮合的轮齿对数就越多,因此在载荷相同的情况下,每对轮齿的受载就越小,从而提高了齿轮的承载能力。这对于提高齿轮传动的平稳性,提高承载能力都有重要意义。因此一般情况下,齿轮传动的重合度越大越好。

7.5　渐开线齿廓的加工

7.5.1　加工方法

近代齿轮加工方法很多,有铸造法、冲压法、热轧法、切制法等,最常用的为切制法。就其加工原理来说,切制法又可分为仿形法和范成法两大类。

1. 仿形法

仿形法采用与齿槽形状完全相同的刀具或模具来加工齿轮,其中精密铸造、模锻和成形铣刀加工等均属于仿形法。

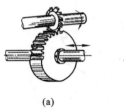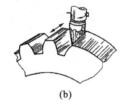

(a)　　　　**(b)**

图 7-17　仿形法加工齿轮

演示动画

用仿形法切削加工齿轮时,采用的刀具有盘形铣刀(见图 7-17(a))和指状铣刀(见图 7-17(b))两种。加工时,铣刀绕刀轴转动进行铣削,轮坯或刀具沿齿轮轴线方向进给,每铣完一个齿槽,将轮坯或刀具转动 $360°/z$,再铣下一个齿槽,故铣削加工属于间断切削。由于渐开线齿形由基圆大小决定(即由 m、z、α 决定),当 $\alpha=20°$ 时铣刀只需按 m、z 选择刀号。为了减少铣刀数目,齿数接近的齿轮合用同一把刀加工。铣刀刀号及其加工的齿数范围见表 7-6。

表 7-6　铣刀刀号及其加工的齿数范围

铣 刀 刀 号	1	2	3	4	5	6	7	8
加工齿数范围	12～13	14～16	17～20	21～25	26～34	35～54	55～134	≥135

由上可知,仿形法的优点是方法简单,不需专用机床;缺点是精度较低,且加工过程不连续,生产率低下。一般来说,仿形法不适用于大批量生产和精密制造,只适用于修配或单件生产。

2. 范成法

范成法是利用一对齿轮(或齿轮与齿条)啮合传动时,两齿轮齿廓互相包络的原理加工齿轮的。范成法切齿常用的刀具有齿轮插刀、齿条插刀和齿轮滚刀。下面以齿条插刀切削齿轮为例来说明范成法切齿的过程。

齿条插刀加工齿轮如图 7-18 所示,齿条插刀的中线(分度线)与轮坯(齿轮毛坯)1 的分度圆相切,并以 $v_2=r_1\omega_1$ 的运动关系做纯滚动(范成运动),同时插刀沿轮坯轴线切削(切削运动),如图 7-18(a)所示。齿条插刀刀刃在轮坯上切制出一簇刀刃轮廓线,其包络线便是轮坯的渐开线齿廓,如图 7-18(b)所示。

齿条插刀加工齿轮时,同一把插刀可加工任意齿数的轮坯,且齿形准确。图 7-19 所示为齿轮插刀加工齿轮,其工作原理与齿条插刀相同,但插齿有空回行程,仍然属于间断切削,故生产率也不高。大批量生产时,通常采用连续切削的滚刀来加工(见图 7-20),滚刀形状像蜗杆,轴面内为直线齿廓,滚刀切削轮坯相当于齿条与齿轮啮合,具有很高的生产

演示动画

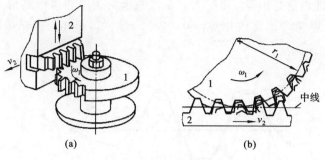

图 7-18 齿条插刀加工齿轮

1—轮坯；2—齿条插刀

效率。加工时,只需调整轮坯的转速 n_2,同一模数的滚刀便可以加工不同齿数的齿轮。由于滚刀加工切削连续,且无选刀误差,故加工齿轮精度高,在生产中得到了广泛的应用。

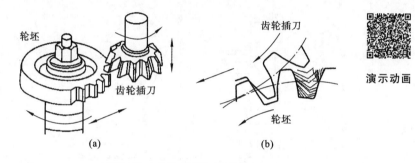

图 7-19 齿轮插刀加工齿轮

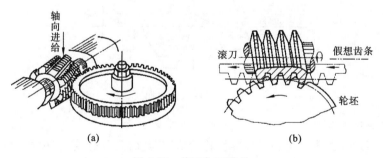

图 7-20 滚刀加工齿轮

7.5.2 标准齿轮与变位齿轮加工

刀具相对于轮坯在不同位置进行加工时,可加工出标准齿轮和变位齿轮。现以齿条插刀为例进行讨论。

1. 标准齿轮加工

在切削齿轮时,先根据轮坯的外圆对刀,然后取总的径向进刀量等于标准齿全高 $(2h_a^* + c^*)m$,这时刀具与轮坯顶圆之间的顶隙为 $c^* m$,而刀具的分度线刚好与轮坯分度圆相切,如图 7-21 所示。这样切出的齿轮,其齿顶高为 $h_a = h_a^* m$,其齿根高为 $h_f = (h_a^* + c^*)m$。由于切齿的范成运动,可保证刀具分度线的移动速度与轮坯分度圆的圆周速度相等。这样,刀具分度线上的齿槽宽将与轮坯分度圆上的齿厚相等,刀具分度线上的齿厚将与轮坯分度圆上的齿槽宽相等。由于刀具分度线上的齿厚和齿槽宽相等，故切出的齿轮在分度圆上的齿厚与齿槽宽也相等，即 $s=e=p/2=0.5\pi m$。这样切出的齿轮为标准齿轮。

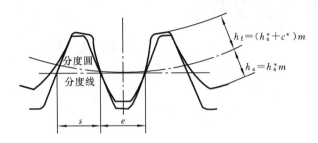

图 7-21　标准齿轮加工

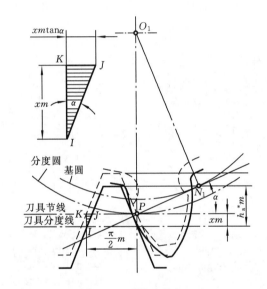

图 7-22　变位齿轮加工

2. 变位齿轮加工

图 7-22 所示虚线图形为加工标准齿轮的情况，此时刀具分度线（中线）与轮坯分度圆相切，加工出的齿轮分度圆上的齿厚与齿槽宽相等。如图 7-22 中实线图形所示，刀具由切制标准齿轮的位置沿径向从轮坯中心向外移开的距离用 xm 表示，该距离称为变位量，m 为模数，x 为变位系数。当刀具沿轮坯中心向外移动时，xm 称为正变位（取 $x>0$）；反之，xm 称为负变位（取 $x<0$）。用这种方法切制出的齿轮称为变位齿轮。标准齿轮与变位齿轮参数的变化情况如下。

（1）分度圆齿厚与齿槽宽　由于与轮坯分度圆相切并做纯滚动的已不是刀具分度线（中线），所以轮坯分度圆上的齿厚与齿槽宽不再相等。其齿厚增加的部分正好等于与分度圆相切的刀具节线上的齿厚减少的部分。由图 7-22 可知，其值为 $2\overline{KJ}$。

$$\left.\begin{array}{l} s=\dfrac{\pi m}{2}+2xm\tan\alpha \\[3mm] e=p-s=\dfrac{\pi m}{2}-2xm\tan\alpha \end{array}\right\} \tag{7-24}$$

（2）齿根圆与齿根高　当刀具正变位时,刀具沿轮坯中心外移,因此刀具齿顶线也相应地外移一变位量 xm,使得轮坯齿根圆与分度圆靠近 xm。这样,使得齿根高变短 xm,齿根圆相应加大。

$$
\left.
\begin{aligned}
h_{\mathrm{f}} &= (h_a^* + c^* - x)m \\
d_{\mathrm{f}} &= d - 2h_{\mathrm{f}} = mz - 2(h_a^* + c^* - x)m
\end{aligned}
\right\}
\tag{7-25}
$$

（3）齿顶高与齿顶圆　为了保持齿全高不变,当刀具外移 xm 后,被加工齿轮的齿顶高将增大 xm,齿顶圆也会相应加大。

$$
\left.
\begin{aligned}
h_{\mathrm{a}} &= (h_a^* + x)m \\
d_{\mathrm{a}} &= d + h_{\mathrm{a}} = mz + 2(h_a^* + x)m
\end{aligned}
\right\}
\tag{7-26}
$$

在应用式(7-24)至式(7-26)进行计算时,若为标准齿轮,以 $x=0$ 代入;若为负变位齿轮,以 $x<0$ 的值代入即可。将模数、压力角及齿数均相同的标准齿轮和变位齿轮相比较,可发现各齿轮的齿顶高、齿根高、齿厚及齿槽宽是不同的。其变化情况如图 7-23 所示。显然,与标准齿轮比较,正变位齿轮的齿厚加大了,而齿根高减小了,在相应地加大轮坯顶圆尺寸的条件下,齿顶高加大了;而负变位齿轮的齿厚减薄了,齿根高加大了,在相应地减小轮坯顶圆尺寸的条件下,齿顶高减小了。

在切制变位齿轮时,由于齿条刀具不变,所以被切制出来的变位齿轮 m、z、α 的值均保持不变,即变位齿轮的分度圆(mz)、基圆($mz\cos\alpha$)大小都不变,齿廓的渐开线也不变,只是随 x 的取值不同,用同一渐开线上的不同区段作齿廓罢了(见图 7-23)。另外,由于基圆不变,用范成法切制出来的一对变位齿轮,其瞬时传动比仍为常数。

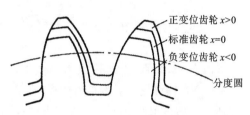

图 7-23　标准齿轮与变位齿轮对比

7.5.3　渐开线齿廓加工中的根切

1. 渐开线齿廓的根切现象

用范成法加工渐开线齿轮时,在一定的条件下,齿条刀具的顶部会切入被加工轮齿的根部,将齿根部分的渐开线切去一部分,如图 7-24 所示,这种现象称为渐开线齿廓的根切。根切使得轮齿的弯曲强度和重合度都降低了,对齿轮的传动质量有较大的影响,所以根切是应该避免的。

结合图 7-25,渐开线齿廓发生根切的原因分析如下。图中轮坯以角速度 ω 沿逆时针方向旋转,齿条刀具自左向右以速度 $v=r\omega$ 移动,这里 r 为轮坯的分度圆半径。刀具的节线与轮坯的分度圆相切。根据齿轮齿条啮合原理,齿条刀具的切削刃将从点 B_1 开始切制被加工齿轮毛坯上的渐开线。随着啮合运动(即刀具与轮坯的范成运动)的进行,当刀具移动到图中位置 G 时,加工出轮坯的渐开线齿廓 Ne。如果此时刀具齿顶线在点 N 或点 N 以下,则当刀具继续向右进行范成运动时,由于刀具齿顶已脱离啮合线 B_1N,齿条刀具和轮坯上的齿廓不再啮合(即刀具不再切削轮坯),所以不发生根切;如果此时刀具齿顶线在点 N 以上,设刀具齿顶线在 M 位置,则当刀具继续向右进行范成运动时,便会发生根切,直至到达图中点 B_2 为止。证明如下。

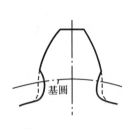

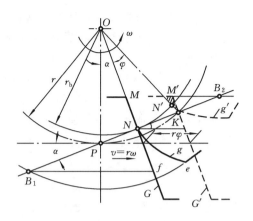

图 7-24　齿廓根切

图 7-25　根切的原因

演示动画

设刀具的移动距离为 $r\varphi$，因为刀具的节线与轮坯的分度圆做纯滚动，所以轮坯转过的角度为 φ。这时轮坯和刀具的齿廓位于位置 g' 和 G'（图中虚线所示位置）。齿廓 G' 和啮合线垂直交于点 K，所以有

$$\overline{NK} = r\varphi\cos\alpha = r_b\varphi$$

此时轮坯上的点 N 转过的弧长为 $\overset{\frown}{NN'} = r_b\varphi$，因此得

$$\overset{\frown}{NN'} = \overline{NK}$$

因为 $\overline{NK}$ 是点 N 到直线齿廓 G' 的垂直距离，而 $\overset{\frown}{NN'}$ 为弧长，$\overset{\frown}{NN'}$ 与 $\overline{NK}$ 相等，故有 $\overline{NN'} < \overline{NK}$，所以点 N' 落在齿廓 G' 的左边。这里齿廓 G' 是齿条刀具的位置，点 N' 是先前轮坯上被加工出的点，点 N' 落在齿廓 G' 左边，说明两者互相干涉，结果点 N' 被切掉，即发生根切现象。

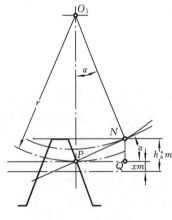

图 7-26　避免根切的条件

2. 避免根切的措施

如前所述，用范成法加工齿轮时，如果刀具的齿顶线超过了啮合极限点 N，就会发生根切现象。因此，要避免根切，就应该使刀具的齿顶线不超过点 N。由于加工中采用的是标准刀具，所以在一定的条件下，其齿顶高就为一定值，即刀具的齿顶线位置一定。为避免根切，设刀具外移变位量为 xm，将刀具的齿顶线移至点 N 或点 N 以下，如图 7-26 所示，应使 $\overline{NQ} \geqslant h_a^* m - xm$，其中 $\overline{NQ} = \dfrac{mz}{2}\sin^2\alpha$，故有

$$\frac{z}{2}\sin^2\alpha \geqslant h_a^* - x \qquad (7-27)$$

对于标准齿轮，由于 $x = 0$，由式(7-27)得

$$z \geqslant \frac{2h_a^*}{\sin^2\alpha}$$

因此，用范成法加工标准齿轮时，为保证无根切现象，被切齿轮的最少齿数为 $z_{\min}$，即用范成法加工标准齿轮时刚好不发生根切的齿数。

$$z_{\min} = \frac{2h_a^*}{\sin^2 \alpha} \tag{7-28}$$

对于变位齿轮,由于 $x \neq 0$,由式(7-27)得

$$x \geqslant h_a^* - \frac{z}{2} \sin^2 \alpha$$

由式(7-28),得 $\sin^2 \alpha = 2h_a^* / z_{\min}$,代入上式有

$$x \geqslant h_a^* \frac{z_{\min} - z}{z_{\min}}$$

最小变位系数 $x_{\min}$ 为

$$x_{\min} = h_a^* \frac{z_{\min} - z}{z_{\min}} \tag{7-29}$$

则避免根切的条件为

$$x \geqslant x_{\min}$$

由式(7-29)可见,当被切齿轮的齿数 $z < z_{\min}$ 时,变位系数 $x_{\min}$ 为正值。这表明为了避免被切齿轮的根切,刀具应由标准位置从轮坯中心向外移开一段距离 $x_{\min} m$,即进行正变位。当被切齿轮的齿数 $z > z_{\min}$ 时,由式(7-29)可知,最小的变位系数 $x_{\min}$ 为负值,这表明在切制标准齿轮时,刀具的齿顶线在点 N 以下,其与点 N 的距离为 $|x_{\min} m|$,这时如果将刀具向轮坯中心移近,即进行负变位,只要移近的距离等于或小于 $|x_{\min} m|$,则刀具的齿顶线仍不超过点 N,这样切出的齿轮仍不发生根切。

对于正常齿而言,$h_a^* = 1$,$\alpha = 20°$,则由式(7-28)有 $z_{\min} = 17$,由式(7-29)有 $x_{\min} = (17-z)/17$。因此,用范成法加工齿轮时,为使轮齿不产生根切:对于标准齿轮,条件为 $z \geqslant 17$;对于变位齿轮,条件为 $x \geqslant x_{\min} = (17-z)/17$。实际上,不论是标准齿轮还是非标准齿轮,均可由式(7-29)判断该齿轮是否发生根切。

7.6 变位齿轮传动

前面介绍了有关变位齿轮的一些基本知识,下面来介绍变位齿轮的啮合传动及其应用。

变位齿轮传动的正确啮合条件及连续传动条件与标准齿轮传动的相同。

7.6.1 变位齿轮的提出

标准齿轮具有互换性好、设计计算简便等优点,但也存在一些局限性。

(1) 用范成原理加工标准齿轮时,其齿数不能少于 $z_{\min}$,否则会发生根切。

(2) 由于标准安装的限制,标准齿轮不适合于 $a' \neq a$ 的场合;尤其当 $a' < a$ 时,无法安装;当 $a' > a$ 时,虽能安装,但侧隙增大,重合度下降,影响传动平稳性。

(3) 一对标准齿轮传动中,大、小齿轮轮齿强度相差较大;小齿轮齿根厚度和齿廓曲率半径均比大齿轮小,且小齿轮轮齿参加啮合次数多,故强度比大齿轮要低,易损坏。

针对标准齿轮及传动的上述局限性,人们在生产中提出并解决了标准齿轮的变位修正问题,这种做变位修正的齿轮即为变位齿轮。

7.6.2　变位齿轮的特点

与标准齿轮相比，变位齿轮有以下特点。

（1）正变位时，由于刀具节线上的齿槽宽增大、齿厚减小，相应地轮坯分度圆上的齿厚增大、齿槽宽减小，故轮齿的弯曲强度有所提高；负变位齿轮的情况正好相反，即齿轮分度圆上的齿厚减小、齿槽宽增大，轮齿的弯曲强度有所下降。利用变位齿轮这一特点，小齿轮采用正变位，大齿轮采用负变位，可使一对啮合齿轮轮齿的弯曲强度接近相等，从而延长一对齿轮的使用寿命。

（2）正变位时，刀具的齿顶线随刀具外移，它与啮合线的交点 B_2 也外移（见图 7-25），利用正变位齿轮这一特点，可避免较少齿数的齿轮产生根切。

（3）正变位时，齿顶变尖、齿顶厚减小（见图 7-23）；负变位齿轮的情况正好相反，即齿顶厚增大。

（4）无侧隙安装时，由于变位齿轮的齿厚和齿槽宽都发生变化，中心距也会变化（不再是标准中心距），利用变位齿轮这一特点，可以方便地调整齿轮机构的中心距。

此外，由于变位系数不是标准值，变位齿轮必须配对生产和使用，且互换性不如标准齿轮。

7.6.3　变位齿轮传动的设计

1．变位齿轮传动的正确啮合条件及连续传动条件

这些条件与标准齿轮传动的相同。

2．变位齿轮传动的中心距

与标准齿轮传动一样，在确定变位齿轮传动的中心距时也需要满足两轮的齿侧间隙为零和两轮的顶隙为标准值这两方面的要求。

首先，一对变位齿轮要做无侧隙啮合传动，其一轮在节圆上的齿厚应等于另一轮在节圆上的齿槽宽，由此条件即可推得无侧隙啮合方程式为

$$\mathrm{inv}\alpha' = 2\tan\alpha(x_1 + x_2)/(z_1 + z_2) + \mathrm{inv}\alpha \tag{7-30}$$

式中：z_1、z_2 分别为两轮的齿数；α 为分度圆压力角；α' 为啮合角；x_1、x_2 分别为两轮的变位系数。

该式表明：若两轮变位系数之和 $(x_1 + x_2)$ 不等于零，则其啮合角 α' 将不等于分度圆压力角。这就说明此时两轮的实际中心距不等于标准中心距。

设两轮无侧隙啮合时的中心距为 a'，它与标准中心距之差为 ym，其中 m 为模数，y 称为中心距变动系数，则

$$a' = a + ym \tag{7-31}$$

即

$$ym = a' - a = (r_1 + r_2)\cos\alpha/\cos\alpha' - (r_1 + r_2)$$

故

$$y = (z_1 + z_2)(\cos\alpha/\cos\alpha' - 1)/2 \tag{7-32}$$

此外，为了保证两轮之间具有标准的顶隙 $c = c^*m$，则两轮的中心距 a'' 应为

$$a'' = r_{a1} + c + r_{f2} = r_1 + (h_a^* + x_1)m + c^*m + r_2 - (h_a^* + c^* - x_2)m$$

$$= a + (x_1 + x_2)m \tag{7-33}$$

由式（7-31）与式（7-33）可知，如果 $y = x_1 + x_2$，就可同时满足上述两个条件。但经证

明,只要 $x_1 + x_2 \neq 0$,总有 $x_1 + x_2 > y$,即 $a'' > a'$。工程上为了解决这一矛盾,采用如下办法:两轮按无侧隙中心距 $a' = a + ym$ 安装,而将两轮的齿顶高各减短 Δym 以满足标准顶隙要求。Δy 称为齿顶高降低系数,其值为

$$\Delta y = (x_1 + x_2) - y \tag{7-34}$$

这时,齿轮的齿顶高为

$$h_a = h_a^* m + xm - \Delta ym = (h_a^* + x - \Delta y)m \tag{7-35}$$

3. 变位齿轮传动的类型及其特点

根据一对相互啮合齿轮的变位系数之和 $x_\Sigma = x_1 + x_2$ 取值的不同,变位齿轮传动可分为三种基本类型:零传动、正传动和负传动。

1) 零传动

当变位系数之和 $x_\Sigma = x_1 + x_2 = 0$ 时,齿轮传动称为零传动。零传动又可分为标准齿轮传动和等变位齿轮传动。

当 $x_1 = x_2 = 0$ 时,为标准齿轮传动,可以看作变位齿轮传动的一种特例,前面已有详述。其传动示意图如图 7-27(a)所示。

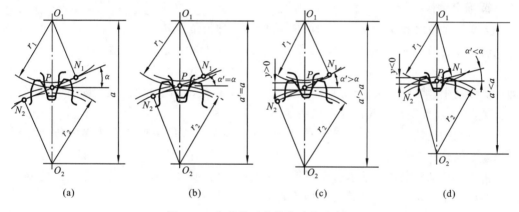

图 7-27　各种类型齿轮传动的示意图

当 $x_1 = -x_2 \neq 0$ 时,称为等变位齿轮传动(又称高度变位齿轮传动)。

根据式(7-20)、式(7-30)、式(7-32)式和式(7-34),由于 $x_\Sigma = x_1 + x_2 = 0$,故

$$\alpha' = \alpha, \quad a' = a, \quad y = 0, \quad \Delta y = 0$$

即其中心距等于标准中心距,啮合角等于分度圆压力角,节圆与分度圆重合,且齿顶高不需要降低。其传动示意图如图 7-27(b)所示。

等变位齿轮传动的变位系数,既然是一正一负,为了防止小齿轮的根切、增大小齿轮的齿厚,一般小齿轮采用正变位,而大齿轮采用负变位,但为了使大小两轮都不产生根切,两轮齿数和必须大于或等于最少齿数的两倍,即 $z_1 + z_2 \geqslant 2z_{\min}$。这样可使大、小齿轮的强度趋于接近,从而使一对齿轮的承载能力可相对地提高。而且,因为采用正变位,可制造 $z_1 < z_{\min}$ 而无根切的小齿轮,因而可以减少小齿轮的齿数。这样,在模数和传动比不变的情况下,能使整个齿轮机构的尺寸更加紧凑。

2) 正传动

当变位系数之和 $x_\Sigma = x_1 + x_2 > 0$ 时,齿轮传动称为正传动。

由于 $x_1 + x_2 > 0$,根据式(7-20)、式(7-30)、式(7-32)式和式(7-34)可知

$$a' > \alpha, \quad a' > a, \quad y > 0, \quad \Delta y > 0$$

即在正传动中,啮合角 a' 大于分度圆压力角 α,其中心距 a' 大于标准中心距 a,两轮的分度圆分离,齿顶需要削顶。其传动示意图如图 7-27(c)所示。

正传动的特点如下。

(1) 由于 $x_1 + x_2 > 0$,则有可能 x_1 和 x_2 均为正值,并使 $x_1 > x_2$,以提高小齿轮这个薄弱环节的强度,从而使这对齿轮总体的承载能力和使用寿命大为提高。

(2) 由于 $a' > \alpha$,啮合线的倾斜程度增大,$\overline{N_1 N_2}$ 增长,使得实际啮合线的端点 B_1 和 B_2 离极限点 N_1 和 N_2 较远,从而减轻了两轮齿根的磨损。

(3) 由于 $a' > a$,其中心距不再受标准中心距的限制,从而可以根据需要来配凑中心距。

(4) 两轮齿数不受齿数和条件($z_1 + z_2 \geqslant 2z_{min}$)的限制,因此可获得更为紧凑的机构尺寸。

(5) 但是由于啮合角增大,实际啮合线段缩短,故重合度将有所下降,变位系数的选取同样受到齿顶变尖的限制。因此,当 x_Σ 较大时,必须校核其重合度和顶圆齿厚。

总的来说,正传动是一种优点较多的传动类型。

3) 负传动

当变位系数之和 $x_\Sigma = x_1 + x_2 < 0$ 时,齿轮传动称为负传动。

由于 $x_1 + x_2 < 0$,根据式(7-20)、式(7-30)、式(7-32)和式(7-34)可知

$$a' < \alpha, \quad a' < a, \quad y < 0, \quad \Delta y > 0$$

即在负传动中,啮合角 a' 小于分度圆压力角 α,其中心距 a' 小于标准中心距 a,两轮的分度圆交叉,齿顶需要削顶。其传动示意图如图 7-27(d)所示。

负传动的优缺点恰好与正传动的优缺点相反,因而这是一种缺点较多的传动类型。所以通常只是在给定的中心距 $a' < a$ 时,才不得已而采用负传动来配凑中心距。

由于正传动和负传动的啮合角不等于标准压力角,所以又称其为角度变位齿轮传动。

各种类型齿轮传动的计算公式列于表 7-7。

表 7-7　各种类型齿轮传动的计算公式

名　　称	符号	标准齿轮传动	等变位齿轮传动	不等变位齿轮传动
变位系数	x	$x_1 = x_2 = 0$	$x_1 = -x_2$ $x_1 + x_2 = 0$	$x_1 + x_2 \neq 0$
节圆直径	d'	$d_i' = d_i = z_i m\,(i=1,2)$		$d_i' = d_i \cos\alpha / \cos\alpha'$
啮合角	α'	$\alpha' = \alpha$		$\cos\alpha' = a\cos\alpha / a'$
齿顶高	h_a	$h_a = h_a^* m$	$h_{ai} = (h_a^* + x_i)m$	$h_{ai} = (h_a^* + x_i - \Delta y)m$
齿根高	h_f	$h_f = (h_a^* + c^*)m$	$h_{fi} = (h_a^* + c^* - x_i)m$	
齿顶圆直径	d_a	$d_{ai} = d_i + 2h_{ai}$		
齿根圆直径	d_f	$d_{fi} = d_i - 2h_{fi}$		
中心距	a	$a = (d_1 + d_2)/2$		$a' = (d_1' + d_2')/2$ $a' = a + ym$
中心距变动系数	y	$y = 0$		$y = (a' - a)/m$
齿顶高变动系数	Δy	$\Delta y = 0$		$\Delta y = x_1 + x_2 - y$

综上所述,采用变位修正法来制造渐开线齿轮,不仅当被切齿轮的齿数 $z_1 < z_{min}$ 时可以避免根切,而且与标准齿轮相比,这样切出的齿轮除了分度圆、基圆及齿距不变外,其齿厚、齿槽宽、齿廓曲线的工作段、齿顶高和齿根高等都发生了变化。因此,可以运用这种方法来提高齿轮机构的承载能力、配凑中心距和减小机构的几何尺寸等,而且在切制这种齿轮时,仍使用标准刀具,并不增加制造的困难。正因如此,变位齿轮传动在各种机械中被广泛地采用。

4. 变位齿轮传动的设计步骤

从机械原理角度来看,遇到的变位齿轮传动设计问题,可以分为如下两类。

(1)已知中心距的设计 已知条件是 z_1、z_2、m、a' 和 α,其设计步骤如下:

① 由式(7-20)确定啮合角 $\alpha' = \arccos(a\cos\alpha/a')$;

② 由式(7-30)确定变位系数之和 $x_1 + x_2 = (inv\alpha' - inv\alpha)(z_1 + z_2)/(2\tan\alpha)$;

③ 由式(7-32)确定中心距变动系数 $y = (a' - a)/m$;

④ 由式(7-34)确定齿顶高变动系数 $\Delta y = (x_1 + x_2) - y$;

⑤ 分配变位系数 x_1、x_2,并按表 7-7 计算两轮的几何尺寸。

(2)已知变位系数的设计 已知条件是 z_1、z_2、m、α、x_1 和 x_2,其设计步骤如下:

① 由式(7-30)确定啮合角 $inv\alpha' = 2\tan\alpha(x_1 + x_2)/(z_1 + z_2) + inv\alpha$;

② 由式(7-20)确定中心距 $a' = a\cos\alpha/\cos\alpha'$;

③ 由式(7-32)确定中心距变动系数 $y = (a' - a)/m$;

④ 由式(7-34)确定齿顶高变动系数 $\Delta y = (x_1 + x_2) - y$;

⑤ 按表 7-7 计算两轮的几何尺寸。

7.6.4 变位齿轮的应用

只要合理地选择变位系数,变位齿轮的承载能力可比标准齿轮提高 20% 以上,而制造变位齿轮又不需要特殊的机床、刀具和工艺方法,因此,在齿轮传动设计中,应尽量扩大变位齿轮的应用范围。变位齿轮的应用主要有以下几个方面。

(1)避免轮齿根切 为使齿轮传动的结构紧凑,应尽量减少小齿轮的齿数,当 $z_1 < z_{min}$ 时,可用正变位以避免根切。

(2)配凑中心距 变位齿轮传动设计中,在齿数 z_1、z_2 一定的情况下,若改变变位系数 x_1、x_2 的值,可改变齿轮传动中心距,从而满足不同中心距的要求。

(3)提高齿轮的承载能力 当采用 $a' > a$ 的正传动时,可以提高齿轮的接触强度和弯曲强度,若适当选择变位系数 x_1、x_2,还能大幅度降低滑动系数,提高齿轮的耐磨损和抗胶合能力。

(4)修复已磨损的旧齿轮 齿轮传动中,一般小齿轮磨损较严重,大齿轮磨损较轻,若利用负变位修复磨损较轻的大齿轮齿面,重新配制一个正变位的小齿轮,就可以节省一个大齿轮的制造费用,还能改善其传动性能。

【例 7-1】 某二级减速的齿轮减速箱,其机构简图如图 7-28 所示,同一个中心距轴线上装有两对齿轮。该轮 1 的轴 I 为输入轴,经过齿轮 2、齿轮 3 和齿轮 4 的减速,由轴 III 输出。齿轮 1 和齿轮 2 的齿数分别为 $z_1 = 20$、$z_2 = 40$,取模数 $m_{12} = 3$ mm;齿轮 3 和齿轮 4 的齿数分别为 $z_3 = 20$、$z_4 = 30$,由于这对齿轮转速较低,因而受力较大,故取较大的模数

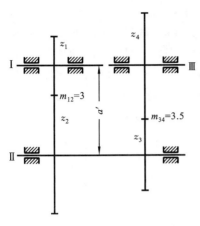

图 7-28　齿轮减速箱机构简图

$m_{34}=3.5$ mm。各轮压力角均取 $\alpha=20°$。试确定中心距和必要的变位系数。

解　（1）计算两对齿轮的标准中心距 a。

$$a_{12}=\frac{m_{12}}{2}(z_1+z_2)=\frac{3}{2}(20+40)\text{ mm}=90\text{ mm}$$

$$a_{34}=\frac{m_{34}}{2}(z_3+z_4)=\frac{3.5}{2}(20+30)\text{ mm}=87.5\text{ mm}$$

（2）确定中心距。

取较大的中心距 a_{12} 作为实际中心距 a'，则齿轮 1 和齿轮 2 可以采用计算比较简单的标准齿轮传动，而齿轮 3 和齿轮 4 则由于 $a'>a_{34}$，因而可以采用性能较好的正传动。因此决定取 $a'=a_{12}=90$ mm。

（3）确定所需的变位系数之和 $x_\Sigma=x_3+x_4$。

由中心距和啮合角的对应关系式(7-20)算出相应的啮合角，即

$$\cos\alpha'=\frac{a_{34}}{a'}\cos\alpha=\frac{87.5}{90}\cos20°=0.913\ 6$$

所以

$$\alpha'=24°$$

为了能在无侧隙啮合条件下获得啮合角 $\alpha'=24°$，可由无侧隙啮合方程式(7-30)求出所需的变位系数之和 x_Σ。

$$\text{inv}\alpha'=\frac{2(x_3+x_4)}{z_3+z_4}\tan\alpha+\text{inv}\alpha$$

所以

$$\text{inv}24°=\frac{2(x_3+x_4)}{20+30}\tan20°+\text{inv}20°$$

即

$$x_3+x_4=\frac{50(\text{inv}24°-\text{inv}20°)}{2\tan20°}=\frac{50\times(0.026\ 350-0.014\ 904)}{2\times0.363\ 9}=0.786$$

至于如何分配总变位系数 0.786，则应根据工作条件的具体要求，借助一些图表等工具来确定。

7.7　斜齿圆柱齿轮传动

7.7.1　齿廓形成及啮合特点

在前面研究的渐开线直齿圆柱齿轮中，由于齿轮都有一定的宽度，轮齿的方向与轴线平行，所以齿轮端面上的渐开线齿廓形状与垂直于轴线的平面内的齿形完全一样。因此，考虑齿轮的轴向宽度，前述的发生线应为发生面，基圆应为基圆柱，发生线上的点 K 就成了直线 KK，如图 7-29（a）所示。发生面沿基圆柱做纯滚动，发生面上与基圆柱轴线平行的直线 KK 所形成的轨迹，即为直齿轮齿面，它是渐开线曲面。

演示动画

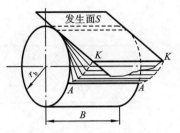
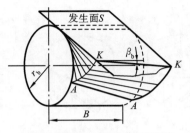

(a) 渐开线直齿圆柱齿轮曲面的形成　　　　(b) 渐开线斜齿圆柱齿轮曲面的形成

图 7-29　圆柱齿轮曲面的形成

斜齿圆柱齿轮齿面形成的原理与直齿轮相似，所不同的是直线 KK 与轴线不平行，而有一个夹角 β_b，如图 7-29（b）所示。当发生面沿基圆柱做纯滚动时，斜直线 KK 的轨迹即为斜齿轮齿面，它是一个渐开螺旋面。该螺旋面与基圆柱的交线 AA 为一条螺旋线，其螺旋角为 β_b，称为基圆柱上的螺旋角。同理，该螺旋面与分度圆柱的交线也是一条螺旋线，该螺旋线的螺旋角用 β 表示，称为分度圆柱上的螺旋角，通常也称为斜齿轮的螺旋角。

渐开螺旋面齿廓具有以下啮合特点。

（1）斜齿圆柱齿轮端面齿廓仍为渐开线。

（2）斜齿圆柱齿轮轮齿倾斜，一端先进入啮合，另一端后进入啮合，其接触线由短变长，再由长变短，啮合传动中可降低冲击、振动和噪声，改善了传动的平稳性，适合高速传动。

（3）基圆柱上的螺旋角 β_b 越大，轮齿偏斜越严重。当 $\beta_b = 0$ 时，斜齿轮就变为直齿轮了。

（4）与齿轮同轴的各圆柱面与轮齿的交线都是螺旋线，但各圆柱面上的螺旋角不同。

7.7.2　基本参数及几何尺寸的计算

斜齿轮的几何参数有端面参数和法面参数两组。端面是指垂直齿轮轴线的平面，法面是指与斜齿轮轮齿齿线相垂直的平面。由于斜齿轮的切削是沿着螺旋齿槽的方向进刀的，其法面参数与刀具参数相同，所以规定斜齿轮的法面参数为标准值。工程上，又常将法面参数、端面参数分别称为标准参数和计算参数。

1. 主要参数

1）螺旋角 β

通常用分度圆柱上的螺旋角 β（简称螺旋角）来表示轮齿的倾斜程度。所谓斜齿轮的螺旋角是指分度圆柱上螺旋线的切线与齿轮轴线之间所夹的锐角，螺旋角 β 越大，则传动越平稳，但轴向力越大。因此在设计中，为了限制轴向力，通常取 $\beta = 8° \sim 20°$。

按轮齿螺旋线的旋向不同，斜齿轮可以分为左旋（见图 7-30（a））和右旋（见图 7-30（b））两种。其判别方法是：沿齿轮轴线方向看，若齿轮螺旋线右边高则为右旋，反之左边高则为左旋。

2）法面模数 m_n 和端面模数 m_t

为了便于分析，常将斜齿轮沿分度圆柱面展成平面，如图 7-31 所示。由图中的几何

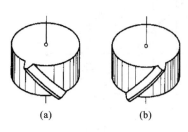

图 7-30　轮齿的旋向

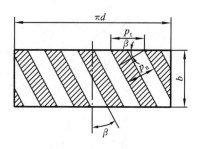

图 7-31　法面齿距与端面齿距的关系

关系可得

$$p_n = p_t \cos\beta \tag{7-36}$$

式中：p_n、p_t 分别表示分度圆柱上轮齿的法面齿距和端面齿距，因法面模数 $m_n = p_n/\pi$，端面模数 $m_t = p_t/\pi$，故由式(7-36)可得

$$m_n = m_t \cos\beta \tag{7-37}$$

式中：法面模数 m_n 为标准值。

3）**法面压力角 α_n 和端面压力角 α_t**

在斜齿轮中，其法面压力角 α_n 和端面压力角 α_t 有如下关系（推导从略）：

$$\tan\alpha_n = \tan\alpha_t \cos\beta \tag{7-38}$$

式中：法面压力角 α_n 为标准值，通常规定 $\alpha_n = 20°$。

4）**齿顶高系数和顶隙系数**

不论从法面还是从端面来观察，斜齿轮的齿顶高和齿根高都是相等的，故常用法面参数求解，即有

$$h_a = h_{an}^* m_n, \quad h_f = (h_{an}^* + c_n^*) m_n$$

式中：法面齿顶高系数 h_{an}^* 和法面顶隙系数 c_n^* 均为标准值。对于正常齿制，$h_{an}^* = 1.0$，$c_n^* = 0.25$；对于短齿制，$h_{an}^* = 0.8$，$c_n^* = 0.3$。

2. **标准斜齿轮的主要几何尺寸的计算**

标准斜齿轮的基本参数有：z、m_n、α_n、h_{an}^*、c_n^*、β。只要这六个参数一经确定，斜齿轮的几何尺寸和齿廓形状即可确定下来，其主要几何尺寸的计算公式见表 7-8。

表 7-8　标准斜齿圆柱齿轮主要几何尺寸的计算公式

名　称	符　号	计　算　公　式
螺旋角	β	（一般取 8°～20°）
基圆柱螺旋角	β_b	$\tan\beta_b = \tan\beta \cos\alpha_t$
法面模数	m_n	（按表 7-3，取标准值）
端面模数	m_t	$m_t = m_n/\cos\beta$
法面压力角	α_n	$\alpha_n = 20°$
端面压力角	α_t	$\tan\alpha_t = \tan\alpha_n/\cos\beta$
法面齿距	p_n	$p_n = \pi m_n$
端面齿距	p_t	$p_t = \pi m_t = p_n/\cos\beta$

名　称	符　号	计　算　公　式
法面基圆齿距	p_{bn}	$p_{bn} = p_n \cos \alpha_n$
法面齿顶高系数	h_{an}^*	$h_{an}^* = 1$
法面顶隙系数	c_n^*	$c_n^* = 0.25$
分度圆直径	d	$d = zm_t = zm_n / \cos \beta$
基圆直径	d_b	$d_b = d \cos \alpha_t$
最少齿数	z_{min}	$z_{min} = z_{vmin} \cos^3 \beta$
齿顶高	h_a	$h_a = h_{an}^* m_n$
齿根高	h_f	$h_f = (h_{an}^* + c_n^*) m_n$
齿顶圆直径	d_a	$d_a = d + 2h_a$
齿根圆直径	d_f	$d_f = d - 2h_f$
法面齿厚	s_n	$s_n = \dfrac{\pi}{2} m_n$
当量齿数	z_v	$z_v = z / \cos^3 \beta$
标准中心距	a	$a = r_1 + r_2 = \dfrac{m_n(z_1 + z_2)}{2\cos \beta}$

注：m_t 应计算到小数后第四位，其余长度尺寸应计算到小数后第三位。

7.7.3　标准斜齿轮的啮合传动

1. 正确啮合条件

一对标准斜齿轮传动要正确啮合，除了两个齿轮的法面模数及法面压力角应分别相等外，它们的螺旋角还必须匹配。因此，一对标准斜齿轮传动的正确啮合条件为

$$\left. \begin{aligned} m_{n1} &= m_{n2} = m_n \\ \alpha_{n1} &= \alpha_{n2} = \alpha_n \\ \beta_1 &= \mp \beta_2 \end{aligned} \right\} \tag{7-39}$$

式中："$-$"用于外啮合，"$+$"用于内啮合。

2. 重合度

为了便于比较，图 7-32 所示为直齿轮传动与斜齿轮传动的啮合线图。当斜齿轮与直齿轮模数相等、齿宽相同时，斜齿轮接触线为斜直线，而直齿轮的接触线为平行于轴线的直线。对于斜齿轮，由于螺旋齿面的原因，从起始啮合点 A 到终了啮合点 A'，比直齿轮传动的 B 到 B' 要长 f，其值为 $f = b\tan\beta$，b 为齿宽。斜齿圆柱齿轮传动的重合度 ε_γ 可表示为

$$\varepsilon_\gamma = \varepsilon_\alpha + \varepsilon_\beta \tag{7-40}$$

式中：ε_α 为端面重合度，其大小与同齿数、模数的直齿圆柱齿轮传动的相同；ε_β 为轴面重合度，其值为 $\varepsilon_\beta = b\sin\beta / (\pi m_n)$。

由式(7-40)可知，斜齿轮传动的重合度 ε_γ 比直齿轮传动的要大，故其传动平稳，承载能力高。随着螺旋角 β 增大，重合度 ε_γ 也增大，有的值可高达 10 左右。

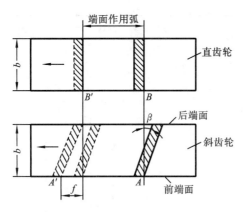

图 7-32　斜齿轮与直齿轮的啮合线对比

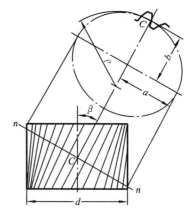

图 7-33　斜齿轮的当量齿轮

7.7.4　当量齿轮和当量齿数

演示动画

在进行强度计算和用仿形法加工齿轮选择铣刀号时，必须知道斜齿轮法面上的齿形。如图 7-33 所示，过斜齿轮分度圆上一点 C 作轮齿的法面 n-n，该平面与分度圆柱面的交线为一椭圆，该椭圆在点 C 的曲率半径为 ρ。以 ρ 为分度圆半径，以斜齿轮的法面模数 m_n、法面压力角 α_n 分别为模数和压力角作一直齿圆柱齿轮，此直齿轮齿形与斜齿轮法面上齿形最为接近，我们就将这一假想的直齿圆柱齿轮称为该斜齿轮的当量齿轮，其齿数称为斜齿轮的当量齿数，用 z_v 表示，其大小为（推导从略）

$$z_v = \frac{z}{\cos^3 \beta} \tag{7-41}$$

式中：z 为斜齿轮的实际齿数；β 为斜齿轮的螺旋角。

利用式（7-41）计算出来的当量齿数一般不为整数，但不要圆整。用范成法加工时，由于当量直齿轮（正常齿制）不产生根切的最少齿数 $z_{vmin} = 17$，故斜齿轮不产生根切的最少齿数为

$$z_{min} = 17\cos^3 \beta \tag{7-42}$$

由此可知，斜齿轮不产生根切的最少齿数比直齿轮少，故其结构更紧凑。

7.7.5　斜齿轮的传动特点

与直齿轮传动相比较，斜齿轮传动的优点如下。

（1）啮合性好　轮齿开始和退出啮合都是逐渐进行的，所以传动平稳，噪声小。

（2）重合度大　相对提高了承载能力，延长了使用寿命。

（3）结构紧凑　斜齿标准齿轮不根切的最少齿数比直齿轮少，相对而言，在同样的条件下，斜齿轮传动结构更紧凑。

（4）斜齿轮的制造成本及所用的机床和刀具均与直齿轮的相同。

其主要缺点是会产生轴向推力，β 越大，轴向推力越大。为减小或消除轴向推力的影响，可以采用左右对称的人字齿齿轮或同时使用两个反向斜齿轮传动。

7.8　直齿圆锥齿轮机构

圆锥齿轮机构用于传递两相交轴间的运动和动力。圆锥齿轮的轮齿是分布在一个圆锥面上的,相应于圆柱齿轮中的各有关"圆柱",在此都变为"圆锥"。圆柱齿轮传动中的分度圆柱、基圆柱、齿顶圆柱、齿根圆柱等圆柱体,在圆锥齿轮传动中都变成了圆锥体:分度圆锥、基圆锥、齿顶圆锥、齿根圆锥等。一对圆锥齿轮两轴之间的交角 Σ 可根据传动的需要来确定。在一般机械中,多采用 $\Sigma = 90°$ 的传动,如图 7-34 所示。圆锥齿轮有直齿和曲线齿之分。曲线齿圆锥齿轮传动平稳、承载能力大,在汽车、拖拉机中有所应用。但应用广泛的还是直齿圆锥齿轮,因为它设计、制造和安装均较方便。本节只讨论直齿圆锥齿轮。

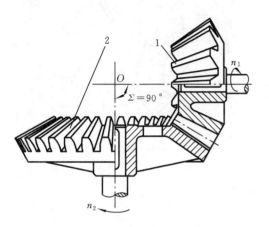

图 7-34　直齿圆锥齿轮传动

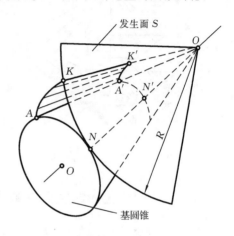

图 7-35　圆锥齿轮齿廓的形成

7.8.1　圆锥齿轮齿廓的形成

直齿圆锥齿轮齿廓曲面的形成与圆柱齿轮相似。如图 7-35 所示,当发生面 S 在基圆锥上做纯滚动时,发生面上过锥顶 O 的线段 KK' 所形成的轨迹 $AA'KK'$ 即为圆锥齿轮的齿廓曲面。因发生面沿基圆锥做纯滚动时,过点 O 的直线 KK' 上的点 K 至锥顶点 O 的距离不变,因此渐开线 AK 在以点 O 为球心、OK 的长度为半径的球面上,故称渐开线 AK 为球面渐开线。直齿圆锥齿轮的齿廓曲面由一系列以锥顶 O 为球心、半径不同的球面渐开线所组成,称为球面渐开曲面。

7.8.2　圆锥齿轮的背锥及当量齿轮

如上所述,圆锥齿轮的齿廓曲线在理论上是球面渐开线,因球面不能展开成平面,这给圆锥齿轮的设计和制造带来很多困难,因此人们常将球面渐开线近似地展在平面上,以便于齿廓的设计计算。图 7-36 所示为具有球面渐开线齿廓的圆锥齿轮。三角形 OAB、Oee、Off 分别表示分锥、顶锥、根锥与轴平面的交线。过点 A 作球面的切线 O_1A 与轴线交于 O_1,以 OO_1 为轴线、O_1A 为母线作一圆锥 O_1AB,该圆锥称为背锥。

若将球面渐开线的齿廓向背锥上投影,则点 e、f 的投影对应为点 e'、f',由图可知 $e'f'$ 与 ef 非常接近,故背锥上的齿廓曲线与圆锥齿轮的球面渐开线齿廓极为接近,而背锥可以展成一扇形平面,如图 7-37 所示。以背锥距 r_v 为分度圆半径,并取圆锥齿轮的大端模数为标准模数,大端压力角为标准压力角,将扇形齿轮补足为完整的直齿圆柱齿轮,这个假想的直齿圆柱齿轮称为圆锥齿轮的当量齿轮。

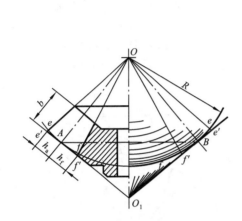

图 7-36　圆锥齿轮的背锥

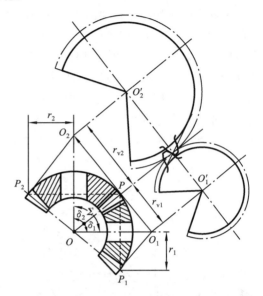

图 7-37　圆锥齿轮的当量齿轮

7.8.3　圆锥齿轮的主要参数及几何计算

1. 基本参数的标准值

为了便于度量,圆锥齿轮的尺寸和齿形均以大端为准,因此,大端模数和压力角取标准值,大端的模数按表 7-9 选取,压力角一般为 $20°$,其齿顶高系数 h_a^* 和顶隙系数 c^* 如下。

对于常规齿:当 $m \leqslant 1$ mm 时, $h_a^* = 1$, $c^* = 0.25$;当 $m > 1$ mm 时, $h_a^* = 1$, $c^* = 0.2$。

对于短齿: $h_a^* = 0.8$, $c^* = 0.3$。

表 7-9　圆锥齿轮模数(摘自 GB/T　12368—1990)　　　　　　　　mm

...	1	1.125	1.25	1.375	1.5	1.75	2
2.25	2.5	2.75	3	3.25	3.5	3.75	4
4.5	5	5.5	6	6.5	7	8	9
10	...						

2. 传动比、分度圆锥角及轴间角的关系

如图 7-37 所示,两圆锥齿轮分度圆半径分别为

$$r_1 = \overline{OP}\sin\delta_1, \quad r_2 = \overline{OP}\sin\delta_2 \tag{7-43}$$

两轮的传动比 i_{12} 为

$$i_{12} = \frac{\omega_1}{\omega_2} = \frac{z_2}{z_1} = \frac{r_2}{r_1} = \frac{\overline{OP}\sin\delta_2}{\overline{OP}\sin\delta_1} = \frac{\sin\delta_2}{\sin\delta_1} \tag{7-44}$$

又因轴交角 $\Sigma = \delta_1 + \delta_2$,轴交角 Σ 可为任意值,但在大多数情况下 $\Sigma = 90°$,由式(7-44)得

$$i_{12} = \frac{z_2}{z_1} = \cot\delta_1 = \tan\delta_2 \tag{7-45}$$

当 Σ 和 i_{12} 已知时,可确定两轮分度圆锥角的值。

3. 锥距

由于在圆锥齿轮机构中,通常 $\Sigma = 90°$,且采用标准齿轮传动,故锥距

$$R = \overline{OP} = (r_1^2 + r_2^2)^{\frac{1}{2}} = \frac{m}{2}(z_1^2 + z_2^2)^{\frac{1}{2}} \tag{7-46}$$

7.8.4　当量齿数

将背锥展开后所得的扇形齿轮的齿数与原圆锥齿轮的实际齿数相等。补足为完整的直齿圆柱齿轮后,则齿数分别增加为 z_{v1} 和 z_{v2},称此齿数称为当量齿数。

由图 7-37 可知,当量齿轮的分度圆半径为

$$r_v = r/\cos\delta$$

所以

$$z_v = z/\cos\delta \tag{7-47}$$

7.8.5　正确啮合条件和连续传动条件

一对直齿圆锥齿轮的啮合相当于一对当量直齿圆柱齿轮的啮合,因此,其正确啮合条件应为两当量齿轮的模数和压力角分别相等,即两圆锥齿轮的大端模数和大端压力角应分别相等,且均为标准值,并且两轮锥距相等、锥顶重合。

为保证一对直齿圆锥齿轮能够实现连续传动,其重合度也应大于或等于1,其重合度即为当量齿轮传动的重合度,可用当量齿轮的参数按直齿圆柱齿轮重合度计算公式来计算。

7.8.6　直齿圆锥齿轮传动的几何计算公式

直齿圆锥齿轮传动的几何计算公式见表 7-10。

表 7-10　直齿圆锥齿轮的几何参数及尺寸计算公式

名　称	符号	计　算　公　式	
		小　齿　轮	大　齿　轮
分锥角	δ	$\delta_1 = \arctan(z_1/z_2)$	$\delta_2 = 90° - \delta_1$
齿顶高	h_a	$h_a = h_a^* m = m$	
齿根高	h_f	$h_f = (h_a^* + c^*)m = 1.2m$	
分度圆直径	d	$d_1 = mz_1$	$d_2 = mz_2$
齿顶圆直径	d_a	$d_{a1} = d_1 + 2h_a\cos\delta_1$	$d_{a2} = d_2 + 2h_a\cos\delta_2$
齿根圆直径	d_f	$d_{f1} = d_1 - 2h_f\cos\delta_1$	$d_{f2} = d_2 - 2h_f\cos\delta_2$
锥距	R	$R = m\sqrt{z_1^2 + z_2^2}/2$	
齿根角	θ_f	$\tan\theta_f = h_f/R$	
顶锥角	δ_a	$\delta_{a1} = \delta_1 + \theta_f$	$\delta_{a2} = \delta_2 + \theta_f$
根锥角	δ_f	$\delta_{f1} = \delta_1 - \theta_f$	$\delta_{f2} = \delta_2 - \theta_f$
顶隙	c	$c = c^* m$(一般取 $c^* = 0.2$)	

续表

名　称	符　号	计　算　公　式	
		小　齿　轮	大　齿　轮
分度圆齿厚	s	$s=\pi m/2$	
当量齿数	z_v	$z_{v1}=z_1/\cos\delta_1$	$z_{v2}=z_2/\cos\delta_2$
齿宽	B	$B\leqslant R/3$（取整）	

注：当 $m\leqslant 1$ mm 时，$c^*=0.25$，$h_f=1.25m$。

7.9　蜗杆机构

7.9.1　蜗杆蜗轮的形成及其传动特点

1. 蜗杆蜗轮的形成

蜗杆机构用于传递空间两交错轴之间的运动和动力。两轴夹角为 $90°$。

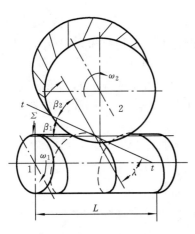

图 7-38　蜗杆机构

如图 7-38 所示，蜗杆机构中轮 1 的分度圆直径远比轮 2 的分度圆直径小，轮 1 的螺旋角比轮 2 的螺旋角大许多；同时轮 1 的轴向长度又较大，这样轮 1 的齿在其分度圆圆柱面上形成了完整的螺旋线，使其外形看上去像一个螺杆，称为蜗杆。与蜗杆相啮合的大齿轮，即图中的轮 2，称为蜗轮。这样形成的蜗杆机构，相啮合的轮齿为点接触。为了改善其啮合状况，可将蜗轮的母线作成弧形，部分地包住蜗杆，并用与蜗杆形状相似的滚刀（不同之处是滚刀的外径略大，以便加工出顶隙）来加工蜗轮，这样就使得两者齿面之间的接触为线接触，从而降低其接触应力，减少磨损。

蜗杆有左、右旋之分，通常多用右旋蜗杆。如图 7-38 所示，蜗杆螺旋线的升角为 $\lambda=90°-\beta_1$。因为蜗轮蜗杆两轴的交错角为 $90°$，所以，$\beta_2=\lambda$，即蜗轮的螺旋角等于蜗杆的导程角。

根据其上螺旋线条数，蜗杆又分为单头蜗杆和多头蜗杆。蜗杆上只有一条螺旋线，即在其端面上只有一个轮齿时，称为单头蜗杆；有两条螺旋线者则称为双头蜗杆，依此类推。蜗杆的头数即为蜗杆的齿数 z_1，通常 $z_1=1\sim4$；蜗轮的齿数为 z_2。

2. 蜗杆机构的特点

蜗杆机构的最大特点是传动比大。这是因为蜗杆的齿数 z_1 很少，而蜗轮的齿数 z_2 可以较多，因此其传动比 $i_{12}=\omega_1/\omega_2=z_2/z_1$ 可以很大。一般 $i_{12}=10\sim100$，在分度机构中，i_{12} 甚至可以达到 1 000 以上。

蜗杆机构的另一特点是具有自锁性。当蜗杆的螺旋线升角 λ 小于蜗杆蜗轮啮合齿间的当量摩擦角 φ_v 时，传动就具有了自锁性。具有自锁性的蜗杆机构，只能由蜗杆带动蜗轮运动，而不能由蜗轮带动蜗杆运动。具有自锁性的蜗杆机构常常用于起重机械，以增加机械的安全性。

蜗杆机构还有结构紧凑、传动平稳和噪声小的特点。

蜗杆机构的主要缺点是机械效率较低,具有自锁性的蜗杆机构效率就更低。另外,由于啮合轮齿之间的相对滑动速度大,所以磨损也大,因此蜗轮常用耐磨材料(如锡青铜)制造,成本也较高。

7.9.2 阿基米德蜗杆及其正确啮合条件

蜗杆传动的类型很多,普通圆柱蜗杆传动为最基本的类型。普通圆柱蜗杆按其齿廓曲线的形状不同可以分为:阿基米德蜗杆、延伸渐开线蜗杆和渐开线蜗杆三种。其中又以阿基米德蜗杆的应用最为广泛,故本小节只讨论这种蜗杆传动。

1. 阿基米德蜗杆的加工

车削阿基米德蜗杆与车削梯形螺纹相似,是用梯形车刀在车床上加工的。两切削刃的夹角 $2\alpha=40°$,加工时将车刀的切削刃放于水平位置,并与蜗杆轴线在同一水平面内,如图 7-39 所示。这样加工出来的蜗杆,在轴向剖面 I-I 内的齿形为直线,在法向剖面 n-n 内的齿形为曲线,在垂直轴线的端面上,其齿形为阿基米德螺旋线,故称为阿基米德蜗杆。这种蜗杆工艺性能好,是目前应用最广泛的一种蜗杆。

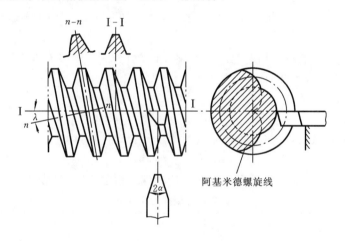

图 7-39 阿基米德圆柱蜗杆

2. 正确啮合条件

图 7-40 所示为阿基米德蜗杆与蜗轮啮合的情况。过蜗杆轴线作一垂直于蜗轮轴线的平面,这个平面称为蜗杆机构的主平面,也称中间平面。在主平面内(蜗杆的齿形为直线,蜗轮的齿形为渐开线),蜗轮与蜗杆的啮合就相当于齿轮与齿条的啮合。因此蜗杆机构的正确啮合条件为:主平面内蜗杆与蜗轮的模数和压力角对应相等,且为标准值,即

$$\left. \begin{array}{l} m_{t2} = m_{a1} = m \\ \alpha_{t2} = \alpha_{a1} = \alpha \end{array} \right\} \tag{7-48}$$

由于蜗杆蜗轮两轴交错,其两轴夹角 $\Sigma=90°$,因此还需保证 $\lambda=\beta_2$,而且蜗轮与蜗杆螺旋线方向必须相同。

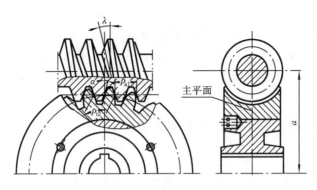

图 7-40 蜗杆蜗轮啮合

7.9.3 蜗轮蜗杆的变位修正和几何尺寸的计算

如上所述，在主平面内蜗轮与蜗杆的啮合相当于齿轮与齿条的啮合，因此，可以参照齿轮变位修正的方法对蜗轮蜗杆进行修正。当然，由于蜗杆相当于齿条，所以是不变位的，根据传动的需要，只对蜗轮采取适当的变位即可。变位修正的蜗轮与蜗杆啮合传动时，蜗轮的分度圆恒与其节圆重合，而蜗杆的分度圆却不再与其节圆重合。利用变位修正的蜗杆机构，不仅可以满足设计中心距的要求，而且也可以在一定的程度上提高蜗杆机构的承载能力。

由于蜗杆相当于螺杆，设螺纹线数（即蜗杆齿数）为 z_1、导程为 l、升角为 λ，则蜗杆的分度圆直径（亦称中圆直径）应为

$$d_1 = \frac{l}{\tan\lambda} = \frac{z_1 p_{a1}}{\tan\lambda} = \frac{z_1 m_{a1}}{\tan\lambda} \qquad (7-49)$$

蜗轮的分度圆直径，可仿照齿轮分度圆的计算公式计算，即

$$d_2 = m_{t2} z_2 \qquad (7-50)$$

式中：m_{a1} 和 m_{t2} 分别为蜗杆的轴面模数和蜗轮的端面模数，其值见表 7-11。

表 7-11 蜗杆的模数 m mm

第 一 系 列	1, 1.25, 1.6, 2.0, 2.5, 3.15, 4.0, 6.3, 8.0, 10.0, 12.5, 16.0, 20.0, 25.0, 31.5, 40.0
第 二 系 列	1.5, 1.75, 3.0, 3.5, 4.5, 5.5, 6.0, 7.0, 12.0, 14.0, 18.0, 22.0, 30.0, 36.0

注：优先采用第一系列。

由于在加工蜗轮时是用相当于蜗杆的滚刀来切制的，所以为了限制蜗轮滚刀的数量，对于同一模数的蜗杆，应对其直径加以限制。为此，将蜗杆分度圆直径规定为标准值，且与其模数相匹配，并令 $d_1/m = q$，q 称为蜗杆的直径系数。d_1 与 m 相匹配的标准系列值见表 7-12。

表 7-12　蜗杆分度圆直径 d_1 与其模数 m 的匹配标准系列值　　　　mm

m	d_1	m	d_1	m	d_1	m	d_1
1	18		(22.4)		40	6.3	(80)
1.25	20		28	4	(50)		112
	22.4	2.5	(35.5)		71		(63)
1.6	20		45		(40)	8	80
	28				50		(100)
2	(18)		(28)	5	(63)		140
	22.4	3.15	35.5		90		(71)
	(28)		(45)		(50)	10	90
	35.5		56	6.3	63		⋮
		4	(31.5)				

注：摘自 GB/T 10085—2018，括号中的数字尽可能不采用。

故　　　　　　　　　　　　　$d_1 = mq$　　　　　　　　　　　　　　　(7-51)

由式(7-51)可知，当齿数 z_1 和模数 m 一定时，q 值的选取与机构的结构和机械效率有关，取较大直径系数 q 时，蜗杆尺寸 d_1 增大，从而增大了蜗杆的刚度，但会使 λ 减小，机械效率将降低，因此，在刚度条件允许的情况下，一般希望取较小的 q 值，以提高机构的机械效率，并可减小机械的结构尺寸。当设计具有自锁性的蜗杆机构时，则应取较大的 q 值。

蜗杆机构的标准中心距为

$$a = r_1 + r_2 = m(q + z_2)/2 \qquad\qquad (7-52)$$

蜗杆机构的基本尺寸计算，是在主平面内进行的，根据两种不同的已知数据，将计算步骤列于表 7-13 中。

表 7-13　蜗杆蜗轮的基本尺寸计算

待　求　量	已　知　量	
	z_1、z_2、m、a、h_a^*、c^*、x	z_1、z_2、m、a、h_a^*、c^*、a'
中心距或变位系数	由 m 在表 7-12 中选定 q $a = \dfrac{m}{2}(q + z_2)$ $a' = \dfrac{m}{2}(q + z_2 + 2x)$	由 m 在表 7-12 中选定 q $a = \dfrac{m}{2}(q + z_2)$ $x = \dfrac{a' - a}{m}$
分度圆直径	$d_1 = mq,\ d_2 = mz_2$	
节圆直径	$d_1' = m(q + 2x),\ d_2' = mz_2$	
齿顶高	$h_{a1} = h_a^* m,\ h_{a2} = (h_a^* + x)m$	
齿顶圆直径	$d_{a1} = m(q + 2h_a^*),\ d_{a2} = m(z_2 + 2h_a^* + 2x)$	
齿根高	$h_{f1} = (h_a^* + c^*)m,\ h_{f2} = (h_a^* + c^* - x)m$	
齿根圆直径	$d_{f1} = m(q - 2h_a^* - 2c^*),\ d_{f2} = m(z_2 - 2h_a^* - 2c^* + 2x)$	
齿高	$h = h_a + h_f = (2h_a^* + c^*)m$	

思考题与习题

7-1　欲使一对齿轮在其啮合过程中保持传动比不变，则其齿廓应符合什么条件？

7-2　当一对互相啮合的渐开线齿轮绕各自的基圆圆心转动时，其传动比不变。为什么？

7-3　何谓齿轮传动的啮合线？为什么渐开线齿轮的啮合线为直线？

7-4　什么叫渐开线标准直齿圆柱齿轮？

7-5　标准直齿条的特点是什么？

7-6　什么叫渐开线齿轮传动的实际啮合线？渐开线直齿轮传动的实际啮合线段长度是如何确定的？

7-7　一对渐开线标准直齿轮的正确啮合条件是什么？若放弃模数和压力角必须取标准值的限制，一对渐开线直齿轮的正确啮合条件是什么？

7-8　一对渐开线直齿轮无侧隙啮合的条件是什么？

7-9　一对渐开线标准外啮合直齿轮非标准安装时，安装中心距 a' 与标准中心距 a 哪个大？啮合角 a' 与压力 α 哪个大？为什么？

7-10　用齿条形刀具范成加工齿轮时，如何加工出渐开线标准直齿轮？

7-11　若用齿条形刀具加工的渐开线直齿外齿轮不发生根切，当改用齿轮形刀具加工时会不会发生根切？为什么？

7-12　渐开线变位直齿轮与渐开线标准直齿轮相比，哪些参数不变？哪些参数发生变化？

7-13　渐开线变位直齿轮传动有哪三种类型？区别传动类型的依据是什么？

7-14　与直齿圆柱齿轮传动相比较，平行轴斜齿圆柱齿轮的主要优缺点是什么？

7-15　平行轴斜齿圆柱齿轮传动的正确啮合条件是什么？

7-16　为什么一对平行轴斜齿轮传动的重合度往往比一对直齿轮传动的重合度大？

7-17　一渐开线在基圆半径 $r_b = 50$ mm 的圆上发生，试求渐开线上向径 $r = 65$ mm 的点的曲率半径 ρ、压力角 α 和展开角 θ。

7-18　有一对渐开线外啮合标准直齿圆柱齿轮啮合，已知 $z_1 = 19, z_2 = 42, m = 5$ mm。试求：

（1）两轮的几何尺寸和标准中心距 a 以及重合度 ε_a；

（2）按比例作图，画出理论啮合线 N_1N_2，在其上标出实际啮合线 B_1B_2，并标出单齿啮合区和双齿啮合区以及节点的位置。

7-19　用标准齿条刀具切制直齿轮，已知齿轮参数 $z = 35, h_a^* = 1, \alpha = 20°$。欲使齿轮齿廓的渐开线起始点在基圆上，试问是否需要变位？如需变位，其变位系数应取多少？

7-20　设计一对外啮合直齿圆柱齿轮，已知：模数 $m = 10$ mm，压力角 $\alpha = 20°$，齿顶高系数 $h_a^* = 1$，齿数 $z_1 = z_2 = 12$，中心距 $a' = 130$ mm。试计算这对齿轮的啮合角 α' 及两轮的变位系数 $x_1、x_2$（取 $x_1 = x_2$）。

7-21　用齿条刀具加工一直齿圆柱齿轮。设已知被加工齿轮轮坯的角速度 $\omega_1=$ 5 rad/s,刀具移动速度 $v_{刀}=0.375$ m/s,刀具的模数 $m=10$ mm,压力角 $\alpha=20°$。

(1) 求被加工齿轮的齿数 z_1;

(2) 若齿条刀具中线与被加工齿轮中心的距离为 77 mm,求被加工齿轮的分度圆齿厚 s;

(3) 若已知该齿轮与大齿轮 2 相啮合时的传动比 $i_{12}=4$,在无侧隙安装时的中心距 a' $=377$ mm,求这两个齿轮的节圆半径 r_1'、r_2' 及其啮合角 α'。

7-22　一对外啮合直齿圆柱标准齿轮 $m=2$ mm,$\alpha=20°$,$h_a^*=1$,$c^*=0.25$,$z_1=20$,z_2 $=40$,试求:

(1) 标准安装的中心距 a。

(2) 齿轮 1 齿廓在分度圆上的曲率半径 ρ_1。

(3) 这对齿轮安装时若中心距 $a'=62$ mm,要求作无侧隙啮合,其啮合角 α' 为多少? 传动比 i_{12}、顶隙 c 是否变化?

(4) 若用平行轴标准斜齿圆柱齿轮机构来满足中心距 $a'=62$ mm 的要求,试计算螺旋角 β。

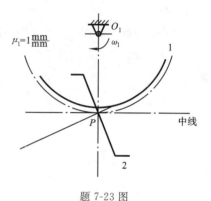

7-23　题 7-23 图所示为齿轮齿条传动。

(1) 试画出齿轮的分度圆、基圆、啮合线、啮合角及啮合极限点 N_1。

(2) 若图中 2 为齿条刀具,1 为被切齿轮,试根据图形判别加工标准齿轮时是否发生根切,为什么?

题 7-23 图

(3) 若齿条刀具的模数 $m=4$ mm,$\alpha=20°$,$h_a^*=1$,$c^*=0.25$。切制齿轮时刀具移动速度 $v_2=5$ m/s,轮坯齿数 $z=14$。问:

① 加工标准齿轮时,刀具中线与轮坯中心的距离 L 为多少? 轮坯转速 n_1 为多少?

② 加工变位齿轮时,若取变位系数 $x=0.5$,则 L' 应为多少? n_1 为多少?

③ 采用上述变位系数值,并保持标准齿全高,试计算该齿轮的 d_a、d_f、s、e。

7-24　题 7-24 图所示的轮系中输入轴和输出轴的轴线重合,已知 $z_1=27$,$z_2=60$,$z_{2'}=63$,$z_3=25$,各轮压力角为 $20°$,模数为 5 mm,$h_a^*=1$,$c^*=0.25$,试问该传动系统有几种设计方案(传动类型)? 哪一种较为合理?

7-25　如题 7-25 图所示,两对渐开线直齿圆柱齿轮组成同轴回归式传动,$z_1=12$,$z_2=25$,$z_3=15$,$z_4=31$,$m=4$ mm,试按不产生根切和中心距最小的条件设计这两对齿轮。试求:啮合角 α',实际中心距 a',变位系数 x_1 及 x_2,节圆半径 r_1' 及 r_2',齿顶圆半径 r_{a1} 及 r_{a2}。

7-26　一个正常齿制标准斜齿圆柱齿轮,已知法向压力角 $\alpha_n=20°$,$z=15$,$\beta=20°$,试问用滚刀加工该齿轮时是否产生根切? 原因是什么?

7-27　某机器中需用一对模数 $m=4$ mm,齿数 $z_1=20$,$z_2=59$ 的外啮合渐开线直齿圆柱齿轮传动,中心距 $a'=160$ mm。试问:

(1) 在保证无侧隙传动的条件下,能否根据渐开线齿轮的可分性,用标准直齿圆柱齿轮来实现该传动?

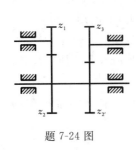

题 7-24 图

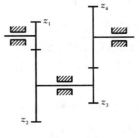

题 7-25 图

（2）能否利用斜齿圆柱齿轮机构来实现该传动？如有可能，计算其分度圆螺旋角 β 及分度圆直径 d_1、d_2。

7-28　一对标准斜齿圆柱齿轮传动，已知 $z_1 = 25$，$z_2 = 75$，$m_n = 5$ mm，$\alpha_n = 20°$，$\beta = 9°6'51''$。

（1）试计算该对齿轮传动的中心距 a；

（2）若要将中心距改为 255 mm，而齿数和模数不变，则应将 β 改为多少才可满足要求？

第8章 轮系及其设计

第7章仅对一对齿轮的工作原理和几何设计问题进行了研究,但在实际机械中,如汽车为什么能变速和倒挡,如何在汽车转弯时根据道路弯曲程度的不同将发动机的一种转速分解为两个后轮的不同转速,在钟表中怎样才能使时针、分针与秒针的转速具有一定的比例关系等,为了满足不同的工作要求,齿轮机构一般都以齿轮系的形式出现。它可以实现单一齿轮机构所不能实现的许多运动,如实现任意两轴间运动和动力的远距离传递,实现变速与变向传动,实现运动的合成与分解,实现传动比大且结构紧凑的运动等。

8.1 轮系及其分类

教学视频　重难点与
知识拓展

前面已经研究了一对齿轮传动的啮合原理及几何设计方法,一对齿轮传动是齿轮传动的最简单形式。但在实际机械中,如金属切削机床的传动系统及手表、各种变速器、航空航天发动机上所用的传动装置等,常常是在输入轴与输出轴之间采用一系列互相啮合的齿轮来传递运动,以满足一定功能要求的。这种由一系列齿轮组成的机械传动系统称为轮系。

轮系的类型很多,其组成也是各式各样的,一个轮系中可以同时包括圆柱齿轮、圆锥齿轮、蜗杆、蜗轮等各种类型的齿轮机构。根据轮系运转时,其各个齿轮的轴线相对于机架的位置是否固定,可将轮系分为定轴轮系和周转轮系两种。

8.1.1 定轴轮系

演示视频

如图 8-1 所示,轮系在运转时,所有齿轮几何轴线的位置相对于机架都是固定不变的,这种轮系称为定轴轮系。如果轮系全部由轴线相互平行的齿轮所组成,则称其为平面定轴轮系(见图 8-1(a));如果在定轴轮系中包含有空间齿轮(如圆锥齿轮、蜗杆、蜗轮等),则称其为空间定轴轮系(见图 8-1(b))。

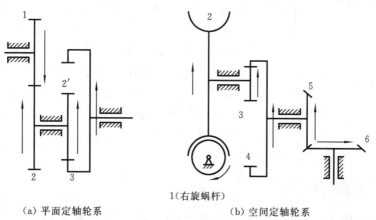

(a) 平面定轴轮系　　　　1(右旋蜗杆)　(b) 空间定轴轮系

图 8-1　定轴轮系

8.1.2 周转轮系

在轮系运转时,至少有一个齿轮轴线的位置不固定,而是绕某一固定轴线回转,则称该轮系为周转轮系。图 8-2 所示为一周转轮系,齿轮 2 一方面绕自己的几何轴线 O_1 回转(自转),同时又随杆 H 绕几何轴线 O 回转(公转),其运动好像行星的运动,故称为行星轮;支撑行星轮的构件 H 称为系杆。其中,齿轮 1、3 的轴线位置固定并与系杆 H 的轴线重合,而且都与行星轮直接相啮合,这种齿轮称为中心轮或太阳轮。

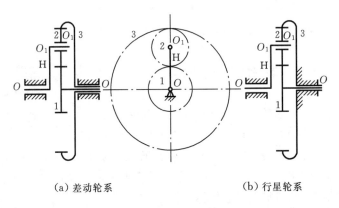

(a) 差动轮系　　　　　　　　(b) 行星轮系

图 8-2　周转轮系

在周转轮系中,一般都以中心轮和系杆作为运动的输入或输出构件,故又称其为周转轮系的基本构件。应当注意,基本构件都是绕着同一固定轴线回转的,否则整个轮系将不能运动。

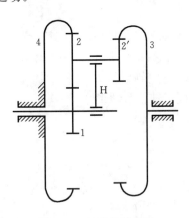

图 8-3　3K 型周转轮系

由此可见,一个基本的周转轮系(或单一的周转轮系)就是由一个系杆、若干个行星轮和与行星轮相啮合的中心轮组成的。

周转轮系可以根据自由度数的不同进一步划分。若自由度为 2,则称其为差动轮系(见图 8-2(a));若自由度为 1,则称其为行星轮系(见图 8-2(b),中心轮 3 固定不动)。

周转轮系还可根据其基本构件的不同加以分类。设轮系中的中心轮用 K 表示,系杆用 H 表示,则图 8-2 所示为 2K-H 型周转轮系;图 8-3 所示为 3K 型周转轮系,因其基本构件是三个中心轮 1、3、4,而行星架只起支撑行星轮 2、2′的作用,不传递外力矩,因此不是基本构件。在实际机械中常用 2K-H 型周转轮系。

8.1.3 复合轮系

在实际机械中,除了采用单一的定轴轮系和单一的周转轮系外,还经常用到既包含定轴轮系又包含周转轮系(见图 8-4(a))或由几个基本周转轮系(见图 8-4(b))组成的复杂轮系。这种轮系称为混合轮系或复合轮系,如图 8-4 所示。

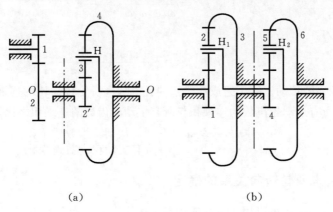

(a)   (b)

图 8-4 复合轮系

8.2 定轴轮系及其传动比

一对齿轮的传动比是指该两齿轮的角速度(或转速)之比,而所谓轮系的传动比,是指轮系中,首轮与末轮的角速度(或转速)之比,用 i_{ab} 表示,下标 a、b 为首轮与末轮的代号,则其传动比的大小为

$$i_{ab} = \frac{\omega_a}{\omega_b} = \frac{n_a}{n_b} \tag{8-1}$$

计算轮系的传动比时,不仅要确定首、末两轮的角速度(或转速)之比的大小,而且要确定两轮的相对转动关系,这样才能完整表达首轮与末轮间的关系。

8.2.1 传动比大小的计算

现以图 8-5 所示的定轴轮系为例来介绍定轴轮系传动比的计算方法。在此轮系中,齿轮 1、2 为一对外啮合圆柱齿轮,齿轮 2、3 为一对内啮合圆柱齿轮,而齿轮 3′、4 和 4′、5 是两对锥齿轮。现设齿轮 1 为主动轮(即首轮),齿轮 5 为从动轮(即末轮),则轮系的传动比为 i_{15} $=\omega_1/\omega_5$。下面讨论传动比 i_{15} 的计算方法。

首轮 1 和末轮 5 之间的传动,是通过许多对齿轮的依次啮合来实现的,为此,先求出轮系中每一对啮合齿轮的传动比的大小。

$$i_{12} = \frac{\omega_1}{\omega_2} = \frac{z_2}{z_1} \tag{a}$$

$$i_{23} = \frac{\omega_2}{\omega_3} = \frac{z_3}{z_2} \tag{b}$$

$$i_{3'4} = \frac{\omega_{3'}}{\omega_4} = \frac{\omega_3}{\omega_4} = \frac{z_4}{z_{3'}} \tag{c}$$

$$i_{4'5} = \frac{\omega_{4'}}{\omega_5} = \frac{\omega_4}{\omega_5} = \frac{z_5}{z_{4'}} \tag{d}$$

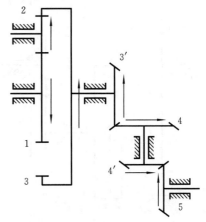

图 8-5 定轴轮系

将式(a)、(b)、(c)、(d)相乘得

$$i_{12}i_{23}i_{3'4}i_{4'5} = \frac{\omega_1\omega_2\omega_3\omega_4}{\omega_2\omega_3\omega_4\omega_5} = \frac{\omega_1}{\omega_5}$$

故轮系的传动比为

$$i_{15} = \frac{\omega_1}{\omega_5} = i_{12}i_{23}i_{3'4}i_{4'5} = \frac{z_2z_3z_4z_5}{z_1z_2z_{3'}z_{4'}} = \frac{z_3z_4z_5}{z_1z_{3'}z_{4'}}$$

上式表明:定轴轮系的传动比等于组成该轮系的各对啮合齿轮传动比的连乘积,其大小等于各对啮合齿轮中所有从动轮齿数的连乘积与所有主动轮齿数的连乘积之比,即

$$i_{ab} = \frac{\omega_a}{\omega_b} = \frac{n_a}{n_b} = \frac{\text{从 a 至 b 所有从动轮齿数连乘积}}{\text{从 a 至 b 所有主动轮齿数连乘积}} \tag{8-2}$$

8.2.2　首、末两轮转向关系的确定

齿轮传动的转向关系可以用正负号或用箭头表示。

1. 平面定轴轮系

图 8-6(a)所示为一对外啮合齿轮传动。当主动轮 1 以逆时针方向转动时,从动轮 2 就以顺时针方向转动,即两轮转向相反,结果用"一"号表示。图 8-6(b)所示为一对内啮合齿轮传动,由于内啮合时两轮转向相同,结果用"+"号表示。所以在平面定轴轮系中,每经过一对外啮合传动,转动方向就改变一次,而内啮合传动不改变转动方向。假设从首轮到末轮共有 m 次外啮合,则首、末两轮的转向关系用$(-1)^m$表示,如图 8-7 中的轮 1 到轮 4,有两次外啮合,转向改变两次,因此该轮系传动比的符号为$(-1)^2 = +1$,即轮 1 与轮 4 转向相同。

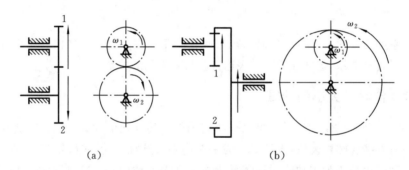

(a)　　　　　　　　　　　　　　(b)

图 8-6　一对齿轮传动的转向关系

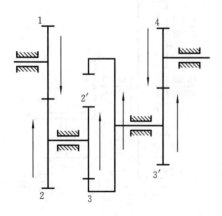

图 8-7　平面定轴轮系的转向关系

同时,还可以采用在图上根据内啮合(转向相同)、外啮合(转向相反),依次画箭头的方法来确定轮系传动比的正负号。如图 8-6(a)所示,代表两轮转向的箭头不是同时指向节点("面对面")就是同时背离节点("背对背")。图 8-7 中轮 1 与轮 4 的箭头方向相同,表明其转向相同,所以i_{14}为正。

又在图 8-5 所示轮系传动比的计算过程中,可以看到,轮 2 同时与轮 1 和轮 3 啮合,而且对于轮 1 而言,轮 2 是从动轮,对于轮 3 而言,轮 2 又是主动轮,因而其齿数对传动比的大小无影响,仅仅起着传动的中间过渡和改变从动轮转向的作用,故称轮

2 为惰轮(或过桥轮)。

将以上分析推广到一般的各轮轴线相互平行的定轴轮系。设轮 a 为首轮、轮 b 为末轮,则有

$$i_{ab} = \frac{n_a}{n_b} = \frac{\omega_a}{\omega_b} = (-1)^m \frac{\text{从 a 至 b 所有从动轮齿数的连乘积}}{\text{从 a 至 b 所有主动轮齿数的连乘积}} \tag{8-3}$$

式中:m 为轮系中外啮合齿轮的对数。

2. 空间定轴轮系

用正负号表示主、从动轮转向的方法,只有当主、从动轮的轴线平行时才有意义,但对空间定轴轮系,其转向不能再由 $(-1)^m$ 决定,必须在运动简图中用画箭头的方法确定。

如图 8-8 所示的空间齿轮传动,由于主、从动轮的轴线不平行,两个齿轮的转向没有相同和相反的关系,所以不能用正负号表示,这时只能用画箭头的方法来表示两轮转向,其传动比不再带符号。至于蜗杆、蜗轮的转向关系,可按左、右手法则来确定:对左(右)旋蜗杆,用左(右)手,四指顺着蜗杆的转向握住蜗杆,则大拇指所指方向的反方向即表示蜗轮在啮合点的圆周速度方向。

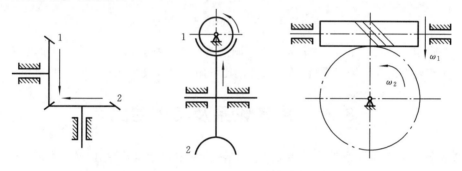

(a) 圆锥齿轮传动　　　　　　　(b) 蜗杆传动

图 8-8　一对空间齿轮传动的转向关系

在图 8-9(a)所示的空间定轴轮系中所有齿轮的几何轴线并不都是平行的,但首、末两轮的轴线相平行,则它们的转向关系仍可用正负号表示。

其符号由图 8-9(a)上所画箭头判定。如首轮 1 和末轮 5 的转向相反,则其传动比为

$$i_{15} = \frac{\omega_1}{\omega_5} = -\frac{z_2 z_3 z_4 z_5}{z_1 z_{2'} z_{3'} z_4}$$

如图 8-9(b)所示的空间定轴轮系,因首、末两轮的轴线不平行,故它们的转向关系只能在图上用箭头表示,其传动比不再带符号。所以,其传动比为

$$i_{14} = \frac{\omega_1}{\omega_4} = \frac{z_2 z_3 z_4}{z_1 z_{2'} z_{3'}}$$

【例 8-1】　在图 8-9(a)所示轮系中,已知 $n_1 = 500$ r/min,$z_1 = 30$,$z_2 = 40$,$z_{2'} = 20$,$z_3 = 25$,$z_{3'} = 23$,$z_4 = 24$,$z_5 = 69$,求 n_5 的大小和方向。

解　具体的解题步骤如下。

(1) 计算 n_5 的大小。该轮系属于首、末两轮轴线平行的空间定轴轮系,只能先用式(8-2)计算传动比的大小,再求出 n_5。

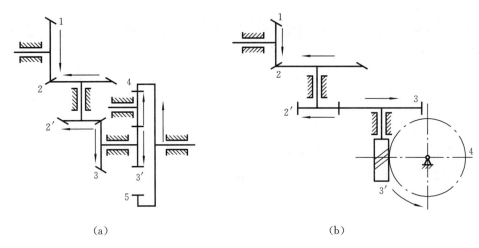

(a)　　　　　　　　　　　　　(b)

图 8-9　空间定轴轮系的转向关系

$$i_{15} = \frac{n_1}{n_5} = \frac{z_2 z_3 z_4 z_5}{z_1 z_{2'} z_{3'} z_4} = \frac{40 \times 25 \times 24 \times 69}{30 \times 20 \times 23 \times 24} = 5$$

所以

$$n_5 = \frac{n_1}{i_{15}} = \frac{500}{5} \text{ r/min} = 100 \text{ r/min}$$

（2）确定 n_5 的方向。n_5 的方向只能用画箭头的方法判断，如图 8-9(a)中的箭头所示。由于轮 1 与轮 5 的几何轴线平行，所以其传动比可用正负号表示，则 $n_5 = -100$ r/min。

8.3 周转轮系及其传动比

周转轮系与定轴轮系的本质区别在于周转轮系中有行星轮存在，或者说有一个转动的系杆。由于系杆的回转使得行星轮不但有自转而且还有公转，故其传动比不能直接用定轴轮系传动比的公式进行计算。但是，如果能够在保持周转轮系中各构件之间的相对运动不变的条件下，使得系杆固定不动，则该周转轮系即被转化为一个假想的定轴轮系，就可以借助于此转化轮系（或称为转化机构），按定轴轮系的传动比公式进行周转轮系传动比的计算。这种方法称为反转法或转化机构法。

比较图 8-10(a)、(b)可以看出，图(a)周转轮系中构件 H 以角速度 ω_H 转动而成为系杆，图(b)定轴轮系中构件 H 是机架。根据相对运动原理，给图(a)所示的整个周转轮系加一个绕系杆 H 轴线转动的公共角速度 $-\omega_H$，并不会改变各构件之间的相对运动关系，但此时系杆的角速度为 $\omega_H^H = \omega_H - \omega_H = 0$，即系杆已成为"静止"的机架。于是，周转轮系就转

演示视频

化为一个假想的定轴轮系，这个假想的定轴轮系称为原周转轮系的转化轮系，其各物理量均在代表符号的右上角加一上标"H"，以示区别。如 i^H 为转化轮系的传动比，这时该转化轮系的传动比就可以按定轴轮系传动比的计算方法计算了。轮系转化后各构件的角速度如表 8-1 所示。

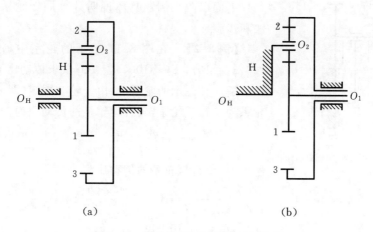

图 8-10　周转轮系与定轴轮系的差别

表 8-1　各构件转化前后的角速度

构　件	原有角速度	转化轮系中的角速度
1	ω_1	$\omega_1^H = \omega_1 - \omega_H$
2	ω_2	$\omega_2^H = \omega_2 - \omega_H$
3	ω_3	$\omega_3^H = \omega_3 - \omega_H$
H	ω_H	$\omega_H^H = \omega_H - \omega_H = 0$

由于周转轮系的转化轮系是一个定轴轮系,因此,根据式(8-2),转化轮系中齿轮 1 对齿轮 3 的传动比 i_{13}^H 为

$$i_{13}^H = \frac{\omega_1^H}{\omega_3^H} = \frac{\omega_1 - \omega_H}{\omega_3 - \omega_H} = (-1)^1 \frac{z_2 z_3}{z_1 z_2} = -\frac{z_3}{z_1}$$

上式表明,当轮系为行星轮系时,轮 1 或轮 3 固定,即 ω_1 或 ω_3 为零,公式中只要在另外两个角速度中任知其一,即可求出其余一个角速度。当轮系为差动轮系时,在三个角速度 ω_1、ω_3、ω_H 中任知其中两个,即可求出第三个角速度。

若 a、b 为周转轮系中的任意两个齿轮,系杆为 H,则其转化轮系传动比计算的一般公式为

$$i_{ab}^H = \frac{\omega_a^H}{\omega_b^H} = \frac{\omega_a - \omega_H}{\omega_b - \omega_H} = \pm \frac{\text{从 a 至 b 所有从动轮齿数的乘积}}{\text{从 a 至 b 所有主动轮齿数的乘积}} \tag{8-4}$$

应用式(8-4)计算周转轮系传动比时,需要注意以下几点。

(1) 式(8-4)适用于任何基本周转轮系,但要求 a、b 两轮和系杆 H 的几何轴线必须相互平行或重合。

(2) ω_a^H、ω_b^H、i_{ab}^H 分别为齿轮 a、b 在转化轮系中的角速度和传动比。$i_{ab}^H = f_{ab}(z)$ 的符号和大小是在转化轮系中按定轴轮系的方法来确定的。i_{ab}^H 的正负号不仅表明在转化轮系中轮 a 和轮 b 之间的转向关系,而且它将直接影响到周转轮系传动比的大小和正负号。

(3) $i_{ab}^H \neq i_{ab}$,i_{ab} 是周转轮系中轮 a 和轮 b 的传动比。i_{ab} 必须经过求 i_{ab}^H 后才能求得。

(4) ω_a、ω_b 和 ω_H 分别为原周转轮系中相应构件的绝对角速度,均为代数量,在使用时要带上相应的正负号,这样求出的角速度就可按其符号来确定方向。

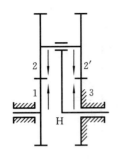

图 8-11　大传动比的周转轮系

下面以两个例题具体说明计算周转轮系传动比的方法和步骤。

【例 8-2】　在图 8-11 所示的轮系中，设已知 $z_1=100$，$z_2=101$，$z_{2'}=100$，$z_3=99$，试求传动比 i_{H1}。

解　在图示的轮系中，由于轮 3 固定（即 $n_3=0$），故该轮系为一行星轮系，其转化轮系的传动比为

$$i_{13}^H = \frac{n_1^H}{n_3^H} = \frac{n_1-n_H}{0-n_H} = (+)\frac{z_2 z_3}{z_1 z_{2'}}$$

所以，可得行星轮系的传动比为

$$i_{1H} = 1-i_{13}^H = 1-\left(+\frac{z_2 z_3}{z_1 z_{2'}}\right) = 1-\frac{101\times 99}{100\times 100} = +\frac{1}{10\,000}$$

故

$$i_{H1} = +10\,000$$

即当系杆 H 转 10 000 转时，轮 1 才转 1 转，其转向与系杆 H 的转向相同，可见行星轮系可获得的传动比极大。但这种轮系的效率很低，且当轮 1 为主动件时轮系将发生自锁，因此，这种轮系只适用于轻载下的运动传递或作为微调机构。

如果将本例中的 z_3 由 99 改为 100，则

$$i_{1H} = 1-i_{13}^H = 1-\left(+\frac{z_2 z_3}{z_1 z_{2'}}\right) = 1-\frac{101\times 100}{100\times 100} = -\frac{1}{100}$$

故

$$i_{H1} = -100$$

即当系杆 H 转 100 转时，轮 1 反向转 1 转，可见行星轮系中齿数的改变不仅会影响传动比的大小，而且还会改变从动轮的转向。这就是行星轮系与定轴轮系的不同之处。

【例 8-3】　在图 8-12 所示的轮系中，设已知 $z_1=48$，$z_2=42$，$z_{2'}=18$，$z_3=21$，$n_1=100$ r/min，$n_3=80$ r/min，其转向如图 8-12 所示，求转速 n_H。

解　该轮系是由圆锥齿轮组成的差动轮系。虽然是空间轮系，但其输入轴和输出轴是平行的。以画虚线箭头的方法确定出该转化轮系中，齿轮 1 的转速 n_1^H 与齿轮 3 的转速 n_3^H 方向相反，如图 8-12 所示，故在公式中应代入负号。

由于已知条件给定 n_1、n_3 的转向相反，设 n_1 为正、n_3 为负，代入式（8-4）得

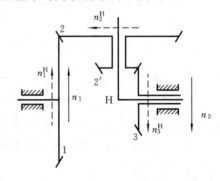

图 8-12　圆锥齿轮组成的差动轮系

$$i_{13}^H = \frac{n_1^H}{n_3^H} = \frac{n_1-n_H}{n_3-n_H} = \frac{100-n_H}{-80-n_H} = -\frac{z_2 z_3}{z_1 z_{2'}} = -\frac{42\times 21}{48\times 18} = -\frac{49}{48}$$

由此得

$$n_H = +9.07 \text{ r/min}$$

计算结果为正，说明系杆 H 的转向与齿轮 1 的转向相同、与齿轮 3 的转向相反。

需要说明的是：由圆柱齿轮所组成的周转轮系，由于其构件的回转轴线都是相互平行的，故利用转化轮系计算其传动比的方法，适合于轮系中的所有活动构件（包括行星轮在内，如图 8-11 中的轮 2 和轮 2'）；而由圆锥齿轮组成的周转轮系，其行星轮 2、2' 的轴线与齿轮 1（或齿轮 3）和系杆的轴线不平行，因而它们的角速度不能按代数量进行加减，故利

用转化轮系计算传动比时,只适合于该轮系的基本构件(如轮 1、3 和系杆 H),而不适合于行星轮 2、2'。当需要知道其行星轮的角速度时,应用角速度向量来进行计算。对此,这里未予详细介绍,读者可参阅有关资料。

还需要指出的是:图中虚线箭头表示转化轮系中各构件的转动方向,不代表其真实转动方向。

8.4　复合轮系及其传动比

由前述可知,复合轮系由基本周转轮系与定轴轮系组成,或者由几个周转轮系组成。这样的复杂轮系传动比的计算,既不能直接套用定轴轮系的公式,也不能直接套用周转轮系的公式。例如,对图 8-4(a)所示的复合轮系,如果给整个轮系加一个公共角速度 $-\omega_H$,使其绕 O-O 轴线反转后,原来的周转轮系虽然转化成了定轴轮系,可原来的定轴轮系却因机架反转而变成了周转轮系,这样整个轮系还是复合轮系。因此,计算复合轮系传动比可遵循以下步骤。

(1) 正确划分定轴轮系和基本周转轮系。划分轮系时应先找出基本周转轮系,根据周转轮系具有行星轮的特点,首先找出轴线位置不固定的行星轮,支撑行星轮公转的构件就是系杆 H(注意有时系杆不一定是杆状),而几何轴线与系杆的回转轴线相重合,且直接与行星轮相啮合的定轴齿轮就是中心轮。这样的行星轮、系杆和中心轮便组成一个基本周转轮系。划分一个基本的周转轮系后,还要判断是否还有其他行星轮被另一个系杆支撑,每一个系杆对应一个周转轮系。在逐一找出所有的周转轮系后,剩下的就是定轴轮系了。

在如图 8-4(a)所示的复合轮系中,2'-3-4-H 为周转轮系,1-2 为定轴轮系。在如图 8-4(b)所示的复合轮系中,1-2-3-H_1 为一周转轮系,4-5-6-H_2 为另一周转轮系。

(2) 分别列出各基本轮系的传动比计算式。

(3) 找出各基本轮系之间的联系,联立方程求解。

【例 8-4】　在如图 8-13 所示的轮系中,已知 $z_1=20$,$z_2=30$,$z_3=80$,$z_4=25$,$z_5=50$,试求传动比 i_{15}。

解　具体的解题步骤如下。

(1) 正确划分轮系。

齿轮 2 的轴线位置不固定,为行星轮,支撑它的为系杆 H,与齿轮 2 直接啮合的为齿轮 1 和 3,故齿轮 2、齿轮 1 和 3 及系杆 H 组成周转轮系;齿轮 4 和 5 组成定轴轮系。

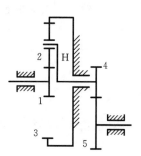

图 8-13　复合轮系

(2) 分别计算传动比。

对周转轮系有

$$i_{13}^H = \frac{\omega_1 - \omega_H}{\omega_3 - \omega_H} = -\frac{z_2 z_3}{z_1 z_2} \tag{a}$$

对定轴轮系有

$$i_{45} = \frac{\omega_4}{\omega_5} = -\frac{z_5}{z_4} \tag{b}$$

(3) 建立联系条件,联立求解。

联系条件为
$$\omega_H = \omega_4 \tag{c}$$

由式(a)和 $\omega_3 = 0$ 可得

$$i_{1H} = \frac{\omega_1}{\omega_H} = 1 + \frac{z_3}{z_1} = +5 \tag{d}$$

由式(b)可得

$$i_{45} = \frac{\omega_4}{\omega_5} = -\frac{z_5}{z_4} = -2 \tag{e}$$

由式(c)、式(d)和式(e)可得

$$i_{15} = \frac{\omega_1}{\omega_5} = i_{1H} \times i_{45} = +5 \times (-2) = -10$$

计算结果为负,说明轮 1 与轮 5 转向相反。

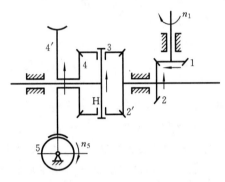

图 8-14　滚齿机传动系统

【例 8-5】　图 8-14 所示为应用于滚齿机中的复合轮系,设已知 $z_1 = 30$, $z_2 = 26$, $z_{2'} = z_3 = z_4 = 21$, $z_{4'} = 30$, $z_5 = 2$(右旋蜗杆);又知齿轮 1 的转速为 $n_1 = 260$ r/min(其转向如图 8-14 所示),蜗杆 5 的转速为 $n_5 = 600$ r/min(其转向如图 8-14 所示),求传动比 i_{1H}。

解　具体的解题步骤如下。

(1) 正确划分轮系。

由图 8-14 可知,轮 3 的轴线位置不固定,为行星轮,支撑它的为系杆 H,与轮 3 直接啮合的有轮 $2'$ 和轮 4,其轴线与系杆 H 轴线重合,故轮 $2'$、4 为中心轮。所以齿轮 $2'$、3、4 及系杆 H 组成周转轮系,齿轮 1、2 及蜗轮 $4'$、蜗杆 5 分别组成两个定轴轮系。

(2) 分别计算传动比。

对齿轮 1、2 组成的定轴轮系有

$$i_{12} = \frac{n_1}{n_2} = \frac{z_2}{z_1} = \frac{26}{30}$$

所以

$$n_2 = n_1 \times \frac{30}{26} = 260 \times \frac{30}{26} \text{ r/min} = 300 \text{ r/min}$$

$$\text{(转向如图所示,设箭头向上为正)} \tag{a}$$

对蜗轮 $4'$ 和蜗杆 5 组成的定轴轮系有

$$i_{4'5} = \frac{n_{4'}}{n_5} = \frac{z_5}{z_{4'}} = \frac{2}{30}$$

所以

$$n_{4'} = n_5 \times \frac{2}{30} = 600 \times \frac{2}{30} \text{ r/min} = 40 \text{ r/min}$$

$$\text{(转向如图所示,与 } n_2 \text{ 同向)} \tag{b}$$

对周转轮系有

$$i_{2'4}^{H} = \frac{n_{2'}^{H}}{n_4^{H}} = \frac{n_{2'} - n_H}{n_4 - n_H} = -\frac{z_4}{z_{2'}} \tag{c}$$

(3) 建立联系条件,联立求解。

联系条件为

$$n_2 = n_2', \quad n_4 = n_4' \quad \text{(均为正)}$$

将式(a)、式(b)代入式(c)得

$$\frac{+(300-n_H)}{+(40-n_H)}=-\frac{21}{21}=-1$$

求得

$$n_H=+170 \text{ r/min}$$

结果为正,表明 n_H 与 n_2 方向相同。于是可求得该复合轮系的传动比为

$$i_{1H}=\frac{n_1}{n_H}=\frac{260}{170}=1.53$$

本例中, $i_{12}=\dfrac{n_1}{n_2}=\dfrac{z_2}{z_1}$, $i_{4'5}=\dfrac{n_{4'}}{n_5}=\dfrac{z_5}{z_{4'}}$,都没有用正负号表示,并不说明它们的转向相同,而是只能以画箭头的方法在图上表示它们的真实方向,计算中不带正负号。

8.5 轮系的功用

在各种机械设备中,轮系的应用非常广泛,主要有以下几个方面。

8.5.1 实现相距较远的两轴之间的传动

当输入轴和输出轴之间的距离较远时,如果只用一对齿轮直接把输入轴的运动传递给输出轴(见图 8-15 中的齿轮 1 和齿轮 2),齿轮的尺寸将很大。这样,既占空间又费材料,而且制造、安装均不方便。若改用齿轮 3、4、5、6 组成的轮系来传动,便可克服上述缺点。

8.5.2 实现分路传动

当输入轴的转速一定时,利用轮系可将输入轴的一种转速同时传到几根输出轴上,获得所需的各种转速。图 8-16 所示为滚齿机上实现轮坯与滚刀展成运动的传动简图,轴 Ⅰ 的运动和动力经过圆锥齿轮 1、2 传给滚刀,经过圆柱齿轮 3、4、5、6、7 和蜗杆 8、蜗轮 9 传给轮坯。

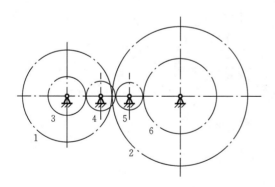

图 8-15 实现远距离传动

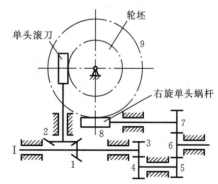

图 8-16 滚齿机分路传动

8.5.3 实现变速变向传动

输入轴的转速、转向不变,利用轮系可使输出轴得到若干种转速或改变输出轴的转向,这种传动称为变速变向传动。如汽车在行驶中经常变速、倒车时要变向等。

图 8-17 所示为汽车的变速箱,图中轴 Ⅰ 为动力输入轴,轴 Ⅱ 为输出轴,齿轮 4、6 为滑

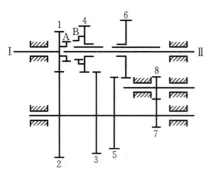

图 8-17　汽车变速箱

移齿轮,离合器 A、B 为牙嵌式离合器。该变速箱可使输出轴得到以下四种转速。

第一挡:齿轮 5、6 相啮合,而齿轮 3、4 和离合器 A、B 均脱离。

第二挡:齿轮 3、4 相啮合,而齿轮 5、6 和离合器 A、B 均脱离。

第三挡:离合器 A、B 相嵌合,而齿轮 5、6 和齿轮 3、4 均脱离。

倒退挡:齿轮 6、8 相啮合,而齿轮 3、4 和齿轮 5、6 以及离合器 A、B 均脱离。此时由于惰轮 8 的作用,输出轴Ⅱ反转。

8.5.4　获得大的传动比和大功率传动

在齿轮传动中,一对齿轮的传动比一般不超过 8。当两轴之间需要很大的传动比时,固然可以用多级齿轮组成的定轴轮系来实现,但轴和齿轮的数量增多,会导致结构复杂。若采用行星轮系,则只需很少几个齿轮,就可获得很大的传动比。如图 8-11 所示的行星轮系,其传动比 i_{H1} 可达 10 000。说明行星轮系可以用少数齿轮得到很大的传动比,比定轴轮系紧凑、简单得多。但这种类型的行星齿轮传动用于减速时,传动比越大,其机械效率越低;如用于增速传动,有可能发生自锁。因此,这种传动一般只用于辅助装置的传动机构,不宜传递大功率。

用于动力传动的周转轮系中,采用多个均布的行星轮来同时传动(见图 8-18),由多个行星轮共同承受载荷,既可减小齿轮尺寸,又可使各啮合点处的径向分力和行星轮公转所产生的离心惯性力得以平衡,减少了主轴承内的作用力,因此传递功率较大,同时效率也较高。

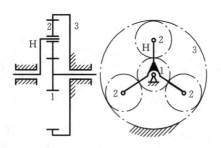

图 8-18　多个均布的行星轮

8.5.5　实现运动的合成与分解

因为差动轮系有两个自由度,所以需要给定三个基本构件中任意两个的运动后,第三个构件的运动才能确定。这就意味着第三个构件的运动为另两个基本构件的运动的合成。如图 8-19 所示的差动轮系就常用于运动的合成,其中 $z_1 = z_3$,则

$$i_{13}^{H} = \frac{n_1^{H}}{n_3^{H}} = \frac{n_1 - n_H}{n_3 - n_H} = -\frac{z_3}{z_1}$$

所以
$$2n_H = n_1 + n_3$$

上式说明，系杆 H 的转速是两中心轮转速的合成，故这种轮系可用作加法机构，这种运动合成被广泛应用于机床、计算机和补偿调整等装置中。

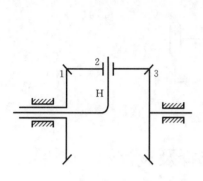

图 8-19　差动轮系用于运动合成

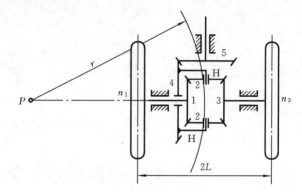

图 8-20　汽车后桥差速器

同样，利用周转轮系也可以实现运动的分解，即将差动轮系中已知的一个独立运动分解为两个独立的运动。图 8-20 所示为装在汽车后桥上的差动轮系（称为差速器）。发动机通过传动轴驱动齿轮 5，齿轮 4 上固连着系杆（行星架）H，其上装有行星轮 2。齿轮 1、2、3 及系杆 H 组成一差动轮系。在该轮系中，$z_1 = z_3$，$n_H = n_4$，根据式（8-4）得

$$i_{13}^H = \frac{n_1 - n_H}{n_3 - n_H} = -\frac{z_3}{z_1} = -1$$

$$2n_H = 2n_4 = n_1 + n_3 \qquad\qquad (a)$$

由于差动轮系具有两个自由度，因此，只有圆锥齿轮 5 为主动轮时，圆锥齿轮 1 和 3 的转速是不能确定的，但 $n_1 + n_3$ 却总为常数。当汽车直线行驶时，由于两个后轮所滚过的距离是相等的，其转速也相等，所以有 $n_1 = n_3$，即 $n_1 = n_3 = n_H = n_4$，行星轮 2 没有自转运动。此时，整个轮系形成一个同速转动的整体，一起随轮 4 转动。当汽车转弯时，由于两后轮的转弯半径不相等，则两后轮的转速应不相等（$n_1 \neq n_3$）。在汽车后桥上采用差动轮系，就是为了在汽车沿不同弯道行驶时，在车轮与地面不打滑的条件下，自动改变两后轮的转速。

当汽车左转弯时，汽车的两前轮在转向机构（图 8-21 中所示的梯形机构 $ABCD$）的作用下，其轴线与汽车两后轮的轴线汇交于一点 P，这时整个汽车可以看成是绕着点 P 回转。在两后轮与地面不打滑的条件下，其转速应与弯道半径成正比，由图可得

$$\frac{n_1}{n_3} = \frac{r - L}{r + L} \qquad\qquad (b)$$

这是一个附加的约束条件，联立式（a）、（b），得两后轮的转速分别为

$$n_1 = \frac{r - L}{r} n_4$$

$$n_3 = \frac{r + L}{r} n_4$$

可见，此时行星轮除与系杆 H 一起公转外，还绕系杆 H 自转，轮 4 的转速 n_4 通过差动轮系分解为 n_1 和 n_3 两个转速，这两个转速随弯道半径的不同而不同。

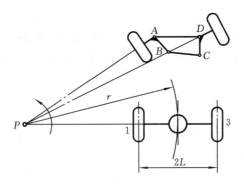

图 8-21　汽车前轮转向机构

8.6　行星轮系的类型选择及设计

8.6.1　行星轮系的类型选择

如前所述，最基本的行星轮系是包括三个基本构件的 2K-H 型，除此之外，还有 3K 型的行星轮系。表 8-2 列出了 2K-H 型行星轮系的几种常用类型及特点，仅供参考。

表 8-2　2K-H 型行星轮系的类型及特点

传动类型		机构简图	传动特性				应用特点
组	型		传动比范围	传动比推荐值	传动效率	传递功率/kW	
负号机构	NGW		1.13～13.7	$i_{1H}=2.7\sim9$	$\eta_{1H}=0.97\sim0.99$	6 500	效率高，体积小，质量小，结构简单，制造方便，传递功率范围大，可用于各种工况条件，在机械传动中应用最广。但单级传动比范围较小
	NW		1～50	$i_{1H}=5\sim25$	$\eta_{1H}=0.97\sim0.99$	6 500	效率高，径向尺寸小，传动比范围较 NGW 型的大，可用于各种工况条件。但制造工艺较复杂
	ZU WGW		1～2	—	用滚动轴承时 $\eta_{1H}=0.98$ 用滑动轴承时 $\eta_{1H}=0.94\sim0.96$	≤60	主要用于差动装置

传动类型		机构简图	传 动 特 性				应 用 特 点
组	型		传动比范围	传动比推荐值	传动效率	传递功率/kW	
正号机构	WW		从1.2到几千	—	η_{1H} 很低,并随 $\|i_{1H}\|$ 的增加而急剧下降	≤10	传动比范围大,但外面尺寸及质量较大;效率低,制造困难,一般不用作动力传动。当行星架从动时,从某一$\|i\|$值起会发生自锁
	NN		≤1 700	一个行星轮时 $i_{1H}=30\sim100$ 三个行星轮时 $i_{1H}<30$	η_{1H} 较低,并随 $\|i_{1H}\|$ 增大而下降	≤30	传动比范围大,效率低,可用于短时动力传动,当行星架角速度较大时,有较大振动和噪声。当行星架从动时,从某一$\|i\|$值起会发生自锁

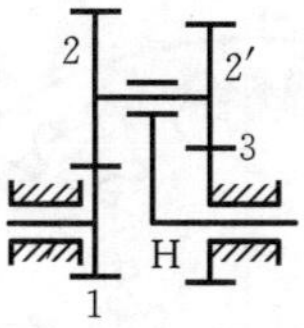

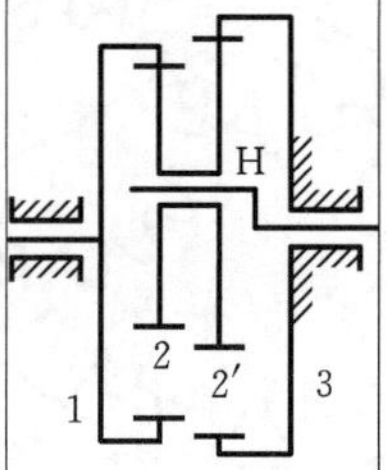

注:N 表示内齿轮,W 表示外齿轮,G 表示公用齿轮,ZU 表示锥齿轮。

8.6.2 行星轮系中各轮齿数的确定

行星轮系是一种共轴式(即输出轴线和输入轴线重合)的传动装置,并且又采用了几个完全相同的行星轮均布在中心轮的四周,因此设计行星轮系时,其各轮齿数的确定除要遵循单级齿轮传动齿数选择的原则外,还必须满足传动比条件、同心条件、装配条件和邻接条件。现以图 8-2(b)为例说明如下。

1. 传动比条件

传动比条件即所设计的行星轮系必须能实现给定的传动比 i_{1H}。对于所研究的行星轮系,其各轮齿数的选择可根据下式来确定:

$$i_{13}^H = \frac{\omega_1 - \omega_H}{0 - \omega_H} = 1 - i_{1H} = -\frac{z_3}{z_1}$$

即

$$i_{1H} = 1 - i_{13}^H = 1 + \frac{z_3}{z_1}$$

应满足

$$z_3 = (i_{1H} - 1)z_1$$

2. 同心条件

为了保证行星轮系能够正常运转,要求三个基本构件的轴线重合,即行星架的回转轴线应与中心轮的几何轴线相重合。对于所研究的行星轮系,如果采用标准齿轮或等变位齿轮传动,则同心条件是:轮 1 和轮 2 的中心距($r_1 + r_2$)应等于轮 2 和轮 3 的中心距($r_3 - r_2$)。由于轮 2 同时与轮 1 和轮 3 啮合,它们的模数应相等,所以

$$\frac{m(z_1 + z_2)}{2} = \frac{m(z_3 - z_2)}{2}$$

则有 $\qquad r_3 = r_1 + 2r_2$ 或 $z_3 = z_1 + 2z_2$

3. 装配条件

设计行星轮系时,行星轮的数目和各轮的齿数之间必须满足一定的条件,才能使各个行星轮均布地装入两中心轮之间(见图 8-22(a));否则将会因中心轮和行星轮互相干涉,而不能均布装配(见图 8-22(b))。

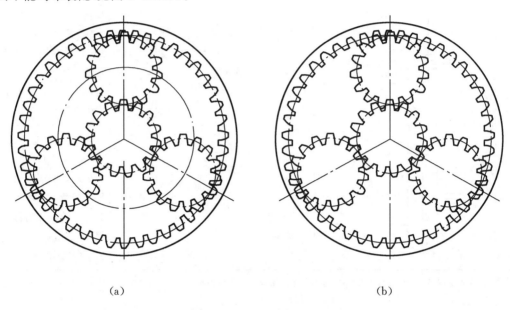

(a) (b)

图 8-22 均布装配条件

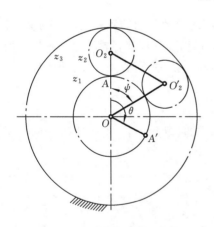

图 8-23 行星轮系装配条件

如图 8-23 所示,设有 k 个行星轮,则两行星轮间的圆心角 $\psi = 360^\circ/k$。当在两中心轮之间点 O_2 处装入第一个行星轮后,两中心轮的轮齿之间相对转动位置已通过该行星轮建立了关系。为了在相隔 ψ 处装入第二个行星轮,可以设想把中心轮 3 固定起来,而转动中心轮 1,使第一个行星轮的位置由 O_2 转到 O_2',这时中心轮 1 上的点 A 转到点 A' 位置,转过的角度为 θ,根据传动比关系有

$$\frac{\theta}{\psi} = \frac{\omega_1}{\omega_H} = i_{1H} = 1 + \frac{z_3}{z_1}$$

所以 $\qquad \theta = \left(1 + \dfrac{z_3}{z_1}\right)\psi = \left(1 + \dfrac{z_3}{z_1}\right)\dfrac{360^\circ}{k}$

为了在点 O_2 处能装入第二个行星轮,则要求中心轮 1 恰好转过 N 个整数齿,即有

$$\theta = N360^\circ/z_1$$

所以 $\qquad \dfrac{(z_1 + z_3)}{k} = N$

式中:N 为整数,$360^\circ/z_1$ 为中心轮 1 的齿距角。这时,轮 1 与轮 3 的齿的相对位置又回复到与开始装第一个行星轮时一模一样,故在原来装第一个行星轮的位置点 O_2 处,一定能装入第二个、第三个,直至第 k 个行星轮。由此可知,要满足装配条件,则两个中心轮的齿

数和(z_1+z_3)应能被行星轮个数k整除。

在图 8-22(a)中,$z_1=14,z_3=42,k=3$,故$(z_1+z_3)/k=(14+42)/3=18.67$,即不能满足均布装配条件,将因轮齿彼此干涉而不能装配;在图 8-22(b)中,$z_1=15,z_3=45,k=3$,故$(z_1+z_3)/k=(15+45)/3=20$,即能满足均布装配条件,从而能顺利装配。

4. 邻接条件

多个行星轮均布在两个中心轮之间,要求两相邻行星轮的齿顶之间不得相碰,这即为邻接条件。由图 8-23 可见,两相邻行星轮的齿顶不相碰的条件是中心距$\overline{O_2O_2'}$大于行星轮的齿顶圆直径d_{a2},即$\overline{O_2O_2'}>d_{a2}$,对于标准齿轮传动有

$$2(r_1+r_2)\sin(180°/k) > 2(r_2+h_a^*m)$$
$$(z_1+z_2)\sin(180°/k) > z_2+2h_a^*$$

8.6.3　行星轮系的均载装置

行星轮系由于在结构上采用了多个行星轮来分担载荷,所以在传递动力时具有承载能力高和单位功率小等优点。但实际上,行星轮、中心轮及系杆等各个零件都存在着不可避免的制造和安装误差,导致各个行星轮负担的载荷不均匀,致使行星传动装置的承载能力和使用寿命降低。为了改变这种现象,更充分地发挥它的优势,必须在结构上采取措施来保证载荷接近均匀的分配。目前采用的均载方法就是从结构设计上采取措施,使各个构件间能够自动补偿各种误差,为此,常把行星轮系中的某些构件做成可以浮动的。在轮系运转中,如各行星轮受力不均匀,则这些构件能在一定范围内自由浮动,从而达到每个行星轮受载均衡的目的。此即所谓的"均载装置"。均载装置的实现方法很多,可参阅其他相关文献。

8.7　其他类型的行星传动简介

随着生产与科学技术的迅猛发展,近年来渐开线少齿差行星传动、谐波齿轮传动和摆线针轮行星传动等都获得了比较广泛的应用。这几种类型的传动,具有结构紧凑、传动比大、质量小和效率高等一系列优点。现简单介绍如下。

8.7.1　渐开线少齿差行星传动

如图 8-24 所示为渐开线少齿差行星传动的简图。通常,中心轮 1 为固定的内齿轮,系杆 H 为输入轴,V 为输出轴。轴 V 与行星轮 2 用等角速比机构 3 相连接。它与前述各种行星轮系的不同之处在于,轴 V 的转速就是行星轮 2 的绝对转速,而不是中心轮或系杆的绝对转速。由于中心轮与行星轮的齿廓均为渐开线,且齿数差很少(一般为 1~4),故其称为渐开线少齿差行星传动。又因其只有一个中心轮、一个系杆和一个带输出机构的输出轴 V,故其又称为 K-H-V 行星轮系。其转化轮系的传动比计算式为

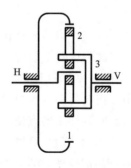

图 8-24　渐开线少齿差行星传动

$$i_{21}^{H} = \frac{n_2 - n_H}{n_1 - n_H} = \frac{n_2 - n_H}{0 - n_H} = 1 - \frac{n_2}{n_H} = \frac{z_1}{z_2}$$

由此可得

$$\frac{n_2}{n_H} = 1 - \frac{z_1}{z_2} = -\frac{z_1 - z_2}{z_2}$$

故

$$i_{HV} = i_{H2} = \frac{n_H}{n_2} = -\frac{z_2}{z_1 - z_2}$$

由上式可知：两轮齿数差愈少，传动比愈大，当齿数差 $z_1 - z_2 = 1$ 时，称为一齿差行星传动，这时传动比出现最大值：$i_{HV} = i_{H2} = -z_2$，"—"号表示传动输入轴和输出轴的转向相反。

少齿差行星传动通常采用销孔输出机构作为等角速比机构，使输出轴 V 绕固定轴线转动。渐开线少齿差行星传动具有传动比大、结构紧凑、体积小、质量小、加工装配及维修方便、传动效率高等优点，被广泛用于冶金机械、食品工业、石油化工、起重运输及仪表制造等行业。但由于齿数差很少，又是内啮合传动，因此为避免产生齿廓重叠干涉，一般需要采用啮合角很大的正传动（当齿数差为 1 时，啮合角为 $54°\sim 56°$），从而导致轴承压力增大；加之还需要一个输出机构，故传递的功率受到一定限制，一般用于中小功率传动。

8.7.2　谐波齿轮传动

谐波齿轮传动是建立在弹性变形理论基础上的一种新型传动，它的出现为机械传动技术带来了重大突破。其主要组成部分如图 8-25 所示：H 为波发生器，它相当于行星轮系中的系杆；内齿轮 1 为刚轮，其齿数为 z_1，它相当于中心轮；外齿轮 2 为柔轮，其齿数为 z_2，可产生较大的弹性变形，它相当于行星轮。系杆 H 的外缘尺寸大于柔轮内孔直径，所以将它装入柔轮内孔后，柔轮即变成椭圆形，椭圆长轴处的轮齿与刚轮 1 相啮合，而短轴处的轮齿脱开，其他各点则处于啮合和脱离的过渡状态。一般刚轮 1 固定不动，当主动件波发生器 H 回转时，柔轮 2 与刚轮 1 的啮合区也就跟着发生转动。由于柔轮齿数比刚轮少 $(z_1 - z_2)$ 个，所以当波发生器转过一周时，柔轮相对刚轮少啮合 $(z_1 - z_2)$ 个齿，亦即柔轮与原位比较相差 $(z_1 - z_2)$ 个齿距角，从而反转 $\frac{z_1 - z_2}{z_2}$ 周，因此可得

$$i_{H2} = \frac{n_H}{n_2} = -\frac{1}{(z_1 - z_2)/z_2} = -\frac{z_2}{z_1 - z_2}$$

该式和渐开线少齿差行星传动的传动比计算公式完全一样。

按照波发生器上装的滚轮数不同，谐波齿轮传动可分为双波传动（见图 8-25）和三波传动（见图 8-26）等，其中最常用的是双波传动。

谐波齿轮传动的齿数差应等于波数或波数的整数倍。

为了实际加工的方便，谐波齿轮的齿形多采用渐开线。

谐波齿轮传动具有以下明显优点：传动比大且变化范围宽；在传动比很大的情况下，仍具有较高的效率；结构简单、体积小、质量小；由于同时啮合的轮齿对数多，齿面相对滑动速度低，加之多齿啮合的平均效应，因此承载能力强、传动平稳、运动精度高。其缺点是柔轮易发生疲劳破坏，启动力矩较大。

近年来谐波齿轮传动技术发展十分迅速，应用日益广泛，在机械制造、冶金、发电设

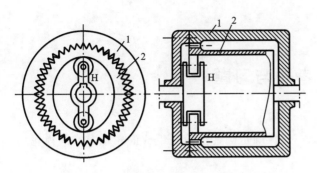

图 8-25　谐波齿轮传动(双波传动)

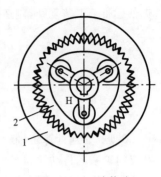

图 8-26　三波传动

备、矿山、造船及国防工业中都得到了广泛应用。

8.7.3　摆线针轮行星传动

摆线针轮行星传动的工作原理和结构与渐开线少齿差行星传动基本相同。

如图 8-27 所示,摆线针轮行星传动由系杆 H、行星轮 2(摆线齿轮)和中心轮 1(内齿轮)组成。同渐开线一齿差行星传动一样,摆线针轮行星传动也是一种 K-H-V 型一齿行星传动。两者的区别仅在于:在摆线针轮传动中,行星轮的齿廓曲线不是渐开线,而是变态外摆线;中心轮 1 采用了针齿,又称针轮。摆线针轮行星传动也因此而得名。

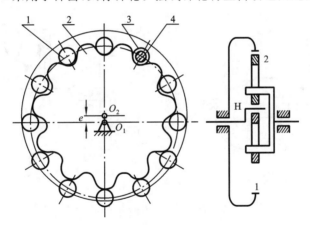

图 8-27　摆线针轮行星传动
1—中心轮;2—摆线齿轮;3—针齿套;4—针齿销

摆线针轮行星传动的传动比计算与渐开线少齿差行星传动的计算相同。因为这种传动的齿数差总是等于1,所以其传动比为

$$i_{HV} = i_{H2} = \frac{1}{i_{2H}} = -\frac{z_2}{z_1 - z_2} = -z_2$$

即利用摆线针轮行星传动可获得大传动比。

摆线针轮行星传动具有减速比大、结构紧凑、传动效率高、传动平稳、承载能力高(理论上有近半数的齿同时处于啮合状态)、使用寿命长等优点。此外,其与渐开线少齿差行星传动相比,无齿顶相碰和齿廓干涉等问题。因此,其日益受到世界各国的重视,在军工、冶金、造船、化工等工业部门得到广泛应用,并取代了一些笨重庞大的传动装置。其主要

缺点是加工工艺复杂,制造成本较高。

思考题与习题

8-1　如何计算定轴轮系的传动比？怎样确定圆柱齿轮所组成的轮系及空间齿轮所组成的轮系的传动比符号？

8-2　如何计算周转轮系的传动比？周转轮系有何优点？何谓周转轮系的"转化机构"？i_{nk}^H是不是周转轮系中 n、k 两轮的传动比？为什么？如何确定周转轮系中从动轮的回转方向？

8-3　如何求复合轮系的传动比？试说明解题步骤、计算技巧及其适用范围。

8-4　在题 8-4 图所示轮系中,已知 $z_1=15,z_2=25,z_{2'}=15,z_3=30,z_{3'}=15,z_4=30,z_{4'}=2$(右旋)$,z_5=60,z_{5'}=20(m=4$ mm$)$,若 $n_1=500$ r/min,求齿条 6 的线速度 v 的大小和方向。

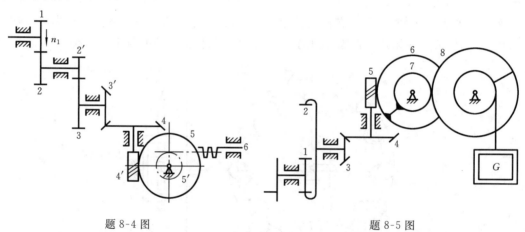

题 8-4 图　　　　　　　　　　　　　題 8-5 图

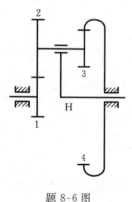

题 8-6 图

8-5　在题 8-5 图所示的手摇提升装置中,已知各轮齿数为 $z_1=20$,$z_2=50,z_3=15,z_4=30,z_6=40,z_7=18,z_8=51$,蜗杆 $z_5=1$(且为右旋),试求传动比 i_{18},并指出提升重物时手柄的转向。

8-6　在题 8-6 图所示轮系中,已知 $z_1=20,z_2=30,z_3=18,z_4=68$,齿轮 1 的转速 $n_1=150$ r/min,试求系杆 H 的转速 n_H 的大小和方向。

8-7　在题 8-7 图所示的复合轮系中,已知 $n_1=3\ 549$ r/min,又各轮齿数为 $z_1=36,z_2=60,z_3=23,z_4=49,z_{4'}=69,z_5=31,z_6=131,z_7=94,z_8=36,z_9=167$。试求系杆 n_H 的转速 n_H 的大小和方向。

8-8　题 8-8 图(a)、(b)所示为两个不同结构的圆锥齿轮周转轮系,已知 $z_1=20$,

$z_2=24$,$z_{2'}=30$,$z_3=40$,$n_1=200$ r/min,$n_3=-100$ r/min,试求两种结构中系杆 H 的转速 n_H 的大小和方向。

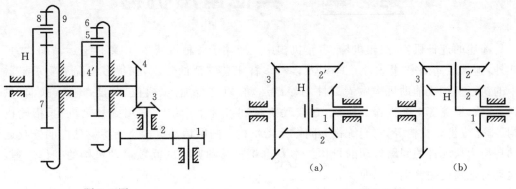

题 8-7 图　　　　　　　　　　　　　　　　　题 8-8 图

8-9　在题 8-9 图所示的三爪电动卡盘的传动轮系中,各轮齿数为 $z_1=6$,$z_2=z_{2'}=25$,$z_3=57$,$z_4=56$,试求传动比 i_{14}。

8-10　题 8-10 图所示为纺织机械中的差动轮系,已知各轮齿数 $z_1=30$,$z_2=25$,$z_3=z_4=24$,$z_5=18$,$z_6=121$,又知 $n_1=48\sim200$ r/min,$n_H=316$ r/min,试求 n_6。

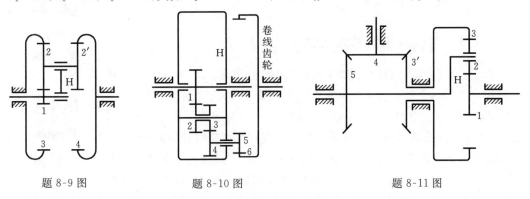

题 8-9 图　　　　　　　　题 8-10 图　　　　　　　　题 8-11 图

8-11　在题 8-11 图所示轮系中,已知 $z_1=22$,$z_3=88$,$z_{3'}=z_5$,试求传动比 i_{15}。

8-12　在题 8-12 图所示行星轮系中,已知各轮的齿数为 z_1、z_2、$z_{2'}$、z_3、$z_{3'}$、z_4,试求传动比 i_{1H}。

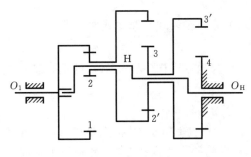

题 8-12 图

第9章 其他常用机构

前述的连杆机构、凸轮机构、齿轮机构广泛应用于各种机械中,用以传递运动和动力。此外,为满足高效率、提高生产率以及多种多样工艺规范的要求,在很多情况下要求机器中的执行机构或辅助机构做周期性的停歇运动,以进行加工、换位、分度、进给、换向、供料、计数、检测等工艺操作。所以,在自动机械和各种生产线上常用到棘轮机构、槽轮机构、不完全齿轮机构等,它们统称为间歇运动机构。间歇运动机构是指将主动件的连续运动转换为从动件的间歇运动的机构。本章也将对几种典型的间歇运动机构的工作原理、运动特性及应用分别予以简要介绍。

为实现特定的空间位置要求和特殊的相对运动,在很多情况下也需要用到空间机构。螺旋机构和万向联轴节就是最简单的空间机构,广泛应用于各种机械设备的传动、调整、快进等场合。本章也将对这两种机构的工作原理、运动特性及应用分别予以简要介绍。

9.1 棘轮机构

9.1.1 棘轮机构的基本结构及工作原理

重难点与
知识拓展

棘轮机构的基本结构如图 9-1 所示,由棘轮 3、棘爪 2、4 与主动摆杆 1、机架 5 组成。主动摆杆 1 空套在与棘轮 3 固连的从动轴上,驱动棘爪 2 与主动摆杆 1 用转动副 O_1 相连,止动棘爪 4 与机架 5 用转动副 O_2 相连,弹簧 6 可保证棘爪与棘轮啮合。当主动摆杆 1 沿顺时针方向转动时,驱动棘爪 2 插入棘轮 3 的齿槽,使棘轮 3 转过某一角度,而止动棘爪 4 在棘轮齿背上滑过。当主动摆杆 1 沿逆时针方向转动时,主动棘爪 2 在棘轮齿背上滑过,止动棘爪 4 插入棘轮齿槽阻止棘轮 3 向逆时针方向反转,棘轮静止不动。

演示视频

这样,当主动摆杆做往复摆动时,从动棘轮做单向间歇转动。

9.1.2 棘轮机构的类型

棘轮机构按结构形式可分为轮齿式与摩擦式两大类。

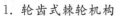

1. 轮齿式棘轮机构

演示视频

按啮合方式可分成外啮合棘轮机构(见图 9-1)、内啮合棘轮机构(见图 9-2)和棘条棘爪机构(见图 9-3)。

根据棘轮的运动又可分为两种情况。

(1)单向式棘轮机构 如图 9-1 所示,其特点是摆杆向一个方向摆动时,棘轮沿同一方向转过某一角度;而摆杆向另一个方向摆动时,棘轮静止不动。图 9-4 所示为双动式棘轮机构,摆杆的往复摆动,都能使棘轮沿单一方向转动,棘轮转动方向是不可改变的。

(2)双向式棘轮机构 如图 9-5 所示,若将棘轮轮齿做成短梯形或矩形,则变动棘爪的放置位置或方向(图 9-5(a)中虚、实线位置,或图 9-5(b)中将棘爪绕自身轴线转

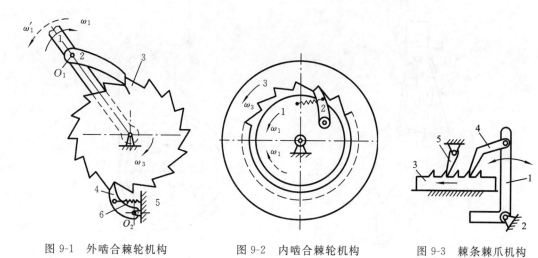

图 9-1　外啮合棘轮机构　　　　　图 9-2　内啮合棘轮机构　　　　　图 9-3　棘条棘爪机构

180°后固定），可改变棘轮的转动方向。棘轮在正、反两个转动方向上都可实现间歇转动。

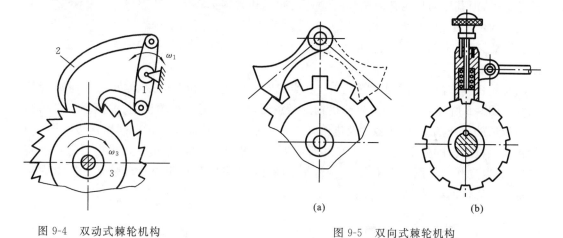

图 9-4　双动式棘轮机构　　　　　　　　　图 9-5　双向式棘轮机构

2.摩擦式棘轮机构

（1）偏心楔块式棘轮机构　如图 9-6 所示，它的工作原理与轮齿式棘轮机构的相同，只是用偏心扇形楔块 2 代替棘爪，用摩擦轮 3 代替棘轮。该机构利用楔块与摩擦轮间的摩擦力与楔块偏心的几何条件来实现摩擦轮的单向间歇转动。图示机构中，当摆杆 1 逆时针转动时，楔块 2 在摩擦力的作用下楔紧摩擦轮 3，使摩擦轮 3 同向转动；摆杆 1 顺时针转动时，摩擦轮静止不动。图中构件 4 为止动楔块，构件 5、6 为压紧弹簧。

（2）滚子楔紧式棘轮机构　图 9-7 所示滚子楔紧式棘轮机构为常用的摩擦式棘轮机构，构件 1 逆时针转动或构件 3 顺时针转动时，在摩擦力作用下滚子 2 能够楔紧在构件 1、3 形成的收敛狭隙处，使构件 1、3 成一体，一起转动；运动方向相反时，构件 1、3 成脱离状态。

9.1.3　棘轮机构的特点及应用

棘轮机构结构简单，制造方便，运动可靠，动程可以在较大的范围内自由选择，并且在

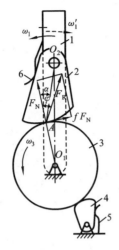

图 9-6　偏心楔块式棘轮机构

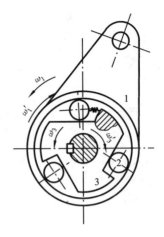

图 9-7　滚子楔紧式棘轮机构

工作过程中可以调节。这是它突出的特点。轮齿式棘轮机构传动平稳，转角准确，但其运动只能有级调节，且噪声、冲击和磨损都较大。摩擦式棘轮机构传动平稳，无噪声，可实现运动的无级调节，但其运动准确性较差。因此，棘轮机构常用于速度较低、载荷不大、运动精度要求不高的场合。

演示视频

　　棘轮机构广泛应用于工程实际中，以实现间歇送进、转位和分度、制动及超越离合等功能。图 9-8 所示为牛头刨床进给机构的示意图，电动机通过齿轮机构、曲柄摇杆机构使装有棘爪的摇杆摆动，推动棘轮及进给丝杠做间歇运动，从而使工作台间歇送进。图 9-9 所示为手枪转盘的分度机构。图 9-10 所示为卷扬机制动机构，利用棘轮机构可阻止卷筒逆转，起制动作用。图 9-11 所示为自行车后轴上的"飞轮"，利用内啮合棘轮机构实现从动链轮与后轴的超越离合。

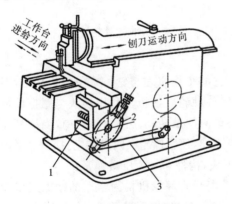

图 9-8　牛头刨床进给机构

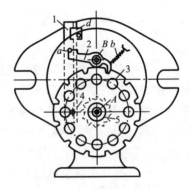

图 9-9　手枪转盘分度机构

9.1.4　棘轮机构的设计

1. 棘轮齿形的选择

常用的棘轮齿形有不对称梯形齿、直线型三角形齿、圆弧型三角形齿等。不对称梯形

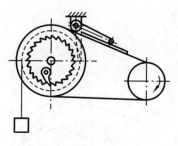

图 9-10 卷扬机制动机构

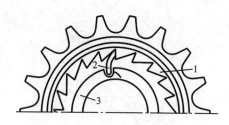

图 9-11 自行车后轴超越离合器

齿的强度较高,齿形已经标准化,是最常用的一种齿形,用于载荷较大的场合。直线型三角形齿的齿顶尖锐,强度较低,用于小载荷场合。圆弧型三角形齿较直线型三角形齿强度高,冲击也小一些。此外,较常见的齿形还有矩形齿和对称梯形齿,主要用于双向式棘轮机构。

2. 主要参数的选择

与齿轮相同,棘轮轮齿的有关尺寸也用模数 m 作为计算的基本参数,但棘轮的标准模数要按棘轮的顶圆直径 d_a 来计算,即

$$d_a = mz \tag{9-1}$$

为使顶圆直径为整数以便于设计和制造,模数 m 应按一定标准选用,常用的 m 值有 1 mm、1.25 mm、1.5 mm、2 mm、2.5 mm、3 mm、4 mm、5 mm、6 mm、8 mm、10 mm 等。

棘轮齿数 z 一般根据棘轮机构的使用条件和运动要求选定。对于一般进给和分度所用的棘轮机构,可根据所要求的棘轮最小转角来确定棘轮的齿数($z \leqslant 250$,一般取 $z = 8 \sim 30$),然后选定模数。

3. 棘轮机构的可靠工作条件

图 9-12 中 θ 为棘轮轮齿工作齿面与径向线间的夹角,称齿面角,L 为棘爪长,点 O_1 为棘爪轴心,点 O_2 为棘轮轴心,啮合力作用点为 P(简便起见,设点 P 在棘轮齿顶上)。当传递相同力矩时,点 O_1 位于 O_2P 的垂线上,棘爪轴受力最小。

当棘爪与棘轮开始在齿顶点 P 处啮合时,棘轮工作齿面对棘爪的总反力 F_R 相对法向反力 F_N 偏转一摩擦角 φ。对点 O_1 的矩使棘爪滑入棘轮齿根,而齿面摩擦力 fF_N 有阻止棘爪滑入棘轮齿根的作用。为使棘爪顺利滑入棘轮齿根并啮紧齿根,两力对点 O_1 的矩应满足

$$F_N L \sin\theta > F_N fL \cos\theta$$
$$\tan\theta > f = \tan\varphi$$

即
$$\theta > \varphi \tag{9-2}$$

因此棘爪顺利滑入齿根的条件为:棘轮齿面角 θ 大于摩擦角 φ,或棘轮对棘爪的总反力 F_N 的作用线必须从棘爪轴心 O_1 和棘轮轴心 O_2 之间穿过。

当材料的摩擦系数 $f = 0.2$ 时,摩擦角 $\varphi \approx 11°18'$,因此一般取 $\theta = 20°$。

4. 棘轮转角大小的调整

(1)采用棘轮罩 棘轮罩如图 9-13 所示。改变棘轮罩位置,使部分行程内棘爪沿棘轮罩表面滑过,从而实现棘轮转角大小的调整。

(2)改变摆杆摆角 在图 9-14 所示棘轮机构中,通过改变曲柄摇杆机构中曲柄 OA

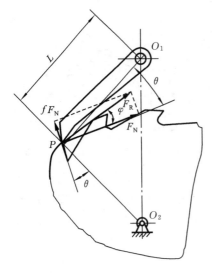

图 9-12　棘爪受力分析

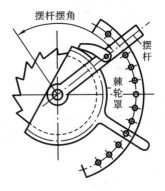

图 9-13　棘轮罩

的长度，来改变摇杆摆角的大小，从而实现棘轮机构转角大小的调整。

（3）多爪棘轮机构　要使棘轮每次转动小于一个轮齿所对的中心角 γ，可采用棘爪数为 n 的多爪棘轮机构。如图 9-15 所示为 $n=3$ 的棘轮机构，三棘爪位置依次错开 $\gamma/3$，当摆杆转角 φ_1 在 $\gamma/3 \sim \gamma$ 范围内变化时，三棘爪依次落入齿槽，推动棘轮转动相应角度 φ_2，φ_2 为 $\gamma/3 \sim \gamma$ 范围内的 $\gamma/3$ 的整数倍。

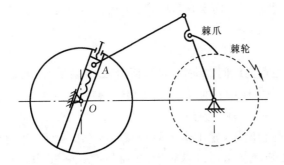

图 9-14　改变摆杆摆角

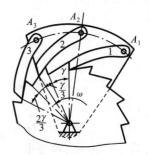

图 9-15　多爪棘轮机构

5. 棘轮机构主要尺寸的计算

棘轮机构主要尺寸的计算见表 9-1 及图 9-12。

表 9-1　棘轮机构主要尺寸的计算

名　称	符　号	计算公式
模数	m	$m=d_\mathrm{a}/z$，标准模数：1,1.5,2,2.5,4,5,6,8,10,12,14,16,…
齿数	z	棘轮的齿数 z 根据工作条件选定。一般棘轮机构，取 $z=12 \sim 60$
顶圆直径	d_a	$d_\mathrm{a}=mz$
齿高	h	$h=0.75m$
根圆直径	d_f	$d_\mathrm{f}=d_\mathrm{a}-2h$

续表

名　　称	符　号	计　算　公　式
齿距	p	$p = \pi m$
齿顶厚	a	$a = m$
轮宽	b	$b = \varphi_m m$，φ_m 为轮宽系数：铸钢 $\varphi_m = 1.5 \sim 4.0$，铸铁 $\varphi_m = 1.6 \sim 6.0$
棘轮齿槽圆角半径	r	$r = 1.5$
齿槽夹角	θ	$\theta = 60°$ 或 $55°$，可根据铣刀决定
棘爪长度	L	$L = 2p$
棘爪工作高度	h_2	一般取 $h_2 = 1.5m$
棘爪尖顶圆角半径	r_2	$r_2 = 2$
棘爪齿形角	θ_2	$\theta_2 = \theta - (1° \sim 3°)$
棘爪底平面长度	σ_2	$\sigma_2 = (1 - 0.8)m$

9.2　槽 轮 机 构

9.2.1　槽轮机构的基本结构及工作原理

如图 9-16(a)所示，典型的槽轮机构(又称马耳他机构)由带圆柱销 G 的主动拨盘 1、开有若干径向开口槽的槽轮 2 和机架组成。主动拨盘 1 以等角速度 ω_1 连续回转。当圆柱销 G 进入槽轮的径向槽内时，拨盘通过圆柱销驱使槽轮按与拨盘相反的方向转动；当圆柱销开始脱出径向槽时，槽轮的内凹锁止弧被拨盘的外凸圆弧卡住，槽轮静止不动。直到圆柱销进入槽轮的下一个径向槽内时，才重复以上过程，使槽轮实现单向间歇运动。

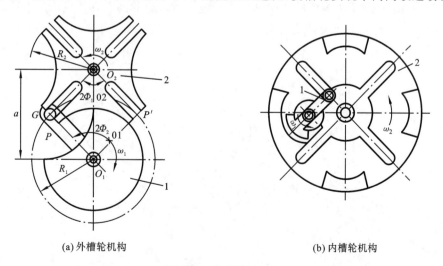

(a) 外槽轮机构　　　　　　　　　　(b) 内槽轮机构

图 9-16　典型槽轮机构

9.2.2 槽轮机构的类型、特点及应用

演示视频

槽轮机构有两种形式：一种为外槽轮机构，如图 9-16(a)所示，其主动拔盘 1 和槽轮 2 转向相反；另一种为内槽轮机构，如图 9-16(b)所示，其主动拔盘 1 与槽轮 2 转向相同。

此外，较为常见的还有可实现间歇时间和运动速度不同的不等臂长的多销槽轮机构（见图 9-17），以及可在两垂直相交轴之间进行间歇传动的球面槽轮机构（见图 9-18）等。

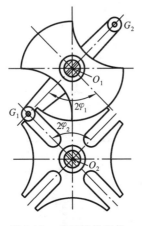

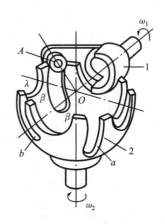

图 9-17 多销槽轮机构   图 9-18 球面槽轮机构

槽轮机构的结构简单、工作可靠，且能准确控制转动的角度，机械效率高，常用于要求恒定转角的分度机构中。但因圆柱销是突然进入和脱出径向槽的，使传动存在柔性冲击，故槽轮机构不适用于高速场合。此外，对一个已定的槽轮机构来说，其转角不能调节，故只能用于恒定转角的间歇运动机构。由于制造工艺、机构尺寸等条件的限制，槽轮的槽数不宜过多，故槽轮机构每次的转角较大。

图 9-19、图 9-20 所示为槽轮机构分别用于电影放映机的间歇卷片机构及 C1325 单轴转塔自动车床的转塔刀架及转位机构。

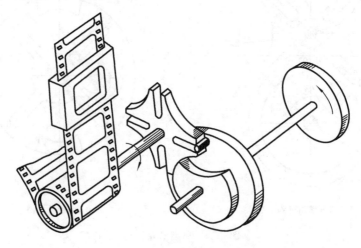

图 9-19 电影放映机的间歇卷片机构

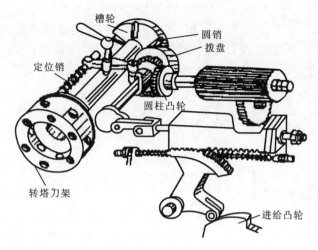

图 9-20　自动车床的转塔刀架及转位机构

9.2.3　槽轮机构的运动分析

1. 槽轮机构的运动系数

在图 9-16(a)所示的外槽轮机构中,主动拨盘 1 转一周时,槽轮 2 的运动时间 t_2 与拨盘 1 的运动时间 t_1 的比值称为槽轮机构的运动系数,用 k 表示。又因拨盘一般为等速回转,所以时间的比值可以用转角的比值来表示。对于拨盘上只有一个圆柱销的槽轮机构来说,时间 t_2 与 t_1 所对应的拨盘转角分别为 $2\Phi_1$ 与 2π。为了避免圆柱销和径向槽发生冲突,圆柱销开始进入径向槽或从径向槽中脱出时,径向槽的中心线应与圆柱销中心轨迹圆相切。于是由图 9-16(a)可知,$2\Phi_1 = \pi - 2\Phi_2$,其中 $2\Phi_2$ 为槽轮两径向槽之间所夹的角。设槽轮上均布的径向槽数为 z,则槽轮机构的运动系数为

$$k = \frac{t_2}{t_1} = \frac{2\Phi_1}{2\pi} = \frac{\pi - 2\Phi_2}{2\pi} = \frac{\pi - 2\pi/z}{2\pi} = \frac{1}{2} - \frac{1}{z} \tag{9-3}$$

在一个运动循环内,槽轮停歇时间 t_2' 可由 k 值按下式计算,即

$$t_2' = t_1 - t_2 = t_1(1 - t_2/t_1) = t_1(1 - k) \tag{9-4}$$

要使槽轮 2 运动,必须使其运动时间 $t_2 > 0$,故由式(9-3)可知径向槽的数目 $z \geqslant 3$,这样槽轮机构的运动系数 $k < 0.5$,也就是说这种槽轮机构的运动时间总小于其停歇时间。

如果在拨盘上装有均布的 n 个圆柱销,则可以得到 $k > 0.5$ 的槽轮机构。当拨盘转动一周时,槽轮将被拨动 n 次,则运动系数也是一个圆柱销时的 n 倍,即

$$k = n\left(\frac{1}{2} - \frac{1}{z}\right) < 1 \tag{9-5}$$

又因 $k < 1$,综合式(9-4)、式(9-5)得

$$n < \frac{2z}{z - 2} \tag{9-6}$$

由式(9-6)知:槽数 $z = 3$ 时,圆柱销数目 $n = 1 \sim 5$;当 $z = 4 \sim 5$ 时,$n = 1 \sim 3$;当 $z \geqslant 6$ 时,$n = 1 \sim 2$。一般槽数 z 取 $4 \sim 8$。

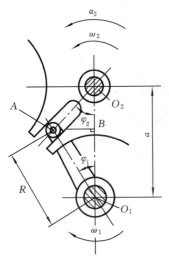

图 9-21　外槽轮机构运动分析

2. 槽轮机构的运动特性

图 9-21 所示为外槽轮机构在运动过程中的任一位置。设拨盘位置用角度 φ_1 确定，槽轮的位置用角度 φ_2 确定，并规定 φ_1 和 φ_2 在圆柱销进入区为正，在圆柱销离开区为负，即 φ_1 和 φ_2 的变化区间为 $-\Phi_1 \leqslant \varphi_1 \leqslant \Phi_1$ 和 $-\Phi_2 \leqslant \varphi_2 \leqslant \Phi_2$。在图 9-21 所示位置，由几何关系可得

$$R\sin\varphi_1 = \overline{AO_1}\sin\varphi_2, \quad R\cos\varphi_1 + \overline{AO_1}\cos\varphi_2 = a$$

从上两式中消去 $\overline{AO_1}$，并令 $\lambda = R/a$，可以求得

$$\varphi_2 = \arctan\frac{\lambda\sin\varphi_1}{1 - \lambda\cos\varphi_1} \tag{9-7}$$

式中：R 为圆柱销回转半径；a 为中心距。

将式(9-7)对时间 t 求一阶和二阶导数，并令槽轮 2 的角速度 $\dot{\varphi}_2 = \omega_2$，角加速度 $\ddot{\varphi}_2 = \alpha_2$，$\omega_2/\omega_1 = i_{21}$，$\alpha_2/\omega_1^2 = k_\varphi$，则可得

$$i_{21} = \frac{\omega_2}{\omega_1} = \frac{\lambda(\cos\varphi_1 - \lambda)}{1 - 2\lambda\cos\varphi_1 + \lambda^2} \tag{9-8}$$

$$k_\varphi = \frac{\alpha_2}{\omega_1^2} = \frac{\lambda(\lambda^2 - 1)\sin\varphi_1}{(1 - 2\lambda\cos\varphi_1 + \lambda^2)^2} \tag{9-9}$$

由式(9-8)、式(9-9)可知，当 ω_1 为常数时，槽轮的角速度 ω_2 与角加速度 α_2 的变化取决于槽数 z。图 9-22 给出了槽数为 4、8 时内、外槽轮机构的角速度和角加速度变化曲线。由图可见，槽轮运动的角速度和角加速度的最大值随槽数 z 的减小而增大。此外，当圆柱销开始进入和刚好离开径向槽时，由于角加速度有突变，故在此两瞬间有柔性冲击，而且槽轮的槽数越少，角加速度变化越大，柔性冲击越大，运动平稳性就越差。这在机构运转速度较高或槽轮轴惯性力较大的情况下，就显得更为突出。因此，设计时槽轮的槽数不应选得太少，但也不宜太多，在尺寸不变的情况下，槽轮的槽数受结构强度限制。并且当槽数 $z > 9$ 时，k 的改变很小，说明槽轮运动时间与静止时间变化不太大。因此，在一般设计中，选取槽数 $z = 4 \sim 8$。

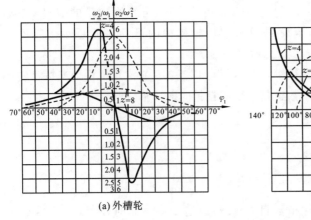

(a) 外槽轮

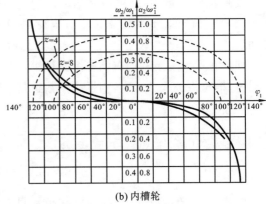

(b) 内槽轮

图 9-22　槽轮机构的运动线图

9.2.4　槽轮机构的主要几何尺寸计算

以外槽轮机构为例,其几何尺寸计算可参看图 9-16 和表 9-2。

表 9-2　外槽轮机构的几何尺寸计算公式(已知参数:z、k、a)

名　　称	符　号	外槽轮计算公式
圆柱销回转半径	R	$R = a\sin(\pi/z)$
圆柱销半径	r	$r \approx R/6$
槽顶高	H	$H = a\cos(\pi/z)$
槽底高	b	$b \leqslant a - (R+r)$ 或 $b = a - (R+r) - (3\sim5)(\mathrm{mm})$
锁止弧半径	R_r	$R_\mathrm{r} = R - r - e$
锁止弧张开角	γ	$\gamma = 2\pi/k - 2\varPhi_1 = 2\pi\left(\dfrac{1}{k} + \dfrac{1}{z} - \dfrac{1}{2}\right)$

9.3　不完全齿轮机构

9.3.1　不完全齿轮机构的工作原理和类型

演示视频

　　不完全齿轮机构是由普通齿轮机构演变而成的一种间歇运动机构。不完全齿轮机构的主动轮上只有一个齿或几个齿,并且根据运动时间和停歇时间的要求,在从动轮上分段制出若干组与主动轮轮齿相啮合的齿槽。因此,当主动轮做整周连续回转时,从动轮便得到间歇的单向转动。在图 9-23(a)所示的不完全齿轮机构中,主动轮 1 每转 1 周,从动轮 2 只转 1/6 周。当从动轮处于停歇位置时,从动轮上的锁止弧 S_2 与主动轮上的锁止弧 S_1 紧密吻合,以保证从动轮停歇在确定的位置上而不游动。

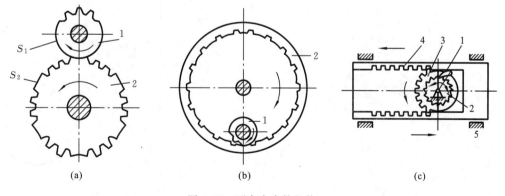

图 9-23　不完全齿轮机构

　　与齿轮传动相似,不完全齿轮传动也有外啮合传动(见图 9-23(a))、内啮合传动(见图 9-23(b))和齿轮齿条传动(见图 9-23(c))。不完全齿轮机构与其他间歇运动机构相比,其优点是：结构简单，容易制造；此外，主动轮转一周，从动轮停歇的次数、每次停歇的时间以及每次转动的转角等，允许选择的幅度比棘轮机构和槽轮机构的大，因而设计灵活。其缺点是：从动轮在转动开始和终止时，角速度有突变，冲击较大。故不完全齿轮机构一般只适用于低速、轻载的工作场合。如果用于高速，则需要安装瞬心线附加杆来改善其动力特性。

不完全齿轮机构常用于多工位自动机和半自动机工作台的间歇转位，以及计数机构和某些要求间歇运动的进给机构。

9.3.2　不完全齿轮机构的啮合特点

1. 不完全齿轮机构的啮合过程

如图 9-24 所示，不完全齿轮机构的啮合过程可以分为以下三个阶段。

（1）前接触段 $\overparen{EB_2}$　两齿轮在点 E 开始接触，从动轮齿顶沿主动轮齿廓顶部向齿根滑动直至点 B_2，轮 2 转速逐渐增大。

（2）正常啮合段 $\overparen{B_2B_1}$　与渐开线齿轮啮合相同，B_2 为轮齿开始啮合点，B_1 为轮齿终止啮合点，两轮做定传动比传动。

（3）后接触段 $\overparen{B_1D}$　两轮啮合点到达点 B_1 后并未脱离啮合，而是主动轮的轮齿沿从动轮的齿廓向其齿顶滑动，直至点 D 脱离接触，轮 2 的角速度逐渐降低。

2. 不完全齿轮机构的齿顶干涉

当两齿轮齿顶圆的交点 C' 在从动轮上第一个正常齿齿顶点 C 的右边时，主动齿轮的齿顶被从动齿轮的齿顶挡住，不能进入啮合，发生齿顶干涉，如图 9-25 所示。为避免干涉发生，将主动轮齿顶降低，使两轮齿顶圆交点正好在点 C 或在点 C 左边。不完全齿轮的主动轮除首齿齿顶应修正外，末齿也应修正，而其他各齿均保持标准齿高，不进行修正。

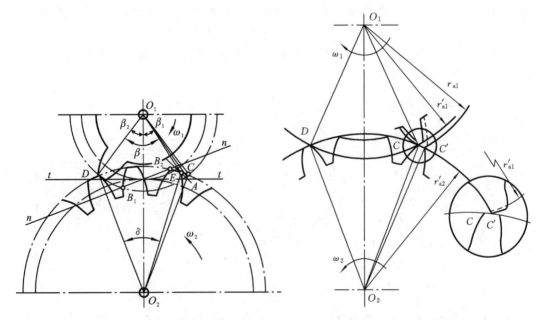

图 9-24　不完全齿轮机构的啮合过程　　　　图 9-25　不完全齿轮齿顶干涉

主动轮首、末齿齿顶的降低也将降低传动时的重合度。若重合度 $\varepsilon<1$，则第二个齿进入啮合时将有冲击；为了避免第二次冲击，需保证首齿工作时重合度 $\varepsilon\geqslant1$。

9.3.3 具有瞬心线附加杆的不完全齿轮机构

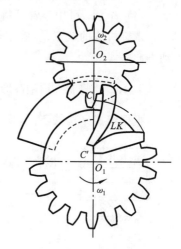

在不完全齿轮机构传动中，从动轮在开始运动和终止运动时速度有突变，因而产生冲击。为减小冲击，可在两轮上安装瞬心线附加杆，如图 9-26 所示，接触点 C' 为两轮相对瞬心。此时

$$\omega_2 = \frac{\overline{O_1C'}}{\overline{O_2C'}}\omega_1$$

传动中点 C' 渐渐沿中心线 O_1O_2 向两齿轮啮合点 C 移动，如果开始运动时 C' 与 O_1 重合，ω_2 可由零逐渐增大，不发生冲击，瞬心线的形状可根据 ω_2 的变化要求设计。同样，末齿脱离啮合时也可以借助另一对瞬心线附加杆使 ω_2 平稳地减小至零。加瞬心线附加杆后，ω_2 的变化情况如图 9-26 中虚线所示。从图中可看出，由于从动轮在开始运动时的冲击比终止运动时的冲击大，所以经常只在从动轮开始运动的前接触段设置瞬心线附加杆。

图 9-26　瞬心线附加杆

9.4　螺 旋 机 构

9.4.1 螺旋机构的类型、特点及应用

螺旋机构是利用螺杆与螺母组成的螺旋副来传递运动和动力，或调整零件间的相对位置的。它一般将回转运动变成直线运动，有时也可将直线运动变成回转运动。

按用途不同，螺旋机构可分为以下三种类型。

（1）传力螺旋机构　以传递动力为主，要承受很大的轴向力，工作速度不高，通常需要具有自锁性，如各种起重或加压装置中的螺旋机构等。

（2）传导螺旋机构　以传递运动为主，要求具有较高的运动精度，工作速度较高，有时也承受较大的轴向力，如机床的进给螺旋机构等。

（3）调整螺旋机构　用以调整、固定零部件之间的相对位置。调整螺旋不经常转动，一般在空载下调整，有时也承受较大的轴向力，如机床、仪器和测量装置中的调整螺旋机构等。

按螺旋副的摩擦性质，螺旋机构可分为滑动螺旋机构、滚动螺旋机构和静压螺旋机构三大类。滑动螺旋的螺旋副摩擦为滑动摩擦，其摩擦阻力大，传动效率低，磨损快，传动精度低，但其结构简单，制造方便，成本低，因此应用较广泛；而滚动螺旋（滚动摩擦）和静压螺旋（液体摩擦）机构，虽然摩擦小，效率高，但结构复杂，制造较为困难，成本高，故多用于要求高精度、高效率的传动中，如数控机床、精密机床和测量仪器的螺旋传动等。

螺旋机构有如下优点。

（1）能将回转运动变换为直线运动，而且运动准确性高。例如一些机床的进给机构，都是利用螺旋机构将回转运动变换为直线运动的。

（2）速比大。可用于如千分尺那样的螺旋测微器中。

（3）传动平稳，无噪声，反行程可以自锁。

（4）省力。可用于轴承拆卸工具、螺旋千斤顶。

螺旋机构的缺点是：效率低、相对运动表面磨损快；另外，往复运动要靠主动件改变转动方向来实现。

9.4.2　螺旋机构的形式

根据组成结构的不同，螺旋机构有单螺旋、双螺旋及三螺旋三种基本形式。

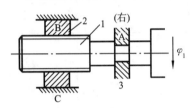

图 9-27　单螺旋机构

1. 单螺旋机构

如图 9-27 所示，单螺旋机构由螺杆 1、螺母 2 及机架 3 组成，1 与 3 组成转动副 A，1 与 2 组成螺旋副 B，其导程为 L_B。若螺杆 1 转过角度 φ_1，则螺母 2 的轴向位移为

$$s_2 = L_B \varphi_1 / 2\pi \qquad (9-10)$$

移动方向用左（或右）手定则判断。单螺旋机构常用于机床进给机构、平口虎钳、螺旋压力机、千斤顶等装置。按螺杆与螺母的相对运动关系，螺旋传动主要有四种运动形式：

（1）螺杆转动、螺母直线移动（见图 9-28(a)），常用于机床的进给机构；

（2）螺母固定、螺杆转动并移动（见图 9-28(b)），多用于螺旋千斤顶、螺旋压力机等；

（3）螺母转动、螺杆移动（见图 9-28(c)），如平面磨床的垂直进给螺旋等；

（4）螺母转动并移动、螺杆固定（见图 9-28(d)），如钻床工作台的升降螺旋。

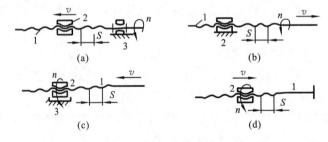

图 9-28　螺旋传动的运动形式

2. 双螺旋机构

如果把图 9-27 中的转动副 A 也换成螺旋副，其导程为 L_A，就得到如图 9-29 所示的双螺旋机构。当螺杆 1 转过角度 φ_1 时，螺母 2 的轴向位移为

$$s_2 = (L_A - L_B) \varphi_1 / 2\pi \qquad (9-11)$$

导程 L_A、L_B 的值有正有负（右旋为正、左旋为负），s_2 的移动方向由导程较大的螺旋副确定。

由式（9-11）可以看出：

（1）当 A、B 螺纹旋向相同时，位移量 s_2 极小，此种螺旋机构称为差动螺旋机构，用于微调、微动装置。如图 9-30 所示为镗床中调节镗刀的差动螺旋机构，若将螺旋转一周，则

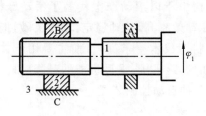

图 9-29　双螺旋机构

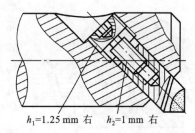

$h_1=1.25\ \text{mm}$ 右　　$h_2=1\ \text{mm}$ 右

图 9-30　调节镗刀的差动螺旋机构

镗刀进退位移仅为 0.25 mm，故可实现进刀量的微量调节，以保证加工质量。

（2）当 A、B 螺纹旋向相反时，位移量 s_2 很大，螺母 2 快速移动，此种螺旋机构称为复式螺旋机构，用于夹具、拉线器等。如图 9-31 所示为两端螺纹旋向相反的复式螺旋机构，用于车厢的连接，可以使车厢 E 和 F 较快地靠近或离开。

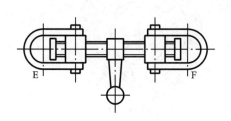

图 9-31　用于车厢连接的复式螺旋机构

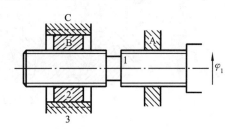

图 9-32　三螺旋机构

3. 三螺旋机构

如图 9-32 所示，三螺旋机构由螺杆 1、螺母 2、机架 3 组成，A、B、C 都是螺旋副，其导程分别为 L_A、L_B、L_C。当螺杆 1 转过角度 φ_1 时，若 C 为移动副，则螺母的移动量 $s_{21}=(L_A-L_B)\varphi_1/2\pi$；但因 C 为螺旋副，因此螺母 2 应有 φ_2 的转角，则

$$s_2 = L_C\varphi_2/2\pi \tag{a}$$

现在螺杆 1 转过角度 φ_1，螺母 2 转过角度 φ_2，因此 $s_2=s_1+s_{21}$，则螺母的位移量 s_2 应为

$$s_2 = L_A\varphi_1/2\pi + L_B(\varphi_2-\varphi_1)/2\pi \tag{b}$$

由式（a）、式（b）得

$$\varphi_2 = \varphi_1(L_A-L_B)/(L_C-L_B) \tag{c}$$

将式（c）代入式（a）得螺杆 1 转过角度 φ_1 时，螺母 2 的移动量 s_2 为

$$s_2 = L_C(L_A-L_B)\varphi_1/2\pi(L_C-L_B) \tag{9-12}$$

式中：L_A、L_B、L_C 的值有正有负。

9.4.3　滚动螺旋机构与静压螺旋机构简介

1. 滚动螺旋机构

普通的螺旋机构，由于齿面之间存在相对滑动摩擦，所以传动效率低。为了提高效率并减轻磨损，可采用以滚动摩擦代替滑动摩擦的滚珠螺旋机构。如图9-33所示，滚珠螺旋机构由螺母 1、丝杠 2、滚珠 3 和滚珠循环装置 4 等组成。在丝杠和螺母的螺纹滚道之间装入许多滚珠，以减小滚道间的摩擦，当丝杠与螺母之间产生相对转动时，滚珠沿螺纹滚

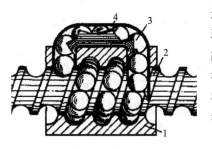

图 9-33　滚珠螺旋机构

道滚动,并沿滚珠循环装置的通道返回,构成封闭循环。滚珠螺旋机构由于以滚动摩擦代替了滑动摩擦,故摩擦阻力小,传动效率高,运动稳定,动作灵敏,但结构复杂,尺寸大,制造技术要求高,目前主要用于数控机床和精密机床的进给机构、重型机械的升降机构、精密测量仪器以及各种自动控制装置。

2. 静压螺旋机构

如图 9-34 所示,向螺旋副中注入压力油,使螺纹工作面被油膜分开的螺旋,称为静压螺旋。这种螺旋摩擦损失小,传动效率高(可达 99%),工作寿命长,抗振性能好。但结构复杂,需要一套供油装置,仅用于高效率或特殊场合。

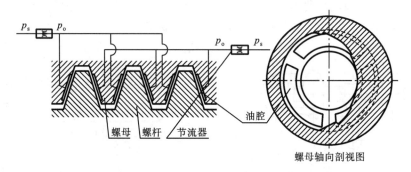

图 9-34　静压螺旋传动示意图

9.5　万向联轴节

万向联轴节主要用于传递两相交轴间的动力和运动,而且在传动过程中两轴之间的夹角可以变动,它广泛应用于汽车、机床、冶金机械等的传动系统。

9.5.1　单万向联轴节

图 9-35 是单万向联轴节的结构示意图,主动轴 1 和从动轴 3 端部有叉,两叉与十字头 2 组成转动副 B、C。轴 1 和 3 与机架 4 组成转动副 A、D。转动副 A 和 B、B 和 C 及 C 和 D 的轴线分别互相垂直,且均相交于十字头的中心点 O,而输入轴和输出轴之间的夹角为 $180°-\alpha$,故单万向联轴节为一种特殊的球面四杆机构。

对于图 9-35 所示的单万向联轴节,当主动轴 1 转一周时,从动轴 3 随之转一周,但是两轴的瞬时传动比却因位置不同而时时变动。若以主动轴 1 的叉面位于两轴所组成的平面内时作为它的转角 φ_1 的度量起始位置,则两轴的角速比为

$$i_{31} = \frac{\omega_3}{\omega_1} = \frac{\cos\alpha}{1 - \sin^2\alpha\cos^2\varphi_1} \tag{9-13}$$

由式(9-13)可知:

(1) 轴 1 及轴 3 均做整周回转时,两轴瞬时角速比是两轴夹角 α 的函数。当 $\alpha=0°$ 时,角速比恒为 1,它相当于两轴刚性连接;当 $\alpha=90°$ 时,角速比为零,即两轴不能传递运动。

(2) 若两轴夹角 α 不变,则角速比随主动轴转角 φ_1 的变化而变化。当 $\varphi_1=0°$ 或 $180°$ 时,

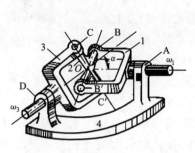

图 9-35 单万向联轴节

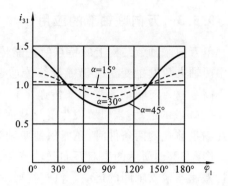

图 9-36 两轴角速比与轴交角的关系曲线

角速比达到最大,其值为 $i_{31}=1/\cos\alpha$;当 $\varphi_1=90°$ 或 270° 时,角速比最小,其值为 $i_{31}=\cos\alpha$。

图 9-36 给出了 i_{31} 的变化曲线。由图可以看出,随着两轴夹角 α 的增大,i_{31} 或从动轴的角速度 ω_3 的波动幅度也增大。因此在实际应用中,α 一般不超过 30°。

9.5.2 双万向联轴节

演示视频

单万向联轴节角速比 i_{31} 的周期性变化会引起传动系统产生附加动载荷,使轴系发生振动,为克服这一缺点,可采用双万向联轴节(见图 9-37)。其构成可看作是用一个中间轴 M 和两个单万向联轴节将输入轴 1 和输出轴 3 连接起来的。中间轴 M 的两部分采用滑键连接,以允许两轴的轴向距离有所变动。至于双万向联轴节所连接的输入、输出两轴,既可相交,也可平行。

为了保证传动中输出轴 3 和输入轴 1 的传动比不变而恒等于 1,必须遵从下列两个条件:

(1)中间轴与输入轴和输出轴之间的夹角必须相等,即 $\alpha_1=\alpha_3$;

(2)中间轴两端的叉面必须位于同一平面内,如图 9-37(b)所示。

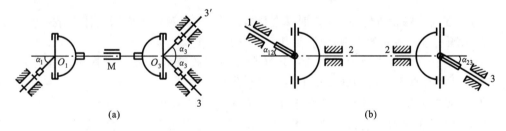

(a)   (b)

图 9-37 双万向联轴节

在满足上述两个条件后,可分析各轴角速度之间的关系。中间轴 M 分别连接着轴 1 和轴 3,方便起见,取中间轴 M 为主动件,分别带动轴 1 和轴 3。由式(9-13)可得轴 M 与轴 1、轴 3 的角速度之间的关系为

$$i_{M1}=\frac{\omega_M}{\omega_1}=\frac{\cos\alpha_1}{1-\sin^2\alpha_1\cos^2\varphi_M}, \quad i_{M3}=\frac{\omega_M}{\omega_3}=\frac{\cos\alpha_3}{1-\sin^2\alpha_3\cos^2\varphi_M}$$

在满足条件 $\alpha_1=\alpha_3$ 的情况下,由以上两式可知

$$\omega_1=\omega_3$$

即不论中间轴 M 转到什么位置,均能使从动轴 3 的角速度等于主动轴 1 的角速度。

9.5.3　万向联轴节的应用

演示视频

单万向联轴节结构上的特点使它能传递不平行轴的运动，并且当工作中两轴夹角发生变化时仍能继续传递运动，因此其安装、制造精度要求不高。双万向联轴节常用来传递平行轴（见图 9-38(a)）或相交轴（见图 9-38(b)）的运动，当位置发生变化从而使两轴夹角发生变化时，不但可以继续工作，而且在满足前述的两条件时，还能保证两轴等角速比传动。

图 9-38(a)所示的是双万向联轴节传递汽车变速箱输出轴与后桥车架弹簧支承上的后桥差速器输入轴间的运动。汽车行驶时，道路不平或振动会引起变速箱与差速器相对位置变化，双万向联轴节仍能继续传递动力和运动。

图 9-38(b)所示的是用于轧钢机轧辊传动中的双万向联轴节，它可以适应不同厚度钢坯的轧制。

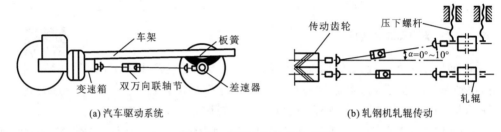

图 9-38　双万向联轴节的应用

思考题与习题

9-1　在齿式棘轮机构中，为了使棘轮受力最小，应使棘轮机构满足什么条件？为了保证棘爪顺利进入棘轮的齿根，应满足什么条件？

9-2　为什么轮齿式棘轮机构的棘轮转角是有级改变的？怎样调节其转角的大小？可用什么方法使棘轮每次的转角小于一个齿距角？

9-3　棘轮机构作为制动和超越机构时有哪些运动特点？

9-4　考虑速度和承载能力，棘轮机构和槽轮机构各用在什么场合？为什么？

9-5　棘轮、槽轮、不完全齿轮等机构各有何特点？试举出这些机构的应用实例。

9-6　为避免槽轮机构的刚性冲击和非工作时的游动，在设计时需注意什么？

9-7　为什么外啮合槽轮机构常用的为四槽和六槽，而三槽以下和十槽以上几乎不用？

9-8　何谓槽轮机构的运动系数？为什么 $0<k<1$？分析运动系数 k 有何实际意义？采用什么措施可以提高运动系数 k 的值？

9-9　已知自动机床的工作台要求主动轮每转一周从动轮做 4 次停歇运动，且间歇周期相等，如对运动平稳性及运动精度无特殊要求，问选择哪一种间歇运动机构较合适？

9-10　怎样避免不完全齿轮机构在开始传动与停止传动时发生冲击？

9-11　滑动螺旋传动和滚动螺旋传动各有何优缺点?

9-12　什么叫差动螺旋? 什么叫复式螺旋? 它们有何异同?

9-13　复式螺旋机构为什么可以使螺母产生快速移动?

9-14　双万向铰链机构的构件中,若原动件等速转动,则哪一个构件存在角加速度?

9-15　单万向联轴节有什么缺点? 双万向联轴节用于平面内两轴等速传动时的安装条件是什么?

9-16　试设计两种原动件为连续转动,从动件为单向间歇转动的机构,并绘出简图。

9-17　一个四槽单销外槽轮机构,已知停歇时间需要 30 s,求主动拨盘的转速及槽轮的运动时间。

9-18　在外槽轮机构中,已知主动拨盘等速回转,槽轮槽数 $z=6$,槽轮运动角 ψ' 与停歇角 Φ' 之比 $\psi'/\Phi'=2$。试求:①槽轮机构的运动系数 k;②圆柱销数 n。

9-19　六角车床的六角头转位机构为单销六槽的外槽轮机构。已知槽轮机构的中心距 $a=150$ mm,圆柱销的半径为 $r=10$ mm,试计算该槽轮机构的运动系数 k。

9-20　一数控机床工作台利用单圆柱销六槽槽轮机构转位,若已知每个工位完成加工所需要的时间为 45 s,求圆柱销的转速 n_1、槽轮转位的时间 t_2 和机构运动特性系数 k。

9-21　如题 9-21 图所示,用镗刀头镗一 $\phi55$ mm 的孔时,发现被镗孔的实际直径为 54.88 mm,问镗刀头应如何调整?

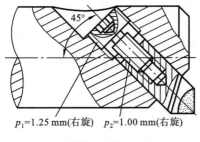

$p_1=1.25$ mm(右旋)　　$p_2=1.00$ mm(右旋)

题 9-21 图

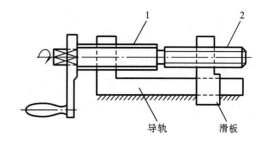

题 9-22 图

9-22　如题 9-22 图所示,滑板由差动螺旋带动在导轨上移动,螺纹 1 的大径 $d=12$ mm,导程 $S_1=1.2$ mm,螺纹 2 的大径 $d=10$ mm,导程 $S_2=0.75$ mm。试求:

(1) 螺纹 1 和 2 均为右旋,手柄按题 9-22 图所示的方向转一圈时,滑板移动距离为多少? 方向如何?

(2) 螺纹 1 为左旋、螺纹 2 为右旋时,滑板移动距离为多少? 方向如何?

9-23　在题 9-23 图所示的差动螺旋机构中,螺杆 3 与机架刚性连接,其螺纹是右旋的,导程 $h_A=4$ mm,螺母 2 相对于机架只能移动,内外均有螺纹的螺杆 1 沿箭头所示方向转 5 圈时,要求螺母只向左移动 5 mm,试求 1、2 组成的螺旋副的导程 h_B 及其旋向。

9-24　题 9-24 图所示差动螺旋机构中,A 处的螺旋为左旋,导程 $h_A=5$ mm,B 处的螺旋为右旋,导程 $h_B=6$ mm。当螺杆 1 沿箭头所示方向转 10°时,试求螺母 2 的移动位移 s 及移动方向。

9-25　牛头刨床工作台是由棘轮带动丝杠做间歇转动,从而通过与丝杠啮合的螺母带动工作台做间歇移动的。设进给丝杠(单头)的导程为 5 mm,而与丝杠固接的棘轮有 28 个齿,试问工作台每次进给的最小进给量 s 是多少? 若刨床的最小进给量 $s=0.125$

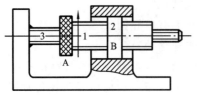

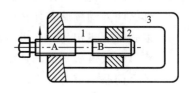

题 9-23 图　　　　　　　　　　　题 9-24 图

mm,试问带动进给丝杠的齿轮齿数应为多少?

9-26　在单万向联轴节中,轴 1 以 1500 r/min 等速转动,轴 3 变速转动,其最高转速为 1732 r/min。试求:

(1) 轴 3 的最低转速;

(2) 在轴 1 转一周中,φ_1 为哪些角度时,两轴的转速相等?

9-27　设单万向联轴节的主动轴 1 以等角速度 $\omega_1 = 157.08$ rad/s 转动,从动轴 2 的最大瞬时角速度 $\omega_2 = 181.28$ rad/s,求轴 2 的最小角速度 ω_{2min} 以及两轴的夹角 α。

第4篇　机械系统的动力学

第10章　机械系统的运转及其速度波动的调节

为什么有的电风扇会发出刺耳的噪声？为什么有的唱机音质很差，使得我们在听音乐时不是感到享受，而是感到烦躁？为什么晚上电灯会忽明忽暗（尤其在夏夜里）？引起这些现象的原因通常是机器不能正常运转。如何保证机器正常运转呢？对机械的运转速度波动进行调节是有效措施之一。本章主要介绍机械系统速度波动的产生原因及通过合理设计以减少速度波动的方法。

10.1　概　　述

重难点与
知识拓展

前面在研究有关机构运动问题时，总是认为原动件的运动规律是已知的，而且一般假设它做等速运动。实际上，原动件的运动规律是由其各构件的质量、转动惯量、尺寸和作用在机械上的驱动力与阻抗力等多种因素决定的，因而在一般情况下，原动件的速度并不恒定，而是波动的。因此，为了对机构进行精确的运动分析和力学分析，就需要首先确定机械系统的真实运动规律。这对于机械设计，特别是高速、重载、高精度以及高自动化水平的机械设计具有十分重要的意义。

此外，在机械的运转过程中，外力变化所引起的速度波动会导致运动副中产生附加的动载荷，并引起振动和噪声，从而缩短机械的使用寿命，降低其效率与工作质量。研究速度波动产生的原因，通过合理设计来减少速度波动，并将速度波动控制在允许的范围内，是机械设计者应具备的基本能力。

10.1.1　机械运转的三个阶段

机械从启动到停止，通常经历三个运转阶段：启动阶段、稳定运转阶段和停车阶段。一般机械主轴（原动件）的角速度 ω 随时间 t 的变化曲线如图 10-1 所示，其中包括机械在启动、停车阶段时主轴速度变化的瞬态过程和机械正常运转时的稳态过程。

在各个阶段，各构件的功和能将发生变化。由能量守恒定律可知，当机械运动时，在任一时间间隔内，作用在其上的力所做的功与机械动能增量的关系为

$$W_d - W_r - W_f = \Delta E \tag{10-1}$$

式中：W_d、W_r、W_f 分别为驱动功（输入功（驱动力所做的功））、输出功（阻抗力所做的功）和损耗功；ΔE 为该时间间隔内的动能增量，即

$$\Delta E = E_2 - E_1$$

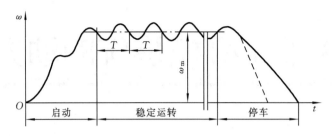

图 10-1　机械的运转过程

式中：E_1、E_2 分别为机械系统在该时间间隔开始和结束时的动能。

为了研究机械的运转规律，下面分别介绍机械在运转过程中各阶段的运动状态，以及在每个阶段中功与能之间的关系。

1. 启动阶段

图 10-1 所示为机械原动件的角速度 ω 随时间 t 变化的曲线。在启动阶段，原动件的角速度 ω 从零逐渐上升到正常运转的平均角速度 ω_m 为止。该阶段的特点为机械的驱动功 W_d 大于输出功 W_r 和损耗功 W_f 之和，机械的动能增加，即

$$W_d - W_r - W_f = \Delta E > 0 \tag{10-2}$$

2. 稳定运转阶段

启动阶段结束，机械转入稳定运转阶段，进行正常工作。该阶段的运动特点是原动件的角速度保持为常数（称为匀速稳定运转）或在平均角速度的上下限内周期性地波动（称为变速稳定运转）。此时，机械处于正常工作状态。图 10-1 中，T 为稳定运转阶段速度波动的周期，ω_m 为原动件的平均角速度。在此阶段，系统的功能关系为

$$W_d - W_r - W_f = \Delta E = 0 \tag{10-3}$$

在一个周期 T 的始末，机械的动能是相等的，主轴的角速度也是相等的。经过一个周期后，机械中各构件的位置、速度和加速度又回到原来的状态，故机械主轴角速度变化的一个周期称为一个运动循环。

3. 停车阶段

在机械停止运转的过程中，一般已撤去驱动力，故驱动功 W_d 等于零。当阻抗功逐渐将机械的动能消耗尽时，机械便停止运转。也即原动件角速度从正常工作速度值逐渐下降到零。这一阶段的功能关系为

$$W_d - W_r - W_f = \Delta E < 0 \tag{10-4}$$

启动阶段与停车阶段统称为机械运转的过渡阶段。多数机械是在稳定运转阶段工作的，但也有一些机械（如起重机等），却有相当一部分时间是在过渡阶段工作的。一般常使机械在空载下启动，或者另加一个启动电动机来增大输入功 W_d，以达到快速启动的目的。为了加快停车过程，在某些机械上安装有制动装置，用增大损耗功 W_f 的方法来缩短停车时间。图 10-1 中的虚线表示施加制动力矩后，停车阶段中原动件的角速度 ω 随时间 t 的变化关系。

在做变速稳定运转的机械中，有些机械（如汽车、推土机等）在工作时，因受外力无规律变化的作用，主轴角速度做无规律的波动变化，主轴角速度的这种波动称为非周期性速度波动。有些机械，如自动机床、生产流水线上的各种机械设备，在工作时外力按一定的周期有规律地作用在机械上，使机械的主轴角速度呈现出有规律的波动变化，主轴角速度

的这种波动称为周期性速度波动。在周期性速度波动的过程中,主轴的速度将围绕某一平均值上下变化。

当然,并不是所有机械的运转都有上述三个阶段。如飞机起落架的收、放过程和汽车的自动门就只有启动和停车阶段。

10.1.2　作用在机械上的驱动力和工作阻力

为了研究机械在外力作用下的真实运动规律,首先需要知道作用在机械上的外力。在本节的研究中,忽略各构件的重力和各运动副间的摩擦力,而只考虑原动机产生的驱动力和执行机构承受的工作阻力。至于其余外力,如重力、惯性力、摩擦力等,在一般情况下与驱动力和工作阻力相比要小许多,故常忽略不计。

为了研究在力的作用下机械的运动,可以把作用力按其机械特性来分类。所谓机械特性,通常是指力(或力矩)和运动学参数(如位移、速度、时间等)之间的关系。一般可以用图形曲线来表示,称为特性曲线。驱动力按机械特性可以分为以下几种。

(1) 驱动力为常量,即 $F_d = C$。如利用重锤的重力作驱动力,其值为常数。机械特性曲线如图 10-2(a)所示。

(2) 驱动力是位移的函数,即 $F_d = f(s)$。如利用弹簧力作驱动力,其值为位移的函数。机械特性曲线如图 10-2(b)所示。

(3) 驱动力矩是角速度的函数,即 $M_d = f(\omega)$。如内燃机、电动机发出的驱动力矩均与其转子角速度有关。图 10-2(c)所示为内燃机的机械特性曲线,图 10-2(d)所示为直流串激电动机的机械特性曲线,图 10-2(e)所示为交流异步电动机的机械特性曲线。

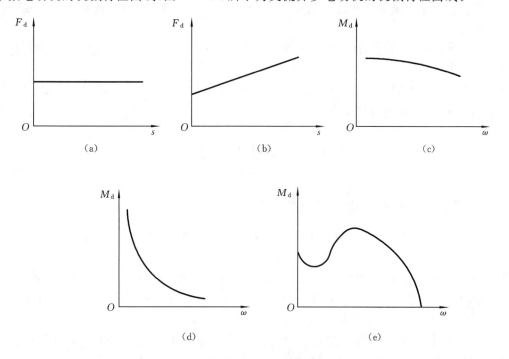

图 10-2　常用驱动力(或力矩)的机械特性曲线

图 10-3 所示为交流异步电动机的机械特性曲线,额定工作点在点 N,工作区域在 BC

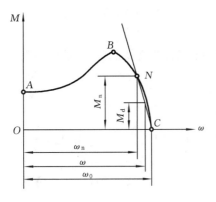

图 10-3　电动机同步角速度规律

段的点 N 附近。当电动机的工作速度升高时，驱动力矩就减小；当速度降低时，驱动力矩就增大。为了便于用解析法研究机械在外力作用下的运动，原动机的驱动力必须用解析式表达。为此，可以根据实际工作条件将机械特性曲线在工作区域内的部分曲线拟合成直线或抛物线，从而获得相应的解析表达式。对于图 10-3 所示的特性曲线，可以用一条通过点 N 和点 C 的直线 NC 来近似代替曲线 NC。其直线方程为

$$M_d = \frac{M_n}{\omega_0 - \omega_n}(\omega_0 - \omega) \tag{10-5}$$

式中：M_n 为电动机额定转矩；ω_n 为电动机额定角速度；ω_0 为电动机同步角速度。M_n、ω_n、ω_0 可由电动机产品目录中或可从电动机铭牌上查出。

除上述表达形式外，电动机的机械特性还可用其他形式近似表示，如抛物线形式等。对于其他类型的电动机，也可用类似方法近似地写出其特性曲线方程。

工作阻力是机械正常工作时必须克服的外载荷，其变化规律取决于机械的不同工艺过程。按工作特性的不同，常有以下几种。

（1）工作阻力是常量，即 $F_r = C$。如起重机、轧钢机等机械的工作阻力均为常量。

（2）工作阻力随位移的变化而变化，即 $F_r = f(s)$。如空气压缩机、弹簧上的工作阻力。

（3）工作阻力随角速度的变化而变化，即 $F_r = f(\omega)$。如鼓风机、离心泵等机械上的工作阻力。

（4）工作阻力随时间的变化而变化，即 $F_r = f(t)$。如球磨机、揉面机等机械上的工作阻力。

驱动力和工作阻力的确定涉及许多专业知识，在研究实际的机械系统时，可根据具体的机械来确定，也可查阅相关的手册和资料。

10.2　机械的运动方程

10.2.1　机械系统运动方程的一般表达式

研究机械的运转问题时，需要建立作用在机械上的力、构件的质量和转动惯量及其运动参数之间的函数关系，也就是建立机械运动方程。

对于只有一个自由度的机械系统，描述它的运动规律只需要一个广义坐标。因此，在研究机械在外力作用下的运动规律时，只需要确定出该坐标随时间变化的规律即可。

下面讨论单自由度机械系统运动方程的一般表达式。

根据动能定理知，机械系统在某瞬间内的总动能的增量 dE 等于在该瞬间作用于该机械系统的各外力所做的元功之和 dW，即可写成

$$dE = dW = N dt \tag{10-6}$$

式中：N 为瞬间作用于该机械系统的各外力所具有的瞬时功率之和。

若机械系统由 n 个运动构件所组成,且用 E_i 表示构件 i 的动能,则式(10-6)中机械系统的动能 E 为

$$E = \sum_{i=1}^{n} E_i = \sum_{i=1}^{n} \left(\frac{1}{2} m_i v_{si}^2 + \frac{1}{2} J_{si} \omega_i^2 \right) \tag{10-7}$$

式中:m_i 为构件 i 的质量;v_{si} 为构件 i 的质心的速度;J_{si} 为构件 i 绕其质心的转动惯量;ω_i 为构件 i 的角速度。

整个机械系统中的瞬时功率为

$$N = \sum_{i=1}^{n} N_i = \sum_{i=1}^{n} F_i v_i \cos\alpha_i + \sum_{i=1}^{n} (\pm M_i \omega_i) \tag{10-8}$$

式中:F_i 为作用于构件 i 的外力;v_i 为力 F_i 作用点的速度;α_i 为力 F_i 与其作用点速度 v_i 的夹角;M_i 为作用于构件 i 上的外力矩。"$\pm$"号取决于作用在构件 i 上的外力矩 M_i 与该构件的角速度 ω_i 方向的异同,方向相同时取"$+$"号,反之则取"$-$"号。

由式(10-6)、式(10-7)、式(10-8)可得出机械系统运动方程微分形式的一般表达式为

$$d\left[\sum_{i=1}^{n} \left(\frac{1}{2} m_i v_{si}^2 + \frac{1}{2} J_{si} \omega_i^2 \right) \right] = \left[\sum_{i=1}^{n} F_i v_i \cos\alpha_i + \sum_{i=1}^{n} (\pm M_i \omega_i) \right] dt \tag{10-9}$$

用式(10-9)时,需直接求解全部运动参数(ω_i, v_{si}),不仅烦琐而且没有必要。因为对单自由度的系统,只要有一个运动参数(如某一构件的角速度或速度)确定了,其他构件的运动便可确定。所以,具有 n 个运动构件的单自由度系统,可以简化为仅有一个运动构件的等效动力学模型,从而简化运动方程及其求解。

10.2.2　机械系统的等效动力学模型

对于单自由度的机械系统,可以用机械中的一个构件的运动代替整个机械系统的运动。通常把这个能代替整个机械系统运动的构件称为等效构件。这样,就把研究复杂机械系统的运动问题简化为研究一个简单等效构件的运动问题。

为了使等效构件的运动和机械系统中该构件的真实运动一致:作用于机械系统构件的等效质量(或等效转动惯量)所具有的动能,应等于机械系统的总动能;等效构件上的等效力(或等效力矩)所产生的功率,应等于机械系统的所有外力与外力矩所产生的总功率。

为了使问题简化,常取机械系统中做简单运动的构件为等效构件,即取做定轴转动的构件或做往复移动的构件为等效构件。

现以 J_e、m_e、M_e、F_e 分别表示等效转动惯量、等效质量、等效力矩和等效力。将整个机械中所有运动构件的质量和转动惯量,均转化为等效构件的等效质量和等效转动惯量。其转化条件是机械运动不因这种转化而改变,即机械各运动构件的动能之和应等于等效构件的动能。当选择做定轴转动的构件为等效构件时,常用等效转动惯量和等效力矩。当选择做往复移动的构件为等效构件时,常用等效质量和等效力。等效动力学模型分别如图 10-4(a)、(b)所示。

为了建立等效构件的动力学方程,必须首先求解出等效构件绕其转动中心的转动惯量或等效构件的质量及作用在等效构件上的外力或外力矩。等效构件的转动惯量或等效构件的质量与其动能有关。因此,可根据等效构件的动能与机械系统的动能相等的条件来求解。

如等效构件以角速度 ω 做定轴转动,则其所具有的动能为

$$E = \frac{1}{2} J_e \omega^2 \tag{10-10}$$

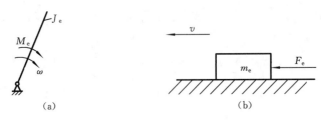

图 10-4　等效动力学模型

机械系统中各类不同运动形式的构件的动能表达式分别为

定轴转动 $$E_i = \frac{1}{2}J_{si}\omega_i^2$$

往复直线移动 $$E_i = \frac{1}{2}m_i v_{si}^2$$

平面运动 $$E_i = \frac{1}{2}J_{si}\omega_i^2 + \frac{1}{2}m_i v_{si}^2$$

机械系统中各活动构件的总动能为

$$E = \sum_{i=1}^{n} \frac{1}{2}J_{si}\omega_i^2 + \sum_{i=1}^{n} \frac{1}{2}m_i v_{si}^2$$

式中：ω_i 为第 i 个构件的角速度；m_i 为第 i 个构件的质量；J_{si} 为第 i 个构件对其质心轴的转动惯量；v_{si} 为第 i 个构件质心处的速度。

由于等效构件的动能与机械系统的动能相等，则有

$$\frac{1}{2}J_e\omega^2 = \sum_{i=1}^{n} \frac{1}{2}J_{si}\omega_i^2 + \sum_{i=1}^{n} \frac{1}{2}m_i v_{si}^2$$

方程两边除以 $\frac{1}{2}\omega^2$，可求出等效转动惯量，即

$$J_e = \sum_{i=1}^{n} J_{si}\left(\frac{\omega_i}{\omega}\right)^2 + \sum_{i=1}^{n} m_i\left(\frac{v_{si}}{\omega}\right)^2 \tag{10-11}$$

如等效构件为移动件，则其动能为

$$E = \frac{1}{2}m_e v^2$$

由于等效构件的动能与机械系统的动能相等，则有

$$\frac{1}{2}m_e v^2 = \sum_{i=1}^{n} \frac{1}{2}J_{si}\omega_i^2 + \sum_{i=1}^{n} \frac{1}{2}m_i v_{si}^2$$

等效质量为 $$m_e = \sum_{i=1}^{n} J_{si}\left(\frac{\omega_i}{v}\right)^2 + \sum_{i=1}^{n} m_i\left(\frac{v_{si}}{v}\right)^2 \tag{10-12}$$

根据等效构件的瞬时功率与机械系统的瞬时功率相等，可求出等效力矩和等效力。

如等效构件做定轴转动，则其瞬时功率为

$$N = M_e\omega$$

机械系统中各类不同运动形式的构件的瞬时功率分别为

定轴转动 $\qquad N_i = M_i\omega_i$

往复直线移动 $\qquad N_i = F_i v_i \cos\alpha_i$

平面运动 $\qquad N_i = M_i\omega_i + F_i v_i \cos\alpha_i$

整个机械系统的瞬时功率为

$$N = \sum_{i=1}^{n} M_i\omega_i + \sum_{i=1}^{n} F_i v_i \cos\alpha_i$$

由等效构件的瞬时功率与机械系统的瞬时功率相等,求得等效力矩为

$$M_e = \sum_{i=1}^{n} M_i\left(\frac{\omega_i}{\omega}\right) + \sum_{i=1}^{n} F_i\left(\frac{v_i}{\omega}\right)\cos\alpha_i \tag{10-13}$$

式中:M_i 为第 i 个构件上的力矩;F_i 为第 i 个构件上的力;α_i 为第 i 个构件质心处的速度 v_{si} 与作用力 F_i 之间的夹角。

如等效构件做往复移动,则其瞬时功率为

$$N = F_e v$$

由等效构件的瞬时功率与机械系统的瞬时功率相等,可求出等效力,即

$$F_e v = \sum_{i=1}^{n} M_i\omega_i + \sum_{i=1}^{n} F_i v_i \cos\alpha_i$$

则等效力为

$$F_e = \sum_{i=1}^{n} M_i\left(\frac{\omega_i}{v}\right) + \sum_{i=1}^{n} F_i\left(\frac{v_i}{v}\right)\cos\alpha_i \tag{10-14}$$

由以上计算可知,等效转动惯量、等效质量、等效力矩、等效力的数值均与构件的速度比值有关,而构件的速度又与机构位置有关,故等效转动惯量、等效质量、等效力矩、等效力均为机构位置的函数。

10.2.3　实例分析

【例 10-1】　图 10-5 所示为一齿轮驱动的正弦机构。已知齿轮 1 的齿数 $z_1 = 20$,转动惯量为 J_1。齿轮 2 的齿数 $z_2 = 60$,它与曲柄 2′ 的质心为点 B,其绕质心的转动惯量为 J_2,曲柄长为 l。滑块 3 和 4 的质量分别为 m_3、m_4,其质心分别为点 C 和点 D。又知,在轮 1 上作用有驱动力矩 M_1,滑块 4 上作用有阻抗力 F_4。现取曲柄为等效构件,试求在图示位置时的等效转动惯量 J_e 和等效力矩 M_e。

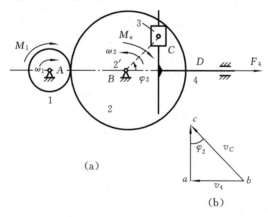

图 10-5　正弦机构

解　根据式(10-11)有

$$J_e = J_1(\omega_1/\omega_2)^2 + J_2 + m_3(v_3/\omega_2)^2 + m_4(v_4/\omega_2)^2 \tag{a}$$

由图 10-5(b)的速度多边形可知

$$v_3 = v_C = \omega_2 l$$

$$v_4 = v_C \sin\varphi_2 = \omega_2 l \sin\varphi_2, \quad \omega_1/\omega_2 = z_2/z_1 = 3$$

将这些关系代入式(a)，故得

$$J_e = 9J_1 + J_2 + m_3 l^2 + m_4 l^2 \sin^2\varphi_2$$

根据式(10-13)，同理可得

$$M_e = M_1(\omega_1/\omega_2) + F_4(v_4/\omega_2)\cos 180° = 3M_1 - F_4 l \sin\varphi_2$$

将驱动力矩 M_1 和阻力 F_4 分别向构件 2 上转化，可分别得等效驱动力矩 M_{ed} 和等效阻力矩 M_{er} 为

$$M_{ed} = 3M_1$$
$$M_{er} = -F_4 l \sin\varphi_2$$

10.3　机械系统运动方程的建立及其求解

等效力或等效力矩可能是机构位置和速度的函数。此外，等效力矩可用函数表达式、曲线或数值表格形式给出。因此，在不同情况下，确定机械系统的真实运动，就需要灵活应用上述的机械运动方程，且运动方程的求解方法也不尽相同。下面就几种常见情况加以简要介绍。

10.3.1　等效转动惯量和等效力矩均为位置的函数

用内燃机驱动活塞式压缩机的机械系统就属于这种情况。此时，内燃机给出的等效驱动力矩 M_d 和压缩机所受的等效阻力矩 M_r 都可视为位置的函数，即 $M_d = M_d(\varphi)$，$M_r = M_r(\varphi)$，故等效力矩 M_e 也是位置的函数，即 $M_e = M_e(\varphi)$。同时，$J_e = J_e(\varphi)$。在此情况下，假设等效力矩的函数形式 $M_e = M_e(\varphi)$ 是可以积分的，且其边界条件已知，即当 $t = t_0$ 时，$\varphi = \varphi_0$，$\omega = \omega_0$，$J_e = J_{e0}$。于是得

$$\frac{1}{2}J_e(\varphi)\omega^2(\varphi) = \frac{1}{2}J_{e0}\omega_0^2 + \int_{\varphi_0}^{\varphi} M_e(\varphi)\mathrm{d}\varphi$$

整理得

$$\omega(\varphi) = \sqrt{\frac{J_{e0}}{J_e(\varphi)}\omega_0^2 + \frac{2}{J_e(\varphi)}\int_{\varphi_0}^{\varphi} M_e(\varphi)\mathrm{d}\varphi}$$

由上式即可求出等效构件的角速度 $\omega = \omega(\varphi)$ 的函数关系式，由此也可求得角速度 ω 随时间 t 的变化规律。由于 $\omega(\varphi) = \mathrm{d}\varphi/\mathrm{d}t$，即 $\mathrm{d}t = \mathrm{d}\varphi/\omega(\varphi)$，积分得

$$\int_{t_0}^{t} \mathrm{d}t = \int_{t_0}^{t} \frac{\mathrm{d}\varphi}{\omega(\varphi)}$$

即

$$t = t_0 + \int_{\varphi_0}^{\varphi} \frac{\mathrm{d}\varphi}{\omega(\varphi)} \tag{10-15}$$

于是可求得 $\omega = \omega(t)$ 的函数关系式。

等效构件的角加速度 α 可按下式计算，即

$$\alpha = \frac{\mathrm{d}\omega}{\mathrm{d}t} = \frac{\mathrm{d}\omega}{\mathrm{d}\varphi}\frac{\mathrm{d}\varphi}{\mathrm{d}t} = \omega\frac{\mathrm{d}\omega}{\mathrm{d}\varphi}$$

10.3.2　等效转动惯量为常数，等效力矩为速度的函数

用电动机驱动的鼓风机、搅拌机之类的机械就属于这种情况。用力矩方程求解比较

方便。由 $J_e \dfrac{\mathrm{d}\omega}{\mathrm{d}t} = M_e(\omega)$ 分离变量,并积分后得

$$\int_{t_0}^{t} \mathrm{d}t = \int_{\omega_0}^{\omega} \frac{J_e \mathrm{d}\omega}{M_e(\omega)}$$

$$t = J_e \int_{\omega_0}^{\omega} \frac{\mathrm{d}\omega}{M_e(\omega)} + t_0 \qquad (10\text{-}16)$$

当 $M_e(\omega) = a + b\omega$ 时,可求出 t 的值,即

$$t = t_0 + \frac{J_e}{b} \ln \frac{a + b\omega}{a + b\omega_0}$$

由于

$$\frac{\mathrm{d}\omega}{\mathrm{d}t} = \frac{\mathrm{d}\omega}{\mathrm{d}\varphi} \omega$$

则有

$$J_e \omega \frac{\mathrm{d}\omega}{\mathrm{d}\varphi} = M_e(\omega)$$

即

$$\mathrm{d}\varphi = J_e \frac{\omega \mathrm{d}\omega}{M_e(\omega)}$$

两边积分并整理得

$$\varphi = \varphi_0 + J_e \int_{\omega_0}^{\omega} \frac{\omega \mathrm{d}\omega}{M_e(\omega)} \qquad (10\text{-}17)$$

当 $M_e(\omega) = a + b\omega$ 时,可求出 φ 的值,即

$$\varphi = \varphi_0 + \frac{J_e}{b}(\omega - \omega_0) - \frac{a}{b} \ln \frac{a + b\omega}{a + b\omega_0}$$

10.3.3　等效转动惯量为变量、等效力矩为位置和速度的函数

用电动机驱动(如刨床、冲床等)的机械系统的工作就属于这种情况。电动机的驱动力矩是速度的函数,而工作阻力则是机构位置的函数。因此,等效力矩是机构位置和速度的函数。等效转动惯量随机构位置而变化,且难以用解析式表达,这类问题只能用数值方法求解。

把 $J_e = J_e(\varphi)$,$M_e = M_e(\varphi)$ 代入力矩方程中,并整理得

$$J_e(\varphi) \frac{\mathrm{d}\omega}{\mathrm{d}\varphi} \omega + \frac{\omega^2}{2} \frac{\mathrm{d}J_e(\varphi)}{\mathrm{d}\varphi} = M_e(\varphi, \omega)$$

$$\frac{1}{2}\omega^2 \mathrm{d}J_e(\varphi) + J_e(\varphi)\omega \mathrm{d}\omega = M_e(\varphi, \omega) \mathrm{d}\varphi \qquad (10\text{-}18a)$$

用差商代替微商,即 $\quad \mathrm{d}\varphi = \Delta\varphi = \varphi_{i+1} - \varphi_i, \quad \mathrm{d}\omega = \Delta\omega = \omega_{i+1} - \omega_i$

$$\mathrm{d}J_e(\varphi) = \Delta J_e(\varphi) = J_e(\varphi)_{i+1} - J_e(\varphi)_i$$

则式(10-18a)变成 $\quad \dfrac{1}{2}\omega_i^2(J_{i+1} - J_i) + J_i\omega_i(\omega_{i+1} - \omega_i) = M_e(\varphi_i, \omega_i)\Delta\varphi$

整理后得

$$\omega_{i+1} = \frac{M_e(\varphi_i, \omega_i)\Delta\varphi}{J_i\omega_i} + \frac{3J_i - J_{i+1}}{2J_i}\omega_i \qquad (10\text{-}18b)$$

利用数值法求解时,首先设定 $\omega_i = \omega_0$,再按转角步长求出一系列 ω_{i+1}。当求出一个运动循环的末值 ω_n 后,应使末值和初值 ω_0 相等。若不相等,则重新设定初值,然后再重复上述计算,直到末值与初值相等为止,由此可求出 ω-φ 关系曲线。

【例 10-2】 设有一台电动机驱动的牛头刨床,取主轴为等效构件,其等效转动惯量 J_e

为等效构件转角 φ 的函数，对应数值列于表 10-1 中。等效力矩 $M_e=(5\,500-1\,000\omega-M_{er})$ N·m，其中等效阻力矩 M_{er} 随 φ 变化的数值也列于表 10-1 中。试求等效构件的角速度 ω 在稳定运转阶段的变化情况。

解 由所给数据可知，该机械一个周期的转角 $\varphi_T=360°$。现自序号 $i=0$ 开始，按式 (10-18b)进行计算。为此先参照电动机的额定转速或机械主轴的平均角速度，试选一个角速度初值 $\omega_0^{(1)}$，即在 $t_0=0$，$\varphi_i=\varphi_0=0°$ 时，选 $\omega_i=\omega_0^{(1)}=5$ rad/s。再取计算步长 $\Delta\varphi=15°=0.261\,8$ rad，就可以开始计算了。

当 $i=1$ 时，由式(10-18b)可得

$$\omega_1^{(1)}=\left[\frac{(5\,500-1\,000\times5-789)\times0.261\,8}{34.0\times5}+\frac{3\times34.0-33.9}{2\times34.0}\times5\right]\text{rad/s}$$

$$=4.56\text{ rad/s}$$

当 $i=2$ 时，将上述计算结果代入式(10-18b)可得

$$\omega_2^{(1)}=\left[\frac{(5\,500-1\,000\times4.56-812)\times0.261\,8}{33.9\times4.56}+\frac{3\times33.9-33.6}{2\times33.9}\times4.56\right]\text{rad/s}$$

$$=4.80\text{ rad/s}$$

同理，可得当 i 分别等于 $3,4,5,\cdots$ 时的 $\omega_3^{(1)},\omega_4^{(1)},\omega_5^{(1)},\cdots$，其结果也列于表 10-1 中。

由表 10-1 中数据可看出，根据试取的角速度初值 $\omega_0^{(1)}$ 进行计算，并得到周期末的角速度 $\omega_{24}^{(1)}$ 并不等于 $\omega_0^{(1)}$。这说明，试取的角速度初值与实际情况不符，有误差。为此可进行第二次迭代计算，将 $\omega_{24}^{(1)}$ 作为第二次迭代的初值 $\omega_0^{(2)}$ 再进行计算，经过这样多次迭代计算后，即可使所取的角速度初值与实际的 ω_0 十分接近，从而可结束计算。本例中，由于所取的初值 $\omega_0^{(1)}$ 比较接近实际值，故在第二次迭代后即达到 $\omega_0^{(2)}=\omega_{24}^{(2)}=4.81$ rad/s，其值已完全相同，因而所得各角速度即为所求稳定运转时的角速度。由此得到等效构件角速度的变化规律，如图 10-6 所示。

表 10-1 等效转动惯量 J_e 与等效阻力矩 M_{er} 随 φ 变化的数值表

i	$\varphi/(°)$	$J_e(\varphi)/(\text{kg}\cdot\text{m}^2)$	$M_{er}(\varphi)/(\text{N}\cdot\text{m})$	$\omega_i^{(1)}/(\text{rad/s})$	$\omega_i^{(2)}/(\text{rad/s})$
0	0	34.0	789	5.00	4.81
1	15	33.9	812	4.56	4.66
2	30	33.6	825	4.80	4.73
3	45	33.1	797	4.63	4.67
4	60	32.4	727	4.80	4.77
5	75	31.8	85	4.80	4.82
6	90	31.2	105	5.90	5.88
7	105	31.1	137	5.19	5.19
8	120	31.6	181	5.43	5.42
9	135	33.0	185	5.14	5.14
10	150	35.0	179	5.25	5.25
11	165	37.2	150	5.19	5.18
12	180	38.2	141	5.34	5.34

i	$\varphi/(°)$	$J_e(\varphi)/(\text{kg} \cdot \text{m}^2)$	$M_{er}(\varphi)/(\text{N} \cdot \text{m})$	$\omega_i^{(1)}/(\text{rad/s})$	$\omega_i^{(2)}/(\text{rad/s})$
13	195	37.2	150	5.43	5.43
14	210	35.0	157	5.49	5.49
15	225	33.0	152	5.45	5.45
16	240	31.6	132	5.42	5.42
17	255	31.1	132	5.38	5.38
18	270	31.2	139	5.35	5.35
19	285	31.8	145	5.32	5.32
20	300	32.4	756	5.33	5.33
21	315	33.1	803	4.38	4.39
22	330	33.6	818	4.92	4.91
23	345	33.9	802	4.52	4.52
24	360	34.0	789	4.81	4.81

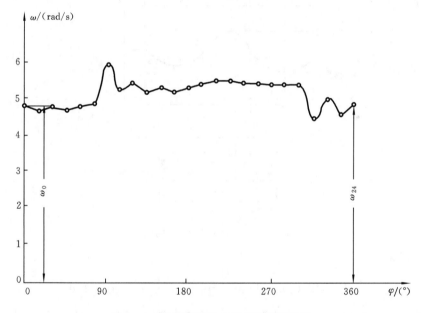

图 10-6 等效构件角速度的变化规律图

10.4 机械系统速度波动的调节

10.4.1 周期性速度波动产生的原因

机械稳定运转时,等效驱动力矩和等效阻力矩的周期性变化,将引起机械系统速度的周期性波动,过大的速度波动对机械的工作不利。在有的机械中,速度波动将直接影响其工作质量。例如,发电机组转速的波动会使电压或频率不稳定,切削机床的转速波动将降低加工精度等。有的机械（如冲压机床）的速度波动过大，会使驱动电动机过载和发热。此外，机械的周期性速度波动还会使机械零件承受附加的动载荷。因此，要设法对周期性速度波动加以调节，把机械的速度波动控制在允许的范围之内。

　　图 10-7 所示为某一机械在稳定运转过程中，其等效构件在一个周期 φ_T 中所受等效驱动力矩 $M_{ed}(\varphi)$ 与等效阻力矩 $M_{er}(\varphi)$ 的变化曲线。等效驱动力矩 $M_{ed}(\varphi)$ 和等效阻力矩 $M_{er}(\varphi)$ 均为机构位置的函数。其中 φ_a、$\varphi_{a'}$ 为运转周期的开始位置和终止位置。在等效构件转过 φ 角时（设起始位置为 φ_a），其驱动功与阻抗功分别为

$$W_d(\varphi) = \int_{\varphi_a}^{\varphi} M_{ed}(\varphi)\,d\varphi$$

$$W_r(\varphi) = \int_{\varphi_a}^{\varphi} M_{er}(\varphi)\,d\varphi$$

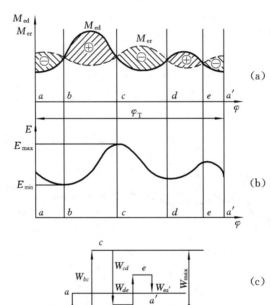

图 10-7　机械运转的功能关系图

机械动能的增量为

$$\Delta E = W_d(\varphi) - W_r(\varphi) = \int_{\varphi_a}^{\varphi} \left[M_{ed}(\varphi) - M_{er}(\varphi) \right] d\varphi \qquad (10\text{-}19)$$

　　由式(10-19)计算得到的机械动能 $E(\varphi)$ 的变化曲线如图 10-7(b)所示。

　　在一个运转周期内的任一瞬间，等效驱动力矩所做的功 W_d 并不等于等效阻力矩所做的功 W_r。分析图 10-7 中 bc 段曲线的变化可以看出，由于力矩 $M_{ed} > M_{er}$，因而机械系统的驱动功大于阻抗功，多余出来的功在图中以"＋"号表示，称为盈功。在这一阶段，等效构件的角速度由于动能的增加而上升。反之，在图中 cd 段，由于 $M_{ed} < M_{er}$，因而机械系统的驱动功小于阻抗功，不足的功在图中以"－"号表示，称为亏功。在这一运动过程中，等效构件的角速度由于动能的减少而下降。

　　机械系统在任意位置的动能也可用解析式表达，即

$$E_i = E_a + \sum_{\varphi_a}^{\varphi_i} [M_{edi}(\varphi) - M_{eri}(\varphi)] \mathrm{d}\varphi \tag{10-20}$$

计算出一系列的动能后,可以从中选择出动能的最大值与最小值。而经过等效力矩与等效转动惯量变化的一个公共周期后,机械的动能又恢复到原来的值,因而等效构件的角速度也将恢复到原来的值。因此,等效构件的角速度在稳定运转过程中将呈现周期性的波动,但可通过控制机械的最大动能与最小动能来限制角速度的波动。

10.4.2　周期性速度波动调节的原理

如前所述,机械运转的速度波动对机械的工作是不利的。它不仅会影响机械的工作质量,而且会影响机械的效率和寿命,所以必须设法加以控制和调节,将其限制在许可的范围之内,最常用的方法是为机械配备飞轮。

1. 平均角速度和速度不均匀系数

首先介绍衡量速度波动程度的几个参数。图10-8所示为在一个周期内等效构件角速度的变化曲线,其平均角速度 ω_m 是指一个运动周期内角速度的平均值,在工程实际中,常用最大角速度与最小角速度的算术平均值来近似表示,即

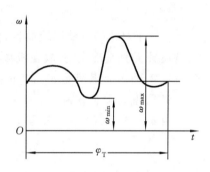

图 10-8　等效构件角速度变化曲线

$$\omega_m \approx \frac{\omega_{min} + \omega_{max}}{2}$$

机械速度波动的程度不能仅用速度变化的幅度 $(\omega_{max} - \omega_{min})$ 来表示。这是因为当 $(\omega_{max} - \omega_{min})$ 一定时,低速机械相对高速机械其变化的相对百分比显然是不同的。因此,平均角速度 ω_m 也是一个重要指标。综合考虑这两方面的因素,可以用机械运转速度不均匀系数 δ 来表示机械速度波动的程度,其定义为角速度波动的幅度 $(\omega_{max} - \omega_{min})$ 与平均角速度 ω_m 的比值,即

$$\delta = \frac{\omega_{max} - \omega_{min}}{\omega_m} \tag{10-21}$$

当 ω_m 一定时,机械的运转速度不均匀系数 δ 越小,ω_{max} 与 ω_{min} 的差值越小,则机械运转越平稳。表 10-2 列出了一些常用机械运转速度不均匀系数的许用值 $[\delta]$,供设计时参考。

表 10-2　常用机械运转速度不均匀系数的许用值 $[\delta]$

机器名称	$[\delta]$	机器名称	$[\delta]$	机器名称	$[\delta]$
碎石机	1/5～1/20	汽车、拖拉机	1/20～1/60	压缩机	1/50～1/100
农业机器	1/5～1/50	金属切削机床	1/30～1/40	纺纱机	1/60～1/100
冲床、剪床	1/7～1/20	水泵、鼓风机	1/30～1/50	直流电动机	1/100～1/200
轧钢机	1/10～1/25	造纸机、织布机	1/40～1/50	交流电动机	1/200～1/300

为了使所设计的机械的速度不均匀系数不超过允许值,即满足 $\delta \leqslant [\delta]$ 的条件,可在机械中安装一个具有很大转动惯量的回转构件——飞轮,以调节机械的周期性速度波动。

2. 飞轮的简易设计方法

1）飞轮调速的基本原理

由图 10-7（也就是机械运转的功能关系图）可知，在点 b 处出现能量最小值 E_{min}，而在点 c 处出现能量最大值 E_{max}。E_{min}（即 W_{min}）、E_{max}（即 W_{max}）分别对应于角速度的最小值 ω_{min} 和最大值 ω_{max}。等效构件在最大角速度 ω_{max} 和最小角速度 ω_{min} 之间的盈亏功最大，用 ΔW_{max} 表示，称为最大盈亏功，其值为

$$\Delta W_{max} = E_{max} - E_{min} = \int_{\varphi_b}^{\varphi_c} [M_{ed}(\varphi) - M_{er}(\varphi)] d\varphi \tag{10-22}$$

如果忽略等效转动惯量中的变量部分，即设机械的转动惯量 J_e 为常数，则当 $\varphi = \varphi_b$ 时，$\omega = \omega_{min}$，当 $\varphi = \varphi_c$ 时，$\omega = \omega_{max}$。为了调节机械的周期性速度波动，设在机械上安装的飞轮的等效转动惯量为 J_F，则由式（10-22）可得

$$\Delta W_{max} = E_{max} - E_{min} = (J_e + J_F)(\omega_{max}^2 - \omega_{min}^2)/2$$
$$= (J_e + J_F)\omega_m^2 \delta \tag{10-23a}$$

对一个具体的机械系统而言，由于最大盈亏功 ΔW_{max}、平均角速度 ω_m 及构件的等效转动惯量 J_e 都是确定的，故在机械上安装一个转动惯量 J_F 足够大的飞轮，可使速度不均匀系数 δ 下降，使其满足 $\delta \leqslant [\delta]$ 的条件，达到调节机械速度周期性波动的目的。

2）飞轮转动惯量的近似计算

由 $\delta \leqslant [\delta]$ 和式（10-23a）可导出飞轮的等效转动惯量 J_F 的计算公式为

$$J_F \geqslant \frac{\Delta W_{max}}{\omega_m^2 [\delta]} - J_e \tag{10-23b}$$

如果 $J_e \ll J_F$，则 J_e 可以忽略不计，于是式（10-23b）可近似写成

$$J_F \geqslant \frac{\Delta W_{max}}{\omega_m^2 [\delta]} \tag{10-23c}$$

上式中的平均角速度 ω_m 用额定转速 n（单位为 r/min）代替，则有

$$J_F \geqslant \frac{900 \Delta W_{max}}{\pi^2 n^2 [\delta]} \tag{10-23d}$$

需要指出，上面求出的是飞轮的等效转动惯量。如果飞轮安装轴的角速度为 ω_A，则飞轮实际转动惯量为

$$J_F' = J_F \left(\frac{\omega_m}{\omega_A}\right)^2 \tag{10-23e}$$

为了确定最大盈亏功 ΔW_{max}，需先确定机械最大动能 E_{max} 和最小动能 E_{min} 出现的位置。对于一些比较简单的情况，E_{max} 和 E_{min} 出现的位置可直接由 M_e-φ 图中看出。对于较复杂的情况，还可借助于能量指示图来确定，现以图 10-7 为例加以说明。如图 10-7(c)所示，取任意点 a 作起点，按一定比例用向量线段依次表示相应位置 M_{ed} 与相应位置 M_{er} 之间所包围的面积 W_{ab}、W_{bc}、W_{cd}、W_{de}、$W_{ea'}$ 的大小和正负，盈功为正（箭头向上），亏功为负（箭头向下）。由于在一个循环的起始位置与终止位置处的动能相等，所以能量指示图的首尾应在同一水平线上，即形成封闭的台阶形折线。由图中明显看出，位置点 b 处动能最小，位置点 c 处动能最大，而图中折线的最高点和最低点的距离 W_{max} 就代表了最大盈亏功 ΔW_{max} 的大小。

分析式（10-23c）可知如下几点。

（1）当 ΔW_{max} 与 ω_m 一定时，如$[\delta]$取值很小，则飞轮的转动惯量就会很大。所以，过分追求机械运转速度的均匀性，将使飞轮过于笨重。

（2）由于 J_F 不可能为无穷大，而 ΔW_{max} 与 ω_m 又都是有限值，所以$[\delta]$不可能为零，即安装飞轮后不能消除机械的速度波动，只能减小波动的幅度。

（3）当 ΔW_{max} 与$[\delta]$一定时，J_F 与 ω_m 的平方值成反比。所以，为了减小飞轮的转动惯量，最好将其安装在机械的高速轴上。当然，在实际设计中还必须考虑安装飞轮轴的刚性和结构上的可能性等。

飞轮之所以能调速，是利用了它的储能作用。这是由于飞轮具有很大的转动惯量，因而要使其转速发生变化，就需要较大的能量。当机械出现盈功时，飞轮轴的角速度只作微小的上升，即可将多余的能量吸收储存起来；而当机械出现亏功时，机械运转速度减慢，飞轮又可将其储存的能量释放出来，以弥补能量的不足，而其角速度只作小幅度的下降。

因此，可以说飞轮实质上是一个能量储存器，它可以用动能的形式把能量储存或释放出来。惯性玩具小汽车就利用了飞轮的这种功能。一些机械（如锻压机械）在一个工作周期中，工作时间很短，而峰值载荷很大，就可利用飞轮在机械非工作时间所储存的能量来帮助克服其峰值载荷，从而可以选用较小功率的原动机来驱动，进而达到减少投资及降低能耗的目的。较新的应用研究有：利用飞轮在汽车制动时吸收能量和在汽车启动时释放能量以节能；利用飞轮为太阳能及风能发电装置充当能量平衡器（储能器）；等等。

3）飞轮尺寸的确定

工程中常把飞轮做成如图 10-9 所示的形状，它由轮缘 A、轮毂 B 和轮辐 C 三部分组成。由于轮缘的转动惯量远大于轮辐和轮毂的转动惯量，因此可以把轮缘的转动惯量作为飞轮的转动惯量 J_F。设轮缘的质量为 m_A，则

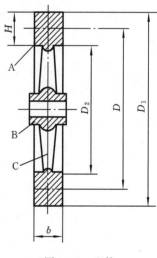

$$J_F \approx J_A = \frac{m_A}{2}\left(\frac{D_1^2 + D_2^2}{4}\right) = \frac{m_A}{4}(D^2 + H^2)$$

因为轮缘厚度 H 远比直径 D 小，即 $H^2 \ll D^2$，所以上式可近似为

$$J_F = \frac{m_A D^2}{4}$$

设轮缘的宽度为 b，材料的密度为 $\rho(kg/m^3)$，则

$$m_A = \pi D H b \rho$$

于是
$$Hb = \frac{m_A}{\pi D \rho} \qquad (10\text{-}23f)$$

图 10-9 飞轮

这样，根据要求的速度不均匀系数$[\delta]$，由式（10-23b）或式（10-23c）计算出飞轮的转动惯量后，可先选定飞轮的直径 D，再求得飞轮的质量 m_A。然后，选择飞轮的材料（密度为 ρ），再由式（10-23f）来确定适当的 H 和 b 的值。在选定直径 D 时，要考虑结构空间的限制，还要考虑飞轮的圆周线速度不能过大，以免轮缘因离心力过大而破裂。

3. 非周期性速度波动及其调节

在机械运转过程中，若等效力矩是非周期性变化的，则机械的稳定运转状态将遭到破坏。此时出现的速度波动称为非周期性速度波动。非周期性速度波动多是由于工作阻力或驱动力在机械运转过程中发生突变，从而使系统的输入功、输出功在较长的一段时间内

失衡所造成的。这样的速度波动没有周期性，因而不能用安装飞轮的方法进行速度波动的调节。若不加以调节，机械的转速将持续上升或下降，严重时会导致飞车或停车现象。

例如，在内燃机驱动的发电机组中，用电负荷的突然减小，导致发电机组中的阻抗力也随之减小，而内燃机提供的驱动力矩未变，发电机转子的转速升高；用电负荷继续减小，将导致发电机转子的转速继续升高，有可能发生飞车事故。反之，若用电负荷突然增大，将导致发电机组中的阻抗力也随之增大，而内燃机提供的驱动力矩未变，发电机转子的转速降低；用电负荷继续增大，将导致发电机转子的转速继续降低，直至发生停车事故。因此，必须研究这种非周期性速度波动的调节方法。

在机械系统中调节非周期性速度波动的方法很多。对于选用电动机作原动机的机械系统，其本身就可使驱动力矩和阻力矩协调一致。这是因为当电动机的转速由于 $M_{er} > M_{ed}$ 而下降时，其所产生的驱动力矩将增大；反之，当 $M_{er} < M_{ed}$ 引起电动机转速上升时，驱动力矩减小，所以系统自动地重新达到平衡。这种性能称为自调性。

但是，当机械的原动机为蒸汽机、汽轮机或内燃机等时，就必须安装一种专门的调节装置——调速器，用来调节系统出现的非周期性速度波动。调速器的种类很多，它可以是纯机械式的、液压式的，也可以是包含了电气或电子元件的。最简单的机械式调速器是离心调速器。

图 10-10 所示为内燃机驱动的发电机组中的机械式调速器示意图。

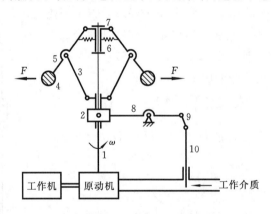

图 10-10　机械式调速器
1—主轴；2、6—套筒；3、5—连杆；4—重球

通过套筒 6 把调速器安装在机械主轴 1 上，当主轴 1 的速度增加时，安装在连杆 5 末端的重球 4 所产生的离心惯性力 F 使构件 3 张开，并带动套筒 2 往上移动。再通过杆件 8、9、10 减小油路的流通面积，从而减小内燃机的驱动力。套筒经过多次的振荡后，停留在固定位置，从而建立起新的平衡关系。反之，由于外载荷的突然增大而造成机械主轴转速下降时，调速器中的重球所受的离心惯性力也随之减小。重球往里靠近，套筒 2 下移，油路开口增大。进油量的增加导致内燃机的驱动力矩增大，当与外载荷平衡时，套筒经过几次振荡后停留在固定位置，被打破的平衡关系重新建立起来。

不同的机械，使用的调速器种类也不相同。在风力发电机中，要随风力的强弱调整叶片的角度，达到调整风力发电机主轴转速的目的。在水力发电机中，调速器安装在水轮机中,通过调整水轮机叶轮的角度,改变进水的流量,达到调整发电机主轴转速的目的。

关于调速器的详细原理与设计,读者可参阅有关调速器的专业书籍。

【例 10-3】 以例 4-2 中的六杆机构为例,取曲柄为等效构件,并假设作用在曲柄上的平衡力矩 M_b 为常数。为调节机器的速度波动,需要在等效构件 1 上安装飞轮,若要求速度不均匀系数的许用值 $[\delta]=0.05$,根据所计算的等效力矩 M_e 数据,求飞轮的转动惯量 J_F。

解 显然平衡力矩即为驱动力矩。因 M_b 为常数,故由动能定理可得 M_b 的表达式为

$$M_b = \frac{1}{2\pi} \int_0^{2\pi} M_e(\theta_1) \, d\theta_1$$

由于 M_e 是 θ_1 的函数,而且无法写成显式表达式,因此上式右边的积分通常采用数值方法计算,其过程可参见有关数学理论,这里不再赘述。求得右边积分值以后,即可计算出平衡力矩 M_b 的大小。通过编程计算,可求得所需平衡力矩为 $M_b=205.699$ N·m。

将等效驱动力矩与等效阻力矩的变化曲线绘制在一起,如图 10-11(a)所示,则由 M_b 曲线与横轴所包含区域的面积大小即为驱动功,而由 M_e 曲线与横轴所包含区域的面积大小即为阻力功。仍旧采用数值积分方法,分别求出驱动功与阻力功,两者的差值为盈亏功,即

$$W_{di} = M_b \varphi_i, \quad W_{ri} = \int_{\theta_{i-1}}^{\theta_i} M_e(\theta_1) \, d\theta_1, \quad W_i = W_{di} - W_{ri}$$

式中:φ_i 为曲柄在某一间隔内的转角;W_{di} 为同一间隔内的驱动功;W_{ri} 为同一间隔内的阻力功;W_i 为同一间隔内的盈亏功。于是最大盈亏功即为

$$\Delta W_{max} = W_{max} - W_{min}$$

通过数值计算方法可求得驱动功、阻力功与盈亏功的变化情况,并可绘制成曲线,如图 10-11(b)所示。从图中可得到最大盈亏功为 $\Delta W_{max}=3\ 315.905$ J,则飞轮的转动惯量为

$$J_F = \frac{\Delta W_{max}}{\omega_m^2 [\delta]} = \frac{3\ 315.905}{40^2 \times 0.05} \text{ kg·m}^2 = 41.449 \text{ kg·m}^2$$

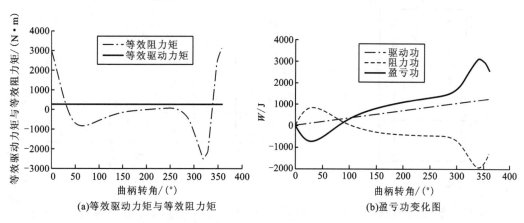

(a)等效驱动力矩与等效阻力矩　　　　　(b)盈亏功变化图

图 10-11　飞轮设计结果

思考题与习题

10-1　试说明机械系统运转全过程的三个阶段的特征。在这三个阶段中，输入功、总耗功、动能及速度之间的关系各有什么特点？

10-2　何谓机械系统的等效动力学模型？其动力学特征的等效条件是什么？

10-3　试说明机械的运转过程以及各运转过程中的力学特性，并说明机械运转过程中的周期性速度波动与非周期性速度波动的原因及其调节方法。

10-4　机械系统中安装了飞轮后是否能得到绝对均匀的运转？为什么？试比较内燃机、曲柄压力机、插齿机、家用缝纫机及软盘驱动器中的飞轮功用有何不同。说明何种机械必须安装飞轮；如不安装飞轮，对该机械的工作性能有何影响。

10-5　机械运转不均匀系数的选择与飞轮尺寸有何关系？如何选择机械运转不均匀系数？

10-6　如果飞轮没有安装在等效构件上，如何求解其转动惯量？从减小飞轮尺寸的观点出发，应把飞轮安装在高速构件上还是安装在低速构件上？为了减轻飞轮的重量，飞轮最好安装在何处？

10-7　何谓最大盈亏功 ΔW_{max}？如何确定其值？

10-8　离心调速器的工作原理是什么？

10-9　在如题 10-9 图所示的减速器中，已知各轮的齿数 $z_1 = z_3 = 25$，$z_2 = z_4 = 50$，各轮的转动惯量 $J_1 = J_3 = 0.04$ kg·m^2，$J_2 = J_4 = 0.16$ kg·m^2（忽略各轴的转动惯量），作用在轴Ⅲ上的阻力矩 $M_3 = 100$ N·m。试求选取轴Ⅰ为等效构件时，该机构的等效转动惯量 J_e 和 M_3 的等效阻力矩 M_{er}。

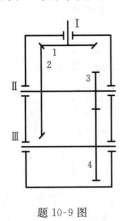

题 10-9 图

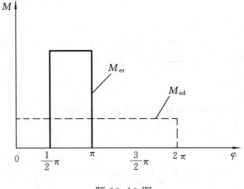

题 10-10 图

10-10　已知某机械稳定运转时的等效驱动力矩和等效阻力矩如题 10-10 图所示。机械的等效转动惯量为 $J_e = 1$ kg·m^2，等效驱动力矩为 $M_{ed} = 30$ N·m，机械稳定运转开始时等效构件的角速度 $\omega_0 = 25$ rad/s。试确定：

（1）等效构件的稳定运动规律 $\omega(\varphi)$；

（2）速度不均匀系数 δ；

（3）最大盈亏功 $\Delta W_{\max}$；

（4）若要求 $[\delta]=0.05$，求飞轮的等效转动惯量 J_{F}。

10-11 在题 10-11 图所示的行星轮系中，已知各轮的齿数为 $z_1=z_2=30,z_3=60$，各构件的质心均在其相对回转轴线上，它们的转动惯量为 $J_1=J_2=0.01\ \mathrm{kg\cdot m^2}$，$J_{\mathrm{H}}=0.16\ \mathrm{kg\cdot m^2}$，行星轮 2 的质量 $m_2=2\ \mathrm{kg}$，模数 $m=10\ \mathrm{mm}$，作用在行星架 H 上的力矩 $M_{\mathrm{H}}=40\ \mathrm{N\cdot m}$。试求构件 1 为等效构件时的等效力矩 M_{e} 和转动惯量 J_{e}。

10-12 设一发动机的输出力矩 M_{ed} 简化为如题 10-12 图所示折线，某机械的等效阻力矩 M_{er} 为常数。不计机械中其他构件的质量而只考虑飞轮的转动惯量。当 $\delta=0.02$ 时，平均转速 $n=1\ 000\ \mathrm{r/min}$。试计算：

（1）等效阻力矩 M_{er}；

（2）曲柄（等效构件）的角速度在何处最大、何处最小？

（3）最大盈亏功 $\Delta W_{\max}$；

（4）飞轮的等效转动惯量 J_{F}。

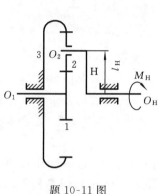

题 10-11 图

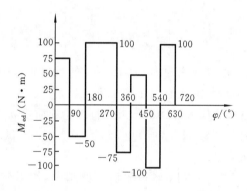

题 10-12 图

10-13 某内燃机的曲柄输出力矩 M_{ed} 随曲柄转角 φ 的变化曲线如题 10-13 图所示，其运动周期 $\varphi_{\mathrm{T}}=180°$，曲柄的平均转速 $n_{\mathrm{m}}=620\ \mathrm{r/min}$。当用内燃机驱动某一阻抗力为常数的机械时，如果要求其运转不均匀系数 $\delta=0.01$，试求：

（1）曲柄最大转速 $n_{\max}$ 和相应的曲柄角位置 $\varphi_{\max}$；

（2）装在曲柄上的飞轮的转动惯量 J_{F}（不计其余构件的转动惯量）。

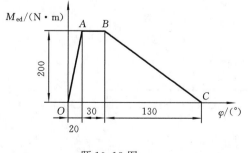

题 10-13 图

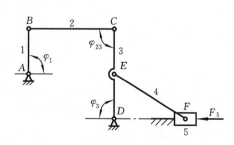

题 10-14 图

10-14 在题 10-14 图所示的搬运器的机构中，已知滑块 5 的质量 $m_5=20\ \mathrm{kg}$，$l_{AB}=l_{ED}=100\ \mathrm{mm}$，$l_{BC}=l_{CD}=l_{EF}=200\ \mathrm{mm}$，$\varphi_1=\varphi_{23}=\varphi_3=90°$，且作用在滑块 5 上的工作阻力

$F_5 = 1\,000$ N。取构件 1 为等效构件。试求在图示位置时的等效转动惯量 J_e 和等效阻力矩 M_{er}。

10-15　如题 10-15 图所示为一机床工作台的传动系统。设已知各齿轮的齿数，齿轮 3 的分度圆半径为 r_3，各齿轮的转动惯量分别为 J_1、J_2、J_3（齿轮 1 直接装在电动机上，故 J_1 中包含了电动机转子的转动惯量），工作台、齿条和工件的质量之和为 m。

（1）当取齿轮 1 为等效构件时，求该机械系统的等效转动惯量 J_e。

（2）在齿轮 1 上作用有驱动力矩 M_1，工作台上作用有工作阻力 F 时，求以齿轮 2 为等效构件的等效力矩 M_e。

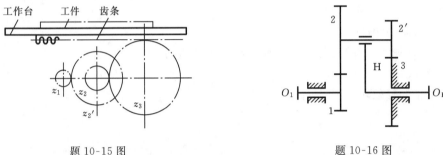

題 10-15 图　　　　　　　　　　題 10-16 图

10-16　在题 10-16 图所示的行星轮系中，已知：各轮的齿数 $z_1 = z_{2'} = 20$，$z_2 = z_3 = 40$；各构件的质心均在其几何轴线上，且 $J_1 = 0.01$ kg·m^2，$J_2 = 0.04$ kg·m^2，$J_{2'} = 0.01$ kg·m^2，$J_H = 0.16$ kg·m^2；行星轮的质量 $m_2 = 2$ kg，$m_{2'} = 4$ kg；模数均为 $m = 10$ mm；作用在行星架 H 上的力矩 $M_H = 60$ N·m。试求在等效构件 1 上的等效力矩 M_e 和等效转动惯量 J_e。

10-17　用电动机驱动的剪床中，作用在剪床主轴上的阻力矩 M_{er} 的变化规律如题 10-17 图所示。等效驱动力矩 M_{ed} 为常数，电动机转速为 1 500 r/min，机组各构件的等效转动惯量略去不计。试求保证运转不均匀系数 δ 不超过 0.05 时，安装在电动机上的飞轮的转动惯量 J_F。此时电动机的平均功率应为多大？若希望把此飞轮的转动惯量减少 $\dfrac{1}{2}$，而保持原来的 δ 值，又应如何考虑？

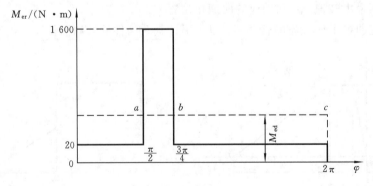

題 10-17 图

第11章 机械的平衡

通过前面几章的学习,已经可以进行机构的选型和设计了。但是设计出来的机构能否正常运转呢? 有的机构在运转中平稳性不好,产生了较大的冲击、振动和噪声。而机械工作的平稳性是衡量其性能好坏的重要指标之一。影响机械工作平稳性的原因很多,其中回转构件的不平衡是个重要因素。本章将从机械平衡的概念开始,着重介绍回转构件的平衡以及机构的平衡。

11.1 机械平衡概述

重难点与
知识拓展

11.1.1 机械平衡的目的

机械运转时,无论是做转动的构件还是做平面运动的构件,除回转轴线通过质心并做等速转动的构件外,其余构件都将产生惯性力。不平衡的惯性力将在运动副中引起附加的动压力,从而增加运动副的磨损、影响构件的强度并降低机械的效率和缩短机械的使用寿命。同时,这些惯性力的大小和方向一般都随机械的运转而周期性地变化,并传到机架上,从而使机械及其基础产生强迫振动。这种机械振动往往引起机械工作精度和可靠性的降低、零件材料的疲劳破坏,并产生噪声污染。如果其振幅较大,或其振动频率接近机械系统的固有频率,就会产生共振,这将引起极其不良的后果。共振现象还可能严重破坏附近的工作机械及厂房建筑,甚至危及人员的安全。

机械平衡的目的是设法将构件的不平衡惯性力加以平衡,以消除或尽量减少惯性力的不良影响,改善机械的工作性能,延长机械的使用寿命并改善现场的工作环境。机械的平衡问题在设计高速、重型及精密机械时具有特别重要的意义。

当然,也有一些构件是利用构件不平衡的惯性力进行工作的,如一些打夯机、振实机和惯性筛等,对这些机械则要研究如何更好地利用惯性力。

11.1.2 机械平衡的内容和分类

在机械中,由于各构件的运动形式及结构不同,因此其平衡问题亦不相同。机械的平衡可分为以下两类。

1. 绕固定轴回转的构件的惯性力平衡

绕固定轴回转的构件常称为转子,如汽轮机、发电机、电动机等机器,都是以转子作为工作的主体。转子的平衡又可分为刚性转子的平衡和挠性转子的平衡两种。

(1) 刚性转子的平衡。对于刚性较好,且工作转速低于$(0.6\sim0.75)n_{c1}$(n_{c1}是转子的一阶临界转速)的转子,转子所产生的弹性变形可以忽略不计,故称为刚性转子。刚性转子的平衡问题可以利用理论力学中的力系平衡理论予以解决。如果只要求其惯性力平衡,则称为转子的静平衡;如果同时要求惯性力和惯性力矩都平衡,则称为转子的动平衡。本章将主要介绍刚性转子的静平衡和动平衡的原理与方法。

（2）挠性转子的平衡。在机械中，对于那些工作转速较高，即 $n \geqslant (0.6 \sim 0.75) n_{c1}$，且质量和跨度很大、径向尺寸较小的转子，由惯性力引起的弹性变形增大到不可忽略的程度，且变形的大小、形态与工作转速有关，此类转子一般称为挠性转子。对于挠性转子，不仅要设法平衡其不平衡的离心惯性力，从而尽量减小支承中的动反力，同时还应尽量消除其转动时的动挠度。挠性转子的平衡非常复杂，本章不予详细介绍。其具体平衡原理和方法可参阅相关文献。

2. 机构的平衡

若机构中含有做往复运动或一般平面运动的构件，则其产生的惯性力、惯性力矩无法在构件内部平衡，必须对整个机构进行研究。各运动构件所产生的惯性力、惯性力矩可以合成为一个作用于机架上的总惯性力及一个总惯性力矩，设法平衡或部分平衡这个总惯性力和总惯性力矩作用在机架上的力，消除或减少机架上的振动，这类平衡问题称为机构在机架上的平衡，简称机构的平衡。

11.2　刚性转子的平衡

11.2.1　刚性转子的静平衡

1. 静平衡的概念

转子的径向尺寸 D 与轴向尺寸 b 的比值称为径宽比。对于径宽比 $D/b \geqslant 5$ 的刚性转子，例如齿轮、盘形凸轮、带轮、链轮及叶轮等，由于其轴向尺寸较小，故可近似地认为其质量分布于同一回转平面内。在此情况下，若转子的质心不在其回转轴线上，则当转子转动时，偏心质量便会产生离心惯性力，从而在运动副中引起附加的动压力。由于这种现象在转子静态时即可表现出来，故称为静不平衡。

为了消除刚性转子的静不平衡现象，对于径宽比 $D/b \geqslant 5$ 的盘状转子，设计时应先根据结构定出其偏心质量的大小及方位，然后再计算出为平衡其偏心质量所产生的惯性力而应加平衡质量的大小及配置方位，并将该平衡质量加在转子上，使转子达到静平衡。此过程称为刚性转子的静平衡设计。

2. 静平衡计算

如图 11-1(a)所示，设有一个盘状转子，具有偏心质量 m_1、m_2、m_3、m_4，其回转向径分别为 r_1、r_2、r_3、r_4，方位如图所示。当此转子以等角速度 ω 回转时，各偏心质量所产生的离心惯性力分别为

$$F_1 = m_1 \omega^2 r_1, \quad F_2 = m_2 \omega^2 r_2, \quad F_3 = m_3 \omega^2 r_3, \quad F_4 = m_4 \omega^2 r_4$$

为平衡这些离心惯性力，可在此转子上加上部分质量 m_b，使它所产生的离心惯性力 F 与 F_1、F_2、F_3、F_4 相平衡，亦即使

$$F + F_1 + F_2 + F_3 + F_4 = 0$$

$$F = m_b \omega^2 r$$

式中：r 为平衡质量 m_b 的回转向径。于是得

$$m_b \omega^2 r + m_1 \omega^2 r_1 + m_2 \omega^2 r_2 + m_3 \omega^2 r_3 + m_4 \omega^2 r_4 = 0$$

或
$$m_b r + m_1 r_1 + m_2 r_2 + m_3 r_3 + m_4 r_4 = 0 \tag{11-1}$$

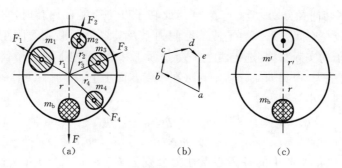

图 11-1 刚性转子的静平衡计算

式中:$m_i r_i$称为质径积。它相对地表达了各质量在同一转速下的离心惯性力的大小和方位。

质径积$m_b r$的大小和方位可用图解法求得。如图 11-1(b)所示,选定比例尺

$$\mu = \frac{\text{实际质径积大小}(\text{kg} \cdot \text{m})}{\text{图上的尺寸}(\text{mm})}$$

从任意点a开始按向径r_1、r_2、r_3及r_4的方向连续作$\overrightarrow{ab}$、$\overrightarrow{bc}$、$\overrightarrow{cd}$、$\overrightarrow{de}$,分别代表质径积$m_1 r_1$、$m_2 r_2$、$m_3 r_3$、$m_4 r_4$,得

$$m_b r = \mu \overrightarrow{ea} \tag{11-2}$$

当根据回转体的结构选定半径r值后,即可由上式求出平衡质量m_b的大小,而其方向则由向径r确定。

由上述分析可得出如下结论:

(1) 刚性转子达到静平衡的条件是,各偏心质量的离心惯性力的合力为零,或其质径积的矢量和为零;

(2) 对于径宽比$D/b \geqslant 5$的刚性转子,无论其有多少个偏心质量,均只需适当地增加一个平衡质量即可达到静平衡。换言之,对于径宽比$D/b \geqslant 5$的刚性转子,所需增加的平衡质量的最少数目为 1。

11.2.2 刚性转子的动平衡

1. 动平衡的概念

对于径宽比$D/b < 5$的刚性转子,即使转子的质心位于其回转轴线上,因各偏心质量所产生的离心惯性力不在同一回转平面内,所形成的惯性力矩仍将使转子处于不平衡状态。这种不平衡现象只有在转子运动时方能显示出来,故称为动不平衡。

为消除刚性转子的动不平衡现象,设计时应首先根据转子的结构确定各回转平面内偏心质量的大小和方位,然后计算所需增加的平衡质量的数目、大小及方位,以使所设计的转子理论上达到动平衡。该过程称为刚性转子的动平衡设计。这类转子动平衡的条件是:各偏心质量(包括平衡质量)产生的惯性力的矢量和为零,以及这些惯性力所构成的力矩矢量和也为零,即

$$\sum \boldsymbol{F} = \boldsymbol{0}, \quad \sum \boldsymbol{M} = \boldsymbol{0} \tag{11-3}$$

2. 动平衡计算

如图 11-2(a)所示,设该转子的偏心质量m_1、m_2、m_3分别位于三个平行的回转平面 1、

2、3 内，它们的回转向径分别为 r_1、r_2、r_3。当此转子以角速度 ω 回转时，它们产生的惯性力 F_1、F_2、F_3 组成一空间力系。为了使该空间力系及其各力所形成的惯性力偶矩得以平衡，可以根据转子的实际结构，选定两个平衡基面 I 和 II，再把上述三个偏心质量分解到这两个平衡基面上去，得到 m_{1I}、m_{2I}、m_{3I}（在平衡基面 I 上）和 m_{1II}、m_{2II}、m_{3II}（在平衡基面 II 上）。它们的大小分别为：

$$m_{1I} = m_1 l_1 / l, \quad m_{2I} = m_2 l_2 / l, \quad m_{3I} = m_3 l_3 / l$$
$$m_{1II} = m_1 (l - l_1)/l, \quad m_{2II} = m_2 (l - l_2)/l, \quad m_{3II} = m_3 (l - l_3)/l$$

上述各偏心质量所产生的各离心惯性力分别为 $F_{iI} = m_{iI} \omega^2 r_i$（在平衡基面 I 上）和 $F_{iII} = m_{iII} \omega^2 r_i$（在平衡基面 II 上）。它们的方位保持不变（如图 11-2(a) 所示）。这样，就把一个空间力系转化为两个平衡基面上的平面汇交力系。至于两个平衡基面上诸力的平衡问题，则与前述静平衡的计算方法完全相同。例如，就平衡基面 I 而言，其平衡条件为

$$m_{bI} \, r_{bI} + \sum m_{iI} \, r_i = 0$$

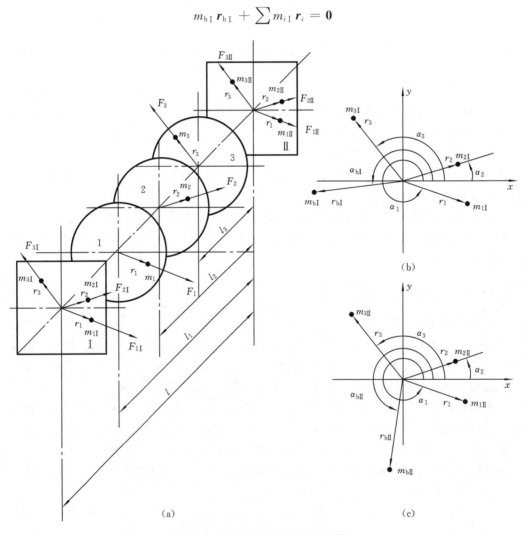

(a)　　　　　　　　(c)

图 11-2　刚性转子的动平衡计算

为了求得平衡质量 m_{bI} 的大小和方向,先根据转子的结构情况,选定平衡质量的回转半径大小 r_{bI},然后参照图 11-2(b)可得

$$\left.\begin{array}{l} m_{bIx} = -\sum m_{iI} r_i \cos\alpha_i / r_{bI} \\ m_{bIy} = -\sum m_{iI} r_i \sin\alpha_i / r_{bI} \end{array}\right\} \qquad (11\text{-}4)$$

则平衡基面 I 上的平衡质量为

$$m_{bI} = \sqrt{m_{bIx}^2 + m_{bIy}^2}$$

其方位角为 $\alpha_{bI} = \arctan(m_{bIy}/m_{bIx})$,并根据 m_{bIx} 及 m_{bIy} 计算结果的正负号,确定方位角 α_{bI} 所在象限。

同理,参照图 11-2(c)可求得平衡基面 II 内的平衡质量 m_{bII}、偏心距 r_{bII} 及方位角 α_{bII}。由上述分析可得如下结论。

(1) 刚性转子动平衡的条件为:分布于不同回转平面内的各偏心质量的空间离心惯性力系的合力及合力矩均为零。

(2) 对于动不平衡的刚性转子,无论其有多少个偏心质量,均只需在任选的两个平衡基面内各增加或减少一个合适的平衡质量,即可达到动平衡。换言之,对于动不平衡的刚性转子,所需增加的平衡质量的最少数目为 2。因此,动平衡亦称为双面平衡,而静平衡则称为单面平衡。

(3) 由于动平衡同时满足静平衡的条件,故经过动平衡设计的刚性转子一定是静平衡的;反之,经过静平衡设计的刚性转子则不一定是动平衡的。因此,对于径宽比 $D/b < 5$ 的刚性转子,只需进行动平衡设计即可消除静、动不平衡现象。

11.3　刚性转子的平衡实验

在设计时,经过平衡计算在理论上已经平衡的转子,由于制造和装配的误差以及材质的不均匀等因素,仍会产生新的不平衡。这时已无法用计算来进行平衡,而只能借助于平衡实验,用实验的方法来确定出其不平衡质量的大小和方位,然后利用增加或除去平衡质量的方法予以平衡。下面就静平衡实验和动平衡实验分别加以介绍。

11.3.1　静平衡实验

由前所述可知,静不平衡的回转件,其质心偏离回转轴,产生静力矩。利用静平衡架,找出不平衡质径积的大小和方位,并由此确定平衡质量的大小和方位,使质心移到回转轴线上以达到静平衡。这种方法称为静平衡实验法。

对于圆盘形回转件,设圆盘直径为 D,宽度为 b,当 $D/b \geq 5$ 时,这类回转件通常经静平衡试验校正后,可不必进行动平衡实验。

图 11-3 所示为导轨式静平衡架。架上两根互相平行的钢制刀口形(也可以做成圆柱形或棱柱形)导轨被安装在同一水平面内。实验时将回转件的轴放在导轨上。若回转件质心不在包含回转轴线的铅垂面内,则由于重力对回转轴线的静力矩作用,回转件将在导轨上发生滚动。待到滚动停止时,质心 S 即处在最低位置,由此便可确定质心的偏移方向。然后再用橡皮泥在质心相反方向加一适当的平衡质量,并逐步调整其大小或径向位

置,直到该回转件在任意位置都能保持静止为止。这时所加的平衡质量与其向径的乘积即为该回转件达到静平衡需加的质径积。根据该回转件的结构情况,也可在质心偏移方向去掉同等大小的质径积来实现静平衡。

导轨式静平衡架简单可靠,其精度也能满足一般生产需要,其缺点是它不能用于平衡两端轴径不等的回转件。

图 11-4 所示为圆盘式静平衡架。将平衡回转件的轴放置在由两个圆盘组成的支承上,圆盘可绕其几何轴线转动,故回转件也可以自由转动。它的实验程序与上述相同。这类平衡架一端的支承高度可调,以便平衡两端轴径不等的回转件。这种设备安装和调整都很简便,但圆盘中心的滚动轴承容易弄脏,致使摩擦阻力矩增大,故其精度略低于导轨式静平衡架。

图 11-3　导轨式静平衡架

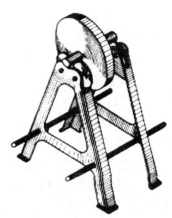

图 11-4　圆盘式静平衡架

11.3.2　动平衡实验

不平衡的转子回转时,离心惯性力作用在支承上,使支承发生振动。因此,可通过测量其支承的振动参数来判断转子的不平衡程度。目前动平衡实验方法大致可分为两类:一类是用专门的动平衡实验机对转子进行动平衡实验;另一类是转子在其本身的机器上对整机进行平衡,又称为现场平衡。上述两种动平衡实验方法的基本原理是相同的,它们都是通过测量支承的振幅及其相位来测定转子不平衡量的大小和方位。在动平衡实验机上进行转子动平衡实验,效率高,又能达到较高的精度,因此是生产上常采用的方法。下面简要地介绍动平衡实验机的工作原理。

动平衡实验机有各种不同的形式,目前常用的是电测式,它是根据振动原理设计的,并且利用测振传感器将转子转动时所产生的惯性力引起的振动信号通过电子线路加以处理和放大,最后用电子仪器显示出被测转子的不平衡质径积的大小和方位。

图 11-5 所示即为一种电测式动平衡实验机的工作原理示意图。被测转子 4 放在两弹性支承上,由电动机 1 通过带传动 2 驱动,转子与带轮之间用万向联轴节 3 连接。实验时,转子上的偏心质量所产生的惯性力使弹性支承产生振动,而此机械振动通过传感器 5 与 6 转变为电信号,并同时传到校正系统(解算电路)7。校正系统对信号进行处理以消除两平衡基面之间的相互影响,而只反映出一个平衡基面(如图中平衡基面Ⅱ)中偏心质量

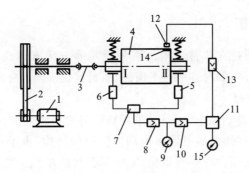

图 11-5　电测式动平衡实验机的工作原理示意图

引起的振动电信号,然后经过选频放大器 8,将信号放大,并由仪表 9 显示出不平衡质径积的大小。而放大后的信号又经过整形放大器 10 转变为脉冲信号,并送到鉴相器 11 的一端。鉴相器的另一端接收到的是基准信号,来自光电头 12 和整形放大器 13,它的相位与转子上的标记 14 相对应,即以与转子转速相同的频率变化。鉴相器两端信号的相位差由相位表 15 读出。以标记 14 为基准,根据相位表的读数,即可确定出偏心质量的方位。在将一个平衡基面中应加配重的大小、方位确定后,再以相同的方法确定另一平衡基面中应加配重的大小及方位。

11.4　机构的平衡

　　如前所述,绕定轴转动的构件,在运动中所产生的惯性力可以在构件本身上予以平衡。而对于机构中做往复运动或平面复合运动的构件,其在运动中产生的惯性力则不可能在构件本身上予以平衡,所以必须就整个机构设法加以平衡。具有做往复运动构件的机构在许多机械中是经常使用的,如汽车发动机、高速柱塞泵、活塞式压缩机、振动剪床等。由于这些机械的速度比较高,所以其平衡问题常成为影响产品质量的关键问题之一,这就促使人们开展对有关这些机构平衡问题的研究。

　　当机构运动时,其各运动构件所产生的惯性力可以合成为一个通过机构质心的总惯性力和一个总惯性力偶矩,这个总惯性力和总惯性力偶矩全部由基座承受。因此,为了消除机构在基座上引起的动压力,就必须设法平衡这个总惯性力和总惯性力偶矩。故机构平衡的条件是作用于机构质心的总惯性力 F_I 和总惯性力偶矩 M 分别为零,即

$$F_I = 0, \quad M = 0$$

不过,在实际的平衡计算中,总惯性力偶矩对基座的影响应当与外加的驱动力矩和阻抗力矩一并研究(因这三者都将作用到基座上),但是由于驱动力矩和阻抗力矩与机械的工作性质有关,单独平衡惯性力偶矩往往没有意义,故这里只讨论总惯性力的平衡问题。

　　设机构的总质量为 m,其质心 S 的加速度为 a_S,则机构的总惯性力 $F_I = -ma_S$。由于质量 m 不可能为零,所以欲使总惯性力 $F_I = 0$,必须使 $a_S = 0$,即应使机构的质心静止不动。根据这个论断,在对机构进行平衡时,就要运用增加平衡质量等方法,使机构的质心静止不动。

　　下面简要介绍机构惯性力平衡的处理方法。

11.4.1 完全平衡

对于某些机构,可通过在构件上附加平衡质量的方法来实现总惯性力的完全平衡。确定平衡质量的方法很多,如对称机构平衡法、质量代换法等。

1. 利用对称机构平衡

为了使机构惯性力得到完全平衡,可采用机构对称布置的方法。图 11-6 所示为各构件的尺寸和质量对称分布的曲柄滑块机构和铰链四杆机构,由于在运动过程中机构的总质心位置不变,故可使惯性力在固定铰链 A 处所引起的动压力得到完全平衡,因此可达到较好的平衡效果。但采用这种方法会使机构体积增大,结构复杂。

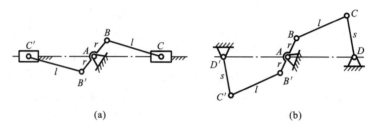

(a)　　　　　　　　　　　(b)

图 11-6　利用机构的对称布置平衡惯性力

2. 质量代换法

质量代换法的思想是将构件的质量以若干集中质量来代换,并使其产生的动力学效应与原构件的动力学效应相同。设某构件的质量为 m,构件对其质心 S 的转动惯量为 J_S,则其惯性力 F 在 x、y 方向上的分量及其惯性力矩分别为

$$F_x = -m\ddot{x}_S, \quad F_y = -m\ddot{y}_S, \quad M = -J_S\alpha \tag{11-5}$$

式中：$\ddot{x}_S$、$\ddot{y}_S$ 分别为质心 S 在 x、y 方向上的加速度分量；α 为构件的角加速度。

现以 n 个集中质量 $m_1, m_2, \cdots, m_n$ 来代换原构件的质量 m。若要求代换前后动力学效应相同,则应使各代换质量的惯性力的合力等于原构件的惯性力,且各代换质量对构件质心的惯性力矩之和等于原构件对质心的惯性力矩。因此,代换时应满足以下三个条件。

(1) 各代换质量之和与原构件的质量相等,即

$$\sum_{i=1}^{n} m_i = m \tag{11-6}$$

(2) 各代换质量的总质心与原构件的质心重合,即

$$\sum_{i=1}^{n} m_i x_i = m x_S, \quad \sum_{i=1}^{n} m_i y_i = m y_S \tag{11-7}$$

式中：x_S、y_S 为构件质心的 x、y 方向坐标；x_i、y_i 为第 i 个集中质量的 x、y 方向坐标。

(3) 各代换质量对质心的转动惯量之和与原构件对质心的转动惯量相等,即

$$\sum_{i=1}^{n} m_i [(x_i - x_S)^2 + (y_i - y_S)^2] = J_S \tag{11-8}$$

将式(11-7)对时间求导两次并变号,可得

$$-\sum_{i=1}^{n} m_i \ddot{x}_i = -m\ddot{x}_S, \quad -\sum_{i=1}^{n} m_i \ddot{y}_i = -m\ddot{y}_S \tag{11-9}$$

式(11-9)左端为各代换质量的惯性力的合力,右端为原构件的惯性力。显然,满足前两个条件,则代换前后惯性力不变。

若将式(11-8)两端同乘以$-\alpha$,则

$$\sum_{i=1}^{n}\{-m_i[(x_i-x_S)^2+(y_i-y_S)^2]\alpha\}=-J_S\alpha$$

该式左端为各代换质量对构件质心的惯性力矩之和,右端为原构件的惯性力矩。显然,只有满足第三个条件,代换前后惯性力矩才能相等。

满足上述三个条件时,各代换质量所产生的总惯性力、总惯性力矩分别与原构件的惯性力、惯性力矩相等,这种代换称为质量动代换。若仅满足前两个条件,则各代换质量所产生的总惯性力与原构件的惯性力相等,而惯性力矩不等,这种代换称为质量静代换。应当指出,质量动代换后,各代换质量的动能之和与原构件的动能相等;而质量静代换后,二者的动能并不相等。若仅需平衡机构的惯性力,可以采用质量静代换;若需同时平衡机构的惯性力矩,则必须采用质量动代换。

显然,代换质量的数目越少,计算就越方便。因此工程实际中通常采用两个或三个代换质量,并将代换点选在运动参数容易确定的点上,例如构件的转动副中心。下面介绍常用的两点代换法。

1) 两点静代换

在如图 11-7 所示的铰链四杆机构中,设运动构件 1、2、3 的质量分别为 m_1、m_2、m_3,其质心分别位于 S_1、S_2、S_3。为完全平衡该机构的总惯性力,可先将构件 2 的质量 m_2 代换为 B、C 两点处的集中质量,即

$$\left.\begin{aligned} m_B &= m_2 l_{CS_2}/l_{BC} \\ m_C &= m_2 l_{BS_2}/l_{BC} \end{aligned}\right\} \tag{11-10}$$

然后,可在构件 1 的延长线上加一个平衡质量 m_b'并使 m_b'、m_1、m_B 的质心位于点 A。设 m_b' 的中心至点 A 的距离为 r',则 m_b' 的大小为

$$m_b' = (m_B l_{AB} + m_1 l_{AS_1})/r' \tag{11-11}$$

同理,可在构件 3 的延长线上加一个平衡质量 m_b'',并使 m_b''、m_3、m_C 的质心位于点 D。平衡质量 m_b'' 的大小为

$$m_b'' = (m_C l_{CD} + m_3 l_{DS_3})/r'' \tag{11-12}$$

式中:r'' 为 m_b'' 的中心至点 D 的距离。

包括平衡质量 m_b'、m_b'' 在内的整个机构的总质量为

$$m = m_A + m_D \tag{11-13}$$

式中

$$\left.\begin{aligned} m_A &= m_1 + m_B + m_b' \\ m_D &= m_3 + m_C + m_b'' \end{aligned}\right\} \tag{11-14}$$

于是,机构的总质量 m 可认为集中在 A、D 两个固定不动点处。机构的总质心 S 应位于直线 AD(即机架)上,且

$$l_{AS}/l_{DS} = m_D/m_A \tag{11-15}$$

机构运动时,其总质心 S 静止不动,即 $a_S=0$。因此,该机构的总惯性力得到了完全平衡。

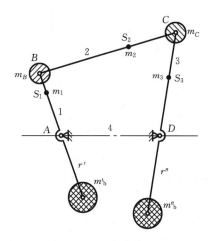

图 11-7　铰链四杆机构总惯性力完全平衡

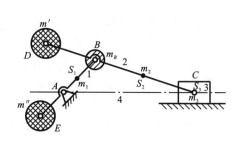

图 11-8　曲柄滑块机构的总惯性力完全平衡

运用同样的方法，可以对图 11-8 所示的曲柄滑块机构进行平衡。即增加平衡质量 m'、m''，使机构的总质心移到固定点 A 处。平衡质量的大小为

$$m' = (m_B l_{BS_2} + m_3 l_{BC})/l_{BD} \tag{11-16}$$

$$m'' = [(m' + m_2 + m_3)l_{AB} + m_1 l_{AS_1})/l_{AE} \tag{11-17}$$

2）两点动代换

质量动代换时不仅要平衡机构的惯性力，还需同时平衡机构的惯性力矩。由式 (11-6)、式 (11-7)、式 (11-8) 可得到其平衡条件，过程比较简单，故在此不详细介绍。

利用附加平衡质量来平衡机构的设计方法，虽然从理论上说，可使机构的惯性得到完全平衡，但因配重的大小和方位使机构的体积过大，故也会影响机构的工程应用价值。在工作允许范围内，通常采用惯性力的部分平衡法来减少惯性力所产生的不良影响。

11.4.2　部分平衡

1. 利用附加平衡质量平衡

假设对如图 11-9 所示的曲柄滑块机构进行平衡时，先将连杆的质量 m_2 用集中于点 B 的质量 m_{2B} 和集中于 C 点的质量 m_{2C} 来代换，将曲柄 1 的质量 m_1 用集中于点 B 的质量 m_{1B} 和集中于点 A 的质量 m_{1A} 来代换。由于 A 为固定点，故集中质量 m_{1A} 所产生的惯性力为零。因此，机构的总惯性力只有两部分，即集中在点 B 的质量（$m_B = m_{1B} + m_{2B}$）所产生的离心惯性力 F_B 和集中在点 C 的质量（$m_C = m_{2C} + m_3$）所产生的往复惯性力 F_C。为完全平衡 F_B，只需在曲柄 1 的延长线上加一平衡质量 m_b'，使其满足以下关系式即可。

$$m_b' r = m_B l_{AB}$$

而往复惯性力 F_C，因其大小随曲柄转角 φ 的不同而不同，其平衡问题就不像平衡离心惯性力 F_B 那样简单。下面介绍往复惯性力的平衡方法。

由机构的运动分析得到的点 C 的加速度方程为

$$a_C \approx -\omega^2 l_{AB} \cos\varphi \tag{11-18}$$

因而集中质量 m_C 所产生的往复惯性力为

$$F_C = -m_C a_C \approx m_C \omega^2 l_{AB} \cos\varphi \tag{11-19}$$

式中：φ 为原动件 1 的转角。

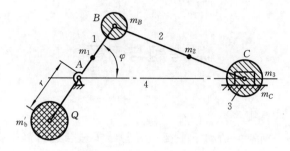

图 11-9　机构总惯性力部分平衡的附加平衡质量法

为了平衡惯性力 F_C，可以在曲柄的延长线上（相当于 Q 处）再加上一平衡质量 m''_b，且使

$$m''_b r = m_C l_{AB} \tag{11-20}$$

此平衡质量 m''_b 所产生的离心惯性力 F''，可分解为一水平分力 F''_h 和一垂直分力 F''_v：

$$\left. \begin{array}{l} F''_h = - m''_b \omega^2 r\cos\varphi \\ F''_v = - m''_b \omega^2 r\sin\varphi \end{array} \right\} \tag{11-21}$$

由于 $m''_b r = m_C l_{AB}$，故知 $F''_h = -F_C$，即 F''_h 已与往复惯性力 F_C 平衡。不过，此时又多出一个新的不平衡惯性力 F''_v，此垂直惯性力对机械的工作也很不利。为此取

$$F''_h = - \left(\frac{1}{3} \sim \frac{1}{2} \right) F_C$$

即

$$m''_b r = \left(\frac{1}{3} \sim \frac{1}{2} \right) m_C l_{AB} \tag{11-22}$$

这样，既可以减少往复惯性力 F_C 的不良影响，又可避免垂直方向产生的新的不平衡惯性力 F''_v 太大。一般说来，这对机械的工作较为有利。

2. 利用平衡机构平衡

在图 11-10(a) 所示的机构中，当曲柄 AB 转动时，滑块 C 和 C' 的加速度方向相反，它们的惯性力方向也相反，故可以相互抵消。但由于两滑块运动规律不完全相同，所以只是部分平衡。

在图 11-10(b) 所示的机构中，当曲柄 AB 转动时，两连杆 BC、$B'C'$ 和摇杆 CD、$C'D$ 的惯性力也可以部分抵消。

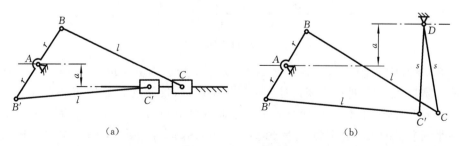

(a)　　　　　　　　　　　　　　　　(b)

图 11-10　机构总惯性力部分平衡的近似对称布置法

思考题与习题

11-1 机械不平衡有哪些类型？

11-2 何谓静不平衡？何谓动不平衡？哪些转子适合进行静平衡校正，哪些转子必须进行动平衡校正？

11-3 刚性转子的不平衡量如何表示？单位是什么？

11-4 刚性转子的平衡条件是什么？

11-5 为什么可用质径积来表示不平衡质量或平衡质量？质径积与惯性力是什么关系？

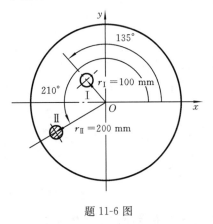

题 11-6 图

11-6 题 11-6 图所示为一钢制圆盘，盘厚 $b=50$ mm。位置 I 处有一直径 $\phi=50$ mm 的通孔，位置 II 处是一质量 $m_2=0.5$ kg 的重块。为了使圆盘平衡，拟在圆盘上 $r=200$ mm 处制一通孔。试求此孔的直径与位置。钢的密度 $\rho=7.8$ g/cm^3。

11-7 高速水泵的凸轮轴系由三个互相错开 120° 的偏心轮所组成，每一偏心轮的质量为 0.4 kg，其偏心距为 12.7 mm。设在平衡平面 A 和 B 中各装一个平衡质量 m_{bA} 和 m_{bB} 使之平衡，其回转半径为 10 mm，其他尺寸见题 11-7 图（单位：mm）。求 m_A 和 m_B 的大小和方位。

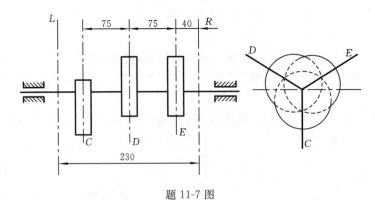

题 11-7 图

11-8 题 11-8 图所示为一径宽比 $D/b>5$ 的盘状转子，其质量为 $m=300$ kg。该转子存在偏心质量，需对其进行平衡设计。由于结构原因，仅能在平面 I、II 内两相互垂直的方向上安装平衡质量以使其达到静平衡。已知 $l=80$ mm，$l_1=30$ mm，$l_2=20$ mm，$l_3=20$ mm；各平衡质量的大小分别为 $m_1=2$ kg，$m_2=1.6$ kg；回转半径 $r_1=r_2=300$ mm。试问：

（1）该转子的原始不平衡质径积的大小、方位及其质心 S 的偏心距各为多少？

（2）经上述平衡设计，该转子是否已满足动平衡的条件？

（3）若转子的转速为 $n=1\,000$ r/min，其左、右两支承的动反力在校正前、后各为多少？

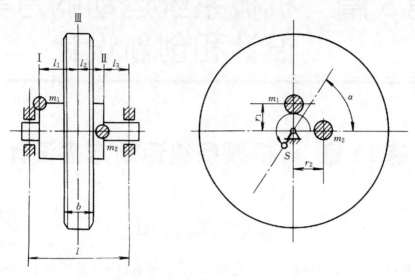

题 11-8 图

11-9　在题 11-9 图所示的四杆机构中，已知 $l_{AB}=50$ mm，$l_{BC}=200$ mm，$l_{CD}=150$ mm，$l_{AD}=250$ mm，$l_{AS_1}=20$ mm，$l_{BE}=100$ mm，$l_{ES_2}=40$ mm，$l_{CF}=50$ mm，$l_{FS_3}=30$ mm；$m_1=1$ kg，$m_2=2$ kg，$m_3=30$ kg。试在 AB、CD 上附加平衡质量，实现机构惯性力的完全平衡。

11-10　题 11-10 图所示曲柄滑块机构中，各构件尺寸为 $l_{AB}=50$ mm，$l_{BC}=200$ mm。滑块 C 的质量为 $20\sim1000$ kg，且忽略曲柄 AB 及连杆 BC 的质量。试问：

（1）如曲柄 AB 在低转速状态下工作，且 C 处质量较小，应如何考虑平衡措施？

（2）如曲柄 AB 在较高转速状态下工作，且 C 处质量较大，又应如何考虑平衡措施？

（3）质量与速度两者之间何者对惯性力的产生起主要作用？为什么？

（4）有没有办法使此机构达到完全平衡？

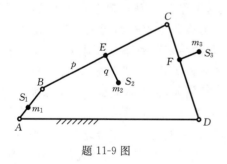

题 11-9 图

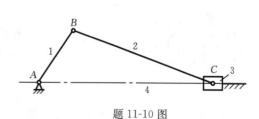

题 11-10 图

第5篇　机械系统运动的方案设计和创新设计

第12章　机械系统运动方案设计

12.1　概　述

设计机械的目的是利用它代替人们的劳动。机械通常是由某种或多种机构所组成的,各种机构在机械中起着不同的作用。最接近被加工工件一端的机构称为执行机构,其中接触加工工件或执行终端运动的构件称为执行构件。机械中执行机构的协同动作使执行构件能够完成具有特定功能的动作。

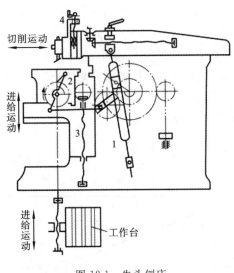

图 12-1　牛头刨床

以图 12-1 所示的牛头刨床为例。其最终的工作目的是刨削出合格的工件表面。为完成整个工件表面的刨削,夹紧工件的工作台必须有垂直于刀具运动方向的移动,且每次移动距离可调,以适应对工件表面刨削出不同粗糙度的要求。这一运动称为工作台的横向进给运动。为了使刀具能与被加工工件接触,并刨削掉多余的金属表面层,工作台及刀架应能上下运动,这称为工作台及刀架的垂直进给运动。为刨削掉多余金属,刀具的往复移动称为切削运动。上述三种运动必须协调动作、有机配合,才能完成工件的刨削任务。例如,在刀具完成了一次刨削返回后,工作台才能进行横向进给。工件的一层表面被刨削完成后,才能进行工作台或刀架的垂直进给。为实现以上三种运动,该牛头刨床由多种机构组成:实现切削运动的连杆机构 1,其中装有刨刀的滑枕为执行构件;实现工作台横向进给运动的棘轮机构 2 及丝杠传动机构;实现工作台及刀架垂直进给运动的丝杠传动机构 3 和构件 4。其中工作台及刨刀为执行构件。

从对牛头刨床的分析可以看出,不同执行构件的运动可由不同或相同的机构分别完成,但由于各机构间紧密的传动配合关系,其运动必然相互协调一致或有序,这是因为所有的运动都服务于工件表面的刨削这同一任务。

一台机械或机器的设计,一般应遵循以下步骤。

(1)确定其所要完成的工作任务。如进行工件的切削加工、锻压钢坯、搬运工件等,对不同的工作任务应设计不同的机械。

(2)根据工作任务要求进行功能分解。对需要采取的加工工艺方法或工作原理进行分析,将机器要完成的工艺动作过程分解为几个执行构件的独立运动。如加工工件上的平面,可以采用刨削或铣削,也可以采用磨削,此时,由于工艺方法或工作原理不同,可将其分解为刀具和工件不同的运动形式。刀具和工件的运动形式不同,加工工件的表面质量不同,故设计出的机械也就不同。又如,加工螺纹,既可以车削,也可以套丝,还可以滚压。加工时其工作原理不同,则刀具和工件的运动形式不同,所设计出的加工机械也就完全不同。

(3)机构选型。每一个独立的功能或运动一般可用一个执行机构来完成。根据各执行构件的功能或运动要求,如何选择这些执行机构去恰到好处地实现这些各自独立的运动,是一个很复杂又很富有创造性的工作。

(4)拟定运动循环图。机器所要完成的各工艺动作之间,不是互不相关的,而是有序的、相互配合的。所以各个执行机构必须按工艺动作过程的时间顺序和相互配合关系来完成各自的运动。描述各执行机构间运动的协调配合关系的图,就是机器的运动循环图。

(5)运动方案设计。各种机械的组成和用途虽然各不相同,但一般都由原动机、传动系统、执行系统和操纵控制系统四个基本部分组成。机械运动方案设计主要是根据原动机和执行构件的运动要求,通过机构选型和组合来确定原动机和执行构件之间的传动机构和执行机构,从而完成由原动机、传动机构、执行机构组成的机械运动简图设计。

(6)施工图设计。在这一步骤中完成机械的各零部件的强度、刚度计算及零部件的结构设计。此外,对一些自动化机械,还需要对其电力系统和电子控制系统进行设计。当然,一台大的机械设备,经施工设计并加工好样机后,还必须进行实地应用检验,达到全部性能指标要求,方可定型生产。

机械运动方案设计是对机械进行设计的最为重要的环节。运动方案设计的优劣,决定了这部机械的性能、造价、市场前景。所谓运动方案的设计,是设计者从多种原动机、基本机构和组合机构中选择出合适的组合,构成一个能完成指定工作任务的机械系统的全面设计构思。在设计之初,这种构思往往是最艰难的。因为完成同一工作任务,可以有多种不同的工作原理,即使工作原理相同,设计方案也可能迥然不同。经过认真详细地分析比较,会发现各种不同的方案各有利弊,然后根据主要的评价原则,舍其余而选其一。这种淘汰过程往往也是非常艰难的。运动方案设计的结果常常是绘出一张由线段和符号组成的机械运动简图。

12.2　组合机构的创新设计

合理选择机构类型,拟定机械运动方案,是机械产品设计的一项十分重要的工作,它直接关系到机械的性能。这也是一项较为复杂的工作,需要设计者具有丰富的实践经验和宽广的知识面,以及充分发挥创造性思维的能力,这样才能拟定一个优良的机械运动方案。为拟定一个优良的机械运动方案,仅仅从常见的基本机构中选择机构类型显然是不够的,需要在原有基本机构的基础上进一步通过扩展、演化等方法创造出新机构。

12.2.1　机构的组合方式及其应用

由于现代机械工程对机构要求实现的运动规律和运动轨迹是多种多样的,所以单一的基本机构都存在一定的局限性,往往不能满足执行构件复杂运动的要求。例如凸轮机构虽然能使从动件实现复杂的运动规律,但从动件一般只能做往复移动或摆动。为了满足生产上各种复杂多样的运动要求,常常将多个基本机构按一定的方式组合起来加以应用,从而构成了所谓的组合机构。利用组合机构不仅能满足多种运动要求,而且能综合应用和发挥各种基本机构的特点,所以组合机构越来越得到广泛应用。机构的组合也是发展新机构的重要途径之一。

组合机构可以是同一类型的基本机构的组合,也可以是不同类型的基本机构的组合。基本机构的组合方式不同,组合机构的运动特性也不同。机构的组合方式有多种,下面介绍几种比较典型的组合方式及其应用实例。

1. 串联式组合

将若干个单自由度的基本机构顺序连接,并将前一个基本机构的输出构件与后一个基本机构的输入构件固连在一起,使每一个前置机构的输出构件作为后续机构的输入构件,这种组合方式称为机构的串联式组合。其优点是可以改善单一基本机构的运动特性。

例如一个对心曲柄滑块机构没有急回运动特性,而且工作行程中滑块的速度是变化的。如果要求有急回特性,便可如图 12-2(a)所示,将由构件 1、2、3、4 组成的曲柄摇杆机构的输出件 3 与由构件 $3'$、5、6、4 组成的曲柄滑块机构(或摇杆滑块机构)的输入件 $3'$ 固连在一起,则该机构的输出件 6 便具有急回运动特性了。这两个基本机构的组合机构可用框图表示,如图 12-2(b)所示。图中 ω、v 分别为构件运动的角速度和线速度。如果要求既有急回运动特性,而且在工作行程中滑块又有近似的匀速运动,则可按图 12-3(a)所示将由构件 1、2、3 组成的凸轮机构与由构件 $2'$、4、5、3 组成的曲柄滑块机构(或摇杆滑块机构)串联起来,即为凸轮-连杆组合机构。只要适当设计凸轮的轮廓,输出件 5 便可具有急回运动特性,且在工作行程中为匀速运动。但是为了避免行程两端发生冲击,凸轮轮廓的设计应使工作行程在开始一小段滑块为加速运动,在末端一小段滑块为减速运动。这个串联组合机构比单一的凸轮机构的优越之处在于:只要增大杆长比 l_2'：l_2,则当输出件滑块的冲程大小相同时,凸轮的尺寸较小。图 12-3(b)所示为组合机构框图。

图 12-4(a)所示为用于冲压机床的自动送料机构。它由三个单自由度的基本机构——曲柄滑块机构(见图 12-4(b))、摆动从动件移动凸轮机构(见图 12-4(c))和摇杆滑块机构(见图 12-4(d))串联而成。

这三个基本机构的串联方式都是将前一机构的输出构件与后一机构的输入构件固连在一起。主动曲柄 1 的转动(转角 φ_1)通过曲柄滑块机构的输出构件 3 的移动(位移 S_3),再通过摆动从动件移动凸轮机构的输出构件 4 的往复摆动(摆转角 φ_4),最后通过摇杆滑块机构的输出构件 6(滑块)得到所需的往复移动(位移 S_6)。组合机构框图如图 12-4(e)

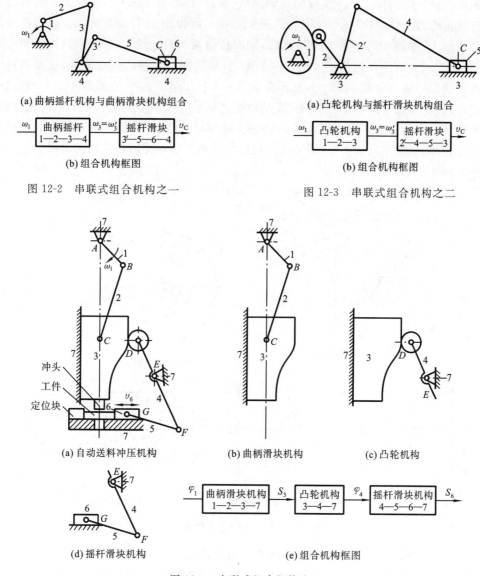

(a) 曲柄摇杆机构与曲柄滑块机构组合

(b) 组合机构框图

图 12-2　串联式组合机构之一

(a) 凸轮机构与摇杆滑块机构组合

(b) 组合机构框图

图 12-3　串联式组合机构之二

(a) 自动送料冲压机构　　(b) 曲柄滑块机构　　(c) 凸轮机构

(d) 摇杆滑块机构　　(e) 组合机构框图

图 12-4　串联式组合机构之三

所示。

2. 并联式组合

以一个 n 自由度的基本机构作为基础机构，n 个单自由度的基本机构作为附加机构。n 个附加机构共用同一个输入构件，而它们的输出构件同时接入基础机构，从而形成一个自由度为 1 的机构系统，这种组合方式称为机构的并联式组合。并联式组合机构是将原动件的一个运动同时输出给 n 个单自由度的基本机构，从而转换成 n 个输出运动；而这 n 个输出运动又同时输入给一个 n 自由度的基本机构，再合成为一个输出运动。在常见的组合中 $n=2$ 的情况居多。

如图 12-5(a)所示的铁板输送机构就是这种组合方式的一个应用实例。该机构是以由构件 2、3、4、H、6 组成的双自由度的差动轮系(见图 12-5(b))作为基础机构、两个单自由度的机构——由构件 1、2、6 组成的定轴轮系（齿轮机构）和由构件 1′、5、H、6 组成的曲柄摇杆机构作为附加机构（见图 12-5(c)、图 12-5(d)）的齿轮-连杆组合机构。原动件为齿轮 1 和曲柄 1′，固连在同一轴上，其运动 ω_1 同时传给两个附加机构，并分别转换成两个输出运动 ω_2 和 ω_H。将附加机构的输出构件 2 和 H（即摇杆 CD）接入基础机构，使基础机构获得两个所需的输入运动 ω_2 和 ω_H，从而合成为一个输出运动 ω_4。当原动件 1(1′) 做匀速转动时，齿轮 2 也做匀速转动，而摇杆 H 却做变速摆动，所以输出构件内齿轮 4（送料辊）做变速转动。当内齿轮 4 将铁板输送一定的长度后瞬时停歇，即做有短暂停歇的送进运动，配套的剪切机便把铁板剪断（图中未示出），其周期为原动件回转一周的时间。组合机构框图如图 12-5(e) 所示。

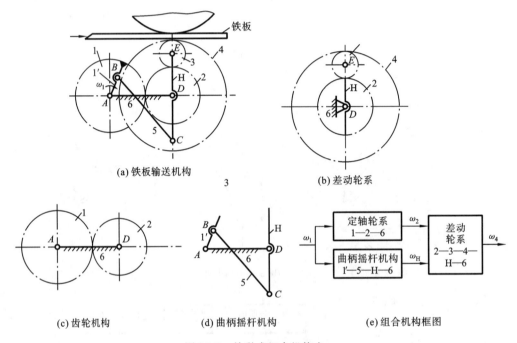

(a) 铁板输送机构   3   (b) 差动轮系

(c) 齿轮机构   (d) 曲柄摇杆机构   (e) 组合机构框图

图 12-5 并联式组合机构之一

图 12-6(a) 所示为平板印刷机上的吸纸机构的示意图。该凸轮-连杆组合机构为由构件 1、2、3、4、6 组成的自由度为 2 的五杆机构（基础机构）和由构件 5、4、6 及构件 5′、1、6 组成的两个自由度为 1 的摆动从动件盘形凸轮机构（2 个附加机构）并联组合而成。两个弹簧 7 起力封闭作用。主动凸轮 5、5′ 为一个构件，当其转动时分别推动从动件 4、1 给五杆机构两个输入，从而使固连在连杆 2 上的吸纸盘（点 K）实现预定的轨迹，以完成吸纸和送进等动作。图 12-6(b) 所示为组合机构框图。

3. 反馈式组合

反馈式组合是指以一个多自由度的基本机构作为基础机构，一个单自由度的基本机构作为附加机构，原动件的运动先输入给基础机构，该机构的一个输出运动经过附加机构的输出，又反馈给基础机构。

图 12-7(a) 所示为利用反馈式组合而得的蜗杆-凸轮组合机构，它是用于齿轮加工机床中的一种误差校正机构。该机构由一个双自由度的蜗杆机构（蜗杆 1 可绕轴线转动和沿轴向移动）作为基础机构（见图 12-7(b)），一个单自由度的凸轮机构作为附加机构（见图

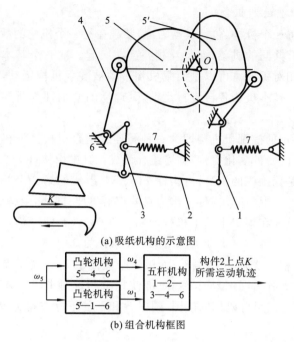

(a) 吸纸机构的示意图

```
       ┌──────────┐  ω₄  ┌────────┐  构件2上点K
  ω₅   │ 凸轮机构  ├─────→│五杆机构│  所需运动轨迹
──┬──→ │ 5—4—6    │      │ 1—2—3  ├─────────────→
  │    └──────────┘      │ —4—6   │
  │    ┌──────────┐  ω₁  └────────┘
  └──→ │ 凸轮机构  ├─────→
       │ 5′—1—6   │
       └──────────┘
```

(b) 组合机构框图

图 12-6　并联式组合机构之二

12-7(c))。凸轮与蜗轮固连成一体,附加机构的凸轮 3 是通过基础机构的从动蜗轮获得运动的,然后转换成从动件 4 的移动,再回传给基础机构。在加工机床中,由于实际蜗轮副中误差的存在,从动蜗轮不可避免地会产生运动误差,所以如果知道实际蜗轮副一个周期的运动误差,并以此作为设计凸轮廓线的依据,通过反馈组合后的附加运动即可使运动误差得到相应的补偿。这样便能调整从动蜗轮的运动,以达到校正分度误差的目的。组合机构框图如图 12-7(d)所示。

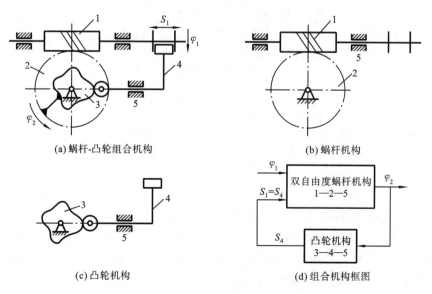

(a) 蜗杆-凸轮组合机构　　　　　　　　　(b) 蜗杆机构

(c) 凸轮机构　　　　　　　　　(d) 组合机构框图

图 12-7　反馈式组合机构

4. 装载式组合(叠连式组合)

装载式组合是将一个机构(包括其动力源)装载在另一个机构的活动构件上的组合方式。各基本机构没有共同的机架，而是互相叠连在一起。前一个基本机构的输出构件是后一个基本机构的相对机架。可以是装载机构带动被装载机构运动，也可以是装载机构由被装载机构带动。基本机构各自进行运动，其运动的叠加即为所要求的输出运动或工艺动作。

如图 12-8(a)所示的挖掘机机构即为一种叠连式组合机构。该机构由三个摆动液压缸机构(四连杆机构的一种演化机构)叠连组合而成。其中由构件 3、2、1、4 组成的第一个基本机构的机架 4 是挖掘机的机身；由构件 7、6、5、3 组成的第二个基本机构叠连在第一个基本机构的输出件 3 上，即以构件 3 作为它的相对机架；同样，由构件 10、9、8、7 组成的第三个基本机构又叠连在第二个基本机构的输出件 7 上，亦即以构件 7 作为它的相对机架。这三个基本机构都各有一个动力源。第一个液压缸 1—2 带动大动臂 3 摆动；第二个液压缸 5—6 使铲斗柄 7 绕轴心 D 摆动；而第三个液压缸 8—9 带动铲斗 10 绕轴心 G 摆动。这三个液压缸分别或同时动作时，便可使挖掘机完成挖土、提升和卸载动作。图 12-8(b)所示为该叠连式组合机构的框图(图中 S 和 φ 的下标 ij 表示构件 i 相对构件 j)。

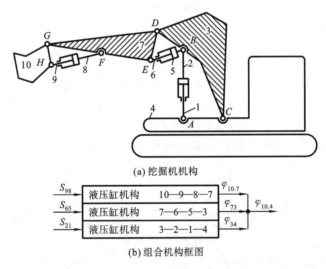

(a) 挖掘机机构

(b) 组合机构框图

图 12-8　叠连式组合机构

在一些机器人或机械手中也常用到这类叠连式组合机构。如开链式机械手是由多个单自由度基本机构(双杆机构)叠连而成的，其目的也是使机械手在工作空间中能达到任意位置和做出不同的动作。

如图 12-9(a)所示的风扇摇头机构是装载式组合的一个应用实例。该机构以由构件 2、3、4 和 5 组成的双摇杆机构作为承载用的基础机构，以由蜗杆 1 和蜗轮 2(与连杆 2 相固连)以及承载杆 3 组成的蜗杆机构作为附加机构安装在基础机构上。当电动机 M 运转时，风扇 F 随之转动；与此同时，通过蜗轮(连杆)2 使双摇杆机构中的摇杆 3 和摇杆 4 往复摆动，由此实现了两运动的合成，即利用一个驱动源同时实现风扇 F 的转动和风扇座(承载杆)3 的摆动，装载机构由被装载机构带动。设计时应使双摇杆机构中的连杆 2 满足整周转动条件。图 12-9(b)所示为组合机构框图。

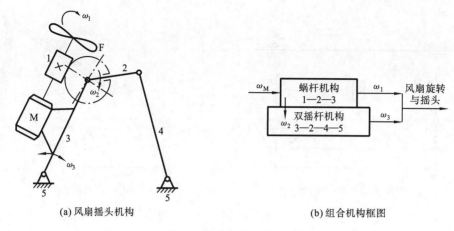

(a) 风扇摇头机构　　　　　　　　　　(b) 组合机构框图

图 12-9　装载式组合机构

12.2.2　组合机构分析与设计方法的特点

组合机构是指用一种或一种以上的机构来约束或影响另一单自由度或多自由度机构的封闭式机构,或者是几种基本机构互相协调配合组成的机构系统。组合机构可以是同类型基本机构的组合,也可以是不同类型基本机构的组合。通常,由不同类型的基本机构所组成的组合机构用得最多,因为它更有利于充分发挥各基本机构的特长和克服各基本机构固有的局限性。组合机构多用来实现一些特殊的运动轨迹或获得特殊的运动规律。

在组合机构中,自由度大于 1 的基本机构称为组合机构的基础机构,而自由度为 1 的基本机构称为组合机构的附加机构。上面介绍的仅是机构组合的几种主要基本方式。有时为了满足执行构件更复杂的运动要求,各种方式可以混合使用,从而获得具有更复杂的运动特性的组合机构。例如将单纯的几个基本机构串联后,再并联地接入基础机构;另外,还可将含挠性构件(如链、带和绳索等)的机构与刚性构件机构进行组合,得到用以实现特定运动规律和运动轨迹的链-连杆、带-凸轮等组合机构。这类组合机构的特点是:结构和制造较为简单;挠性构件和刚性构件组成的运动副在工作时磨损较轻;运动副元素并不要求较高的制造精度,且挠性构件的受力条件也较有利;可实现从动件复杂的运动规律和特定的运动轨迹。故它们常作为传动机构、操纵机构和导引机构等而用于轻纺工业及起重运输业等各领域。

图 12-10(a)、(b)所示分别为两种形式的用以实现特定运动规律的链-连杆组合机构。它们是将挠性件机构和连杆机构用串联方式加以组合,即将连杆机构中的刚性构件与挠性构件相铰接,利用挠性构件的运动轨迹,使从动件获得不同的运动规律。挠性件机构为由链轮 1、链轮 2 及链条 3 等主要构件组成的链传动机构;而连杆机构则为由刚性构件 4、5 及机架 6 组成的双自由度开链机构。

当主动链轮 1 绕轴线 O_1、以角速度 ω_1 等速转动时,链条 3 做近似等速(链传动中,链的瞬时速度大小是变化的,但变化很小)移动,从而通过其与构件 4 的铰接点 C 带动从动杆 5 以某种特定的运动规律做往复运动。

在图 12-10(a)所示机构中,当铰接点 C 沿链条的运动轨迹的直线段 AB 和 DE 运动时,从动杆 5 做正向和反向近似等速移动;而当点 C 沿链条的运动轨迹的圆弧段 BD 和

●　245

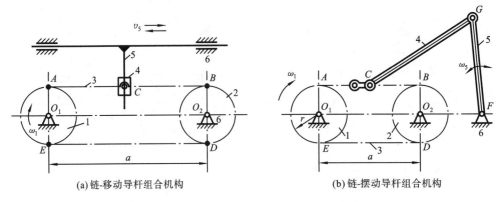

(a) 链-移动导杆组合机构　　　　　　(b) 链-摆动导杆组合机构

图 12-10　实现往复运动的链-连杆组合机构

EA 运动时，从动杆速度由最大的正向或反向值逐渐减小至零，然后反向或正向逐渐增大至最大值，即从动杆在变向时做简谐运动。与其他机构（如曲柄滑块机构）相比，采用这种机构可使从动杆在较大范围（行程为链轮中心距 a）内做近似等速移动，且反向冲击较小，换向平稳和结构尺寸较小。

　　在图 12-10(b)所示机构中，当点 C 沿链条的运动轨迹的直线段 AB 和 DE 运动时，该机构相当于以滑块为主动件的摇杆滑块机构；但当点 C 沿链条的运动轨迹的圆弧段 BD 和 EA 运动时，则该机构相当于以曲柄为主动件的曲柄摇杆机构。因此，从动杆 5 将做具有特定运动规律的往复摆动。

　　采用上述的各种机构组合方式，能将有限的几种基本机构组合成多种多样的满足各种运动和工艺要求的机构系统，它们已广泛地应用在机械制造、纺织、印刷和轻工机械中。在上述单自由度机构的串联式组合和叠连式组合机构中，各基本机构的运动参数关系简单，各机构仍保持相对独立，其分析和综合的方法均比较简单。其分析的顺序是：按框图由左向右进行，即先分析运动已知的基本机构，再分析与其串联的下一个基本机构。而其设计的次序则刚好反过来，按框图由右向左进行，即先根据工作对输出构件的运动要求设计后一个基本机构，然后再设计前一个基本机构。

　　由于各种基本机构的分析和设计方法在前面各章中已做过较详细的研究，故在本章中不再赘述。采用并联、复合、反馈、装载等方式构成的组合机构，由于各机构的运动参数关系牵连较多，故其设计方法相对比较复杂，但对用相同组合方式组合而成的组合机构，有相类似的分析和设计方法。在分析与设计组合机构时，必须研究其组合方式，了解组合机构中基础机构和各附加机构（或各基本机构）的类型和特性。在此基础上才能有效地分析和设计各种组合机构。电子计算机和现代设计方法的发展，极大地推动了组合机构的研究。

12.3　机　构　选　型

12.3.1　机构类型的选择

　　由上述机械系统运动方案设计步骤可知，在了解并确定了机械所要求实现的若干个基本运动形式(或基本动作)和运动特性后,就可确定所需要的执行构件的数目,从而也就确定了执行机构的数目。如何选择能实现各个执行构件所需运动的机构,称为机构选型问题。

执行构件的基本运动形式有:连续转动、往复摆动、往复移动、单向间歇转动、间歇往复移动、间歇往复摆动、平面一般运动、点的轨迹运动。

执行构件的运动特性主要是指运动规律和运动轨迹。另外在选择机构类型前还应考虑整个机构系统,选择合适类型的原动机。在确定了执行机构输出和输入运动的形式和特性后,便可选择相应的执行机构类型了。执行机构可以是一个基本机构,也可以是一个组合机构,但符合运动要求的往往有多个不同类型的机构可供选择。为此需要进行多方面的分析、比较,从中选择较优的机构。

表 12-1 列出了某些运动要求及其相应机构举例,供设计时参考。

表 12-1　运动要求及其相应机构举例

对执行构件的运动要求	可供选择的机构
等速连续转动	平行四边形机构、双万向联轴节机构、各种齿轮机构、轮系等
非等速连续转动	双曲柄机构、转动导杆机构、单万向联轴节机构等
往复摆动(只有摆角或若干位置要求)	曲柄摇杆机构、双摇杆机构、摇块机构、摆动导杆机构、摇杆滑块机构(滑块为原动件)、摆动从动件凸轮机构等
往复摆动(有复杂运动规律要求)	摆动从动件凸轮机构、凸轮-齿轮组合机构等
间歇旋转运动	棘轮机构、槽轮机构、不完全齿轮机构、凸轮机构、凸轮-齿轮组合机构等
等速直线移动	齿轮齿条机构、移动从动件凸轮机构、螺旋机构等
往复移动(只有行程或若干位置要求)	曲柄滑块机构、摇杆滑块机构、正弦机构、正切机构等
往复移动(有复杂运动规律要求)	移动从动件凸轮机构、连杆-凸轮组合机构等
平面一般运动(或称刚体导引运动)	铰链四杆机构、曲柄滑块机构、摇块机构等(连杆做平面一般运动)
近似实现点的轨迹运动	各种连杆机构等
精确实现点的轨迹运动	连杆-凸轮组合机构、双凸轮机构等

需要说明的是:

(1) 表 12-1 中所列对执行构件的运动要求,只是几种常见构件的,并未包括所有可能构件的运动要求,而且仅是定性的描述,实际机器所要求的运动可能更为复杂多样,并且是具体量化的;

(2) 表 12-1 中所列机构只是常见的很少一部分(绝大多数均可在本书的有关各章中找到),实际上具有上述几种运动特性的机构有数百种之多,在有关机构设计手册中可查阅到。

12.3.2　进行机构选型时应遵循的基本原则

设计某一种机械时,首先应将机械的整个工艺过程所需的动作或功能分解成一系列基本动作或功能,并在确定完成这些动作或功能所需的执行构件数目和各执行构件的运动规律后,即可根据各基本动作或功能的要求进行机构的选型,即选择或创造合适的机构类型来实现这些动作或功能。这一工作称为执行机构的类型设计或机构的类型综合。

机械运动方案的设计,其主要内容是机构系统中各个执行机构的选型。机构类型的选择是否合适,将直接关系到机械运动方案是否具有先进性、适用性和可靠性,也将直接影响机械的工作质量、使用效果、结构的简繁程度和经济效益等。

为了得到工作质量高、结构简单、制造容易、动作灵巧的执行机构,在进行执行机构的类型综合时,应遵循以下一些基本原则。

1. 满足执行机构的运动要求

这是进行执行机构类型设计时首先要考虑的要求。满足执行构件所需的运动要求,包括运动的形式要求(如转动、移动及摆动等)和运动规律的要求(如执行构件的位移、速度、加速度及运动轨迹等)。

2. 结构简单,运动链短

所用的执行机构,从主动件到执行构件的运动链要尽可能短;实现同样的运动要求,应尽量采用构件数和运动副数较少的机构。其优点是:

(1) 降低成本,减轻重量;

(2) 减少运动链的积累误差,提高工作质量;

(3) 减少运动副摩擦带来的功率损耗,提高机械的效率;

(4) 构件数目的减少有利于提高机械系统的刚性。

图 12-11 所示为两种直线导向机构,其中图 12-11(a)所示为近似实现直线运动的较简单的机构,它利用铰链四杆机构 ABCD 连杆上点 E 的一段近似直线的轨迹(有理论误差)来满足工艺动作要求。而图 12-11(b)是一种理论上能精确实现直线轨迹的较复杂的八杆机构。实践表明,在同一制造精度的条件下,后者实际的运动误差比前者大。这是由于后者的积累误差超过了前者的理论误差与积累误差之和。因为各构件的尺寸在加工中不可避免地会产生误差,且构件的数目越多,积累误差越大;各运动副中不可避免地有间隙存在,运动副的数目越多,积累误差越大。因此在机构选型时,往往采用具有较小设计误差但结构简单的近似机构,而不采用理论上没有误差但结构复杂的机构。

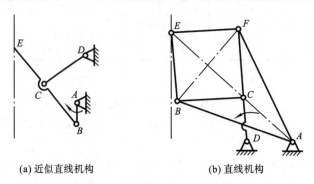

(a) 近似直线机构　　　　　　　　(b) 直线机构

图 12-11　可生成直线轨迹的两种直线导向机构

3. 使执行机构有尽可能好的动力性能

动力性能包括两个方面:一方面是要尽量增大机构的传动角,以增大机械的传力效率,减少功率损耗,这对于重载机械尤为重要;另一方面是要尽量减小机械运转中的动载荷,这对于高速、构件较重的机械尤为重要。

对于高速机构,应选用易于实现平衡的机构和构件。如在高速部分采用回转构件组成的机构(如齿轮机构、带传动机构等),避免选用带有滑块、摆杆和连杆等构件的机构。因为前者可通过平衡技术,使惯性力处于最佳的平衡状态,而后者一般只能实现机构的部分平衡,不宜用于高速场合。

采用压力角小或传动角大的机构,如平底从动件凸轮机构、转动导杆机构等,可减小原动机轴上的驱动力矩,从而减小原动机功率、机构尺寸和质量。

4. 充分考虑动力源的形式

选择合适的动力源,有利于简化机构的结构和改善机构的力学性能。在进行机构选型时,应充分考虑工作要求、生产条件和动力源情况。当有气、液等动力源时,常采用液压和气动机构。这样既可以省去许多电动机、传动机构或转换运动的机构而使运动链缩短,又具有减振、易于调速和操作方便等优点。特别是对于具有多个执行构件的工程机械、自动生产线或自动机等,更应优先考虑这些因素。例如,为了使执行构件 K 做等速往复直线运动,有多种设计方案。若采用图 12-12(a)所示的方案,不仅需要使用单独的电动机通过传动机构(图中未示出)来驱动原动件,而且还需要采用连杆机构把转动变为执行构件的近似等速往复移动;而采用图 12-12(b)所示的用往复式液压油缸作为驱动的方案,不仅可以用一个动力源驱动多个执行构件,而且可以省去传动机构和运动转换机构,使机构简单、结构紧凑、体积小,反向时运转平稳、易于调节移动速度。

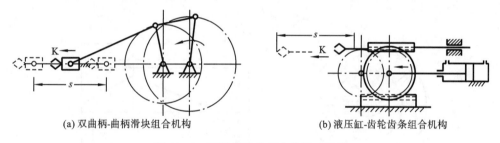

(a) 双曲柄-曲柄滑块组合机构　　　　　　(b) 液压缸-齿轮齿条组合机构

图 12-12　两种等速往复直线运动机构

当然,任何事物都有其两面性,气动机构有传动效率低、不能传递大功率、载荷变化时传递运动不够平稳和排气噪声大等缺点。液压、液力传动有效率低、制造安装精度要求高、对油液质量和密封性要求高等缺点。

5. 使机械操作方便、调整容易、安全可靠

为了使机械操作方便,可适当地加入一些启、停、离合、正反转和手动等装置;为了使机械调整容易,应注意适当设置调整环节,或选用能调节、补偿误差的机构;为了使机械安全可靠,防止机械因过载而损坏,应在其中加入过载保护装置或摩擦传动机构,对于反行程中会出现危险的机械,如起重机械,应在运动链中设置具有自锁功能的机构。总之,任何一台机械的设计,在满足同一生产要求时,应力求机构的结构简单,制造和安装方便,同时要求机构工作可靠、使用寿命长。

12.4　机构系统运动循环图及其类型

通常，按机械的运动要求或工艺要求初步设计的机构系统运动方案示意图，还不能充分反映机构系统中各个执行构件间的相互协调的运动关系。在大多数机械中，各执行机构往往做周期性的运动，机构中的执行构件在经过一定时间间隔后，其位移、速度、加速度等运动参数的数值呈现出周期性重复。用来描述机构系统在一个工作循环中各执行构件运动间相互协调配合的示意图，称为机构系统运动循环图，简称运动循环图。

由于机械在主轴或分配轴转动一周或若干周内完成一个工作循环，故运动循环图常以主轴或分配轴的转角为位置变量，以某主要执行构件（称为定标件）有代表性的特征位置为起始位置，在主轴或分配轴转过一个周期时，表示其他执行构件相对该主要执行构件的位置先后顺序关系。按其表示的形式不同，通常有直线式运动循环图（或称矩形运动循环图）、圆周式运动循环图和直角坐标式运动循环图。

直线式运动循环图如图 12-13(a)所示。它是指将机械在一个运动循环中各执行构件各行程区段的起止时间和先后顺序，按比例绘制在直线坐标轴上。在机械执行构件较少时，动作时序清晰明了。

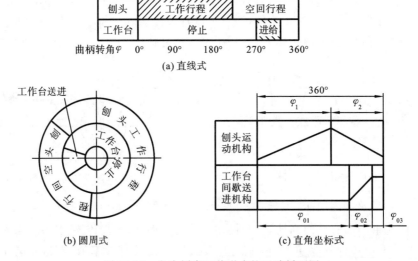

图 12-13　牛头刨床三种形式的运动循环图

圆周式运动循环图如图 12-13(b)所示。每个圆环代表一个执行构件，由各相应圆环分别引径向直线表示各执行构件不同运动区段的起止位置。它能容易清楚地看出各执行构件的运动与定标件的相位关系，给凸轮机构的设计、安装、调试带来方便，但缺点是同心圆较多，看上去较杂乱。

直角坐标式运动循环图如图 12-13(c)所示。用横坐标轴表示机械主轴或分配轴的转角，纵坐标轴表示各执行构件的位移。只是简单起见，将其工作行程、空回行程及停歇区段分别以上升、下降和水平的直线表示。这种运动线图能清楚地表示出执行构件的位移情况及相互关系。

图 12-13 中(a)、(b)、(c)分别为牛头刨床的直线式、圆周式及直角坐标式运动循环

图。它们都是以曲柄导杆机构中的曲柄为参考件(定标件)的。曲柄(主轴)回转一周为一个运动循环。由图可见,工作台的横向进给是在刨头空回行程开始一段时间以后开始,在空回行程结束以前完成的。这种安排考虑了刨刀与移动的工件不发生干涉和提高生产效率,也考虑了设计中机构容易实现这一时序的运动。

运动循环图标志着机械动作节奏的快慢。一部复杂的机械由于动作节拍相当多,所以对时间的要求相当严格,某些执行机构的动作必须同时发生,为了保证在空间上不发生干涉,必须清楚地绘出运动循环图作为传动系统设计的重要依据。

12.5 机械运动方案设计

机械运动方案设计就是根据各执行构件的运动及其相互配合的要求,通过机构选型和组合来确定原动机和执行构件之间的传动机构和执行机构,从而完成由原动机—传动机构—执行机构组成的机械运动简图设计。由于完成同一种运动可选用不同的机构类型,所以就会有多种方案。设计者从中选择一种或几种较优的方案,画出从原动机—传动机构—执行机构的机械运动方案示意图,再通过机构的尺度综合,设计出完全符合运动要求的传动机构与执行机构,并按真实尺寸画出机械运动简图。

12.5.1 机械运动方案设计的主要步骤

1. 工艺参数的给定及运动参数的确定

设计一台机器之初,首先要明确其工作任务、周边环境及详细的工艺要求,即给出工艺参数。工艺参数是进行方案设计和机构设计的原始依据。如牛头刨床设计,首先应确定被加工工件的最大尺寸、可刨削深度、切削速度及进刀量的调整范围,据此可确定刀具的刨削行程、工作台的横向运动行程及工作台的垂直运动距离,进而确定传动形式,选择动力源,并确定其功率的大小。

2. 执行构件间运动关系的确定及运动循环图的绘制

一般一台机器的工作任务是由多个执行构件共同完成的,所以各执行构件间必然有一定的协同动作关系,如与主动件运动转角间的关系,执行构件之间的时间顺序关系等。运动循环图是表示这种关系最直观的方法。

3. 原动机的选择及执行机构的确定

确定执行机构是机械运动方案设计的核心部分。执行机构方案设计的好坏,对机械能否完成预期的工作任务、保证工作质量起着决定性的作用。原动机的类型很多,特性各异。原动机的机械特性及各项性能与执行机构的负载特性和工作要求是否相匹配,将直接影响整个机械系统的工作性能和构造特征。因此,合理选择原动机的类型也是机械运动方案设计中的一个重要环节。

4. 机构的选择及创新性设计

这是方案设计中最关键,也是最活跃的一步。设计者可在种类繁多、五花八门的机构中任意选择,并进行合理地组合,一般可以满足机器性能指标的要求。但有时某些运动和动作,设计者无法应用已有的机构和机构组合去完成。此时,十分需要设计者另辟蹊径,巧妙构思,创造出新的机构或机构组合,这不但能圆满地达到机器的使用性能指标要求,并且可以创造出机构简单、使用安全、维护方便、满足经济性要求的新方案来。

　　5. 方案的比较与决策

　　一个设计可由多个方案来实现，每个方案所使用的机构也不尽相同，有时甚至迥异。在达到性能指标的前提下，应根据机构组合的复杂程度、对精度的影响、经济性和易维修性等对不同方案进行比较和决策。一般对重要的、复杂机器的设计方案的取舍在结构设计基本完成后进行，因为此时强度、刚度、各机构间是否干涉、经济性和易维修性等许多问题才可能充分暴露出来。

12.5.2　机械运动方案设计示例

　　现以图 12-14 所示的牛头刨床为例说明如何进行方案设计。

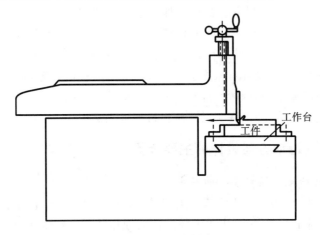

图 12-14　牛头刨床

　　1. 设计要求

　　牛头刨床是一种用于平面切削加工的机床。刨头右行时，刨刀进行切削，称为工作行程，用 H 表示，此时要求刨刀切削速度较低并且平稳均匀，近似匀速运动，以延长刨刀的使用寿命和提高工件的表面加工质量；刨头左行时，刨刀不切削，称为空回行程，此时要求速度较高，即应具有急回运动特性，以提高生产效率，行程速比系数 K 要求在 1.4 左右。刨床主轴转速为 60 r/min，刨刀的行程 H 约为 300 mm，刨刀在工作行程中，受到很大的切削阻力，约为 7 000 N，在切削的前后各有一段约 $0.05H$ 的空刀距离，如图 12-15 所示，而空回行程中则没有切削阻力，因此刨头在整个运动循环中，受力变化较大。在进行这一机械系统运动方案的设计时，要求该机械系统的运动链尽可能短、传力好和结构紧凑。

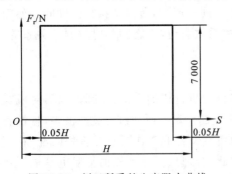

图 12-15　刨刀所受的生产阻力曲线

　　2. 执行构件间运动关系的确定及运动循环图的绘制

　　由图 12-1 的分析可知牛头刨床的工作台及刨刀为执行构件，并已知它们之间的运动关系，其运动循环图如图 12-13 所示。

3. 动力源的选择及执行机构的方案确定

牛头刨床属于一般的机械加工设备,要求有较高的驱动效率和较高的运动精度,动力源选用交流异步电动机已能满足工作性能需要。考虑到执行机构的速度较低和电动机的经济性,选用同步转速为 1 500 r/min 的电动机,满载转速为 1 440 r/min。牛头刨床的主要工艺动作是刨刀的切削运动。可以有多种多样的设计方案,图 12-16 至图 12-21 给出了六种可用于刨刀的切削运动的执行机构方案。

1) 方案 I

如图 12-16 所示的方案由两个四杆机构组成。构件 1、2、3、6 构成摆动导杆机构,构件 3、4、5、6 构成摇杆滑块机构。该方案主要特点如下。

(1) 该方案是一种平面连杆机构,结构简单,加工方便,能承受较大载荷。

(2) 该方案具有较大的急回作用。只要正确选择 a、b 和摇杆 CD 的长度,即可满足行程速比系数 K 和行程 H 的要求。

(3) 该方案传力性能好。当曲柄 1 为原动件时,构件 2 与构件 3 之间的传动角始终为 $90°$。摇杆滑块机构中,当点 E 的轨迹位于点 D 所作圆弧高度的平均线上时,构件 4 与构件 5 之间有较大的传动角。

(4) 工作行程中,该方案能使刨刀的速度比较慢,而且变化平缓,符合切削要求。

2) 方案 II

该方案如图 12-17 所示。将方案 I 中的连杆 4 与滑块 5 的转动副变为移动副,并将连杆 4 变为滑块 4,即得方案 II,故该方案除具备方案 I 的特点外,因构件 4 与构件 5 间的传动角也始终为 $90°$,所以受力更好,结构也更紧凑。

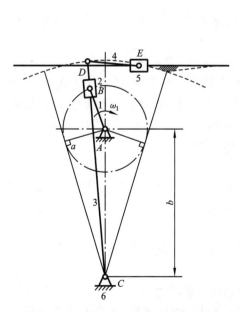

图 12-16　刨刀的往复运动执行机构方案 I

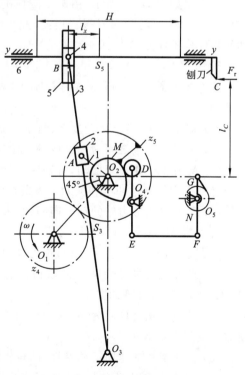

图 12-17　刨刀的往复运动执行机构方案 II

3）方案Ⅲ

该方案如图 12-18 所示，为偏置曲柄滑块机构，机构的基本尺寸为 a、b、e。该方案的特点如下。

（1）结构较前述方案简单。

（2）具有急回作用，但急回作用较前述方案小。

增大 a 和 e 或减小 b，均能使行程速比系数 K 增大到所需值。但增大 e 或减小 b 会使滑块速度变化剧烈，最大速度、加速度和动载荷增加，且使最小传动角 γ_{min} 减小，传动性能变坏。

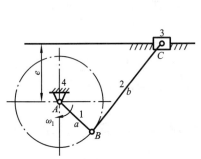

图 12-18　刨刀的往复运动执行机构方案Ⅲ　　　图 12-19　刨刀的往复运动执行机构方案Ⅳ

4）方案Ⅳ

该方案如图 12-19 所示，由两个四杆机构组成。构件 1、2、3 和 6 组成曲柄摇杆机构，构件 3、4、5 和 6 组成摇杆滑块机构。此方案的传力性能、横向尺寸和工作行程中滑块 5 的平稳性均不如方案Ⅰ、Ⅱ好。

5）方案Ⅴ

该方案如图 12-20 所示，由摆动导杆机构和齿轮齿条机构串联组成。该方案特点如下。

（1）加工齿轮、齿条比较复杂，特别是制造精度高的齿条较困难。

（2）齿轮与齿条之间为高副接触，易磨损，磨损后传动不平稳，并将产生噪声和振动。

（3）导杆做变速往复摆动，特别在空回行程中，导杆角速度有较剧烈的变化，使齿轮机构受到很大的惯性冲击和振动。齿条在较大的冲击载荷下工作，轮齿很容易折断。

（4）需解决扇形齿轮的动平衡问题，否则动载荷增大。

6）方案Ⅵ

该方案如图 12-21 所示，由凸轮机构和摇杆滑块机构串联组成。该方案特点如下。

（1）凸轮机构虽可使从动件获得任意的运动规律，但凸轮制造复杂，表面硬度要求高，因此加工和热处理的费用较大。

（2）凸轮与从动件间为高副接触，只能承受较小载荷；表面磨损较快，磨损后凸轮的廓线形状将发生变化。

（3）由于滑块的急回运动特性，凸轮机构受到的冲击较大。

（4）滑块的行程 H 比较大，从而使凸轮和整个机构的尺寸较大，该方案不适用于载荷和行程较大的刨床。

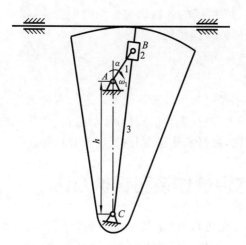

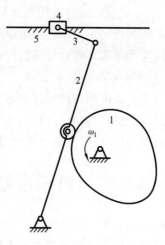

图 12-20　刨刀的往复运动执行机构方案 V　　　　图 12-21　刨刀的往复运动执行机构方案 VI

从以上六个方案的比较中可知,为了更好地实现给定的刨刀运动要求,采用方案 II 较适宜。

4. 牛头刨床的传动系统

由于执行构件刨刀的运动速度较低,故必须在执行机构与电动机之间设计传动系统。因刨床主轴(曲柄)转速为 60 r/min,选用的是同步转速为 1 500 r/min 的电动机,其满载转速为 1 440 r/min。整个传动链的减速比为

$$i = 1\,440/60 = 24$$

其传动系统设计如图 12-22 所示。传动部分由电动机经 V 带和齿轮传动,带动曲柄 7 和固连在其上的凸轮 12。刨床工作时,由构件 7、8、9、10、11 组成的导杆机构带动刨头 11 和刨刀 18 做往复运动。刨刀每切削完一次,利用空回行程的时间,凸轮 12 通过由构

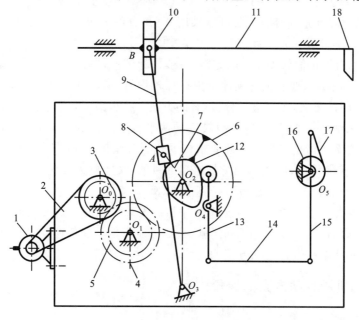

图 12-22　牛头刨床的机构运动简图

件 13、14、15 组成的四杆机构与由构件 15、16、17 组成的棘轮机构带动螺旋机构（图中未画），使工作台连同工件做一次进给运动，以便刨刀继续切削。

将传动系统的总传动比进行分配后，则 $i=i_带 \cdot i_{34} \cdot i_{56}=24$。

5. 机构分析与综合

确定了牛头刨床的机械运动方案后，便可根据已知条件和运动要求进行六杆机构（刨刀的往复运动机构）的尺寸综合，计算电动机功率，进行齿轮机构、带传动机构、凸轮机构、棘轮机构等的设计，绘出机械系统运动方案简图，进行机械运动分析、动力分析等。

12.6　机械运动方案的评价体系和评价方法

机械运动方案的设计，最终要求通过分析、比较，以确定某一机械的最优运动方案。如何通过科学的评价和决策方法来确定最佳方案是机械运动方案设计中的关键问题。为此，必须根据机械运动方案的特点来确定评价特点、评价准则和评价方法等，从而使评价结果更为准确、客观、有效，并能为广大工程技术人员认可和接受。

12.6.1　机械运动方案的评价特点

机械运动方案是机械设计的初始阶段的设计工作，因此对它的评价具有如下一些特点。

（1）评价准则应包括技术、经济、安全可靠三方面的内容。由于运动方案设计只解决原理方案和机构系统的设计问题，不具体涉及机械结构设计的细节，因此，往往只能定性地对经济性进行评价。机械运动方案的评价准则包括的评价指标总数不宜过多。

（2）由于机械运动方案设计所能提供的信息还不够充分，因此一般不考虑重要程度的加权系数。但是，为了使评价指标有广泛的适应范围，对某些评价指标可以按不同应用场合列出加权系数。

（3）考虑到实际的可能性，一般可以采用 0～4 分的五级评分方法进行评价，即将各评价指标的评价值等级分为五级。

（4）对于相对评价值低于 0.6 的方案，一般认为较差，应该予以剔除。若方案的相对评价值高于 0.8，那么只要它的各项评价指标都较均衡，则可以采用。对于相对评价值介于 0.6～0.8 之间的方案，则要进行分析，有的方案在找出薄弱环节后加以改进，可成为较好的方案而被采纳。例如，当传递相距较远的两平行轴之间的运动时，采用 V 带传动就是比较理想的方案。但是当整个系统要求传动比十分精确时，V 带传动就是一个薄弱环节；如果改成同步带传动，就能达到扬长避短的目的，又能成为优先选用的好方案。至于有的方案，确实缺点较多，又难以改进，则应予以淘汰。

（5）在评价机械运动方案时，应充分集中机械设计专家的知识和经验，特别是所要设计的这一类机械的设计专家的知识和经验，要尽可能多地掌握各种技术信息和情报，要尽量采用功能成本指标值进行运动方案的比较。

12.6.2　机械运动方案的评价体系

1. 评价体系的基本要求

为了使机械运动方案评价结果更准确、有效，必须建立一个评价体系。它一般应满足以下基本要求。

（1）评价体系应尽可能全面，但又必须抓住重点。它不仅要考虑到对机械产品性能有决定性影响的主要设计要求，而且应考虑对设计结果有影响的主要条件。

（2）评价指标应具有独立性。各项评价指标相互之间应该无关，即提高方案某一项评价指标的评价值的某种措施不会对其他评价指标的评价值有明显影响。

（3）评价指标都应进行定量化。对于难以定量的评价指标，可以通过分级来定量化。评价指标实施定量化后有利于对方案进行评价和选优。

2. 评价指标

机械运动方案往往是由若干个执行机构组成的机构系统。在方案设计阶段，对于单一机构的选型或整个机构系统的选择都应建立合理、有效的评价指标，如表 12-2 所示，该表中所列的六大类、二十项具体评价指标是根据机构及机构系统设计的主要性能要求和机械设计专家的意见确定的。这些评价指标还会随着科学技术的发展、生产实践经验的积累而不断完善。

表 12-2　机构系统的评价指标

性能指标及代号	具体内容及代号	分　数	备　　注
机构的功能 U_1	u_1 运动规律的实现 u_2 传动精度的高低	5 5	以实现运动为主时，可乘加权系数 2
机构工作性能 U_2	u_3 应用范围 u_4 可调性 u_5 运转速度 u_6 承载能力	5 5 5 5	受力较大时，u_5 和 u_6 可乘加权系数 1.5
机构动力性能 U_3	u_7 加速度的峰值 u_8 噪声 u_9 耐磨性 u_{10} 最小传动角的大小	5 5 5 5	加速度较大时，可乘加权系数 1.5
系统经济性 U_4	u_{11} 制造难易程度 u_{12} 材料的价格与消耗 u_{13} 调整方便性 u_{14} 能耗的大小	5 5 5 5	——
结构的紧凑性 U_5	u_{15} 尺寸大小 u_{16} 重量大小 u_{17} 结构复杂性	5 5 5	——
系统协调性 U_6	u_{18} 空间同步性 u_{19} 时间同步性 u_{20} 操作协同性和可靠性	5 5 5	——

12.6.3　运动方案的评价方法

常用的机械运动方案评价方法有以下三种。

1. 价值工程评价法

价值工程评价以提高产品实用价值为目的、以功能分析为核心、以开发集体智力资源为基础、以科学分析方法为工具，用最低的成本去实现机械产品的必要功能。

价值工程中功能与成本的关系为

$$V = F/C$$

式中：V 为价值；F 为功能；C 为寿命周期成本。

机械运动方案的评价可以按它的各项功能求出综合功能评价值，即以功能为评价对象，以金额为评价尺度，找出某一功能的最低成本。

这种方法要求以充分的实际数据作为依据，可靠性强、可比性好。而目标成本实际上是不断变化的，需要不断收集资料进行分析，并适当地调整收集到的成本值。有了机械运动方案的功能成本和功能评价值就可以对几个机械运动方案进行评估选优。但是，由于方案阶段不确定因素较多，因此评估困难较大。所以对某一种专门机械产品一定要在积累大量资料之后才能够有效地进行评价。此外，该方法由于强调机械的功能和成本，因此有可能对不同工作原理方案进行评价，为机械方案创造开辟了一条重要途径。

2. 系统工程评价法

系统工程评价法是将整个机械运动方案作为一个系统，从整体上评价方案适合总的功能要求的情况，以便从多种方案中客观地、合理地选择最佳方案。系统工程评价是通过求总评价值 H 来进行的。当各项评价指标值都重要时，采用乘法规则，总评价值 H 计算式为

$$H = (U_1 \cdot U_2 \cdot U_3 \cdot \cdots \cdot U_n)$$

式中：

$$U_1 = u_1 + u_2$$
$$U_2 = u_3 + u_4 + u_5 + u_6$$
$$U_3 = u_7 + u_8 + u_9 + u_{10}$$
$$\vdots$$

上述表达式表示 $U_1, U_2, U_3, \cdots, U_n$ 各指标之间采用了乘法规则，而它们内部各子评价指标采用加法规则。

用系统工程评价法可以算出各个方案的 H 值，H 值越大，则方案越优。

图 12-23 所示为系统工程评价法的步骤。

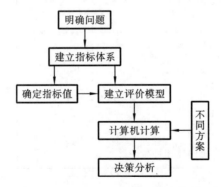

图 12-23 系统工程评价法的步骤

采用系统工程评价法进行机械运动方案评价时，认为 Q 个方案中 H 值最大的方案为

整体最佳的方案。有时,完成某一实际工艺动作的机械运动方案有许多,为了满足一些特殊的要求,并不一定要选择 H 值最大的方案,而是选择 H 值稍小而某些指标值较大的方案。

3. 模糊综合评价法

在机械运动方案评价时,由于评价指标较多,如应用范围、可调性、承载能力、耐磨性、可靠性、工艺性、结构复杂性等,它们很难用定量分析来评价,只能用"很好""好""不太好""不好"等"模糊概念"来评价。模糊评价就是利用集合和模糊数学将模糊信息数值化,以进行定量评价的方法。

思考题与习题

12-1　机械运动方案设计包括哪些主要内容?要画出哪些图?

12-2　机构有哪些组合方式?什么是基本机构?什么是组合机构?试各举一例说明。

12-3　机构选型时需要考虑哪些问题?

12-4　何谓机械的运动循环图?它有哪些形式?它有什么作用?是否所有机械都需要它?

12-5　设计输入运动为连续转动而输出运动为往复移动的机构,并且:

(1)往复行程所需的时间不同;

(2)往复行程所需的时间相同。

试各列举四种以上能满足条件的机构,并画出其机构运动示意图。

12-6　分析题 12-6 图所示各机构是否为组合机构?如果是组合机构,说明机构的组合方式,并画出组合机构框图。

12-7　试完成四工位专用机床的方案设计。

(1)工作原理及工艺过程。

工作台有 Ⅰ、Ⅱ、Ⅲ、Ⅳ 四个工作位置,如题 12-7 图所示,工位 Ⅰ 处装卸工件,工位 Ⅱ 处钻孔,工位 Ⅲ 处扩孔,工位 Ⅳ 处铰孔。主轴箱上装有三把刀具,对应于工位 Ⅱ 的位置装钻头、工位 Ⅲ 的位置装扩孔钻、工位 Ⅳ 的位置装铰刀。刀具由专用电动机带动,绕其自身的轴线转动。主轴箱每向左移送进一次,在四个工位上分别完成相应的装卸工件、钻孔、扩孔、铰孔工作。当主轴箱右移(退回)到刀具离开工件后,工作台回转 90°,然后主轴箱再次左移。这时,对其中每一个工件来说,都进入了下一个工位的加工。依次循环四次,一个工件就完成了装、钻、扩、铰、卸等工序。由于主轴箱往复一次,在四个工位上同时进行工作,所以每次就有一个工件完成上述全部工序。

(2)原始数据和设计要求。

① 刀具顶部离开工件表面 60 mm,如题 12-7(b)图所示,快速移动送进 60 mm 接近工件后,匀速送进 60 mm(前 5 mm 为刀具接近工件时的切入量,工件孔深 45 mm,后 10 mm 为刀具切出量),然后快速返回。行程速比系数 $K=1.8$。

② 刀具匀速进给速度为 2 mm/s,工件装、卸时间不超过 10 s。

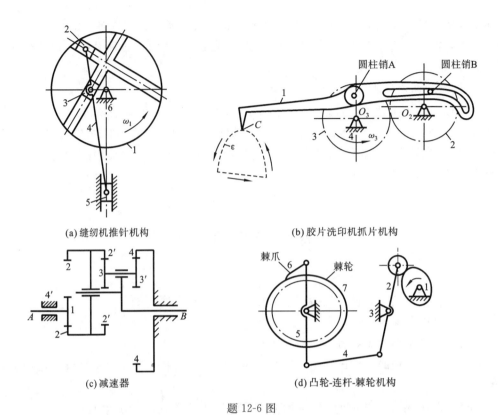

(a) 缝纫机推针机构　　　　　　　　(b) 胶片洗印机抓片机构

(c) 减速器　　　　　　　　　　(d) 凸轮-连杆-棘轮机构

题 12-6 图

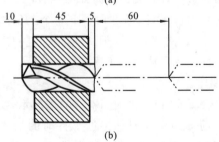

(a)

(b)

题 12-7 图

③ 生产效率为每小时约 72 件。

④ 机构系统应装入机体内,机床外形尺寸如题 12-7(a)图所示。

(3) 设计任务。

① 进行四工位专用机床的刀具进给机构和工作台转位机构的方案拟订,要求至少有三个方案。

② 进行方案对比与选择。

③ 绘制机械执行系统的方案示意图。

④ 拟订运动循环图。

⑤ 进行机构设计与分析。

12-8　试设计普通玻璃窗开闭机构的方案。

(1) 设计要求。

① 窗框开、闭的相对转角为 90°。

② 操作构件必须是单一构件,要求操作省力。

③ 在关闭位置时,如题 12-8(a)图所示,窗户开闭机构的所有构件应收缩到窗框之内,且不应与纱窗干涉。

④ 在开启位置,如题 12-8(b)图所示,机构应稳定,不会轻易改变位置。

⑤ 机构应能支撑整个窗户的重量。

⑥ 窗户在开闭过程中不应与窗框及防风雨止口发生干涉,如题 12-8(c)图所示。

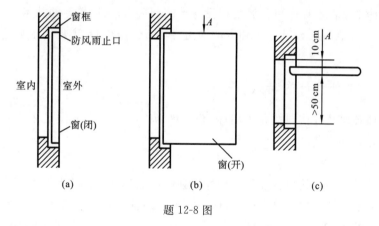

题 12-8 图

(2) 设计任务。

拟订机构的运动方案,画出机构运动简图及其打开和关闭的两个位置。

第13章　创新设计与 TRIZ 理论

设计是创造性的劳动,创造就是创新。机械创新设计是指充分发挥设计者的创造力,利用已有的相关科学技术成果(包括理论、方法、技术等),发挥创造性思维,进行创新构思,设计出具有新颖性、创造性及实用性的机械产品(或装置)的一种实践活动。

13.1　常规设计与创新设计

13.1.1　常规设计与创新设计的异同

人类从事任何有目的的活动前都要有所构思或谋划,这种构思或谋划便是广义的设计。工程设计是广义设计在工程技术领域中的特有表现。工程设计按其性质可分为常规设计与创新设计。

常规设计以成熟的结构和技术为基础,运用常规方法进行产品设计。本书前 12 章所述内容,绝大部分属于常规设计,当然,其中也包括前人不断积累和创造的成果,正是由于前人的不断创新,常规设计内容才更加丰富和成熟。

创新设计是指在设计中更强调发挥设计者的创造力,采用最新的技术手段、技术原理和非常规的方法,在现代设计原理和方法的指导下,设计出满足市场需求且更具竞争力的新颖产品。

13.1.2　创新设计的特点

创新设计必须具有独创性和实用性,获得创新方案的基本方法是多方案选优。创新设计一般具有如下特点。

1. 独特性

创新设计必须具有其独特性和新颖性。独特性是基础研究的发展和拓广。创新设计要求设计成果不是简单的重复和模仿,而是在继承的基础上有新发展、新开拓;敢于怀疑,敢于突破常规惯例,提出新原理,创造新模式,采用新方法,达到标新立异的效果。

例如,洗衣机是重要的家用电器。它的基本原理是通过水流的冲刷带走衣服中的污物。洗衣机有搅拌式、滚筒式、波轮式,近来又开发出内桶可旋转加强搓洗的离心式,洗净效果更好。而突破机械搅水方式的真空洗衣机、臭氧洗衣机、电磁洗衣机、超声波洗衣机、纳米洗衣机等又为洗衣机创出新路。洗衣机正是在原理、结构不断创新的过程中发展和取得市场效益的。

2. 推理性

推理性又称连动性。对于某种现象或想法,善于开启思路,由已知探求未知,由此及彼进行纵向(纵深思考)、横向(特征转移)和逆向推理。

3. 多向性

创新设计主张求新求异,强调从不同角度思考问题,通过发散(提出多种设想、答案,扩大选择余地)、换元(变换诸多因素中的某一个或几个)、转向(从受阻的思维方向转向)、选优(不满足已有解答,再用心寻优)等途径,以获得新的思路和方案。

4. 综合性

善于进行综合思维,把已有的信息、现象、概念等通过巧妙地组合,形成新的技术思想或设计出新产品。综合就是创造,把现有的技术、科学原理囊括起来,重新组合,使其系统化,从而创造出具有新功能的新产品。

5. 多方案选优

机械设计都是多方案设计,创新设计更需要从多方面、多角度、多层次寻求多种解决问题的途径,在多方案比较中求新、求异、选优。

设计者应以发散性思维乃至异想天开去探求多种方案,再通过收敛评价、技术经济评价来确定最佳方案。这是创新设计方案的过程特点。

如打印设备多年来一直沿用字符打印,虽有各种形式,但很难提高打印速度。随着计算机的发展,如今推出通过信号控制进行点阵式打印的新模式,引起了打印设备领域的一场革命。点阵打印一开始采用针式打印机,完全是机械动作,结构复杂,要经常维修,打印清晰度也不够理想。后来不断出现的喷墨式、激光式、热敏式等不同原理的打印机,正是在多方案的比较中得到的符合市场需要的新型打印设备。

创造性设计在当代社会生产中起着非常重要的作用。首先,当前国际间的经济竞争非常激烈,其中关键是能否生产出适销对路的新产品,因而要求设计者必须打破常规,充分发挥自己的创造力。其次,大量新产品的问世,进一步刺激了人们的需求,不仅扩大了人们对商品的选择范围,同时也使需求层次不断提高。高新技术产品的生产大多具有小批量、多品种、多规格、生产工艺复杂、工作条件或环境特殊等特点。因而对高新技术产品的设计往往不能沿用传统产品设计的老一套方法,需要有针对性地进行创新设计。

设计的实质在于创造性的工作,不是简单的模仿、测绘,更重要的是要革新和开创,把创造性贯穿于设计过程的始终。

13.1.3　创新设计的分类

创新设计按其内容与特点分类,可分为开发设计、变异设计和反求设计三种类型。

(1) 开发设计　针对新任务,进行从原理方案到结构方案的新设计,完成从产品规划到施工设计的全过程。

(2) 变异设计　在已有产品的基础上,针对新的市场要求,对原有产品从功能到结构等进行改变或组合,以实现提高产品性能、增加产品功能或降低成本的目的。

(3) 反求设计　针对已有的先进产品或设计,进行深入分析、消化、吸收,掌握其关键技术,在吸取中创新,进而开发出同类型的创新产品。

创新设计按其对象进行分类,可分为:功能与原理创新设计、机构与结构创新设计、外观创新设计、工艺与管理创新设计。

创新设计按其程度进行分类,可分为:发明型创新设计、实用型创新设计、技术革新型创新设计。

开发设计通过开创、探索来创新,变异设计通过变异来创新,反求设计在吸取中创新。创新是各种类型设计的共同点,也是设计的生命力所在。为此,设计人员必须发挥创造性思维,掌握基本设计规律和方法,在实践中不断提高创新设计的能力。

13.2　创造性思维

思维和感觉、知觉一样,是人脑对客观现实的反映,但是它们之间又有所不同。创造性思维是指有创见的思维。发挥创造性思维,不仅能揭示事物的本质,而且能提出新的、具有社会价值的产品设计方案。

13.2.1　思维的类型

创造性思维是在整个创造活动中体现出来的思维方式,它是多种思维类型的复合体,把握创造性思维的关键是在认识不同思维类型的特点和功用的基础上,进行思维的辩证组合与综合运用。思维类型可从以下几种角度来划分。

1. 形象思维与抽象思维

形象思维所使用的"材料"是形象化的意象(意象是对同类事物形象的一般特征的反映),不是抽象的概念。例如,设计一个零件或一台机器时,设计者在头脑中浮现出该零件或机器的形状、颜色等外部特征,以及在头脑中将想象中的零件或机器进行分解、组装等的思维活动,就属于形象思维。在工程技术的创新活动中,形象思维是基本的思维活动。在工程师构思新产品时,无论是新产品的外形设计,还是内部结构设计及工作原理设计,形象思维都起着不可忽视的作用。运用形象思维,可以激发人的想象力和联想、类比能力。

抽象思维是以抽象的概念和推论为形式的思维方式。概念反映事物或现象的属性或本质,掌握概念是进行抽象思维、从事科学创新活动的基本手段。

形象思维具有灵活、新奇的特点,而抽象思维较为严密。因此,创新设计者不仅要善于运用形象思维构思新产品、新结构的空间图像,而且要具有较强的抽象思维能力,在实际创新过程中,把两者很好地结合起来,以发挥各自的优势,互相补充,相辅相成。

2. 发散思维与集中思维

发散思维是指思维者不依常规,而是沿着不同的方向和角度,从多方面寻求问题的各种可能答案的思维方式。发散思维在创新设计中具有特别重要的意义。

(1) 在技术原理的开发方面,运用发散思维可以从多侧面、多角度、多领域、多场合对同一技术原理的应用途径进行设想。例如对超声波技术,运用发散思维方法就可以使其应用途径大为扩展,它可以用于切削、溶解、烧结、研磨、探伤、焊接、锅炉除垢、雷达定向,以及医学上的体内碎石、制造盲人探路手杖和盲人眼镜等,这样就可以促使多种新产品问世。

(2) 对于产品的功能设计、结构设计等,运用发散思维,也可以大大扩展人们的思路,增加花色品种,促进产品的系列化。

(3) 发散思维可以有效地开拓市场,广开产品销售渠道,增加销售手段,有利于新技术、新产品的推广和扩散。

总之,发散思维是使人摆脱惯性思维的束缚,独辟蹊径、推陈出新、出奇制胜的一种非常重要的思维方式。

集中思维是一种在大量设想或方案的基础上,作出最佳选择的思维方式。集中思维的操作更多地依赖于逻辑方法,也更多地渗透着理性因素,因而其结论一般较为严谨。集中思维的意义在于,它可以从纷繁复杂的信息中理出一条满足目标要求的线索来,如同在一个四通八达的交叉路口,设法找到一条通向目的地的最佳路线一样。它是对多种方案进行评价、筛选和抉择的主要思维形式。

集中思维和发散思维作为两种不同的思维方式,在一个完整的创新活动中是相互补充、互为前提、相辅相成的。发散思维能力越强,提出的可能方案越多样化,才能为集中思维在进行判断时提供较为广阔的回旋余地,也才能真正体现集中思维的意义。否则,如果自始至终只有一种方案,那就失去了选择的价值,更谈不上优选了。但反过来,如果只是毫无限制地发散,而无集中思维,发散也就失去了意义。因为在严格的科学实验和工程技术设计等活动中,实验结果或设计方案最终要表现为唯一性,否则是难以实施的。因此,一个创新成果的出现,既需要以一定的信息为基础,进行充分的想象、演绎,设想多种方案,又需要对各种信息进行综合、归纳,从多种方案中找出较好方案,即通过多次的发散、集中、再发散、再集中的循环,才能真正完成一项创新设计。

3. 逻辑思维与非逻辑思维

逻辑思维是一种严格遵循规则、按部就班、有条不紊地进行思考的一种思维方式。它的特点是规则较为程序化,条件确定,推理严密,结论精确。

非逻辑思维是同逻辑思维相对而言的另一类思维方式,其基本特征如下。

(1) 往往并不严格遵循逻辑格式,而是表现为更具灵活性的自由思维。

(2) 所使用的"材料"或思维"细胞"通常不是抽象的概念,而是形象化的意象。

(3) 其成果或结论往往能突破常规,具有鲜明的新奇性,但一般偶然性很大。

正因为如此,非逻辑思维的基本功能在于启迪心智,扩展思路。非逻辑思维的基本形式有联想思维、想象思维、直观思维和灵感思维。

逻辑思维以其严谨性、精密性在科学研究领域被广泛应用,但是对于那些复杂的创新性问题,有时单靠逻辑思维并不足以将它们解决,而必须辅之以非逻辑思维。非逻辑思维结果的偶然性,又给逻辑思维提供了"用武之地"。科学上的重大发现,技术上的新发明、新突破,很多都得益于逻辑思维与非逻辑思维的相互补充和相互支持。例如,人们早已知道,为了保证内燃机有效工作,必须使油与空气均匀混合然后再进行燃烧。但是如何才能均匀混合呢? 美国工程师杜里埃偶然从向头上喷洒香水联想到油的汽化而突发灵感,终于成功试制了内燃机的化油器。这正是非逻辑思维(从喷香水想到燃油汽化)和逻辑思维(理论与实验研究)相结合的结果。

4. 直达思维与旁通思维

直达思维始终以直接解决问题为要求而进行思考,它对简单问题较有效。旁通思维通过对问题的分析,将问题转化为另一个等价或中介问题间接求解。旁通思维与直达思维应互为补充。尤其重要的是,只有通过旁通思维后又返回到直达思维,才能较好地解决所提出来的问题。如美国的莫尔斯根据马车到每个驿站要换马的启发,采用设立放大站的方法,解决了有线电视远距离信号传递衰减的问题,这就是旁通思维的例子。

13.2.2　创新思维的激发

1. 质疑激发法

学起于思，思源于疑。心理学认为，"疑"是最容易引起人的定向探究反射的。对于一些"司空见惯""理所当然"的事情要敢于怀疑，敢于提出问题。爱因斯坦曾说：提出一个问题往往比解决一个问题更重要，因为解决一个问题也许仅是一个科学上的试验技能而已，而提出新问题、新的可能性，以及从新的角度看旧的问题，却需要有创造性的想象力，而且标志着科学的真正进步。因此，质疑是创造性思维的开端，是激发出创造性思维的有效方法，它会使思索者找到新的解决问题的方向和突破口。

质疑的内容主要有：

（1）质疑原因　每看到一种现象或一种事物，均可以质疑产生这些现象或事物的原因。

（2）质疑结果　在思考问题时，要多设想一些可能的后果；当某一情况发生后，要多设想一些发展的前景或趋势。

（3）质疑规律　对事物的因果关系、事物之间的联系要勇于提出疑问。

2. 求变激发法

人们头脑中已有的知识、经验和观念，既有促进创造性思维的一面，也有束缚人们的头脑，使之思想僵化、形成思维定式、难以产生新颖独特的见解的一面。因此，要激发创造性思维必须做到：

（1）辩证地对待已知的知识和经验。知识和经验都是过去成功的创造性思维的结晶，它们都是说明已知的某一事物或某一领域的。而创造性思维所要说明的则是未知的新事物、新领域，这些新事物和新领域是已有知识所不能完全说明的。只有树立"求新求变"的观念，才能摆脱已有的固定观念。

（2）变换角度去观察、研究事物。事物的本质、事物之间的关系以及事物发展变化的规律往往隐含在事物的内部，或被表面现象所掩盖。因此，必须时时保持清醒的头脑，善于从多角度、多侧面，灵活变通地去观察事物。同时，还要使自己的思维路径或侧向，或逆向，或发散，或聚合，或嵌入，或置换，来寻求解决问题的最佳方案。

3. 兴趣激发法

强烈的兴趣与爱好能促使人对事物仔细观察和深入思考，从而产生广泛的联想。兴趣是开展创新思维的驱动力和催化剂。

人的兴趣在大脑中分为两个区域，一个是广泛兴趣区，另一个是中心兴趣区。广泛兴趣只在活动中产生，活动一结束就消失了；而中心兴趣则是稳定、长期存在的。当人的广泛兴趣发展到中心兴趣的时候，大脑皮层便建立了固定的条件反射。这时只要一接触到与中心兴趣有关的事情，神经细胞就会处于兴奋的激发状态，产生强烈的求知欲望和探索毅力，从而使某个方面的才能得到充分发挥。

广泛兴趣是可以培养或受外界影响形成的，而中心兴趣则是需要基于理性、认真选择发展而形成的。一些科学家、发明家都有自己专一的兴趣（即中心兴趣）。

每一个有志于创新的人，首先应该培养自己广泛的兴趣和爱好，自觉地投身到社会活动中去，在此基础上要及时确定某一中心兴趣，使其成为个人的稳定心理特征，这样才会对创新思维产生积极的促进作用。

4．信息碰撞激发法

知识和信息在人脑中快速地传递和处理，能激发人的创造意识和创造思维能力。一般而言，知识愈丰富，思维便愈敏捷、愈深刻，正所谓"学愈博则思愈远"。

多看、多听、多学是获取知识的重要渠道。与别人谈话、研讨、切磋乃至争论，会使思想上互相感应、知识上互为补充，从而启迪智慧、激发灵感、活跃思维。例如，爱因斯坦曾经常同贝索等年轻朋友在瑞士伯尔尼的一家咖啡馆聚会，并研讨学术问题。他的关于狭义相对论的第一篇论文就是在这种讨论中孕育的。他在论文中没有引用任何文献，但提到了与贝索等人的争论对他的启发。

创造性思维是创造发明的源泉和核心。创新原理是建立在创造性思维之上的，是人类从事创造发明的途径和方向的总结。创造技法则是人们以创造原理为指导，在实践的基础上总结出的从事发明创造的具体操作步骤和方法。它们均是进行创造发明、创新设计的理论基础。

13.3　创新设计的基本原理

创新设计是一种有目的的探索活动，它需要一定的理论指导。创新原理是人们进行无数次创造实践后的理性归纳，也是指导人们开展创新设计的基本法则。

13.3.1　综合创新原理

综合是将研究对象的各个部分、各个方面和各种因素联系起来加以考虑，从整体上把握事物的本质和规律的一种方法。综合创新原理就是运用综合的方法，寻求新思路与新方案，来生成一个新事物。其基本模式如图 13-1 所示。

图 13-1　综合创新模式

需要指出，综合不是将对象的各个构成要素进行简单的相加，而是按其内在联系合理地组合起来，使综合后的整体能带来创造性的新发现。在机械创新设计实践中，有许多综合创新的实例。将摩擦带传动技术与链条啮合传动技术综合，产生了同步带传动。这种新型带传动具有传动功率较大、传动比准确等优点，已得到广泛应用。将两个或两个以上的单一机构进行综合，形成了组合机构。组合机构可以实现更复杂的运动规律或具有更好的动力特性。

大量成功的创新设计实例表明：综合就是创新。从创新机制来看，综合创新原理具有以下基本特征：①综合能发挥已有事物的潜力，并使已有事物在综合过程中产生出新的价值；②综合不是将研究对象的各个构成要素进行简单的叠加或组合，而是通过创造性的方法使综合体的性能发生质的飞跃；③综合创新比起创造一种全新的事物，在技术上更具可行性和可靠性，是一种实用的创新思路。

13.3.2　分离创新原理

分离创新原理是与综合创新原理思路相反的另一个创新原理。它是指把某一对象进行科学的分解或离散，便于人们抓住主要矛盾或寻求某种设计特色。分离创新原理的模式如图 13-2 所示。分离创新原理在创新设计过程中，提倡将事物打破并分解；而综合创新原理则提倡组合和聚集。两者虽然思路相反，但相辅相成。

在机械领域，组合夹具、组合机床、模块化机床等也都可以说是分离创新原理的应用。

图 13-2　分离创新模式

13.3.3　移植创新原理

吸取、借用某一领域的概念、原理和方法，将其应用或渗透到另一领域，从而取得新成果的方法就是移植创新。移植创新原理的模式如图 13-3 所示。

"他山之石，可以攻玉"正是移植创新原理的真实写照。移植创新原理的实质是借用已有的创造性成果进行创新目标下的再创造，使现有的成果在新的条件下进一步延续、发挥和拓展。应用移植创新原理，可以促进事物间的渗透、交叉和综合。

图 13-3　移植创新模式

13.3.4　逆向创新原理

逆向创新原理是从反面或构成要素中对立的另一面思考，将通常思考问题的思路反转过来，寻找解决问题的新途径、新方法，亦称反向探求法。

18 世纪初，人们发现了通电导体可以使磁针转动的磁效应，法拉第运用逆向思维反向探求：既然电可以使磁针转动，那么磁针转动是否可以产生电呢？终于，他经过 9 年的探索，于 1831 年发现了电磁感应现象，制造出了世界上第一台发电机，为人类进入电气化时代开辟了道路。

13.3.5　还原创新原理

所谓还原创新，是将所研究的问题（或对象），退回（即还原）到其本质的"原点"，然后从该"原点"出发另辟蹊径，来寻求解决问题的新思路、新方案的一种思维方法。还原创新原理的模式如图 13-4 所示。

图 13-4　还原创新模式

还原思考时，不沿着现成技术思想的指向继续同向延伸，也不以现有事物的改进作为创新的起点,而是首先排除思维定式的影响,分析问题(或对象)的本质,追本溯源,找到其根本的出发点。

还原创新的基本途径是"还原换元法",即找到"原点"后,可通过置换有关技术元素进行创新。

无扇叶电风扇的设计就是还原创新的实例。无论是台扇、壁扇、吊扇,其本质都是使周围空气急速流动。从"使空气流动"这个"原点"出发,经过换元思考,有人想到了薄板振动的方案。该方案用压电陶瓷夹持一金属板,通电后金属薄板振荡,导致空气加速流动。按此思路设计的电风扇,没有扇叶,与传统电风扇相比,具有体积小、质量小、耗电少和噪声小等优点。

13.4　TRIZ 与创新思维

13.4.1　TRIZ 概述

1. TRIZ 的概念及来源

TRIZ 是由原俄文拼写"Теория Решения Изобретательских",按照国际标准化组织的相关规定,转换成拉丁文拼写"Teoriya Resheniya Izobretatelskikh Zadatch",再取其首字母缩写得到的。TRIZ 的英文同义语为"Theory of Inventive Problem Solving",缩写为"TIPS"。不管是拉丁文的 TRIZ,还是英文的 TIPS,说的都是同一个意思——发明问题解决理论。

"发明问题解决理论"有两个基本含义:表面的意思强调解决实际问题,特别是发明问题;隐含的意思是由解决发明问题而最终实现创新(技术和管理),因为解决问题就是要实现发明的实用化,这符合创新的基本定义。

此外,TRIZ 专家 Savransky 博士给出了 TRIZ 的如下定义:TRIZ 是基于知识的、面向设计者的创新问题解决系统化方法学。这是目前专业领域内给出的最系统、最简洁的定义,得到了众多专家学者的肯定。该定义包括以下几点含义。

1) 基于知识

TRIZ 是基于创新问题解决启发式方法知识的。这些知识来自对全世界范围内的专利的抽象,TRIZ 仅采用其中为数不多的基于产品进化趋势的部分。TRIZ 大量采用自然科学及工程中的效应知识,利用出现问题的领域的知识。这些知识包括技术本身、相似或相反的技术或过程、环境、发展和进化等。

2) 面向设计者而不是面向机器

TRIZ 本身是基于将系统分为子系统,区分有用功能及有害功能的实践,这些分解取决于问题及环境,本身具有随机性。计算机软件仅能起支持作用,为处理这些随机问题的设计者提供方法与工具,而不能完全代替设计者。

3) 系统化的方法

在 TRIZ 中,问题的分析采用了通用、详细的模型,而模型中问题的系统化知识非常重要。解决问题的过程系统化和结构化,可以方便应用已有的知识。

4) TRIZ 是创新问题解决理论

为获得创新解,必须解决工程技术系统中的矛盾,TRIZ 提供了结构化步骤。未知的解可以被虚构的"理想解"所替代，"理想解"可以通过已知的系统进化趋势推断，并通过环境或系统本身的资源获得。

　　TRIZ 的发明人根里奇·阿奇舒勒（G. S. Altshuller，1926—1998）是苏联的一位天才发明家和创造创新学家。年仅 14 岁时，他就发明了从过氧化氢的水溶液中提取氧的技术，并用于海军潜艇的逃生装置。15 岁时，阿奇舒勒申请到了第一项专利。1946 年从苏联军事专科学院毕业后，由于其出色的发明，他被苏联海军专利局录用为专职审查员，这为他从事对专利发明的研究，继而转向对创造发明规律的研究创造了极好的条件。

　　阿奇舒勒在创立 TRIZ 理论时明确指出：一旦我们对大量的好的专利进行分析，提炼出问题的解决模式，我们就能够学习这些模式，从而创造性地解决问题。正是基于这一思想，在阿奇舒勒的带领下，苏联的 1500 多名专家，经过 50 多年对数以百万计的专利文献加以搜集、研究、整理、归纳、提炼和重组，建立起一整套体系化的、实用的解决发明问题的理论方法体系。这就是 TRIZ 的来源（见图 13-5）。

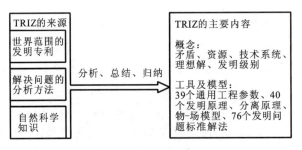

图 13-5　TRIZ 的来源及其主要内容

2. TRIZ 的理论体系框架

1) TRIZ 的体系

　　TRIZ 理论包含许多系统、科学并富有可操作性的创造性思维方法和发明问题的分析方法。经过半个多世纪的发展，TRIZ 理论已经成为一套成熟的解决技术系统问题的经典理论体系，如图 13-6 所示。

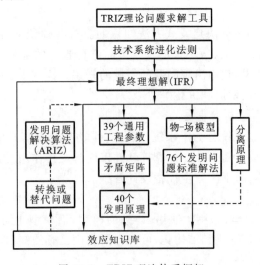

图 13-6　TRIZ 理论体系框架

2) TRIZ 的核心思想

TRIZ 与传统的创新方法相比,具有鲜明的特点和优势,其理论体系如图 13-7 所示。它能成功地揭示创造发明的内在规律和原理,快速地确认并解决系统中存在的矛盾。由于它是基于技术的发展进化规律来研究整个产品的发展过程的,不再是一种随机的创新行为,因而可以大大加快发明创造的进程,提升产品的创新水平。TRIZ 的核心思想包括以下三个方面。

(1) 无论是简单的产品还是复杂的技术系统,其核心技术都是遵循客观规律而发展演变的,即具有客观的进化规律和模式。

(2) 各种技术难题、冲突和矛盾的不断解决是推动这种进化过程的动力。

(3) 技术系统发展的理想状态是用最少的资源实现最多的功能。

通过发展,跨越三个阶段创立的 CAI 技术(计算机辅助创新技术)实现了 TRIZ 与本体论的完美结合,建立了计算机辅助创新平台和创新能力拓展平台,把过去只有专家或学者才能使用的高深技术和理论,变成了易学好用、无须熟知创新理论也能够进行创新发明的技术和理论。

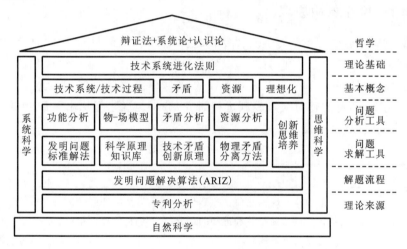

图 13-7 TRIZ 理论体系

3) TRIZ 体系的主要内容

TRIZ 体系的主要内容包括以下五个方面。

(1) 创新思维方法与问题分析方法:TRIZ 提供了如何系统分析问题的科学方法,如多屏幕法。而对于复杂问题的分析,它包含了科学的问题分析建模方法,如物-场分析法,它可以帮助研究者快速确认核心问题,发现根本矛盾所在。

(2) 技术系统进化法则:针对技术系统进化演变规律,在大量专利分析的基础上,TRIZ 总结提炼出 8 个基本进化法则。利用这些进化法则,可以分析确认当前产品的技术状态,并预测未来的发展趋势,开发富有竞争力的新产品。

(3) 工程矛盾解决原理:不同的发明创造往往遵循共同的规律,TRIZ 将这些共同的规律归纳成 40 个发明原理与 4 个分离原理。针对具体的矛盾,可以基于这些原理寻求具体解决方案。

(4) 发明问题标准解法:针对具体问题的物-场模型的不同特征,分别对应有标准的模型处理方法，包括模型的修整、转换及物质与场的添加等。

（5）发明问题解决算法（ARIZ）：主要针对问题情境复杂、矛盾及其相关部件不明确的技术系统。它是一个对初始问题进行一系列变形及再定义等非计算性的逻辑过程，逐步深入分析问题，转化问题，直到解决问题。

创新从最通俗的意义上讲，是一个创造性地发现问题并解决问题的过程。TRIZ 为创新提供了系统的理论和方法，其中最重要的是由 39 个通用工程参数和 40 个发明原理构成的解决矛盾矩阵表、物-场模型、76 个发明问题标准解法、发明问题解决算法、科学和技术知识效应库等。

任何领域的产品的改进，技术的变革、创新，都和生物系统一样，存在产生、生长、成熟、衰老、灭亡的过程，是有规律可循的。人们如果掌握了这些规律，就能能动地进行产品设计，并能预测产品未来的发展趋势。TRIZ 通过分析人类已有技术创新成果——高水平发明专利，总结出技术系统发展进化的客观规律，并形成指导人们进行发明创新、解决工程问题的系统化的方法体系。

13.4.2　40 个发明原理

阿奇舒勒等人通过对 250 万份发明专利的研究发现，大约只有 20％的专利才称得上是真正的创新，许多宣称为专利的技术，其实早已经在其他的产业中出现并被应用过。阿奇舒勒认为发明问题的原理一定是客观存在的，如果掌握这些原理，那么就可将其应用于各个行业。为此，阿奇舒勒对大量专利进行研究、分析、总结，提炼出了最重要、最具有通用性的 40 个发明原理（见表 13-1）。

表 13-1　40 个发明原理

序号	名称	说明	示例
1	分割	a. 把一个物体分成相互独立的部分； b. 把物体分成容易组装和拆卸的部分； c. 提高物体的可分性	活字印刷；组合音响；组合式家具；模块化计算机组件；可折叠木尺；活动百叶窗帘；铧式犁；快接消防水管；木芯板
2	提炼	a. 从物体中提炼产生负面影响（即干扰）的部分或属性； b. 从物体中提炼必要的部分或属性	炼油中生产沥青；屠宰场废水中提炼动物油脂以生产生物柴油
3	改变局部	a. 将均匀的物体结构、外部环境或作用改变为不均匀的； b. 让物体不同的部分承担不同的功能； c. 让物体的每个部分处于各自动作的最佳位置	将恒定的系统温度、湿度等改为变化的；瑞士军刀；多格餐盒；带起钉器的榔头
4	不对称	a. 将对称物体变为不对称的； b. 已经是不对称的物体，增强其不对称的程度	电源插头的接地线与其他线的几何形状不同；为改善密封性，将 O 形密封圈的截面由圆形改为椭圆形；为抵抗外来冲击，使轮胎一侧强度大于另一侧的强度

续表

序号	名　称	说　　明	示　　例
5	组合	a. 在空间上将相同或相近的物体或操作加以组合； b. 在时间上将相关的物体或操作合并	并行计算机的多个 CPU；冷热水混水器；单缸洗衣机
6	多用性	使物体具有复合功能以替代其他物体的功能	工具车上的后排座可以坐，其靠背放倒后可以躺，折叠起来可以装货；多用木工机床
7	嵌套	a. 把一个物体嵌入第二个物体，然后把这两个物体再嵌入第三个物体…… b. 让一个物体穿过另一个物体的空腔	椅子可以一个个叠起来以利于存放；超市的购物车；活动铅笔里存放笔芯；伸缩式天线
8	重力补偿	a. 将某一物体与另一能提供上升力的物体组合，以补偿其重力； b. 通过与环境的相互作用（利用空气动力、流体动力、浮力等）实现重力补偿	用氢气球悬挂广告条幅；赛车上增加后翼以增大车辆的贴地力；船舶在水中的浮力
9	预先反作用	a. 预先施加反作用，用来消除不利影响； b. 如果一个物体处于或将处于受拉伸状态，预先施加压力	给树木刷渗透漆以阻止其腐烂；预应力混凝土；预应力轴；带传动的预紧力
10	预先作用	a. 预置必要的动作、功能； b. 把物体预先放置在一个合适的位置，让其能及时地发挥作用而不浪费时间	不干胶粘贴；方便面；方便米饭；建筑内通道里安置的灭火器；机床上使用的莫氏锥柄
11	预先防范	采用预先准备好的应急措施、补偿系统，以提高可靠性	商品上加上磁条来防盗；备用降落伞；汽车安全气囊
12	等势	在势场内避免位置的改变。如在重力场内，改变物体的工况，减少物体上升或下降的需要	汽车维修工人利用维护槽更换润滑油，可免用起重设备
13	逆向作用	a. 用与原来相反的动作达到相同的目的； b. 让物体可动部分不动，而让不动部分可动； c. 让物体倒过来（或过程反过来）	采用冷却内层而不是加热外层的方法使嵌套的两个物体分开；跑步机；研磨物体时振动物体
14	曲面化	a. 用曲线或曲面替换直线或平面，用球体替代立方体； b. 使用圆柱体、球体或螺旋体； c. 利用离心力，用旋转运动来代替直线运动	两个表面之间的圆角；计算机鼠标；用一个球体来传输 X 和 Y 两个轴方向的运动；洗衣机脱水

序号	名称	说　明	示　例
15	动态化	a. 在物体变化的每个阶段让物体或其环境自动调整到最优状态； b. 把物体的结构分成既可变化又可相互配合的若干组成部分； c. 使不动的物体可动或自适应	记忆合金；可以灵活转动灯头的手电筒；折叠椅；活动扳手；可弯曲的饮用软管；车用轮胎
16	近似化	如果效果不能 100％ 达到，稍微超过或小于预期效果，会使问题简化	要让金属粉末均匀地充满一个容器，就让一系列漏斗排列在一起以达到近似均匀的效果
17	多维化	a. 将一维变为多维； b. 将单层变为多层； c. 将物体倾斜或侧向放置； d. 利用给定表面的反面	螺旋楼梯；多碟 CD 机；自动卸载车斗；刨花板；纤维板；超市货架；电路板双面安装电子器件
18	机械振动	a. 使用振动； b. 如果振动已经存在，那么增大其振动频率，甚至到超音频； c. 使用共振频率； d. 使用压电振动代替机械振动； e. 使用超声波与电磁振荡耦合	砂型铸造时通过振动铸模来提高型砂的填充效果；超声波清洗；用超声刀代替手术刀；石英钟；路面夯实机；振动传输带
19	周期性作用	a. 变持续性作用为周期性（脉冲）作用； b. 如果作用已经是周期性的，就改变其频率； c. 在脉冲中嵌套其他作用以达到其他效果	冲击钻；用冲击扳手拧松一个锈蚀的螺母时，就要用脉冲力而不是持续力；脉冲闪烁报警灯比其他方式更有效果
20	利用有效作用	a. 对一个物体所有部分施加持续有效的作用； b. 消除空闲和间歇性作用	带有切削刃的钻头可以进行正反向的切削；打印机打印头在来回运动时都打印
21	缩短有害作用	在高速中施加有害或危险的动作	在切断管壁很薄的塑料管时，为防止塑料管变形就要使用极高速运动的切割刀具，在塑料管未变形之前完成切割
22	变害为利	a. 利用有害因素，得到有利的结果； b. 将有害因素相结合，消除有害结果； c. 增大有害因素的幅度直至有害性消失	废物回收利用；用高频电流加热金属时，只有外层金属被加热，可用于表面热处理；风力灭火机
23	反馈	a. 引入反馈； b. 若已有反馈，改变其大小或作用	闭环自动控制系统，改变系统的灵敏度

序号	名称	说明	示例
24	中介物	a. 使用中介物实现所需动作; b. 临时与一个物体或一个易去除物体结合	机加工钻孔时用于为钻头定位的导套;在化学反应中加入催化剂
25	自服务	a. 使物体具有自补充和自恢复功能; b. 利用废弃物和剩余能量	使用电焊枪时,焊条自动进给;利用火力发电厂的废蒸汽进行蒸汽取暖;秸秆气化炉;沼气
26	复制	a. 使用简单、廉价的复制品来代替复杂、昂贵、易损、不易获得的物体; b. 用图像替换物体,并可进行放大和缩小; c. 用红外光或紫外光替换可见光	模拟汽车、飞机驾驶训练装置;测量高的物体时可以用测量其影子的方法;图像处理;卫星遥感;红外夜视仪
27	廉价替代品	用廉价、可丢弃的物体替换昂贵的物体	一次性餐具;打火机
28	替代机械系统	a. 用声学、光学、嗅觉系统替换机械系统; b. 使用与物体作用的电场、磁场或电磁场; c. 用动态场替代静态场,用确定场替代随机场; d. 利用铁磁粒子和作用场	机、光、电一体化系统;电磁门禁;磁流体;超声探伤;激光加工;磁悬浮列车
29	用气体或液体	用气体或液体替换物体的固体部分	在运输易碎产品时使用充气材料;车辆液压悬挂;物料风选
30	柔性壳体或薄膜	a. 用柔性壳体或薄片来替代传统结构; b. 用柔性壳体或薄片把物体从其环境中隔离开	广告飞艇;为防止水从植物的叶片上蒸发,在叶片上喷涂聚乙烯材料,凝固后在叶片上形成一层保护膜;水果打蜡保鲜
31	多孔材料	a. 使物体多孔或加入多孔物体; b. 利用物体的多孔结构引入有用的物质和功能	在物体上钻孔减小质量;吸水海绵
32	改变颜色	a. 改变物体或其环境的颜色; b. 改变物体或其环境的透明度和可视性; c. 在难以看清的物体中使用有色添加剂或发光物质; d. 通过辐射加热改变物体的热辐射性	透明绷带可以不打开绷带而检查伤口;变色眼镜;医学造影检查;太阳能收集装置;太阳膜;汽油及其他无色液体的识别

续表

序号	名　称	说　　明	示　　例
33	同质性	主要物体及与其相互作用的物体使用相同或相近的材料	使用化学特性相近的材料防止腐蚀
34	抛弃与修复	a. 采用溶解、蒸发、抛弃等手段废弃已完成功能的物体，或在过程中使之变化； b. 在工作过程中迅速补充消耗掉的部分	子弹弹壳；火箭助推器；可溶药物胶囊；自动铅笔；轮胎
35	改变参数	a. 改变物体的物理状态； b. 改变物体的浓度、黏度； c. 改变物体的柔性； d. 改变物体的温度或体积等参数	制作酒心巧克力；液体肥皂和固体肥皂；连接脆性材料的螺钉需要弹性垫圈
36	相变	利用物体相变时产生的效应	使用把水凝固成冰的方法爆破
37	热膨胀	a. 使用热膨胀和热收缩材料； b. 组合使用不同热膨胀系数的材料	装配过盈配合的孔轴；热继电器；记忆金属
38	加速氧化	a. 用压缩空气来替换普通空气； b. 用纯氧替换压缩空气； c. 将空气或氧气用电离辐射进行处理； d. 使用臭氧	潜水用压缩空气；利用氧气取代空气送入高炉内以获取更多热量；发动机增压
39	惰性环境	a. 用惰性环境来替换普通环境； b. 在物体中添加惰性或中性添加剂； c. 使用真空	为防止棉花在仓库中着火，向仓库中充满惰性气体；食品真空包装；白炽灯泡
40	复合材料	用复合材料来替换单一材料	军用飞机机翼使用塑料和碳纤维组成的复合材料；合金

40 个发明原理开启了一扇发明问题、解决问题的窗，将发明从"魔术"推向科学，使发明成为一种人人都可以从事的职业，使原来被认为不可能解决的问题获得突破性的解决。目前，40 个发明原理已经广泛应用于各个领域，如计算机、材料、医学、管理、教育等，产生了不计其数的发明专利。

13.4.3　利用 TRIZ 理论解决问题的过程

TRIZ 方法论的主要思想是，对于一个具体问题，无法直接找到对应解，那么，先将此问题转换并表达为一个 TRIZ 问题，然后利用 TRIZ 体系中的理论和工具方法获得 TRIZ 通用解，最后将 TRIZ 通用解转化为具体问题的解，并在实际问题中加以实现。

应用 TRIZ 解决问题的一般流程如图 13-8 所示。

根据问题所表现出来的参数属性、结构属性和资源属性，TRIZ 中直接面向解决系统问题的模型有四种形式：技术矛盾、物理矛盾、物-场模型和 HOW TO 模型，如表 13-2 所示。

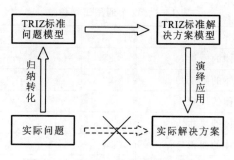

图 13-8 TRIZ 一般解题模式及流程

表 13-2 技术系统问题的问题模型和解决问题模型

技术系统问题属性	问 题 根 源	问 题 模 型	解决问题的工具	解决问题模型
参数属性	技术系统中两个参数之间存在着相互制约	技术矛盾	矛盾矩阵	创新原理
	一个参数无法满足系统内相互排斥的需求	物理矛盾	分离原理	创新原理
结构属性	实现技术系统功能的某机构要素出现问题	物-场模型	标准解系统	标准解
资源属性	寻找实现技术系统功能的方法与科学原理	HOW TO 模型	知识库与效应库	方法与效应

TRIZ 的分析工具有：功能分析、矛盾分析、物-场分析、理想解分析和资源分析。这些工具用于问题模型的建立、分析和转换。

（1）功能分析：功能是系统存在的目的。功能分析的目的是从完成功能的角度而不是从技术的角度分析系统、子系统、部件。该过程包括"剪裁"，即研究每一个功能是否必需，如果必需，系统中的其他元件是否可完成该功能。设计中的重要突破、成本或复杂程度的显著降低往往是功能分析及"剪裁"的结果。

（2）矛盾分析：在系统改进过程中，出现不期望的结果，这就是矛盾。当任意两个参数产生矛盾时，则须化解该矛盾，可使用 40 个创新原理。阿奇舒勒在工程参数的矛盾与创新原理之间建立了对应关系，整理成矛盾矩阵表，以便使用者查找，这样大大提高了解决技术矛盾的效率。阿奇舒勒通过对大量专利的详细研究，总结、提炼出了工程领域内常用的表述系统性能的 39 个通用工程参数。在问题的定义、分析过程中，选择 39 个工程参数中相适宜的参数来表述系统的性能，这样就将一个具体的问题用 TRIZ 的通用语言表述了出来。39 个通用工程参数如表 13-3 所示。

表 13-3　39 个通用工程参数

序　号	名　称	序　号	名　称
1	运动物体的质量	21	功率
2	静止物体的质量	22	能量损失
3	运动物体的尺寸	23	物质损失
4	静止物体的尺寸	24	信息损失
5	运动物体的面积	25	时间损失
6	静止物体的面积	26	物质的量
7	运动物体的体积	27	可靠性
8	静止物体的体积	28	测试精度
9	速度	29	制造精度
10	力	30	作用于物体的有害因素
11	应力,压强	31	物体产生的有害因素
12	形状	32	可制造性
13	稳定性	33	操作流程的方便性
14	强度	34	可维修性
15	运动物体的作用时间	35	适应性,通用性
16	静止物体的作用时间	36	系统的复杂性
17	温度	37	控制与测量的复杂性
18	照度	38	自动化程度
19	运动物体的能量消耗	39	生产率
20	静止物体的能量消耗		

技术系统某一参数或子系统的改进,导致另外某些参数或子系统的恶化,这就是技术矛盾。对同一对象提出相反的要求,这就是物理矛盾。TRIZ 中建立了标准的矛盾分析和解决工具及过程。

（3）物-场分析:阿奇舒勒认为发明问题解决的功能都可由两种物质及其间作用的场来描述。

（4）理想解分析:TRIZ 在解决问题之初,首先抛开各种客观限制条件,通过理想化来定义问题的最终理想解(ideal final result,IFR),以明确理想解所在的方向和位置,保证在解决问题过程中沿着此目标前进并获得最终理想解,从而避免了传统创新设计方法中缺乏目标的弊端,提升了创新设计的效率。

（5）资源分析:发现系统或超系统中存在的资源是系统改进过程中的重要环节。一个理想的设计方案应不引入或引入尽可能少的资源。

13.4.4　TRIZ 与创新设计

TRIZ 能对问题情境进行系统分析,快速发现问题本质,准确定义创新性问题和矛盾,并为创新性问题或者矛盾提供更合理的解决方案和更好的创意;能打破思维定式,激发创新思维,帮助设计者从更广的视角看待问题;能基于技术系统进化规律,准确确定探索方向,预测未来的发展趋势,打破知识领域界限,实现技术突破,开发新产品。TRIZ 解决问题的流程如图 13-9 所示。

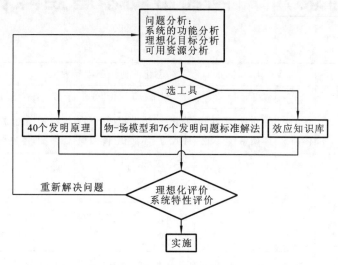

图 13-9　TRIZ 解决问题的流程

以下是解决问题的创新思维实例。

【例 13-1】　如何破开核桃的外壳?

分析　取核桃时必须去壳,现用锤砸或用机械方式压碎(见图 13-10),这种方式的制造性能好但产品(核桃仁)的形状不好。

(1) 查 39 个通用工程参数表,得出 32(可制造性)和 12(形状)之间有技术矛盾。

(2) TRIZ 法求解:查 39×39 矛盾矩阵(见附录 A),得出可用的发明原理为 1(分割)、28(机械系统的替代)、13(反向作用)和 27(廉价替代品)。

(3) 分析改进具体技术方案:分割意味着要把壳完全分开,机械系统的替代意味着要用另一种系统,反向作用意味着应从里向外加力。可在密闭容器内加入高压空气,突然降压,使核桃内的空气膨胀,立刻打开核桃壳。为了得到高压,可用高压空气,也可加热容器使气压升高。如图 13-11 所示,由"爆米花"的启示,找到了解决方案。

同样,该解决方案可应用于类似的开鸡蛋壳,开蚕豆壳,甜椒去籽和蒂,使人造宝石沿内部原有的微裂纹分割,迅速清洁船用发动机的冷却水过滤器等问题。

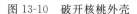

(a) 机械式压碎机　　(b) 锤式砸核桃机

图 13-10　破开核桃外壳

图 13-11　爆米花机

附录 A 阿奇舒勒矛盾矩阵表

矛盾矩阵表（一）

类别 改善的通用 工程参数	恶化的通用工程参数									
	1 运动物体质量	2 静止物体质量	3 运动物体尺寸	4 静止物体尺寸	5 运动物体面积	6 静止物体面积	7 运动物体体积	8 静止物体体积	9 速度	10 力
1 运动物体的质量			15,08 29,34		29,17 38,34		29,02 40,28		02,08 15,38	08,10 18,37
2 静止物体的质量				10,01 29,35		35,30 13,02		05,35 14,02		08,10 19,35
3 运动物体的尺寸	15,08 29,34				15,17 04		07,17 04,35		13,04 08	17,10 04
4 静止物体的尺寸		35,28 40,29				17,07 10,40		35,08 02,14		28,10
5 运动物体的面积	02,14 29,04		14,15 18,04				07,14 17,04		29,30 04,34	19,30 35,02
6 静止物体的面积		30,02 14,18		26,07 09,39						01,18 35,36
7 运动物体的体积	02,26 29,40		01,07 35,04		01,07 04,17				29,04 38,34	15,35 36,37
8 静止物体的体积		35,10 19,14	19,14	35,08 02,14						02,18 37
9 速度	02,28 13,38		13,14 08		29,30 34		07,29 34			13,28 15,19
10 力	08,01 37,18	18,13 01,28	17,19 09,36	28,10	19,10 15	01,18 36,37	15,09 12,37	02,36 18,37	13,28 15,12	
11 应力,压强	10,36 37,40	13,29 10,18	35,10 36	35,01 14,16	10,15 36,28	10,15 36,24	06,35 10	35,34	06,35 36	36,35 21
12 形状	08,10 29,40	15,10 26,03	29,34 05,04	13,14 10,07	05,34 04,10		14,04 15,22	07,02 35	35,15 34,18	35,10 37,40

类　别		恶化的通用工程参数									
改善的通用 工程参数		1 运动物 体质量	2 静止物 体质量	3 运动物 体尺寸	4 静止物 体尺寸	5 运动物 体面积	6 静止物 体面积	7 运动物 体体积	8 静止物 体体积	9 速度	10 力
13	稳定性	21,35 02,39	26,39 01,40	13,15 01,28	37	02,11 13	39	28,10 19,39	34,28 35,40	33,15 28,18	10,35 21,16
14	强度	01,08 40,15	40,26 27,01	01,15 08,35	15,14 28,26	03,34 40,29	09,40 28	10,15 14,07	09,14 17,15	08,13 26,14	10,18 03,14
15	运动物体的作用 时间	19,05 34,31		02,19 09		03,17 19		10,02 19,30		03,35 05	19,02 16
16	静止物体的作用 时间		06,27 19,16		01,40 35				35,34 38		
17	温度	36,22 06,38	22,35 32	15,19 09	15,19 09	03,35 39,18	35,38	34,39 40,18	35,06 04	02,28 36,30	35,10 03,21
18	照度	19,01 32	02,35 32	19,32 16		19,32 26		02,13 10		10,13 19	26,19 06
19	运动物体的能量 消耗	12,18 28,31		12,28		15,19 25		35,13 18		08,15 35	16,26 21,02
20	静止物体的能量 消耗		19,09 06,27								36,37
21	功率	08,36 38,31	19,26 17,27	01,10 35,37		19,38	17,32 13,38	35,06 38	30,06 25	15,35 02	26,02 36,35
22	能量损失	15,06 19,28	19,06 18,09	07,02 06,13	06,38 07	15,26 17,30	17,07 30,18	07,18 23	07	16,35 38	36,38
23	物质损失	35,06 23,40	35,06 22,32	14,29 10,39	10,28 24	35,02 10,31	10,18 39,31	01,29 30,36	03,39 18,31	10,13 28,38	14,15 18,40
24	信息损失	10,24 35	10,35 05	01,26	26	30,26	30,16		02,22	26,32	
25	时间损失	10,20 37,35	10,20 26,05	15,02 29	30,24 14,05	26,04 05,16	10,35 17,04	02,05 34,10	35,16 32,18		10,37 36,05
26	物质的量	35,06 18,31	27,26 18,35	29,14 35,18		15,14 29	02,18 40,04	15,20 29		35,29 34,28	35,14 03

续表

类　别	恶化的通用工程参数									
	1	2	3	4	5	6	7	8	9	10
改善的通用工程参数	运动物体质量	静止物体质量	运动物体尺寸	静止物体尺寸	运动物体面积	静止物体面积	运动物体体积	静止物体体积	速度	力
27　可靠性	03,08 10,40	03,10 08,28	15,09 14,04	15,29 28,11	17,10 14,16	32,35 40,04	03,10 14,24	02,35 24	21,35 11,28	08,28 10,03
28　测试精度	32,35 26,28	28,35 25,26	28,26 05,16	32,28 03,16	26,28 32,03	26,28 32,03	32,13 06		28,13 32,24	32,02
29　制造精度	28,32 13,18	28,35 27,09	10,28 29,37	02,32 10	28,33 29,32	02,29 18,36	32,28 02	25,10 35	10,28 32	28,19 34,36
30　作用于物体的有害因素	22,21 27,39	02,22 13,24	17,01 39,04	01,18	22,01 33,28	27,02 39,35	22,23 37,35	34,39 19,27	21,22 35,28	13,35 39,18
31　物体产生的有害因素	19,22 15,39	35,22 01,39	17,15 16,22		17,02 18,39	22,01 40	17,02 40	30,18 35,04	35,28 03,23	35,28 01,40
32　可制造性	28,29 15,16	01,27 36,13	01,29 13,17	15,17 27	13,01 26,12	16,40	13,29 01,40	35	35,13 08,01	35,12
33　操作流程的方便性	25,02 13,15	06,13 01,25	01,17 13,12		01,17 13,16	18,16 15,39	01,16 35,15	04,18 31,39	18,13 34	28,13 35
34　可维修性	02,27 35,11	02,27 35,11	01,28 10,25	03,18 31	15,32 13	16,25	25,02 35,11	01	34,09	01,11 10
35　适应性,通用性	01,06 15,08	19,15 29,16	35,01 29,02	01,35 16	35,30 29,07	15,16	15,35 29		35,10 14	15,17 20
36　系统的复杂性	26,30 34,36	02,26 35,39	01,19 26,24	26	14,01 13,16	06,36	34,26 06	01,16	34,10 28	26,16
37　控制与测量的复杂性	27,26 28,13	06,13 28,01	16,17 26,24	26	02,13 18,17	02,39 30,16	29,01 04,16	02,18 26,31	03,04 16,35	36,28 40,19
38　自动化程度	28,26 18,35	28,26 35,10	14,13 28,27	23	17,14 13		35,13 16		28,10	02,35
39　生产率	35,26 24,37	28,27 15,03	18,04 28,38	30,07 14,26	10,26 34,31	10,35 17,07	02,06 34,10	35,37 10,02		28,15 10,36

矛盾矩阵表(二)

类　别	恶化的通用工程参数									
改善的通用 工程参数	11 应力, 压强	12 形状	13 结构的 稳定性	14 强度	15 运动物 体的作 用时间	16 静止物 体的作 用时间	17 温度	18 照度	19 运动物 体的消 耗能量	20 静止物 体的消 耗能量
1 运动物体的质量	10,36 37,40	10,14 35,40	01,35 19,39	28,27 18,40	05,34 31,35		06,29 04,38	19,01 32	35,12 34,31	
2 静止物体的质量	13,29 10,18	13,10 29,14	26,39 01,40	28,02 10,27		02,27 19,06	28,19 32,22	35,19 32		18,19 28,01
3 运动物体的尺寸	01,18 35	01,08 10,29	01,18 15,34	08,35 29,34		19	10,15 19	32	08,35 24	
4 静止物体的尺寸	01,14 35	13,14 15,07	39,37 35	15,14 28,26		01,40 35	03,35 38,18	03,25		
5 运动物体的面积	10,15 36,28	05,34 29,04	11,02 13,39	03,15 40,14	06,03		02,15 16	15,32 19,13	19,32	
6 静止物体的面积	10,15 36,37		02,38	40		02,10 19,30	35,39 38			
7 运动物体的体积	06,35 36,37	01,15 29,04	28,10 01,39	09,14 15,07	06,35 04		34,39 10,18	10,13 02	35	
8 静止物体的体积	24,35	07,02 35	34,28 35,40	09,14 17,15		35,34 38	35,06 04			
9 速度	06,18 38,40	35,15 18,34	28,33 01,18	08,03 26,14	03,19 35,05		28,30 36,02	10,13 19	08,15 35,38	
10 力	18,21 11	10,35 40,34	35,10 21	35,10 14,27		19,02	35,10 21		19,17 10	01,16 36,37
11 应力,压强		35,04 15,10	35,33 02,40	09,18 03,40	19,03 27		35,39 19,02		14,24 10,37	
12 形状	34,15 10,14		33,01 18,04	30,14 10,40	14,26 09,25		22,14 19,32	13,15 32	02,06 34,14	
13 稳定性	02,35 40	22,01 18,04		17,09 15	13,27 10,35	39,03 35,23	35,01 32	32,03 27,15	13,19	27,04 29,18

续表

类 别		恶化的通用工程参数									
		11	12	13	14	15	16	17	18	19	20
改善的通用 工程参数		应力， 压强	形状	结构的 稳定性	强度	运动物 体的作 用时间	静止物 体的作 用时间	温度	照度	运动物 体的消 耗能量	静止物 体的消 耗能量
14	强度	10,03 18,40	10,30 35,40	13,17 35		27,03 26		30,10 40	35,19	19,35 10	35
15	运动物体的作用 时间	19,03 27	14,26 28,25	13,03 35	27,03 10			19,35 39	02,19 04,35	28,06 35,18	
16	静止物体的作用 时间			39,03 35,23				19,18 36,40			
17	温度	35,39 19,02	14,22 19,32	01,35 32	10,30 22,40	19,13 39	19,18 36,40		32,30 21,16	19,15 03,17	
18	照度		32,30	32,03 27	35,19	02,19 06		32,35 19		32,01 19	32,35 01,15
19	运动物体的能量 消耗	23,14 25	12,02 39	19,13 17,24	05,19 09,35	28,35 06,18		19,24 03,14	02,15 19		
20	静止物体的能量 消耗			27,04 29,18	35			19,02 35,32			
21	功率	22,10 35	29,14 02,40	35,32 15,31	26,10 28	19,35 10,38	16	02,14 17,25	16,06 19	16,06 19,37	
22	能量损失			14,02 39,06	26			19,38 07	01,13 32,15		
23	物质损失	03,36 37,10	29,35 03,05	02,14 30,40	35,28 31,40	28,27 03,18	27,16 18,38	21,36 39,31	01,06 13	35,18 24,05	28,27 12,31
24	信息损失					10	10		19		
25	时间损失	37,36 04	04,10 34,17	35,03 22,05	29,03 28,18	20,10 28,18	28,20 10,16	35,29 21,18	01,19 21,17	35,38 19,18	01
26	物质的量	10,36 14,03	35,14	15,02 17,40	14,35 34,10	03,35 10,40	03,35 31	03,17 39		34,29 16,18	03,35 31
27	可靠性	10,24 35,19	35,01 16,11		11,28	02,35 03,25	34,27 06,40	03,35 10	11,32 13	21,11 27,19	36,23

续表

类　　别	恶化的通用工程参数									
	11	12	13	14	15	16	17	18	19	20
改善的通用工程参数	应力，压强	形状	结构的稳定性	强度	运动物体的作用时间	静止物体的作用时间	温度	照度	运动物体的消耗能量	静止物体的消耗能量
28 测试精度	06,28 32	06,28 32	32,35 13	28,06 32	28,06 32	10,26 24	06,19 28,24	06,01 32	03,06 32	
29 制造精度	03,35	32,30 40	30,18	03,27	03,27 40		19,26	03,32	32,02	
30 作用于物体的有害因素	22,02 37	22,01 03,35	35,24 30,18	18,35 37,01	22,15 33,28	17,01 40,33	22,33 35,02	01,19 32,13	01,24 06,27	10,02 22,37
31 物体产生的有害因素	02,33 27,18	35,01	35,40 27,39	15,35 22,02	15,22 33,31	21,39 16,22	22,35 02,24	19,24 39,32	02,35 06	19,22 18
32 可制造性	35,19 01,37	01,28 13,27	11,13 01	11,03 10,32	27,01 04	35,16	27,26 18	28,24 27,01	28,26 27,01	01,04
33 操作流程的方便性	02,32 12	15,34 29,28	32,35 30	32,40 03,28	29,03 08,25	01,16 25	26,27 13	13,17 01,24	01,13 24	
34 可维修性	13	01,13 02,04	02,35	01,11 02,39	11,29 28,27	01	04,10	15,01 13	15,01 28,16	
35 适应性，通用性	35,16	15,37 01,08	35,30 14	35,03 32,06	13,01 35	02,16	27,02 03,35	06,22 26,01	19,35 29,13	
36 系统的复杂性	19,01 35	29,13 28,15	02,22 17,19	02,13 28	10,04 28,15		02,17 13	24,17 13	27,02 29,28	
37 控制与测量的复杂性	35,36 37,32	27,13 01,39	11,22 39,30	27,03 15,28	19,29 25,39	25,34 06,35	03,27 35,16	02,24 26	35,38	19,35 16
38 自动化程度	13,35	15,32 01,13	18,01	25,13	06,09		26,02 19	08,32 19	02,32 13	
39 生产率	10,37 14	14,10 34,40	35,03 22,39	29,28 10,18	35,10 02,18	20,10 16,38	35,21 28,10	26,17 19,01	35,10 38,19	01

矛盾矩阵表(三)

类别		恶化的通用工程参数									
改善的通用工程参数		21 功率	22 能量损失	23 物质损失	24 信息损失	25 时间损失	26 物质的量	27 可靠性	28 测量精度	29 制造精度	30 作用于物体的有害因素
1	运动物体的质量	12,36 18,31	06,02 34,19	05,35 03,31	10,24 35	10,35 20,28	03,26 18,31	03,11 01,27	28,27 35,26	28,35 26,18	22,21 18,27
2	静止物体的质量	15,19 18,22	18,19 28,15	05,08 13,30	10,15 35	10,20 35,26	19,06 18,26	10,28 08,03	18,26 28	10,01 35,17	02,19 22,37
3	运动物体的尺寸	01,35	07,02 35,39	04,29 23,10	01,24	15,02 29		29,35	10,14 29,40	28,32 04	10,28 29,37	01,15 17,24
4	静止物体的尺寸	12,08	06,28	10,28 24,35	24,26	30,29 14			15,29 28	32,28 03	02,32 10	01,18
5	运动物体的面积	19,10 32,18	15,17 30,26	10,35 02,39	30,26	26,04	29,30 06,13	29,09	26,28 32,03	02,32	22,33 28,01
6	静止物体的面积	17,32	17,07 30	10,14 18,39	30,16	10,35 04,18	02,18 40,04	32,35 40,04	26,28 32,03	02,29 18,36	27,02 39,35
7	运动物体的体积	35,06 13,18	07,15 13,16	36,39 34,10	02,22	02,06 34,10	29,30 07	14,01 40,11	25,26 28	25,28 02,16	22,21 27,35
8	静止物体的体积	30,06		10,39 35,34		35,16 32,18	35,03	02,35 16		35,10 25	34,39 19,27
9	速度	19,35 38,02	14,20 19,35	10,13 28,38	13,26		10,19 29,38	11,35 27,28	28,32 01,24	10,28 32,25	01,28 35,23
10	力	19,35 18,37	14,15	08,35 40,05		10,37 36	14,29 18,36	03,35 13,21	35,10 23,24	28,29 37,36	01,35 40,18
11	应力,压强	10,35 14	02,36 25	10,36 37		37,36 04	10,14 36	10,13 19,35	06,28 25	03,35	22,02 37
12	形状	04,06 02	14	35,29 03,05		14,10 34,17	36,22	10,40 16	28,32 01	32,30 40	22,01 02,35
13	稳定性	32,35 27,31	14,02 39,06	02,14 30,40		35,27	15,32 35		13	18	35,23 18,30

类　　别	恶化的通用工程参数									
	21	22	23	24	25	26	27	28	29	30
改善的通用工程参数	功率	能量损失	物质损失	信息损失	时间损失	物质的量	可靠性	测量精度	制造精度	作用于物体的有害因素
14 强度	10,26 35,28	35	35,28 31,40		29,03 28,10	29,10 27	11,03	03,27 16	03,27	18,35 37,01
15 运动物体的作用时间	19,10 35,38		28,27 03,18	10	20,10 28,18	03,35 10,40	11,02 13		03,27 16,40	22,15 33,28
16 静止物体的作用时间	16		27,16 18,38	10	28,20 10,16	03,35 31	34,27 06,40	10,26 24		17,01 40,33
17 温度	02,14 17,25	21,17 35,38	21,36 29,31		35,28 21,18	03,17 30,39	19,35 03,10	32,19 24	24	22,33 35,02
18 照度	32	13,16 01,06	13,01	01,06	19,01 26,17	01,19		11,15 32	03,32	15,19
19 运动物体的能量消耗	06,19 37,18	12,22 15,24	35,24 18,05		35,38 19,18	34,23 16,18	19,21 11,27	03,01 32		01,35 06,27
20 静止物体的能量消耗			28,27 18,31			03,35 31	10,36 23			10,02 22,37
21 功率		10,35 38	28,27 18,38	10,19	35,20 10,06	04,34 19	19,24 26,31	32,15 02		19,22 31,02
22 能量损失	03,38		35,27 02,37	19,10	10,18 32,07	07,18 25	11,10 35	32	21,22 35,02	
23 物质损失	28,27 18,38	35,27 02,31			15,18 35,10	06,03 10,24	10,29 39,35	16,34 31,28	35,10 24,31	33,22 30,40
24 信息损失	10,19	19,10			24,26 28,32	24,28 35	10,28 23			22,10 01
25 时间损失	35,20 10,06	10,05 18,32	35,18 10,39	24,26 28,32		35,38 18,16	10,30 04	24,34 28,32	24,26 28,18	35,18 34
26 物质的量	35	07,18 25	06,03 10,24	24,28 35	35,38 18,16		18,03 28,40	03,02 28	33,30	35,33 29,31
27 可靠性	21,11 26,31	10,11 35	10,35 29,39	10,28	10,30 04	21,28 40,03		32,03 11,23	11,32 01	27,35 02,40

续表

类　别	恶化的通用工程参数									
	21	22	23	24	25	26	27	28	29	30
改善的通用工程参数	功率	能量损失	物质损失	信息损失	时间损失	物质的量	可靠性	测量精度	制造精度	作用于物体的有害因素
28 测试精度	03,06 32	26,32 27	10,16 31,28		24,34 28,32	02,06 32	05,11 01,23			28,24 22,26
29 制造精度	32,02	13,23 02	35,31 10,24		32,26 28,18	32,30	11,32 01			26,28 10,36
30 作用于物体的有害因素	19,22 31,02	21,22 35,02	33,22 19,40	22,10 02	35,18 34	35,33 29,31	27,24 02,40	28,33 23,26	26,28 10,18	
31 物体产生的有害因素	02,35 18	21,35 22,02	10,01 34	10,21 29	01,22	03,24 39,01	24,02 40,39	03,33 26	04,17 34,26	
32 可制造性	27,01 12,24	19,35	15,34 33	32,24 18,16	35,28 34,04	35,24 01,24		01,35 12,18		24,02
33 操作流程的方便性	35,34 02,10	02,19 13	28,32 02,24	04,10 27,22	04,28 10,34	12,35	17,27 08,40	25,13 02,34	01,32 35,23	02,25 28,39
34 可维修性	15,10 32,02	15,01 32,19	02,35 34,27		32,01 10,25	02,28 10,25	11,10 01,16	10,02 13	25,10	35,10 02,16
35 适应性,通用性	19,01 29	18,15 01	15,10 02,13		35,28	03,35 15	35,13 08,24	35,05 01,10		35,11 32,31
36 系统的复杂性	20,19 30,34	10,35 13,02	35,10 28,29		06,29	13,03 27,10	13,35 01	02,26 10,34	26,24 32	22,19 29,40
37 控制与测量的复杂性	19,01 16,10	35,03 15,19	01,18 10,24	35,33 27,22	18,28 32,09	03,27 29,18	27,40 28,08	26,24 32,28		22,19 29,28
38 自动化程度	28,02 27	23,28	35,10 18,05	35,33	24,28 35,30	35,13	11,27 32	28,26 10,34	28,26 18,23	02,33
39 生产率	35,20 10	28,10 29,35	28,10 35,23	13,15 23		35,38	01,35 10,38	01,10 34,28	32,01 18,10	22,35 13,24

矛盾矩阵表（四）

类别	恶化的通用工程参数								
	31	32	33	34	35	36	37	38	39
改善的通用工程参数	物体产生的有害因素	可制造性	操作流程的方便性	可维修性	适应性，通用性	系统的复杂性	控制和测量的复杂性	自动化程度	生产率
1 运动物体的质量	22,35 31,39	27,28 01,36	35,03 02,24	02,27 28,11	29,05 15,08	26,30 36,34	28,29 26,32	26,35 18,19	35,03 24,37
2 静止物体的质量	35,22 01,39	28,01 09	06,13 01,32	02,27 28,11	19,15 29	01,10 26,39	25,28 17,15	02,26 35	01,28 15,35
3 运动物体的尺寸	17,15	01,29 17	15,29 35,04	01,28 10	14,15 01,16	01,19 26,24	35,01 26,24	17,24 26,16	14,04 28,29
4 静止物体的尺寸		15,17 27	02,25	03	01,35	01,26	26		30,14 27,26
5 运动物体的面积	17,02 18,39	13,01 26,24	15,17 13,16	15,13 10,01	15,30	14,01 13	02,36 26,18	14,30 28,23	10,26 34,02
6 静止物体的面积	22,01 40	40,16	16,04	16	15,16	01,18 36	02,35 30,18	23	10,15 17,07
7 运动物体的体积	17,02 40,01	29,01 40	15,13 30,12	10	15,29	26,01	29,26 04	35,34 46,24	10,06 02,34
8 静止物体的体积	30,18 35,04	35		01		01,31	02,17 26		35,37 10,02
9 速度	02,24 32,21	35,13 08,01	32,28 13,12	34,02 28,27	15,10 26	10,28 04,34	03,34 27,16	10,18	
10 力	13,03 36,24	15,37 18,01	01,28 03,25	15,01 11	15,17 18,20	26,35 10,18	36,37 10,19	02,35	03,28 35,37
11 应力,压强	02,33 27,18	01,35 16	11	02	35	19,01 35	02,36 37	35,24	10,14 35,37
12 形状	35,01	01,32 17,28	32,15 26	02,13 01	01,15 29	16,29 01,28	15,13 39	15,01 32	17,26 34,10
13 稳定性	35,40 27,39	35,19	32,35 30	02,35 10,16	35,30 34,02	02,35 22,26	35,22 39,23	01,08 35	23,35 40,03
14 强度	15,35 22,02	11,03 10,32	32,40 28,02	27,11 03	15,03 32	02,13 28,25	27,03 15,40	15	29,35 10,14
15 运动物体的作用时间	21,39 16,22	27,01 04	12,27	29,10 27	01,35 13	10,04 29,15	19,29 39,35	06,10	35,17 14,19

续表

类　别	恶化的通用工程参数								
	31	32	33	34	35	36	37	38	39
改善的通用 工程参数	物体产生的有害因素	可制造性	操作流程的方便性	可维修性	适应性,通用性	系统的复杂性	控制和测量的复杂性	自动化程度	生产率
16　静止物体的作用时间	22	35,10	01	01	02		25,34 06,35	01	20,10 16,38
17　温度	22,35 02,24	26,27	26,27	04,10 16	02,18 27	02,17 16	03,27 35,31	26,02 19,16	15,28 35
18　照度	35,19 32,39	19,35 28,26	28,26 19	15,17 13,16	15,01 19	06,32 13	32,15	02,26 10	02,25 16
19　运动物体的能量消耗	02,35 06	28,26 30	19,35	01,15 17,28	15,17 13,16	02,29 27,28	35,38	32,02	12,28 35
20　静止物体的能量消耗	19,22 18	01,04					19,35 16,25		01,06
21　功率	02,35 18	26,10 34	26,35 10	35,02 10,34	19,17 34	20,19 30,34	19,35 16	28,02 17	28,35 34
22　能量损失	21,35 02,22		35,32 01	02,19		07,23	35,03 15,23	02	28,10 29,35
23　物质损失	10,01 34,29	15,34 33	32,28 02,24	02,35 34,27	15,10 02	35,10 28,24	35,18 10,13	35,10 18	28,35 10,23
24　信息损失	10,21 22	32	27,22				35,33	35	13,23 15
25　时间损失	35,22 18,39	35,28 34,04	04,28 10,34	32,01 10	0 35,28	06,29	18,28 32,10	24,28 35,30	
26　物质的量	03,35 40,39	29,01 35,27	35,29 10,25	02,32 10,25	15,03 29	03,23 27,10	03,27 29,18	08,35	13,29 03,27
27　可靠性	35,02 40,26		27,17 40	01,11	13,35 08,24	13,35 01	27,40 28	11,13 27	01,35 29,38
28　测试精度	03,33 39,10	06,35 25,18	01,13 17,34	01,32 13,11	13,35 02	27,35 10,34	26,24 32,28	28,02 10,34	10,34 28,32
29　制造精度	04,17 34,26		01,32 35,23	25,10		26,02 18		26,28 18,23	10,18 32,39
30　作用于物体的有害因素		24,35 02	02,25 28,39	35,10 02	35,11 22,31	22,19 29,40	22,19 29,40	33,03 34	22,35 13,24

续表

类别	恶化的通用工程参数								
	31	32	33	34	35	36	37	38	39
改善的通用工程参数	物体产生的有害因素	可制造性	操作流程的方便性	可维修性	适应性,通用性	系统的复杂性	控制和测量的复杂性	自动化程度	生产率
31 物体产生的有害因素						19,01 31	02,21 27,01	02	22,35 18,39
32 可制造性			02,05 13,16	35,01 11,09	02,13 15	27,26 01	06,28 11,01	08,28 01	35,01 10,28
33 操作流程的方便性		02,05		12,26 01,32	15,34 01,16	32,26 12,17		01,34 12,03	15,01 28
34 可维修性		01,35 11,10	01,12 26,15		07,01 04,16	35,01 13,11		34,35 07,13	01,32 10
35 适应性,通用性	01,13 31	15,34 01,16	01,16 07,04		15,29 37,28	01	27,34 35	35,28 06,37	
36 系统的复杂性	19,01	27,26 01,13	27,09 26,24	01,13	29,15 28,37		15,10 37,28	15,01 24	12,17 28
37 控制与测量的复杂性	02,21	05,28 11,29	02,05	12,26	01,15	15,10 37,28		34,21	35,18
38 自动化程度	02,33	01,26 13	01,12 34,03	01,35 13	27,04 01,35	15,24 10	34,27 25	05,12 35,26	
39 生产率	35,22 18,39	35,28 02,24	01,28 07,19	01,32 10,25	01,35 28,37	12,17 28,24	35,18 27,02	05,12 35,26	

参 考 文 献

[1]　申永胜. 机械原理教程[M]. 3版. 北京:清华大学出版社,2015.

[2]　申永胜. 机械原理学习指导[M]. 3版. 北京:清华大学出版社,2015.

[3]　张策. 机械原理与机械设计[M]. 2版. 北京:机械工业出版社,2013.

[4]　孙桓,陈作模,葛文杰. 机械原理[M]. 8版. 北京:高等教育出版社,2013.

[5]　杨家军. 机械原理[M]. 2版. 武汉:华中科技大学出版社,2014.

[6]　邓宗全,于红英,王知行. 机械原理[M]. 3版. 北京:高等教育出版社,2014.

[7]　邹慧君,郭为忠. 机械原理[M]. 3版. 北京:高等教育出版社,2016.

[8]　廖汉元,孔建益. 机械原理[M]. 3版. 北京:机械工业出版社,2013.

[9]　王德伦,高媛. 机械原理[M]. 北京:机械工业出版社,2011.

[10]　杨家军. 机械创新设计与实践[M]. 武汉:华中科技大学出版社,2014.

[11]　彭文生. 机械设计[M]. 北京:高等教育出版社,2008.

[12]　郑文纬,吴克坚. 机械原理[M]. 北京:高等教育出版社,1997.

[13]　张世民. 机械原理[M]. 北京:中央广播电视大学出版社,1993.

[14]　郭卫东. 机械原理[M]. 2版. 北京:科学出版社,2013.

[15]　张启先. 空间机构的分析与综合(上册)[M]. 北京:机械工业出版社,1984.

[16]　常见机构的原理及应用编写组. 常见机构的原理及应用[M]. 北京:机械工业出版社,1980.

[17]　郭克强. 渐开线变位齿轮传动[M]. 北京:高等教育出版社,1985.

[18]　朱景梓,等. 渐开线外啮合圆柱齿轮传动[M]. 北京:国防工业出版社,1990.

[19]　朱景梓. 渐开线齿轮变位系数的选择[M]. 北京:人民教育出版社,1982.

[20]　曹惟庆,等. 连杆机构的分析与综合[M]. 2版. 北京:科学出版社,2002.

[21]　邹慧君,董师予,等. 凸轮机构的现代设计[M]. 上海:上海交通大学出版社,1991.

[22]　华大年,华志宏. 连杆机构设计与应用创新[M]. 北京:机械工业出版社,2008.

[23]　石永刚,吴央芳. 凸轮机构设计与应用创新[M]. 北京:机械工业出版社,2007.

[24]　吕庸厚,沈爱红. 组合机构设计与应用创新[M]. 北京:机械工业出版社,2008.

[25]　邹慧君,殷红梁. 间歇运动机构设计与应用创新[M]. 北京:机械工业出版社,2008.

[26]　谢存禧,李琳. 空间机构设计与应用创新[M]. 北京:机械工业出版社,2008.

[27]　李华敏,李瑰贤. 齿轮机构设计与应用创新[M]. 北京:机械工业出版社,2007.

[28]　邹慧君,颜鸿森. 机械创新设计理论与方法[M]. 2版. 北京:高等教育出版社,2015.

[29]　邹慧君,张青. 广义机构设计与应用创新[M]. 北京:机械工业出版社,2009.

[30]　孟宪源. 现代机构手册[M]. 北京:机械工业出版社,2007.

[31]　杨廷力. 机构系统基本理论[M]. 北京:机械工业出版社,1996.

[32]　朱龙根,黄雨华. 机械系统设计[M]. 北京:机械工业出版社,2006.

［33］　孙序梁. 飞轮设计［M］. 北京：高等教育出版社，1992.

［34］　张策. 机械动力学［M］. 2 版. 北京：高等教育出版社，2008.

［35］　程崇恭，杜锡珩，黄志辉. 机械运动简图设计［M］. 北京：机械工业出版社，1994.

［36］　余跃庆，李哲. 现代机械动力学［M］. 北京：北京工业大学出版社，1998.

［37］　简召全，冯明，朱崇贤. 工业设计方法学［M］. 北京：北京理工大学出版社，1993.

［38］　洪允楣. 机构设计的组合与变异方法［M］. 北京：机械工业出版社，1982.

［39］　SANDOR G N，ERDMAN A G. 高等机构设计——分析与综合［M］. 庄细荣，杨上培，译. 北京：高等教育出版社，1993.

［40］　弗尔梅·J. 机构学教程［M］. 孙可宗，译. 北京：高等教育出版社，1990.

［41］　李特文. 齿轮啮合原理［M］. 卢贤占，等，译. 上海：上海科学技术出版社，1984.

［42］　ERDMAN A G，SANDOR G N. 机构设计——分析与综合［M］. 庄细荣，党祖祺，译. 北京：高等教育出版社，1992.

［43］　SHIGLEY J E，UICKER J J. Theory of machines and mechanisms［M］. New York：McGraw-Hill Book Company，1980.

［44］　MABIE H H，REINHOLTZ C F. Mechanisms and dynamics of machinery［M］. 4th edition. New York：John Wiley & Sons.，1987.

［45］　PAHL G，BEITZ W. Engineering design—a systematic approach［M］. Heidelberg：Springer-Verlag Berlin，1988.

［46］　CRAIG J J. Introduction to robotics-mechanics & control［M］. Addison-Wesley Publishing Company，1986.

［47］　NORTON R L. Design of machinery—an introduction to the synthesis and analysis of mechanisms and machines［M］. 3rd edition. New York：McGraw-Hill Companies，Inc.，2004.

二维码资源使用说明

　　本书部分课程资源以二维码的形式在书中呈现,读者第一次利用智能手机在微信端扫描书中二维码,扫码成功后会出现微信登录提示,授权后进入注册页面,输入手机号后点击获取验证码,稍等片刻收到 4 位数的验证码短信,在提示位置输入验证码,按照提示即可注册。(若手机已经注册,则在"注册"页面底部选择"已有账号?绑定账号",进入"账号绑定"页面,直接输入手机号和密码,提示登录成功。)接着按照提示输入学习码,需刮开本书封底学习码的防伪涂层,输入 13 位学习码(正版图书拥有的一次性使用学习码),输入正确后提示绑定成功,即可查看二维码数字资源。第一次登录查看资源成功后,以后便可直接在微信端扫码登录,重复查看资源。

教材课件

教学大纲